华东维管植物模式标本汇编

（1701—2020）

A Catalogue of Vascular Plant Type Specimens from East China（1701—2020）

刘 军 李 攀 赵云鹏 编

国家植物标本资源库建设运行项目
（E0117G1001）资助出版

河南科学技术出版社
·郑州·

图书在版编目（CIP）数据

华东维管植物模式标本汇编：1701—2020 / 刘军，李攀，赵云鹏编. —郑州：河南科学技术出版社，2023.4

ISBN 978-7-5725-1135-6

Ⅰ. ①华… Ⅱ. ①刘… ②李… ③赵… Ⅲ. ①维管植物—标本—汇编 Ⅳ. ①Q949.4

中国国家版本馆CIP数据核字（2023）第035913号

出版发行：河南科学技术出版社

地址：郑州市郑东新区祥盛街27号　　邮编：450016

电话：（0371）65737028　　65788613

网址：www.hnstp.cn

策划编辑：陈淑芹　申卫娟

责任编辑：申卫娟

责任校对：崔春娟

封面设计：张德琛

版式设计：周小国

责任印制：张艳芳

印　　刷：河南文教印务有限公司

经　　销：全国新华书店

开　　本：787 mm × 1092 mm　1/16　印张：19.75　字数：456千字

版　　次：2023年4月第1版　2023年4月第1次印刷

定　　价：118.00元

序

模式标本是植物分类学研究、植物志编研、植物多样性编目和植物采集史撰写的基础资料。20 世纪 80 年代，我在负责编写《黑龙江省植物志》藜科时，对模式标本的重要性有了初步认识；2003—2019 年，我在主持科技部“国家标本资源共享平台（NSII）”项目过程中，加深了这方面的认识。该项目资助了我们所靳淑英先生编写的《中国高等植物模式标本汇编补编二》的出版和植物模式标本数字化，以及林祁等主编的《中国国家植物标本馆（PE）模式标本集》（1~14 卷及补编 2 卷）的出版，后者是从植物所标本馆（PE）馆藏的 2.2 万份模式标本数据库中遴选出 8 000 余份最重要的模式标本汇编而成的。我和相关的同事曾多次讨论，计划把中国植物模式标本数据库建立起来，包括对保存在国外的植物模式标本进行数字化。目前这项计划已有了良好的开端，希望能够把这件事情坚持做下去。

我在工作当中了解到，靳淑英先生在 1994—2007 年相继完成了《中国高等植物模式标本汇编》（涵盖 1949—1986 年）、《补编》（涵盖 1987—1995 年）和《补编二》（涵盖 1996—2005 年），中国科学院上海辰山植物科学研究中心杜诚和马金双在 2019 年出版了 *Chinese Plant Names Index 2000-2009* 和 *Chinese Plant Names Index 2010-2017*。这些工作基本解决了新中国成立后我国植物模式标本信息的收集和整编，但民国时期及之前的情况还需要认真考证和梳理。另外，具体到省级区域，虽然自 20 世纪 70 年代以来，不少省区都出版了省级植物志，但限于当时条件，大多未能整理本省的植物模式标本名录。当前，不少省级植物志开启了第二版的编研，这一本底资料的整理值得趁势完成。

本书就是在完成《浙江植物志（新编）》浙江植物采集和研究简史及植物模式标本名录编研任务的基础上，将收集范围扩大到华东六省一市（安徽、福建、江苏、江西、山东、浙江和上海），时间跨度回溯到清代中期，对模式标本类别进行了整理，特别是后选模式，对历史拼法繁多的采集人和采集地等采集信息进行了释读和考证。全书采用了最新的分类系统，将是《华东植物志》和相关省级植物志等编研的重要参考资料，也为全国民国时期及之前的植物模式标本信息的收集整编提供了资料和样例。

本书开了一个好头。我希望看到更多地区性或省级植物模式标本资料的整理出版；更希望看到对中国高等植物，特别是特有植物模式标本信息的全面收集整理，同时建设高分辨率的数字化植物标本图像库和相关的数据库，推动植物分类学和生物多样性信息学的发展。

感谢作者们的专业精神，祝贺这部高水准的经典分类学著作付梓，期待更多的基础性成果面世。

流年笑掷，一往无前，未来可期，是为序。

中国科学院植物研究所研究员
世界自然保护联盟（IUCN）理事兼亚洲区会员委员会主席
中国科学院生物多样性委员会副主任兼秘书长
2021 年 12 月 20 日于北京香山

前言

模式标本是发表新分类群时所依据的特定标本，新物种的确定和描述均来源于此，因而是一个物种名称的实体凭证，是植物分类学和系统进化学研究和教学必不可少的工具，是从事专科、专属研究，植物多样性编目，植物志编纂，以及植物采集史研究的本底资料。

华东地区（安徽、福建、江苏、江西、山东、浙江和上海）地处东南沿海，是中国近代植物分类学的发祥地之一。华东最早采集的模式标本可追溯到1701年，J. Cunningham在浙江舟山采集，其中一份后来作为合模式标本 (Syntype) 之一于1818年被R. Brown发表为 *Hamamelis chinensis*（即檵木 *Loropetalum chinense*）。1793年G.L. Staunton沿京杭大运河—钱塘江后到鄱阳湖的采集成为山东、江苏、上海和江西的最早模式标本采集，福建最早的模式标本可能是1830年之前J. Reeves在安溪的采集，安徽的则是1848年R. Fortune在休宁的采集。

从1875年O. Debeaux发表 *Florule de Shang-Haï* (*Province de Kiang-Sou*)，到1942年F. P. Metcalf出版 *Flora of Fukien and Floristic Notes on Southeastern China*，华东地区至少出过18个地方性植物名录，且开始了编写植物志的尝试。

20世纪70年代开始，华东地区六省一市开始编写省级植物志，其中仅《浙江植物志》（1989—1993）在《总论卷》（1993）整理了有记录以来到1991年的模式标本，共收录了模式标本产地是浙江的植物626种（含种及其以下等级，下同），同时限于历史条件，遗留下不少问题未解决，福建、江西和上海仅在采集史中略有提及，其他省份未涉及模式标本。进入21世纪，江苏和浙江相继完成了第二版植物志的出版，但仍只有浙江继续了之前的模式标本的整理。

新分类群的文献散落在大量的图书、期刊上，模式标本也分散保存在不同的标本馆，从而使得收集、整理有不少困难，但前人仍完成了重要的工作。新中国成立后的模式标本，可以参考中国科学院植物研究所靳淑英在1994—2007年相继出版的《中国高等植物模式标本汇编》（涵盖1949—1986年）、《补编》（涵盖1987—1995年）和《补编二》（涵盖1996—2005年），中国科学院上海辰山植物科学研究中心杜诚和马金双在2019年出版的 *Chinese Plant Names Index 2000-2009* 和 *Chinese Plant Names Index 2010-2017*。靳淑英系列图书收录信息全面，涵盖学名、中名、文献来源、采集地、采集人、采集号、采集时间、模式类型和保存单位，仅有少量的名称遗漏。杜诚和马金双系列图书以收录植物名称及变化为主，新物种同时兼收模式信息，涵盖了学名、中名、文献作者、题名、文献来源、采集人、采集号、模式类别和保存单位。

中国科学院植物研究所林祁等主编的《中国国家植物标本馆（PE）模式标本集》（1~14卷及补编2卷）从PE馆藏的2.2万份模式标本中遴选出8 452份最重要的模式标本，扫描成图，图下标注中名、学名、文献来源、模式类型、采集地、海拔、采集时间、采集人和采集号等信息，但采集地和采集人没有中文说明。PE的早期馆藏来源于北平静生生物调查所植物部和国立北平研究院植物研究所，涵盖了一些民国时期的模式标本。

日本东京大学综合博物馆已出版的 *Catalogue of the Type Specimens Preserved in the Herbarium, Department of Botany, The University Museum, The University of Tokyo.(Part 1-13)* 和俄罗斯科学院柯马洛夫植物研究所出版的 *Catalogue of the Type Specimens of East-Asian Vascular Plants in the Herbarium of the V. L. Komarov Botanical Institute* (*LE*)*. Pt. 2* (*China*) 也都收录了不少历史上在华东采集的模式标本。

19世纪及20世纪早期的模式标本，主要由外国人采集，保存在国外的标本馆中。到了民国时期，开始有中国人大量专业采集标本，保存在国内，但也有大量的标本送往国外进行研究。Emil Bretschneider 在1898年出版的 *History of European Botanical Discoveries in China*、E.D. Merrill 和 E.H. Walker 在1938年出版的 *A Bibliography of Eastern Asiatic Botany* 及 E.H. Walker 在1960年出版的 *A Bibliography of Eastern Asiatic Botany: Supplement 1*、《中国植物志》（1958—2004）等工具书及 IPNI、Tropicos 等数据库，提供了大量关于模式标本的线索，但需要查询原文及考证。Biodiversity Heritage Library 网站提供的历史文献涵盖了19世纪及20世纪早期的，民国时期文献则主要依靠图书馆文献传递服务从国内外图书馆获取，上海辰山植物园《民国植物分类学文献专辑》也提供了很大帮助。Global Plants on JSTOR 网站和 NSII（包括 CVH）提供了海量的数字化标本，通过文献原文与标本对照，可以澄清很多历史问题，补充采集信息数据。1949年之前的模式标本少有整理，从华东地区入手是一种尝试。

本书第一次对华东地区发表的新分类群和模式标本进行了考证和梳理，通过查阅工具书和网络数据库，获取原始文献，结合采集史，整理模式标本，解决历史疑难，考证了模式标本类别（特别是后选模式）、采集地和采集人，并给出了中文地名和人名，单独列出了对采集地存疑和误判为华东地区的模式标本。

华东最早采集的模式标本可以回溯到1701年，但最早发表的分类学文献是1798年，截至2020年12月，收录了1798年以来华东地区发表的新分类群（种及以下等级）3 033个，其中1798—1911年发表540个，1912—1949年发表770个，1950—2020年发表1 723个。华东各省市发表新分类群情况见表1。

表 1　华东各省市 1798—2020 年发表植物新分类群情况

省市	合计 / 个	1798—1911 年发表	1912—1949 年发表	1950—2020 年发表
安徽	348	12	75	261
福建	657	167	140	350
江苏	249	50	117	82
江西	531	96	152	283
山东	232	53	58	121
上海	103	56	30	17
浙江	1 011	140	261	610
华东合计（去重后）	3 033	540	770	1 723

华东维管植物 3 033 个新分类群去除无标本信息的（22 个）后，共计有 3 446 号模式标本（收录标准见“使用说明”），各模式标本类别分布见表 2。

表 2　华东植物模式标本类别分布

模式标本类别	标本号数
Holotype	2 570
Syntype	661
Lectotype	109
Isotype	70
Isosyntype	31
Neotype	5

华东植物模式标本散落在国内外 137 家标本馆，标本馆代码及所属机构详见附录一。由于自然灾害、战争及机构合并等原因，很多馆藏地已不可考，有 443 号标本无保存的标本馆。收藏量较多（≥22 号）的标本馆见表 3，可见前 30 家标本馆收录了占总量 73% 的模式标本。

表 3　收藏华东维管植物模式标本较多的标本馆

标本馆代码	标本号数	标本馆代码	标本号数
PE	660	HK	50
K	221	N	48
A	214	ZJFC	42
NAS	131	NF	40
TI	111	SDFS	40
BM	106	FJFC	39
E	77	HTC	38

续表

标本馆代码	标本号数	标本馆代码	标本号数
ZJFI	77	AAUF	38
P	70	US	33
HHBG	63	HZU	31
IBSC	63	ANU	26
LBG	55	FUS	26
ZM	52	JXAU	25
ANUB	51	WU	25
B	51	LE	22

具体到种及种下等级，共收录模式标本采自华东的植物 2 175 种、34 亚种、620 变种、204 变型，合计 161 科 746 属 3 033 种（含种下分类群，以下统称为种，存疑及剔除在最后单列，不计入统计），按植物大类（具体类别采用的系统见使用说明）统计见表 4（发表时有误的属名也列入，以 + 显示）。

表 4　华东模式标本植物按大类统计

类别	科	属	种	亚种	变种	变型
石松植物	3	5+1	14		4	
蕨类植物	21	49+2	289	1	19	3
裸子植物	7	18+1	23		14	4
被子植物	130	666+4	1 849	33	583	197
模式标本植物合计	161	746	2 175	34	620	204

分省市统计，1701—2020 年间，模式标本采自安徽的植物 348 种，采自福建的植物 657 种，采自江苏的植物 249 种，采自江西的植物 531 种，采自山东的植物 232 种，采自上海的植物 103 种，采自浙江的植物 1 011 种。各省市模式标本植物按大类统计见表 5。

表 5　华东各省市模式标本植物大类统计

省市	合计 / 种	石松植物	蕨类植物	裸子植物	被子植物
安徽	348	2	10	5	331
福建	657	6	90	8	553
江苏	249	2	11	2	234
江西	531	6	73	3	449
山东	232		22		210
上海	103		4	2	97
浙江	1 011	4	108	21	878
华东合计（去重后）	3 033	18	312	41	2 662

模式标本种类采集较多（≥20 种）的华东山地有江西庐山（149 种），福建—江西交界武夷山（103 种，其中福建 89 种，江西 14 种），浙江西天目山（103 种），安徽黄山（81 种），安徽大别山（54 种），浙江天台山（45 种），山东崂山（43 种），山东泰山（33 种），江西井冈山（31 种），浙江九龙山（29 种），浙江—安徽交界清凉峰（28 种，其中浙江 21 种，安徽 7 种），福建茫荡山（24 种），安徽九华山（23 种），福建鼓山（22 种），浙江百山祖（21 种），江西武功山（21 种），江苏宝华山（20 种）。华东采集模式标本植物较多的山地按大类统计见表 6。

表 6　华东采集模式标本较多的山地

山名	所属省	合计 / 种	石松植物	蕨类植物	裸子植物	被子植物
庐山	江西	149	1	22	1	125
武夷山	福建—江西	103	1	27		75
西天目山	浙江	103		10		93
黄山	安徽	81	2	7	2	70
大别山	安徽	54			2	52
天台山	浙江	45	1	1		43
崂山	山东	43		1		42
泰山	山东	33		3		30
井冈山	江西	31	1	4		26
九龙山	浙江	29		15	1	13
清凉峰	浙江—安徽	28		2		26
茫荡山	福建	24		1		23
九华山	安徽	23				23
鼓山	福建	22		3	1	18
百山祖	浙江	21		14	1	6
武功山	江西	21		4		17
宝华山	江苏	20		2		18

模式标本采集号数较多（> 45 号，含引种）的人有秦仁昌（R.C. Ching）140 号 125 种，R. Fortune 91 号 84 种，S.T. Dunn 83 号 75 种，御江久夫（H. Migo）78 号 74 种，C. d’Argy 75 号 73 种，E. Faber 72 号 67 种，裘佩熹（P.C. Chiu）68 号 68 种，钟观光（K.K. Tsoong）62 号 54 种，陈诗（S. Chen）59 号 38 种，胡先骕（H.H. Hu）51 号 47 种，贺贤育（Y.Y. Ho）50 号 49 种，钟心煊（H.H. Chung）49 号 42 种，G. Shearer 47 号 47 种。模式标本采集较多的采集人按省市统计见表 7。

表 7　华东地区模式标本植物采集较多的采集人（按省市统计）

采集人	合计（去重后）	安徽	福建	江苏	江西	山东	上海	浙江
秦仁昌 R.C. Ching	140 号 125 种	36 号 35 种	5 号 5 种	7 号 6 种	18 号 17 种			74 号 65 种
R. Fortune	91 号 84 种	4 号 4 种	27 号 27 种				14 号 14 种	46 号 44 种
S.T. Dunn	83 号 75 种		83 号 75 种					
御江久夫 H. Migo	78 号 74 种	3 号 3 种	5 号 5 种	16 号 15 种	7 号 7 种	1 号 1 种	11 号 10 种	35 号 34 种
C. d' Argy	75 号 73 种	1 号 1 种		55 号 55 种			19 号 18 种	
E. Faber	72 号 67 种			1 号 1 种	5 号 5 种	4 号 4 种	2 号 2 种	60 号 56 种
裘佩熹 P.C. Chiu	68 号 68 种	3 号 3 种	21 号 21 种		7 号 7 种		1 号 1 种	36 号 36 种
钟观光 K.K. Tsoong	62 号 54 种	9 号 7 种						53 号 47 种
陈诗 S. Chen	59 号 38 种							59 号 38 种
胡先骕 H.H. Hu	51 号 47 种		3 号 3 种		28 号 27 种			20 号 17 种
贺贤育 Y.Y. Ho	50 号 49 种	2 号 2 种			1 号 1 种			47 号 46 种
钟心煊 H.H. Chung	49 号 42 种		47 号 40 种		2 号 2 种			
G. Shearer	47 号 47 种				47 号 47 种			

本书的资料收集始于为编写《浙江植物志（新编）》第一卷“模式标本采于浙江的植物”而进行的准备工作，前期体例得到浙江省林业科学研究院丁炳扬教授和杭州师范大学金孝锋教授的指导，文献获取方面得到上海辰山植物园杜诚和李晓晨、华东师范大学廖帅、美国俄勒冈州立大学潘长青和张劼、浙江省林业科学研究院柳新红及浙江大学图书馆陈振宇、谢敏、胡晓群、川蓉和丁楠等老师的帮助，疑难地名解释得到来金朋先生的帮助，国家植物园（北园）马金双研究员一直对我们的工作进行鼓励，并邀请我们在植物系统学家园微信群主题论坛做了一次分享报告。国家植物标本资源库建设运行项目（E0117G1001）对我们进行了资助，使得本书能正式出版，中国科学院植物研究所马克平研究员百忙中抽空撰写了序，在此一并感谢。

部分内容已应用于《浙江植物志（新编）》第一卷和《宁波植物研究》（两书采用了

与本书不同的分类系统），希望对《华东植物志》及后续华东地区其他区域性植物志的编写有所帮助。

由于时间仓促，编者掌握的文献资料及释读水平有限，书中可能存在遗漏和错误，请广大读者批评指正，可以联系第一作者 libliujun@zju.edu.cn。

刘军

2022 年 6 月于求是园

Preface

Type specimens are specific specimens based on which new taxa were published. The identification and description of new species are based on type specimens, so they are the vouchers for the name of species. Thus, they are indispensable tools for the research and teaching of plant taxonomy and systematics, as well as fundamental tools for studies on the taxonomy of a specific taxon, catalog of plant diversity, flora compilation, and plant collection history.

East China (Anhui, Fujian, Jiangsu, Jiangxi, Shandong, Zhejiang, and Shanghai) is located on the southeast coast of China, and is one of the birthplaces of modern plant taxonomy in China. The earliest type specimen collected in East China can be traced back to 1701, which was collected by J. Cunningham in Zhoushan, Zhejiang. Later, it was cited by R. Brown in 1818 as one of the type specimens (Syntypes) of *Hamamelis chinensis* (*Loropetalum chinense*). The collections of G. L. Staunton along the Beijing-Hangzhou Grand Canal, Qiantang River to Poyang Lake in 1793 contained the earliest type specimens from Shandong, Jiangsu, Shanghai, and Jiangxi. The earliest type specimens from Fujian may have been collected by J. Reeves in Anxi before 1830, and for the earliest ones from Anhui, it should be collected by R. Fortune in Xiuning until 1848.

From the publication of *Florule de Shang-Haï* (*Province de Kiang-Sou*) by O. Debeaux in 1875 to *Flora of Fukien and Floristic Notes on Southeastern China* by F. P. Metcalf in 1942, at least 18 local plant lists had been published in East China, and the attempt to compile a flora began from then on.

Since 1970s, the six provinces and one municipality in East China began to compile provincial flora. Among them, only *Flora of Zhejiang* (1989—1993) included records of type specimens before 1991 in the *Volume General* (1993). It includes total 626 taxa of plants (including species-level and below, the same hereinafter) of which type specimens were collected from Zhejiang. At the same time, many problems remained unresolved due to the limitations of historical conditions. Floras of Fujian, Jiangxi, and Shanghai have only mentioned their collection history briefly, while those of the rest provinces didn't involve type specimens. In the 21st century, Jiangsu and Zhejiang have successively completed the second edition of their Floras, but only Zhejiang has continued to organize and record the previous type specimens.

Literatures on new taxa are scattered throughout a large number of books and journals, and type specimens are also scattered around different herbaria, which makes them both difficult to be collected and organized. Several predecessors have done a lot of important work. For the type specimens that collected after the founding of the People's Republic of China, one can refer to the *A Catalogue of Type Specimens* (*Cormophyta*) *in the Herbaria of China* (1949—1986), *The Supplement* (1987—1995) and *The Supplement II* (1996—2005) by Shuying Jin from Institute of Botany, Chinese Academy of Sciences between 1994 and 2007, as well as *Chinese Plant Names Index 2000-2009* and *Chinese Plant Names Index 2010-2017* by Cheng Du and Jinshuang Ma from Shanghai Chenshan Plant Science Research Center, Chinese Academy of Sciences in 2019. Shuying Jin's series of books contain comprehensive information, including scientific names, Chinese names, literature sources, collection locations, collectors, collection numbers, collection dates, categories of type specimens, and preservation places, with only a few names missing. Cheng Du and Jinshuang Ma's series of books mainly include plant names and changes, and new species also include information of type specimens, covering scientific names, Chinese names, authors, titles, sources, collectors, collection numbers, categories of type specimens, and preservation places.

Type Specimens in China National Herbarium (*PE*) (Volumes 1-14 and 2 Supplements) is edited by Qi Lin et al. from the Institute of Botany, Chinese Academy of Sciences. 8,452 most important type specimens out of the 22,000 ones in the PE collection are selected and scanned, with Chinese names, scientific names, literature sources, categories of type specimens, collection locations, altitudes, collection dates, collectors, and collection numbers under the figures as the captions, but there is no Chinese description about the collection location and collector. The early collections of PE come from the Botany Department of Fan Memorial Institute of Biology and the Botanical Institute of National Academy of Peiping, covering some type specimens collected during the period of the Republic of China.

Catalogue of the Type Specimens Preserved in the Herbarium, Department of Botany, The University Museum, The University of Tokyo. (*Part 1-13*) published by the University Museum of the University of Tokyo and *Catalogue of the type specimens of East-Asian vascular plants in the Herbarium of the V.L. Komarov Botanical Institute* (*LE*). *Pt. 2* (*China*) published by V.L. Komarov Institute of Botany, Russian Academy of Sciences both include many historical type specimens collected from East China.

Type specimens from the 19th to early 20th century were mainly collected by foreigners and kept in foreign herbaria. Since the period of the Republic of China, a large number of specimens had been collected by Chinese professionals, some of which were kept in China, while many were sent abroad for research. Reference books such as *History of European Botanical*

Discoveries in China by Emil Bretschneider, 1898, *A Bibliography of Eastern Asiatic Botany* by E.D. Merrill and E.H. Walker, 1938, *A Bibliography of Eastern Asiatic Botany: Supplement 1* by E.H. Walker, 1960, and *Flora Reipublicae Popularis Sinicae* (1958—2004), and databases such as IPNI and Tropicos, provide a lot of clues about type specimens, but original literatures need to be checked. The historical literature provided by the Biodiversity Heritage Library website covers the 19th and early 20th centuries. The literature published during the period of Republic of China are mainly obtained from domestic and foreign libraries through library document delivery services, and *Collection of Plant Taxonomy Literature of Republic of China* in Shanghai Chenshan Botanical Garden is also very helpful. The Global Plants on JSTOR website and NSII (including CVH) provide a large number of digital specimens. By comparing the original literature and specimens, many historical issues can be clarified, and collection information can be supplemented. The type specimens before 1949 haven't been well sorted and arranged, and starting from East China might be a good attempt.

For the first time, this book aims to sort out and check new taxa and their type specimens published in East China. By consulting reference books and online databases, obtaining original literature, and combining them with collection history, we would like to sort out type specimens, solve historical problems, as well as verify categories of type specimens (especially for lectotypes), collection locations, and collectors (information in Chinese is also given). The type specimens which had an uncertain origin or were misjudged as from East China are listed separately.

The earliest type specimens collected from East China can be traced back to 1701, but the earliest published taxonomic literature was in 1798. From 1798 to December 2020, 3,033 new taxa (species level and below) were published from East China, of which 540 were published during 1798-1911, 770 were published during 1912-1949, and 1,723 were published during 1950-2020. The new taxa published from the six provinces and one municipality in East China are listed in Table 1.

Table 1 New taxa published from the six provinces and one municipality in East China during 1798-2020

Province/Municipality	In Total	Published during 1798-1911	Published during 1912-1949	Published during 1950-2020
Anhui	348	12	75	261
Fujian	657	167	140	350
Jiangsu	249	50	117	82
Jiangxi	531	96	152	283

续表

Province/Municipality	In Total	Published during 1798-1911	Published during 1912-1949	Published during 1950-2020
Shandong	232	53	58	121
Shanghai	103	56	30	17
Zhejiang	1,011	140	261	610
East China In Total (duplicates removed)	3,033	540	770	1,723

There are 3,033 new taxa of vascular plants in East China. After removing 22 taxa without specimen information, a total of 3,446 type specimens are included (please see "How To Use This Book" about our criteria for inclusion or exclusion). The distribution of type specimen categories is listed in Table 2.

Table 2 Distribution of type specimen categories

Type specimen categories	Number of specimens
Holotype	2,570
Syntype	661
Lectotype	109
Isotype	70
Isosyntype	31
Neotype	5

Type specimens from East China are scattered in 137 herbaria around the world. For details of the herbarium codes and institutions, please refer to Appendix 1. Due to natural disasters, wars, and institutional mergers, many herbaria no longer exist. The preserved herbarium information is not available for 443 specimens. The herbaria with larger collections (≥22) are listed in Table 3. The top 30 herbaria in this list preserved 73% of the total type specimens.

Table 3 Herbaria with larger collections of type specimens for vascular plants in East China

Herbarium code	NO.	Herbarium code	NO.
PE	660	HK	50
K	221	N	48
A	214	ZJFC	42
NAS	131	NF	40
TI	111	SDFS	40
BM	106	FJFC	39
E	77	HTC	38
ZJFI	77	AAUF	38

续表

Herbarium code	NO.	Herbarium code	NO.
P	70	US	33
HHBG	63	HZU	31
IBSC	63	ANU	26
LBG	55	FUS	26
ZM	52	JXAU	25
ANUB	51	WU	25
B	51	LE	22

Specific to the species level and below, a total of 2,175 species, 34 subspecies, 620 varieties, and 204 forms of plants (161 families, 746 genera and 3,033 taxa) whose type specimens were collected from East China are included. The statistics by plant groups (please see "How To Use This Book" for the taxonomic systems that we referred for specific groups) are shown in Table 4 (the wrong genus name at the time of publication is also listed and marked with +).

Table 4　Statistics of taxa by plant groups and levels

Group	Families	Genera	Species	Subspecies	Varieties	Forms
Lycophytes	3	5+1	14		4	
Ferns	21	49+2	289	1	19	3
Gymnosperms	7	18+1	23		14	4
Angiosperms	130	666+4	1,849	33	583	197
In total	161	746	2,175	34	620	204

According to statistics by province and municipality, from 1701 to 2020, type specimens of 348 taxa were collected from Anhui, 657 from Fujian, 249 from Jiangsu, 531 from Jiangxi, 232 from Shandong, 103 from Shanghai, and 1,011 from Zhejiang. Table 5 shows the statistics of taxa in six provinces and one municipality by plant groups.

Table 5　Statistics of taxa by six province/municipality and plant groups

Province/Municipality	In total /taxa	Lycophytes	Ferns	Gymnosperms	Angiosperms
Anhui	348	2	10	5	331
Fujian	657	6	90	8	553
Jiangsu	249	2	11	2	234
Jiangxi	531	6	73	3	449
Shandong	232		22		210
Shanghai	103		4	2	97
Zhejiang	1,011	4	108	21	877
East China In Total (duplicates removed)	3,033	18	312	41	2,662

The East China mountains where many type specimens (≥20 taxa) were collected include: Lu Shan in Jiangxi (149 taxa), Wuyi Shan at Fujian-Jiangxi border (103 taxa, including 89 taxa in Fujian and 14 in Jiangxi), Xitianmu Shan in Zhejiang (103 taxa), Huang Shan in Anhui (81 taxa), Dabie Shan in Anhui (54 taxa), Tiantai Shan in Zhejiang (45 taxa), Lao Shan in Shandong (43 taxa), Tai Shan in Shandong (33 taxa), Jinggang Shan in Jiangxi (31 taxa), Jiulong Shan in Zhejiang (29 taxa) , Qingliangfeng at Zhejiang-Anhui border (28 taxa, including 21 taxa in Zhejiang, 7 in Anhui), Mangdang Shan in Fujian (24 taxa), Jiuhua Shan in Anhui (23 taxa),Gu Shan in Fujian (22 taxa), Baishanzu in Zhejiang (21 taxa), Wugong Shan in Jiangxi (21 taxa), Baohua Shan in Jiangsu (20 taxa). The statistics in Table 6 show the mountains in East China where many type specimens were collected.

Table 6　Statistics of taxa by mountains and plant groups

Mountains	Province	In total /taxa	Lycophytes	Ferns	Gymnosperms	Angiosperms
Lu Shan	Jiangxi	149	1	22	1	125
Wuyi Shan	Fujian- Jiangxi	103	1	27		75
Xitianmu Shan	Zhejiang	103		10		93
Huang Shan	Anhui	81	2	7	2	70
Dabie Shan	Anhui	54			2	52
Tiantai Shan	Zhejiang	45	1	1		43
Lao Shan	Shandong	43		1		42
Tai Shan	Shandong	33		3		30
Jinggang Shan	Jiangxi	31	1	4		26
Jiulong Shan	Zhejiang	29		15	1	13
Qingliangfeng	Zhejiang - Anhui	28		2		26
Mangdang Shan	Fujian	24		1		23
Jiuhua Shan	Anhui	23				23
Gu Shan	Fujian	22		3	1	18
Baishanzu	Zhejiang	21		14	1	6
Wugong Shan	Jiangxi	21		4		17
Baohua Shan	Jiangsu	20		2		18

The collectors who collected a large number of type specimens (> 45, including introductions) include: R.C. Ching, 140 collection Nos., 125 taxa; R. Fortune, 91 collection Nos., 84 taxa; S.T. Dunn, 83 collection Nos., 75 taxa; H. Migo, 78 collection Nos., 74 taxa; C. d'Argy, 75 collection Nos., 73 taxa; E. Faber, 72 collection Nos., 67 taxa; P.C. Chiu, 68 collection Nos., 68 taxa; K.K. Tsoong, 62 collection Nos., 54 taxa; S. Chen, 59 collection Nos., 38 taxa; H.H. Hu,

51 collection Nos. 47 taxa; Y.Y. Ho, 50 collection Nos., 49 taxa; H.H. Chung, 49 collection Nos., 42 taxa; G. Shearer, 47 collection Nos., 47 taxa. The statistics of the collectors who collected more type specimens by province/municipality are shown in Table 7.

Table 7　Statistics of taxa by collectors and province/municipality

Collector	In total (duplicates removed)	Anhui	Fujian	Jiangsu	Jiangxi	Shandong	Shanghai	Zhejiang
R.C. Ching	140 Nos. 125 taxa	36 Nos. 35 taxa	5 Nos. 5 taxa	7 Nos. 6 taxa	18 Nos. 17 taxa			74 Nos. 65 taxa
R. Fortune	91 Nos. 84 taxa	4 Nos. 4 taxa	27 Nos. 27 taxa				14 Nos. 14 taxa	46 Nos. 44 taxa
S.T. Dunn	83 Nos. 75 taxa		83 Nos. 75 taxa					
H. Migo	78 Nos. 74 taxa	3 Nos. 3 taxa	5 Nos. 5 taxa	16 Nos. 15 taxa	7 Nos. 7 taxa	1 No. 1 taxa	11 Nos. 10 taxa	35 Nos. 34 taxa
C. d'Argy	75 Nos. 73 taxa	1 No. 1 taxa		55 Nos. 55 taxa			19 Nos. 18 taxa	
E. Faber	72 Nos. 67 taxa			1 No. 1 taxa	5 Nos. 5 taxa	4 Nos. 4 taxa	2 Nos. 2 taxa	60 Nos. 56 taxa
P.C. Chiu	68 Nos. 68 taxa	3 Nos. 3 taxa	21 Nos. 21 taxa		7 Nos. 7 taxa		1 No. 1 taxa	36 Nos. 36 taxa
K.K. Tsoong	62 Nos. 54 taxa	9 Nos. 7 taxa						53 Nos. 47 taxa
S. Chen	59 Nos. 38 taxa							59 Nos. 38 taxa
H.H. Hu	51 Nos. 47 taxa		3 Nos. 3 taxa		28 Nos. 27 taxa			20 Nos. 17 taxa
Y.Y. Ho	50 Nos. 49 taxa	2 Nos. 2 taxa			1 No. 1 taxa			47 Nos. 46 taxa
H.H. Chung	49 Nos. 42 taxa		47 Nos. 40 taxa		2 Nos. 2 taxa			
G. Shearer	47 Nos. 47 taxa				47 Nos. 47 taxa			

To write the chapter "The Plants of Type Specimens Collected in Zhejiang Province" in the first volume of *Flora of Zhejiang* (*New Edition*), I started to gather the collection data of this book. The stylistic rules and layout of this book were guided by Professor Bingyang Ding from Zhejiang Academy of Forestry and Professor Xiaofeng Jin from Hangzhou Normal University. Cheng Du and Xiaochen Li from Shanghai Chenshan Botanical Garden, Shuai Liao from East

China Normal University, Changqing Pan and Jie Zhang from Oregon State University, Xinhong Liu from Zhejiang Academy of Forestry, Zhenyu Chen, Min Xie, Xiaoqun Hu, Rong Chuan and Nan Ding from Zhejiang University Library helped with literature acquisitions. Mr. Jinpeng Lai helped to solved the problems in collection locations. Prof. Jinshuang Ma from China National Botanical Garden (North Garden), has been encouraging our work all the time, and invited us to present it in the WeChat group of Chinese plant systematists. The National Plant Specimen Resource Center (NPSRC) Project (E0117G1001) has supported the publication of this book financially. We would like to express our sincere thanks to Prof. Keping Ma from Institute of Botany, Chinese Academy of Sciences, for taking his precious time to write a forward for this book.

Part of the contents of this book has been applied to *Flora of Zhejiang (New Edition) Volume 1* and *Botanical Research in Ningbo* (both used different classification systems from this one), and we hope that this book will be helpful for the compilation of *Flora of East China* and other regional Floras in East China.

Due to limited time and capacity, omissions and errors might be inevitable in the book. If you find a mistake in this book or have any comments, please contact the first author (libliujun@zju.edu.cn).

Jun Liu
Zhejiang University
June, 2022

使用说明

1. 华东地区指行政区划上的华东六省一市，即安徽、福建、江苏、江西、山东、浙江和上海，历史区划有变动的，以 [ ] 注明当前所属。

2. 名录分类系统上（科级），石松和蕨类植物采用 PPG Ⅰ（2016），裸子植物采用 GPG Ⅰ系统（2022），被子植物采用 APG Ⅳ（2016）。科序号采用各分类系统内部排列序号。

3. 同一科内，属、种及种以下分类单位的排列，按照拉丁学名首字母顺序排列。个别已经证实科有误的置于正确的科内。

4. 各模式标本按中名、学名、发表文献、标本采集信息、保存单位等内容记述。中名参考《中国植物志》、*Flora of China*、省级植物志和发表文献，部分中名自拟，以 [ ] 标识的表示当前使用；学名拼法有变动的以 [ ] 示意当前拼法，命名人参考 IPNI 标准格式。学名以基原异名为准。发表文献记录到学名发表页。

5. 标本采集信息包括采集地、采集时间、采集人、采集号。采集地按省、市（县）、小地名著录，文献原始记录尽量保留，参考《中华人民共和国地名大词典》（1998），辅以中文说明；采集时间、文献未明的参考标本，予以补充；采集人的英文姓名及缩写方式保留文献原始记录，有中文名的以中文名统一著录，超过两位的以第一人加等著录，信息不全的略。

6. 模式标本类型置于保存单位代码前，收录的各模式类型如下：主模式（Holotype）、等模式（Isotype）、合模式（Syntype）、等合模式（Isosyntype）、后选模式（Lectotype）、新模式（Neotype）。如 Holotype 或 Syntype 保存单位已不可考，而 Isotype 或 Isosyntype 有多个保存单位的，仅选取 1 个举例。

7. 保存单位代码参考纽约植物园（New York Botanical Garden）的 Index Herbariorum 在线版和中国国家标本资源平台 NSII 的中国标本馆索引，部分自拟。保存单位不明的以？表示。

How To Use This Book

1. East China refers to the six provinces and one municipality in the eastern part of China, namely Anhui, Fujian, Jiangsu, Jiangxi, Shandong, Zhejiang, and Shanghai. If there are changes in the administrative division, we use [ ] to indicate the current affiliation.
2. Regarding the classification systems (family level), PPG I (2016) is used for lycophytes and ferns, GPG I system (2022) is used for gymnosperms, and APG IV (2016) is used for angiosperms. The serial number of each family is adopted from those classification systems.
3. Genera, species and lower taxonomic levels are alphabetized by their Latin names in each familiy. In rare cases, the genera which have been confirmed to be placed in the wrong family are transferred to the correct one.
4. Each type specimen is listed with its Chinese name, scientific name, original literature, collection information, herbarium, etc. Chinese names mostly refer to *Flora Reipublicae Popularis Sinicae* and *Flora of China*, provincial floras and published literatures, with some of them are newly proposed, and the ones marked with [ ] indicate being currently used. If the spelling of a scientific name has changed, we use [ ] to indicate the current spelling, and the author(s) refers to the IPNI standard form. Scientific name is based on the basionym. For original literature, the page on which the scientific name was published is listed.
5. Collection information includes collection locality, collection date, collector, and collection number. Collection localities are listed by province, city (county), and detailed location. Original records of the literatures are kept as much as possible, and supplemented by Chinese descriptions according to *The Dictionary of Geographical Names of the People's Republic of China* (1998). For unknown collection date or original literature, we have tried our best to supplement it. We recorded the English/Latinized names and abbreviations of collectors. Chinese names are also listed when applicable. If there are more than two collectors, only the first collector will be recorded. Incomplete information is ignored.
6. Different kinds of type specimens, which include Holotype, Isotype, Syntype, Isosyntype, Lectotype and Neotype, are indicated in front of the herbarium code. If the herbarium where the Holotype or Syntype is stored is unknown, and there are multiple Isotypes or Isosyntypes stored in different herbaria, only selected one is listed here.
7. The herbarium code mostly refer to the online version of Index Herbariorum (New York Botanical Garden) and Index Herbariorum Sinicorum (National Specimen Information Intrastructure, NSII), with some of them are proposed here. If the herbarium is unknown, it is indicated by ?.

目录

石松植物
Lycophytes

001 石松科 Lycopodiaceae

稀齿石杉 ***Huperzia minimadenta*** J.F. Cheng, Bull. Bot. Res., Harbin 7 (3): 113. 1987. Jiangxi (江西): Jingganshan [Jinggang Shan] (井冈山), S.S. Xu (徐声修) 8310153 (Holotype: JXU).

黄山石杉 ***Huperzia whangshanensis*** Ching et P.C. Chiu, Acta Bot. Yunnan. 3 (3): 299. 1981. Anwhei [Anhui] (安徽): Whang-shan [Huang Shan] (黄山), [Shizifeng to Yungu Si] (狮子峰到云谷寺), P.C. Chiu (裘佩熹) 2570 (Holotype: ?).

直叶黄山石杉 ***Huperzia whangshanensis*** Ching et P.C. Chiu var. ***rectifolia*** J.F. Cheng, Fl. Jiangxi 1: 505. 1993. Jiangxi (江西): [Jiujiang] (九江), Xie Shan (鞋山), 1952-05-20, Y.G. Xiong (熊耀国) 7105 (Holotype: LBG).

闽浙石松 ***Lycopodium minchegense*** [***Lycopodium mingcheense***] Ching, Fl. Fujian. 1: 597. 1982. Fujian (福建): Chong'an (崇安), P.S. Chiu (裘佩熹) 2069 (Lectotype: PE, designated by Q.P. Xiang et al. in Taxon 52: 857. 2003).

Lycopodium serratum Thunb. var. ***integrifolium*** Matsuda, Bot. Mag. (Tokyo) 25: 124. 1911. Kiang-si [Jiangxi] (江西): Lu Shan (庐山), K. Inami (稻并幸吉) s.n. (Holotype: TI) .

龙岩马尾杉 ***Phlegmariurus longyangensis*** C.Y. Ma, Bull. Bot. Res., Harbin 10 (3): 58. 1990. Fujian (福建): Longyan (龙岩), Shizhong (适中), Xiangshan (象山), 1983-01-08, C.Y. Ma (马其云) 3246 (Holotype: AMMS [PE]).

闽浙马尾杉 ***Phlegmariurus mingcheensis*** Ching, Acta Bot. Yunnan. 4 (2): 125. 1982. Zhejiang (浙江): Kiang-shan [Jiangshan] (江山), 1958-05-28, P.S. Chiu (裘佩熹) 2105 (Holotype: PE).

狭叶马尾杉 ***Phlegmariurus mingcheensis*** Ching var. ***angustifolius*** C.Y. Ma, Bull. Bot. Res., Harbin 10 (3): 57. 1990. Fujian (福建): Longyan (龙岩), Shizhong (适中), Xiangshan (象山), 1982-12-30, C.Y. Ma et M. Yang (马其云 , 杨明) 3245 (Holotype: AMMS [PE]).

矮小马尾杉 ***Phlegmariurus nanus*** C.Y. Ma, Bull. Bot. Res., Harbin 10 (3): 58. 1990. Fujian (福建): Longyan (龙岩), Shizhong (适中), Xiangshan (象山), 1983-01-08, C.Y. Ma (马其云) 3247 (Holotype: AMMS [PE]).

雁荡马尾杉 ***Phlegmariurus yandongensis*** Ching et C.F. Zhang, Bull. Bot. Res., Harbin 3 (3): 2. 1983. Zhejiang (浙江): Luo-qing [Yueqing] (乐清), Yan-don Shan [Yandang Shan] (雁荡山), [Xianshengmen] (显圣门), 1979-11-22, K.Y. Shing et al. (邢公侠等) 256 (Holotype: PE).

002 水韭科 Isoëtaceae

东方水韭 ***Isoëtes orientalis*** Hong Liu et Q.F. Wang, Novon 15 (1): 164. 2005. Zhejiang (浙

江): Songyang (松阳), S. of Anming [Anmin] (安民), 2002-12-12, H. Liu et J.Y. Wang (刘虹 , 王晶苑) WH20021214 (Holotype: WH).

中华水韭 ***Isoëtes sinensis*** T.C. Palmer, Amer. Fern J. 17: 112. 1927. [Jiangsu] (江苏): Nanking [Nanjing] (南京), Spirit Valley [Linggu Si] (灵谷寺), lake bottom, 1922-06-09, A.N. Steward 2153 (Holotype: US).

金门水韭 ***Isoëtes taiwanensis*** Devol var. ***kinmenensis*** F.Y. Lu, H.H. Chen et Y.L. Hsueh, Fl. Kinmen 1: 26. 2011. [Fujian] (福建): Kinmen [Jinmen] (金门), inter mont. Taiwu Shan (太武山), 2010-03-05, W.L. Hsieh et al. (谢宛伦等) H2747 (Holotype: CHIA).

003 卷柏科 Selaginellaceae

Selaginella christii H. Lév., Repert. Spec. Nov. Regni Veg. 9 (222–226): 451. 1911. Kiang-Sou [Jiangsu] (江苏), d'Argy s.n. (Syntype: ?).

江南卷柏 ***Selaginella moellendorffii*** Hieron., Hedwigia 41: 178. 1902. [Jiangxi] (江西): Kinkiang [Jiujiang] (九江) ad fluvium Yangtse, Otto von Moellendorff 26 (Lectotype: B, designated by A.H.G. Alston in Bull. Fan Mem. Inst. Biol. 5: 284. 1934); Chekiang [Zhejiang] (浙江): monte Tientai [Tiantai Shan] (天台山), 1889-04, E. Faber s.n. (Syntype: ?), Ningpo [Ningbo] (宁波), 1886 年 , E. Faber s.n. (Syntype: ?); [Fujian] (福建): Amoy [Xiamen] (厦门), O. Warburg s.n. (Syntype: ?), Futschau [Fuzhou] (福州), Bankers glen, O. Warburg s.n. (Syntype: ?).

旱生卷柏 ***Selaginella stauntoniana*** Spring, Mém. Acad. Roy. Sci. Belgique 24: 71. 1850. Kiang-Si [Jiangxi] (江西), G.L. Staunton s.n. (Lectotype: FI, designated by A.H.G. Alston in Bull. Fan Mem. Inst. Biol. 5: 287. 1934).

毛枝卷柏 ***Selaginella trichoclada*** Alston, J. Bot. 70: 63. 1932. An-Hwei [Anhui] (安徽): Wang Shan [Huang Shan] (黄山), above Fan Kon [Tang kou] (汤口), 1924-08-14, A.N. Steward 7221 (Holotype: BM).

Urostachys ihwangensis Nessel (Lycopodiaceae), Repert. Spec. Nov. Regni Veg. 39 (8): 68. 1935. Kiangsi [Jiangxi] (江西): Ihwang [Yihuang] (宜黄), Tunghuashan [Donghua Shan] (东华山), 1932-07-01, J. Tsiang [Y. Tsiang] (蒋英) 10106 (Holotype: NY).

蕨类植物
Ferns

007 合囊蕨科 Marattiaceae

福建观音座莲 ***Angiopteris fokiensis*** Hieron., Hedwigia 61: 275. 1919. Fokien [Fujian] (福建), C. De. Grijs 20 (Holotype: ?).

江西莲座蕨 ***Angiopteris jiangxiensis*** Ching et J.F. Cheng, J. Jiangxi Univ., Nat. Sci. Ed. 5 (1): 2. 1981. Jiangxi (江西): Anyuan (安远), Ja-kang [Jiagang] (甲冈), shounyaokong [Shao yaokeng] (烧窑坑), 1964-11-27, J.F. Cheng (程景福) 40282 (Holotype: PE).

林氏观音座莲 ***Angiopteris lingii*** Ching, Fl. Reipubl. Popularis Sin. 2: 337. 1959. Fukien [Fujian] (福建): Lung-ng [Longyan] (龙岩), Tien-ma Shan [Tianma Shan] (天马山), 1937-09-06 [1937-11-06], Ling Yung (林镕) 4333 (Holotype: PE).

定心散观音座莲 ***Angiopteris officinalis*** Ching, Fl. Reipubl. Popularis Sin. 2: 333. 1959. Chekiang [Zhejiang] (浙江): Pin-yang [Pingyang] (平阳), Yi-tang Shan [Nanyandang] (南雁荡), 1930-10-22, K.K. Tsoong (钟观光) 1882 (Holotype: PE).

三元观音座莲 ***Angiopteris shanyuanensis*** Ching, Fl. Reipubl. Popularis Sin. 2: 343. 1959. Fukien [Fujian] (福建): Shan-yuan [Sanyuan] (三元), Sin-kou-ling [Xinkouling] (莘口岭), 1931-04-27, Ling Ying (林英) 227 (Holotype: PE).

小果观音座莲 ***Angiopteris tenera*** Ching, Fl. Reipubl. Popularis Sin. 2: 344. 1959. Fukien [Fujian] (福建), Ho Ching (何景) 2139 (Holotype: PE).

008 紫萁科 Osmundaceae

福建分株紫萁 ***Osmunda cinnamomea*** L. var. ***fokienense*** Copel., Philipp. J. Sci. 4 (pt. C): 16. 1909. Fokien [Fujian] (福建), 1905 年 , S.T. Dunn HH-3763 (Holotype: MICH).

009 膜蕨科 Hymenophyllaceae

天童假脉蕨 ***Crespidomanes tiendongense*** [***Crepidomanes tiendongense***] Ching et C.F. Zhang, Bull. Bot. Res., Harbin 3 (3): 39. 1983. Zhejiang (浙江): Jiang-xian [Yin Xian] (鄞县 , 今鄞州), Tien-don Shan [Tiantong Shan] (天童山), 1981-08-11, C.F. Zhang (张朝芳) 6842 (Holotype: PE).

尾叶膜蕨 ***Hymenophyllum urofrons*** Ching et C.F. Zhang, Bull. Bot. Res., Harbin 3 (3): 40. 1983. Zhejiang (浙江): Qiang-yuang [Qingyuan] (庆元), Bei-shan-sui [Baishanzu] (百山祖), 1981-10-17, C.F. Zhang (张朝芳) 7078 (Holotype: PE).

黄山膜蕨 ***Hymenophyllum whangshanense*** Ching et P.C. Chiu, Fl. Reipubl. Popularis Sin.

2: 354. 1959. Anhwei [Anhui] (安徽): Whang Shan [Huang Shan] (黄山), 1954-06, P.S. Chiu (裘佩熹) 131 (Holotype: PE).

庐山蕗蕨 ***Mecodium lushanense*** Ching et P.C. Chiu, Fl. Reipubl. Popularis Sin. 2: 352. 1959. [Cata. Type Spec. (Corm.) Herb. China 76. 1994.] Kiangsi [Jiangxi] (江西) : Lu Shan (庐山), Emerald Pool, 1934-07-23, C.E. DeVol 525 (Holotype: PE).

016 槐叶蘋科 Salviniaceae

多果满江红 ***Azolla imbricata*** (Roxb. ex Griff.) Nakai var. ***prolifera*** Y.X. Lin, Acta Phytotax. Sin. 18 (4): 454. 1980. Shandung [Shandong] (山东): Tancheng (郯城), Yinma Zhuang (饮马庄), 1977-11, K.Z. Bai et S.L. Yu (白克智，于赛玲) 1 (Holotype: PE).

021 瘤足蕨科 Plagiogyriaceae

浙江瘤足蕨 ***Plagiogyria chekiangensis*** P.L. Chiu, Acta Phytotax. Sin. 13 (2): 111. 1975. Zhejiang (浙江): Suichang (遂昌), Nankeng (南坑), 1959-05-04, [Zhejiang Bot. Exped.] (浙江植物资源普查队) 25849 (Holotype: HHBG).

武夷瘤足蕨 ***Plagiogyria chinensis*** Ching, Acta Phytotax. Sin. 7 (2): 140. 1958. Fukien [Fujian] (福建): Dsung-an [Chong'an] (崇安), Wu-i Shan [Wuyi Shan] (武夷山), Sih-feng Ling [Xifengling] (喜峰岭), 1952-08-16, Sci. Inst. Fukien Prov. (福建科学研究所) s.n. (Holotype: PE).

齿缘瘤足蕨 ***Plagiogyria dentimarginata*** J.F. Cheng, Acta Phytotax. Sin. 26 (4): 321. 1988. Jiangxi (江西): Jinggang Shan (井冈山), S.X. Xu (徐声修) 8210191 (Holotype: JXU).

倒叶瘤足蕨 ***Plagiogyria dunnii*** Copel., Philipp. J. Sci., 3 (pt.C): 281. 1908. Fokien [Fujian] (福建): montem Yenping [Yanping] (南平市延平区), 1905 年 , S.T. Dunn HH-3934 (Holotype: MICH).

025 桫椤科 Cyatheaceae

小黑桫椤 ***Alsophila metteniana*** Hance, J. Bot. 6 (66): 175. 1868. Fokien [Fujian] (福建), 1861 年 , C.F.M. de Grijs 16 (Holotype: K).

029 鳞始蕨科 Lindsaeaceae

阔边鳞始蕨 ***Lindsaea recedens*** Ching, Fl. Reipubl. Popularis Sin. 2: 373. 1959. Fukien [Fujian]

(福建), L.K. Ling (林来官) 197 (Holotype: PE).

长柄鳞始蕨 ***Lindsaya longipetiolata*** [***Lindsaea longipetiolata***] Ching, Sinensia 1 (4): 51. 1930. Kiangsi [Jiangxi] (江西): Kuling [Guling] (牯岭), C.C. Chang (张镜澄, 即张珽) s.n. (Isotype: PE).

狭叶鳞始蕨 ***Lindsaya minina*** [***Lindsaea minina***] Ching, Sinensia 1 (4): 52. 1930. Kiangsi [Jiangxi] (江西): Kuling [Guling] (牯岭), C.C. Chang (张镜澄, 即张珽) s.n. (Isotype: PE). 改名为 ***Lindsaea changii*** C. Chr., Index Filic., Suppl. Tert. 121. 1934.

030 凤尾蕨科 Pteridaceae

仙霞铁线蕨 ***Adiantum juxtapositum*** Ching, Acta Phytotax. Sin. 6 (4): 312. 1957. Fukien [Fujian] (福建): Shia-hsia-ling [Xianxialing] (仙霞岭), 1953-08, P.C. Chiu (裘佩熹) 28 (Holotype: PE).

昌化铁线蕨 ***Adiantum subpedatum*** Ching, Bull. Bot. Res., Harbin 3 (3): 2. 1983. Zhejiang (浙江): Zhang-hua [Changhua] (昌化), Lung-don Shan [Longtang Shan] (龙塘山), 1981-06-18, C.F. Zhang (张朝芳) 6716 (Holotype: PE).

蒙山粉背蕨 ***Aleuritopteris mengshanensis*** F.Z. Li, Acta Phytotax. Sin. 22 (2): 153. 1984. Shandong (山东): Meng Shan (蒙山), 1981-08-13, F.Z. Li (李法曾) 81019 (Holotype: SDFS).

武夷粉背蕨 ***Aleuritopteris wuyishanensis*** Ching, Wuyi Sci. J. 1: 2. 1981. Fujian (福建): Chong'an (崇安), Wuyi Shan (武夷山), 1980-09-03, Wuyi Exped. (武夷队) 1709 (Holotype: PE).

毛轴碎米蕨 ***Cheilanthes chusana*** Hook., Sp. Fil. (W. J. Hooker) 2: 95. t. 106B. 1852. [Zhejiang] (浙江): Chusan [Zhoushan] (舟山), 1846-01-09, W.T. Alexander s.n. (Holotype: K-001057920).

井岗山凤丫蕨 [井冈山凤了蕨] ***Coniogramme jinggangshanensis*** Ching et K.H. Shing, Acta Bot. Yunnan. 3 (2): 238. 1981. Jiangxi (江西): Jing-Gan-Shan [Jinggang Shan] (井冈山), Ci-Ping to Golden Lion's Face (Jin-Shi-Mian) (茨坪至金狮面), 1973-06-22, K.F. Chen [J.F. Cheng] (程景福) 730090 (Holotype: PE).

条纹凤丫蕨 [条纹凤了蕨] ***Coniogramme jinggangshanensis*** Ching et K.H. Shing fo. ***zebrina*** X.X. Wang et M.M. Lin, Acta Bot. Boreal. -Occid. Sin. 29 (4): 829. 2009. Fujian (福建): Changting (长汀), 2008-01-23, X.X. Wang et J.K. Wang (王小夏, 王佳侃) 2008012302 (Holotype: SHSC).

棕轴凤丫蕨 [黄轴凤了蕨] ***Coniogramme robusta*** Christ var. ***rependula*** Ching et K.H. Shing, Fl. Reipubl. Popularis Sin. 3 (1): 279. 1990. [Fl. China 2-3: 173. 2013] Jiangxi (江西): [Yifeng] (宜丰), 1947 年, Y.G. Xiong (熊耀国) 06276 (Holotype: PE).

珠叶凤尾蕨 ***Pteris cryptogrammoides*** Ching, Fl. Fujian. 1: 597. 1982. Fujian (福建):

Yongding (永定), Guzhu (古竹), 1973-10-26, Q.Q. Zhang (张清其) 415 (Holotype: PE).

Pteris cryptogrammoides Ching, Acta Bot. Austro Sin. 1: 7. 1983. Fujian (福建): Amoy [Xiamen] (厦门), N.S. Chow (周楠生) 376 (Holotype: PE).

Pteris inaequalis Baker, J. Bot. 13: 199. 1875. Kiangsi [Jiangxi] (江西): Kiu-kiang [Jiujiang] (九江), 1873 年 , G. Shearer s.n. (Holotype: K).

江西凤尾蕨 ***Pteris obtusiloba*** Ching et S.H. Wu, Acta Bot. Austro Sin. 1: 11. 1983. Jiangxi (江西): Chung-yi [Chongyi] (崇义), 1965-06-24, M.S. Nien [M.X. Nie] et al. (聂敏祥等) 9086 [9068] (Holotype: LBG).

圆头凤尾蕨 ***Pteris wallichiana*** J. Agardh var. ***obtusa*** S.H. Wu, Acta Bot. Austro Sin. 1: 15. 1983. Jiangxi (江西): Wukung Shan [Wugong Shan] (武功山), Jiangxi Bot. Exped. (江西队) 1195 (Holotype: LBG).

031 碗蕨科 Dennstaedtiaceae

渐狭鳞盖蕨 ***Microlepia attenuata*** Ching, Wuyi Sci. J. 1: 1. 1981. Fujian (福建): Taining (泰宁), 1979-06-01, M.S. Li (李明生) 141 (Holotype: PE).

福建鳞盖蕨 ***Microlepia fujianensis*** Ching, Wuyi Sci. J. 1: 1. 1981. Fujian (福建): Taining (泰宁), M.S. Li (李明生) 1103 (Holotype: PE).

皖南鳞盖蕨 ***Microlepia modesta*** Ching, Fl. Reipubl. Popularis Sin. 2: 358. 1959. Anhwei [Anhui] (安徽): Whang Shan [Huang Shan] (黄山), P.C. Tsoong [Pu Chiu Tsoong] (钟补求) 18 (Holotype: PE).

037 铁角蕨科 Aspleniaceae

东海铁角蕨 ***Asplenium castaneo-viride*** [***Asplenium castaneoviride***] Baker, Ann. Bot. (Oxford) 5 (3): 304. 1891. [Shandong] (山东): Chefoo [Yantai] (烟台), 1875-06-24, W. Hancock 14 (Holotype: K).

[中华短肠蕨] ***Asplenium chinense*** Baker, Syn. Fil. (Hooker et Baker) 237. 1867. Shanghai (上海): [Kongmiao] (孔庙), 1861 年 , A.C. Maingay 475 (Holotype: K).

小铁角蕨 ***Asplenium conmixum*** Ching, Fl. Pl. Herb. Chin. Bor.-Orient. 1: 69. 1958. Kiangsi [Jiangxi] (江西): Wu-kungshan [Wugong Shan] (武功山), 1954-09-09, Kiangsi Exped. (江西调查队) 1175 (Holotype: PE).

相似铁角蕨 ***Asplenium consimile*** Ching ex S.H. Wu, Bull. Bot. Res., Harbin 9 (2): 90. 1989. Kiangsi [Jiangxi] (江西): Lu Shan (庐山), 1934-08, R.C. Ching (秦仁昌) 10031 (Holotype: PE).

Asplenium elegantulum Hook., Sp. Fil. (W. J. Hooker) 3: 190. 1860. [Zhejiang] (浙江): Island near Chusan [Zhoushan] (舟山), W.T. Alexander s.n. (Syntype: ?).

凤阳山铁角蕨 ***Asplenium fengyangshanense*** Ching et C.F. Zhang, Bull. Bot. Res., Harbin 3 (3): 36. 1983. Zhejiang (浙江): Longquan (龙泉), Fengyang Shan (凤阳山), 1980-03-27, C.F. Zhang (张朝芳) 037 (Holotype: PE).

福建铁角蕨 ***Asplenium fujianense*** Ching, Wuyi Sci. J. 1: 3. 1981. Fujian (福建): Chong'an (崇安), Wuyi Shan (武夷山), Wuyi Exped. (武夷队) 62 (Holotype: PE).

Asplenium fujianense Ching ex S.H. Wu, Bull. Bot. Res., Harbin 9 (2): 88. 1989. Fukien [Fujian] (福建): Wuyi Shan (武夷山), 1958-08-15, P.C. Chu (裘佩熹) 1999 (Holotype: PE).

庐山铁角蕨 ***Asplenium gulingense*** Ching ex S.H. Wu, Bull. Bot. Res., Harbin 9 (2): 84. 1989. Kiangsi [Jiangxi] (江西): Lu Shan (庐山), Ku-ling [Guling] (牯岭), Bungalow Gorge, 1935-08-25, C.E. Devol s.n. (Holotype: PE).

杭州铁角蕨 ***Asplenium hangzhouense*** Ching et C.F. Zhang, Bull. Bot. Res., Harbin 3 (3): 38. 1983. Zhejiang (浙江): Hangzhou (杭州), Jiu-qi [Jiuxi] (九溪), 1982-06-15, C.F. Zhang (张朝芳) 7250 (Holotype: PE).

九龙铁角蕨 ***Asplenium jiulungense*** Ching, Bull. Bot. Res., Harbin 2 (2): 73. 1982. Zhejiang (浙江): Shui-chang [Suichang] (遂昌), [Jiulong Shan] (九龙山), 1980-10-02, K.W. Yao (姚关琥) 5762 (Holotype: PE).

江苏铁角蕨 ***Asplenium kiangsuense*** Ching et Y.X. Jing, Fl. Kiang Su 1: 465. 1977. Jiangsu (江苏): Yixing (宜兴), 1975-07-19, C.Q. Yuan et al. (袁昌齐等) 75014 (Holotype: NAS).

小叶铁角蕨 ***Asplenium parviusculum*** Ching, Bull. Bot. Res., Harbin 3 (3): 37. 1983. Zhejiang (浙江): Hangzhou (杭州), Qingfo shan [Qinwang Shan] (秦望山), C.C. Wu (吴长春) s.n. (Holotype: PE).

华东铁角蕨 ***Asplenium serratissimum*** Ching ex S.H. Wu, Bull. Bot. Res., Harbin 9 (2): 87. 1989. Anwhei [Anhui] (安徽): [She Xian] (歙县), Lan-tien [Lantian] (蓝田), 1920-11-19, K.K. Tsoong (钟观光) 3222 (Holotype: PE).

天目铁角蕨 ***Asplenium tianmushanense*** Ching, Acta Phytotax. Sin. 23 (1): 9. 1985. Zhejiang (浙江): Tianmu Shan (天目山), 1936-08-22, V.J. King (金维坚) 17 [K343] (Holotype: PE).

武夷山铁角蕨 ***Asplenium wuyishanicum*** Ching, Wuyi Sci. J. 1: 3. 1981. Fujian (福建): Chong'an (崇安), Wu-yi Exped. (武夷队) 00913 (Holotype: PE).

038 岩蕨科 Woodsiaceae

大囊岩蕨 ***Woodsia macrochlaena*** Mett. ex Kuhn, J. Bot. 6 (69): 270. 1868. [Shandong] (山东): Tsheu-Fu (Cheefoo) [Yantai] (烟台), 1861 年 , Schottmüller s.n. (Holotype: ?).

泰山岩蕨 ***Woodsia taishanensis*** F.Z. Li et C.K. Ni, Acta Phytotax. Sin. 20 (3): 343. 1982. Shandong (山东): Tai Shan (泰山), 1980-07-07, F.Z. Li (李法曾) 0576 (Holotype: SDFS).

040 乌毛蕨科 Blechnaceae

Woodwardia angustiloba Hance, J. Bot. 6 (66): 176. 1868. Fokien [Fujian] (福建): Foochow [Fuzhou] (福州), 1857-05, W. Gregory s.n. (Holotype: ?).

041 蹄盖蕨科 Athyriaceae

百山祖短肠蕨 ***Allantodia baishanzuensis*** Ching et P.C. Chiu ex W.M. Chu et Z.R. He, Acta Phytotax. Sin. 36 (4): 375. 1998. Zhejiang (浙江): Qingyuan (庆元), Baishanzu (百山祖), 1964-05, P.X. Chiu (裘佩熹) 3945 (Holotype: PE).

九龙山短肠蕨 ***Allantodia jiulungshanensis*** P.C. Chiu et K.W. Yao ex Ching, Bull. Bot. Res., Harbin 2 (2): 69. 1982. Zhejiang (浙江): Shui-chang [Suichang] (遂昌), [Jiulong Shan] (九龙山), 1980-10-01, K.W. Yao (姚关琥) 5743 (Holotype: PE).

龙池短肠蕨 ***Allantodia parawichurae*** Ching, Fl. Kiang Su 1: 465. 1977. Jiangsu (江苏): Yixing (宜兴), Longchi (龙池), 1956-10-17, F.X. Liu et Z.Y. Huang (刘昉勋 , 黄致远) 2864 (Holotype: NAS).

鲁山假蹄盖蕨 ***Athyriopsis lushanensis*** Jian X. Li, Acta Phytotax. Sin. 26 (2): 162. 1988. Shandong (山东): Lu Shan (鲁山), 1981-10-12, J.X. Li (李建秀) 00109 (Holotype: SDCM).

山东假蹄盖蕨 ***Athyriopsis shandongensis*** Jian X. Li et Z.C. Ding, Acta Phytotax. Sin. 26 (2): 163. 1988. Shandong (山东): Meng Shan (蒙山), 1984-09-25, J.X. Li (李建秀) 00162 (Holotype: SDCM).

松谷蹄盖蕨 ***Athyrium amabile*** Ching, Acta Bot. Boreal.-Occid. Sin. 6 (1): 16. 1986. Zhejiang (浙江): Xitianmu Shan (西天目山), Laodian (老殿), 1936-07-09, Pu Chiu Tsoong (钟补求) 3952 (Holotype: PE).

百山祖蹄盖蕨 ***Athyrium baishanzuense*** Ching et Y.T. Hsieh, Acta Bot. Boreal.-Occid. Sin. 6 (3): 157. 1986. Zhejiang (浙江): Qingyuan (庆元), Baishanzu (百山祖), P.S. Chiu (裘佩熹)

4348 (Holotype: PE).

湿生蹄盖蕨 ***Athyrium devolii*** Ching, Sunyatsenia 3 (1): 1. 1935. Kiangsi [Jiangxi] (江西): Lu Shan (庐山), near Nankan [Nankang] (南康) Pass, 1934-07-12, Charles E. DeVol 10 (Holotype: PE).

天台蹄盖蕨 ***Athyrium dissectifolium*** Ching, Acta Bot. Boreal.-Occid. Sin. 6 (2): 104. 1986. Zhejiang (浙江): [Tiantai] (天台), Tiantai Shan (天台山), 1921-10-02, K.K. Tsoong (钟观光) 3713 (Holotype: PE).

福建蹄盖蕨 ***Athyrium fujianense*** Ching, Fl. Fujian. 1: 597. 1982. Fujian (福建): Chong'an (崇安), Wuyi Shan (武夷山), P.C. Chiu (裘佩熹) 1206 (Holotype: PE).

瘦叶蹄盖蕨 ***Athyrium gracillimum*** Ching, Acta Bot. Boreal. -Occid. Sin. 6 (3): 149. 1986. Jiangxi (江西): Xiushui (修水), Mufu Shan (幕阜山), 1947-09-10, Y.K. Xiong (熊耀国) 5866 (Holotype: PE).

中间蹄盖蕨 ***Athyrium intermixtum*** Ching et P.C. Chui [P.C. Chiu], Acta Bot. Boreal. -Occid. Sin. 6 (1): 21. 1986. Anhui (安徽): Huang Shan (黄山), 1962-08-20 [1961-09-23], P.C. Chiu (裘佩熹) 2520 (Holotype: PE).

九龙山蹄盖蕨 ***Athyrium jiulungshanense*** Ching, Bull. Bot. Res., Harbin 2 (2): 72. 1982. Zhejiang (浙江): Shui-chang [Suichang] (遂昌), Jiulung-shan [Jiulong Shan] (九龙山), 1980-06-16, P.C. Chiu et K.W. Yao (裘佩熹 , 姚关琥) 5653a (Holotype: PE).

昴山蹄盖蕨 ***Athyrium maoshanense*** Ching et P.C. Chiu, Acta Bot. Boreal.-Occid. Sin. 6 (3): 157. 1986. Zhejiang (浙江): Longquan (龙泉), Mao Shan (昴山), 1964-05-15, P.S. Chiu (裘佩熹) 3767 (Holotype: PE).

多羽蹄盖蕨 ***Athyrium multipinnum*** Y.T. Hsieh et Z.B. Wang [Z.R. Wang], Acta Bot. Boreal. -Occid. Sin. 7 (1): 55. 1987. Zhejiang (浙江): Changhua (昌化), Longmen (龙门), 1958-05-29, X.Y. He (贺贤育) 28803 (Holotype: PE).

圆片蹄盖蕨 ***Athyrium rotundilobum*** Ching, Fl. Fujian. 1: 597. 1982. Fujian (福建): Chong'an (崇安), Wuyi Shan (武夷山), 1958-08-10, P.C. Chiu (裘佩熹) 1852 (Holotype: PE).

无毛华中蹄盖蕨 ***Athyrium wardii*** (Hook.) Makino var. ***glabratum*** Y.T. Hsieh et Z.R. Wang, Fl. Reipubl. Popularis Sin. 3 (2): 508. 1999. Jiangxi (江西): Lu Shan (庐山), Huanglong Si (黄龙寺), R.C. Ching (秦仁昌) 10127 (Holotype: PE).

武功山蹄盖蕨 ***Athyrium wugongshanense*** Ching et Y.T. Hsieh, Acta Bot. Boreal.-Occid. Sin. 6 (3): 155. 1986. Jiangxi (江西): Wugong Shan (武功山), Baihefeng (白鹤峰), 1954-09-08, Jiangxi Bot. Exped. (江西队) 1017 (Holotype: PE).

武夷山蹄盖蕨 ***Athyrium wuyishanense*** Ching, Acta Bot. Boreal.-Occid. Sin. 6 (2): 104. 1986. Fujian (福建): Wuyi Shan (武夷山), P.H. Chu [Z.Y. Zhou] (周贞英) 389 (Holotype: PE).

Diplazium crassiusculum Ching fo. ***simplex*** Ching, Lingnan Sci. J. 15 (2): 281. 1936.

Chekiang [Zhejiang]（浙江）: Pingyang（平阳）, Nan Yen Tung Shan [Nanyandang Shan]（南雁荡山）, K.K. Tsoong（钟观光）167 (Syntype: ?).

华中蛾眉蕨 ***Lunathyrium centrochinensis*** [***Lunathyrium centrochinense***] Ching ex K.H. Shing, Jiangxi Sci. 8 (3): 43. 1990. Zhejiang（浙江）: Changhua（昌化）, Shunxiwu（顺溪坞）, 1958-09-24, s.coll. 30516 (Holotype: PE).

九龙蛾眉蕨 ***Lunathyrium jiulungense*** Ching, Bull. Bot. Res., Harbin 2 (2): 71. 1982. Zhejiang（浙江）: Shui-chang [Suichang]（遂昌）, Jiulung-shan [Jiulong Shan]（九龙山）, 1980-06-26, P.C. Chiu et K.W. Yao（裘佩熹，姚关琥）5678 (Holotype: PE).

黄山蛾眉蕨 ***Lunathyrium orientale*** Z.R. Wang et J.J. Chien var. ***huangshanense*** Z.R. Wang, Acta Phytotax. Sin. 32 (1): 90. 1994. Anhui（安徽）: She Xian（歙县）, Huang Shan（黄山）, 1975-07-17, K.J. Kuan（关克俭）75328 (Holotype: PE).

山东蛾眉蕨 ***Lunathyrium shandongense*** Jian X. Li et F.Z. Li, Bull. Bot. Res., Harbin 4 (2): 143. 1984. Shandong（山东）: Ya Shan（牙山）, 1982-08-12, J.X. Li（李建秀）0082815 [82-05] (Holotype: SDCM).

042 金星蕨科 Thelypteridaceae

缩羽毛蕨 ***Cyclosorus abbreviatus*** Ching et K.H. Shing, Jiangxi Sci. 8 (3): 45. 1990. Jiangxi（江西）: Chongyi（崇义）, Miqi [Mixi]（密溪）, 1965-06-11, M.X. Nie et al.（聂敏祥等）8849 (Holotype: PE).

鼓岭渐尖毛蕨 ***Cyclosorus acuminatus*** Nakai var. ***kuliangensis*** Ching, Bull. Fan Mem. Inst. Biol., Bot. 8: 192. 1938. Fukien [Fujian]（福建）: Kuliang [Guling]（鼓岭）hills near Foochow [Fuzhou]（福州）, 1919-07~08, J.B. Norton 1624 [1124] (Holotype: US).

锐尖毛蕨 ***Cyclosorus acutissimus*** Ching ex K.H. Shing et J.F. Cheng, Jiangxi Sci. 8 (3): 45. 1990. Jiangxi（江西）: Dexing（德兴）, Damao Shan（大茅山）, 1958-10-02, M.X. Nie（聂敏祥）5340 (Holotype: PE).

狭羽毛蕨 ***Cyclosorus angustus*** Ching, Fl. Fujian. 1: 598. 1982. Fujian（福建）: Shaxian（沙县）, 1941-07-04, Q.L. Chen（陈青莲）2 (Holotype: PE).

金腺毛蕨 ***Cyclosorus aureo-glaudulosus*** [***Cyclosorus aureoglandulosus***] Ching et K.H. Shing, Bull. Bot. Res., Harbin 3 (3): 4. 1983. Zhejiang（浙江）: Luo-qing [Yueqing]（乐清）, Yan-don Shan [Yandang Shan]（雁荡山）, 1979-11-20, K.Y. Shing et al.（邢公侠等）229 (Holotype: PE).

短柄毛蕨 ***Cyclosorus brevipes*** Ching ex K.H. Shing, Fl. Reipubl. Popularis Sin. 4 (1): 336. 1999. Fujian（福建）: Dehua（德化）, 1974 年，K.H. Shing et al.（邢公侠等）404 (Holotype: PE).

苍南毛蕨 *Cyclosorus cangnanensis* K.H. Shing et C.F. Zhang, Fl. Reipubl. Popularis Sin. 4 (1): 339. 1999. Zhejiang (浙江): Cangnan (苍南), Shao-xi [Juxi] (莒溪，苕溪为误记), Huangtuling (黄土岭), 1982-08-12, C.F. Zhang et R.G. Wang (张朝芳，王若谷) 7381 (Holotype: PE).

程氏毛蕨 *Cyclosorus chengii* Ching ex K.H. Shing et J.F. Cheng, Jiangxi Sci. 8 (3): 44. 1990. Jiangxi (江西): Dingnan (定南), Zhangkeng (张坑), 1963-04-18, J.F. Cheng (程景福) 63136 (Holotype: PE).

狭缩毛蕨 *Cyclosorus contractus* Ching, Fl. Reipubl. Popularis Sin. 4 (1): 333. 1999. Jiangxi (江西): Ruijin (瑞金), Guiqing (桂清), Hongmenshe (红门社), 1975-07-15, Hu Qi-ming (胡启明) 3554 (Holotype: PE).

光盖毛蕨 *Cyclosorus decipiens* Ching, Fl. Fujian. 1: 599. 1982. Fujian (福建): Jianyang (建阳), 1959-06 [1958-08-24], P.C. Chiu (裘佩熹) 2117 (Holotype: PE).

德化毛蕨 *Cyclosorus dehuaensis* Ching et K.H. Shing, Fl. Fujian. 1: 599. 1982. Fujian (福建): Dehua (德化), 1974-10~11, Fujian Fern Exped. (福建蕨类植物调查队) 151 (Holotype: PE).

疏羽毛蕨 *Cyclosorus dissitus* Ching ex K.H. Shing, Fl. Reipubl. Popularis Sin. 4 (1): 334. 1999. Shanghai (上海), 1950-07-28, T.Y. Chow [et F.X. Liu] (周太炎，刘昉勋) 359 (Holotype: PE).

高大毛蕨 *Cyclosorus excelsior* Ching et K.H. Shing, Fl. Fujian. 1: 598. 1982. Fujian (福建): Fuzhou (福州), Gu Shan (鼓山), 1974-10-10, Fujian Fern Exped. (福建蕨类植物调查队) 4 (Holotype: PE).

楞叶毛蕨 *Cyclosorus fraxinifolius* Ching et K.H. Shing, Fl. Fujian. 1: 599. 1982. Fujian (福建): Daiji [Daji] (大际), 1974-10~11, Fujian Fern Exped. (福建蕨类植物调查队) 426 (Holotype: PE).

福建毛蕨 *Cyclosorus fukienensis* Ching, Bull. Fan Mem. Inst. Biol., Bot. 8: 209. 1938. Fukien [Fujian] (福建): Yengping [Yanping] (南平市延平区), 1925-07-21 [06-21], H.H. Chung (钟心煊) 3521 (Isotype: UC).

光叶毛蕨 *Cyclosorus glabrescens* Ching ex K.H. Shing, Fl. Reipubl. Popularis Sin. 4 (1): 332. 1999. Fujian (福建): Xiamen (厦门), Heshan (禾山), 1998-10-24 [1978-11-24], Ye Guo-dong (叶国栋) 926 (Holotype: PE).

大毛蕨 *Cyclosorus grandissimus* Ching et K.H. Shing, Fl. Fujian. 1: 599. 1982. Fujian (福建): Dehua (德化), Qiuban (丘板), 1974-10~11, Fujian Fern Exped. (福建蕨类植物调查队) 126 (Holotype: PE).

毛脚毛蕨 *Cyclosorus hirtipes* K.H. Shing et C.F. Zhang, Fl. Reipubl. Popularis Sin. 4 (1): 345. 1999. Zhejiang (浙江): Le-qing [Yueqing] (乐清), Yandang Shan (雁荡山), 1982-08-27, C.F. Zhang et R.G. Wang (张朝芳，王若谷) 7622 (Holotype: PE).

九龙山毛蕨 ***Cyclosorus jiulungshanensis*** P.C. Chiu et K.W. Yao ex Ching, Bull. Bot. Res., Harbin 2 (2): 70. 1982. Zhejiang (浙江): Shui-chang [Suichang] (遂昌), Jiulung-Shan [Jiulong Shan] (九龙山), K.W. Yao (姚关琥) 5702 (Holotype: ?).

龙栖山毛蕨 ***Cyclosorus longqishanensis*** K.H. Shing, Fl. Reipubl. Popularis Sin. 4 (1): 337. 1999. Fujian (福建): Jiangle (将乐), Longqi Shan (龙栖山), 1991-06-25, Long-qi-shan Bot. Exped. (龙栖山调查队) 1642 (Holotype: PE).

龙安毛蕨 ***Cyclosorus lunganensis*** Ching, Wuyi Sci. J. 1: 5.1981. Fujian (福建): Taining (泰宁), Lung-an [Long'an] (龙安), 1979-06-07, M.S. Li (李明生) 368 (Holotype: PE).

乐清毛蕨 ***Cyclosorus luoqingensis*** Ching et C.F. Zhang, Bull. Bot. Res., Harbin 3 (3): 6. 1983. Zhejiang (浙江): Luo-qing [Yueqing] (乐清), Yan-don Shan [Yandang Shan] (雁荡山), [Tiechengzhang] (铁城障), 1979-11-20, K.Y. Shing et al. (邢公侠等) 236 (Holotype: PE).

南岭毛蕨 ***Cyclosorus nanlingensis*** Ching ex K.H. Shing et J.F. Cheng, Jiangxi Sci. 8 (3): 46. 1990. Jiangxi (江西): Xunwu (寻乌), 1964-11-13, J.F. Cheng (程景福) 40143 (Holotype: PE).

南平毛蕨 ***Cyclosorus nanpingensis*** Ching, Fl. Fujian. 1: 597. 1982. Fujian (福建): Nanping (南平), Makengqiao (马坑桥), 1926-08-25, Chou Kuang Han (周广汉) 8900 (Holotype: PE).

倒披针毛蕨 ***Cyclosorus oblanceolatus*** K.H. Shing et Z.F. Zhang [C.F. Zhang], Fl. Reipubl. Popularis Sin. 4 (1): 331. 1999. Zhejiang (浙江): Qingyuan (庆元), Hou-guan [Houguang] (后广), 1985-08-30, C.F. Zhang (张朝芳) 8803 (Holotype: PE).

蝶羽毛蕨 ***Cyclosorus papilionaceus*** K.H. Shing et C.F. Zhang, Fl. Reipubl. Popularis Sin. 4 (1): 331. 1999. Zhejiang (浙江): Cangnan (苍南), Shao-xi [Juxi] (莒溪，苕溪为误记), 1982-08-14, C.F. Zhang [et R.G. Wang] (张朝芳，王若谷) 7394 (Holotype: PE).

宽顶毛蕨 ***Cyclosorus paracuminatus*** Ching ex K.H. Shing et J.F. Cheng, Jiangxi Sci. 8 (3): 46. 1990. Jiangxi (江西): Xunwu (寻乌), Chongping [Congping] (聪坪), 1964-11-17, J.F. Cheng (程景福) 40205 (Holotype: PE).

小叶毛蕨 ***Cyclosorus parvifolius*** Ching, Fl. Fujian. 1: 598. 1982. Fujian (福建): Xiamen (厦门), N.S. Zhou (周楠生) 73 (Holotype: PE).

少羽毛蕨 ***Cyclosorus paucipinnus*** Ching et C.F. Zhang ex Shing, Fl. Reipubl. Popularis Sin. 4 (1): 349. 1999. Zhejiang (浙江): Taishun (泰顺), Yangxi (垟溪), C.F. Zhang (张朝芳) s.n. (Holotype: ?).

齿片毛蕨 ***Cyclosorus pauciserratus*** Ching et C.F. Zhang, Bull. Bot. Res., Harbin 3 (3): 8. 1983. Zhejiang (浙江): Qiang-yuang [Qingyuan] (庆元), Dragon Palace (龙宫，今隆宫), C.F. Zhang (张朝芳) 7113 (Holotype: ?).

矮毛蕨 ***Cyclosorus pygmaeus*** Ching et C.F. Zhang, Bull. Bot. Res., Harbin 3 (3): 5. 1983. Zhejiang (浙江): Luo-qing [Yueqing] (乐清), Yan-don Shan [Yandang Shan] (雁荡山), [Liaohua zhang] (蓼花障), 1979-11-18, K.Y. Shing et al. (邢公侠等) 176 (Holotype: PE).

石生毛蕨 ***Cyclosorus rupicola*** Ching et K.H. Shing, Fl. Fujian. 1: 598. 1982. Fujian (福建): Dehua (德化), 1974-10~11, Fujian Fern Exped. (福建蕨类植物调查队) 131 (Holotype: PE).

假渐尖毛蕨 ***Cyclosorus subacuminatum*** [***Cyclosorus subacuminatus***] Ching ex K.H. Shing et J.F. Cheng, Jiangxi Sci. 8 (3): 45. 1990. Jiangxi (江西): Yifeng (宜丰), 1947-10-05, Y.G. Xiong (熊耀国) 6239 (Holotype: PE).

短尖毛蕨 ***Cyclosorus subacutus*** Ching, Fl. Fujian. 1: 598. 1982. Fujian (福建), H.H. Chung (钟心煊) 242 (Holotype: PE).

假密毛毛蕨 ***Cyclosorus subdentatus*** Ching, Wuyi Sci. J. 1: 4. 1981. Fujian (福建): Amoy [Xiamen] (厦门), Wu-shan [Heshan] (禾山), 1977-02-05, Yi Ko-tung (叶国栋) 148 (Holotype: PE).

泰宁毛蕨 ***Cyclosorus tarningensis*** Ching, Wuyi Sci. J. 1: 4. 1981. Fujian (福建): Taining (泰宁), 1959-05-29, Li Ning-sen (李明生) 60 (Holotype: PE).

温州毛蕨 ***Cyclosorus wenzhouensis*** K.H. Shing et C.F. Zhang, Fl. Reipubl. Popularis Sin. 4 (1): 341. 1999. Zhejiang (浙江): Wenzhou (温州), Cuiwei Shan (翠微山), 1983-12-18, C.F. Zhang (张朝芳) 9033 (Holotype: PE).

寻乌毛蕨 ***Cyclosorus xunwuensis*** Ching ex K.H. Shing et J.F. Cheng, Jiangxi Sci. 8 (3): 44. 1990. Jiangxi (江西): Xunwu (寻乌), Chongping [Congping] (聪坪), 1964-01-15, J.F. Cheng (程景福) 4088 [40088] (Holotype: PE).

雁荡毛蕨 ***Cyclosorus yandongensis*** Ching et K.H. Shing, Bull. Bot. Res., Harbin 3 (3): 7. 1983. Zhejiang (浙江): Luo-qing [Yueqing] (乐清), Yan-don Shan [Yandang Shan] (雁荡山), [Tiechengzhang] (铁城障), 1979-11-21, K.H. Shing et al. (邢公侠等) 248 (Holotype: PE).

朝芳毛蕨 ***Cyclosorus zhangii*** K.H. Shing, Fl. Reipubl. Popularis Sin. 4 (1): 340. 1999. Zhejiang (浙江): Taishun (泰顺), Yangxi (垟溪), 1984-01-09, C.F. Zhang (张朝芳) 9196 (Holotype: PE).

Dictyocline griffithii T. Moore var. ***tenuissima*** Ching, Bull. Fan Mem. Inst. Biol. 1: 146. 1930. Chekiang [Zhejiang] (浙江): Yeng-tang Shan [Nanyandang] (南雁荡), 1920-10-19 [1921-10-22], K.K. Tsoong (钟观光) 3750 (Holotype: NAS).

闽浙圣蕨 ***Dictyocline mingchegensis*** Ching, Acta Phytotax. Sin. 8 (4): 334. 1963. Chekiang [Zhejiang] (浙江): [Pingyang] (平阳), Nan-yee-tung [Nanyandang] (南雁荡), 1921-10-22, K.K. Tsoong (钟观光) 3750 (Holotype: PE).

Leptogramma caudata Ching, Sinensia 7 (1): 98. 1936. Fukien [Fujian] (福建): Foochow [Fuzhou] (福州), Kuliang [Guling] (鼓岭), 1926-08-10, F.P. Metcalf 5002c (Holotype: PE).

中间茯蕨 ***Leptogramma intermedia*** Ching ex Y.H. Chang et L.Y. Kuo, Cladistics 36 (2): 179. 2019. Fujian (福建): [Xianxialing] (仙霞岭), 1953-08, P.S. Chiu (裘佩熹) 109 (Holotype:

PE).

有柄凸轴蕨 ***Metathelypteris petiolulata*** Ching, Fl. Reipubl. Popularis Sin. 4 (1): 321. 1999. Jiangxi (江西): Xiushui (修水), Y.G. Xiong (熊耀国) 5348 (Holotype: PE).

武夷山凸轴蕨 ***Metathelypteris wuyishanensis*** Ching, Wuyi Sci. J. 1: 5. 1981. Fujian (福建): Chong'an (崇安), Wuyi Shan (武夷山), Wuyi Exped. (武夷队) 360 (Holotype: PE).

毛果金星蕨 ***Parathelypteris chinensis*** (Ching) Ching var. ***trichocarpa*** Ching et P.C. Chiu, Jiangxi Sci. 8 (3): 44. 1990. Jiangxi (江西): Lichuan (黎川), Canping (蚕坪), 1957-10-10, M.J. Wang et al. (王名金等) 2214 (Holotype: PE).

秦氏金星蕨 ***Parathelypteris chingii*** K.H. Shing et J.F. Cheng, Jiangxi Sci. 8 (3): 44. 1990. Fujian (福建): Wuyi Shan (武夷山), Huangzhu'ao (黄竹坳), 1958-07-23, P.S. Chiu (裘佩熹) 1402 (Holotype: PE).

阔片金星蕨 ***Parathelypteris pauciloba*** Ching, Fl. Reipubl. Popularis Sin. 4 (1): 321. 1999. Fujian (福建): Wuyi Shan (武夷山), P.S. Chiu (裘佩熹) 1119 (Holotype: PE).

德化假毛蕨 ***Pseudocyclosorus dehuaensis*** Y.X. Lin, Fl. Reipubl. Popularis Sin. 4 (1): 326. 1999. Fujian (福建): Dehua (德化), 1974-10-11, Shing et al. (邢公侠等) 209 (Holotype: PE).

庐山假毛蕨 ***Pseudocyclosorus lushanensis*** Ching ex Y.X. Lin, Fl. Reipubl. Popularis Sin. 4 (1): 328. 1999. Jiangxi (江西): Lu Shan (庐山), 1963-10-14, P.S. Chiu (裘佩熹) 3314 (Holotype: PE).

武宁假毛蕨 ***Pseudocyclosorus paraochthodes*** Ching ex K.H. Shing et J.F. Cheng, Jiangxi Sci. 8 (3): 43. 1990. Jiangxi (江西): Wuning (武宁), Yi Shan (伊山), Wutongkeng (梧桐坑), 1947-07-02, Y.G. Xiong (熊耀国) 5169 (Holotype: PE).

中华金星蕨 ***Thelypteris chinensis*** Ching, Bull. Fan. Mem. Inst. Biol., Bot. 6 (5): 311. 1936. Anhwei [Anhui] (安徽): Chemen [Qimen] (祁门), Li Shan (里山), 1925-08-06, R.C. Ching (秦仁昌) 4406 (Holotype: PE).

微毛金星蕨 ***Thelypteris glanduligera*** (Kunze) Ching var. ***puberula*** Ching, Bull. Fan Mem. Inst. Biol., Bot. 6 (5): 323. 1936. Kiangsi [Jiangxi] (江西): Kiukiang [Jiujiang] (九江), Lu Shan (庐山), 1917年, L.H. Bailey 29 (Lectotype: US) et 30 (Syntype: ?), 1922年 [1923-07-27], A.N. Steward 4686 (Syntype: NAS); Anwhei [Anhui] (安徽): Wang Shan [Huang Shan] (黄山), 1925年, R.C. Ching (秦仁昌) 8534 et 8639 (Syntypes: ?).

Thelypteris nemoralis Ching, Bull. Fan Mem. Inst. Biol., Bot. 6 (5): 338. 1936. Kiangsi [Jiangxi] (江西): Kiukiang [Jiujiang] (九江), Lu Shan (庐山), Hwang Lung Tuan [Huanglong tan] (黄龙潭), 1934-09-10, R.C. Ching (秦仁昌) 10127 (Holotype: PE).

044 肿足蕨科 Hypodematiaceae

Hypodematium confertivillosum Jian X. Li, F.Q. Zhou et X.J. Li, PhytoKeys 92: 38. 2018. Shandong (山东): Linyi (临沂), Fei County (费县), Tashan Mountain [Ta Shan] (塔山), 1982-09-15, J.X. Li (李建秀) 02025 (Holotype: PE).

山东肿足蕨 ***Hypodematium cystopteroides*** Ching, Icon. Filic. Sin. 3: t. 123.1935. Shantung [Shandong] (山东): Tsinan [Jinan] (济南), A.P. Jacob 21 (Syntype: ?); Chien Fo Shan [Qianfo Shan] (千佛山), s. coll. s.n. (Isosyntype: BM); Tai Shan (泰山), A.P. Jacob 1 (Syntype: ?); Chefoo [Yantai] (烟台), E. Faber 1054 (Syntype: K). 更名为 ***Hypodematium sinense*** K. Iwats.

修株肿足蕨 ***Hypodematium gracile*** Ching, Fl. Tsinling. 2: 220. 1974. Kiangsi [Jiangxi] (江西): Lu Shan (庐山), Y.K. Shiung (熊耀国) 6799 (Holotype: PE).

宜兴肿足蕨 ***Hypodematium squmuloso-pilosum*** [***Hypodematium squamuloso-pilosum***] Ching var. ***ishingensis*** Y.C. Lan, Fl. Kiang Su 1: 466. 1977. Jiangsu (江苏): Yixing (宜兴), [Zhanggong dong] (张公洞), 1974-06-24, T.Y. Cheo et al. (周太炎等) 17 (Holotype: NAS).

045 鳞毛蕨科 Dryopteridaceae

多芒复叶耳蕨 ***Arachniodes aristatissima*** Ching, Bull. Bot. Res., Harbin 6 (3): 1. 1986. Zhejiang (浙江): Hangzhou (杭州), 1956-07, P.C. Chiu (裘佩熹) 149 (Holotype: PE).

凤阳山复叶耳蕨 ***Arachniodes fengyangshanensis*** Ching et C.F. Zhang ex Y.T. Hsieh, Bull. Bot. Res., Harbin 11 (2): 2. 1991. Zhejiang (浙江): Longquan (龙泉), Fengyang Shan (凤阳山), 1980-08-26, C.F. Zhang (张朝芳) 5945 (Holotype: PE).

福建复叶耳蕨 ***Arachniodes fujiangensis*** [***Arachniodes fujianensis***] Ching, Bull. Bot. Res., Harbin 6 (3): 29. 1986. Fujian (福建): Nanpin [Nanping] (南平), 1958-09-05, Fudan Univ. (Department of Biology) (复旦大学生物系队) s.n. (Holotype: PE-00044345).

渐尖复叶耳蕨 [庆元复叶耳蕨] ***Arachniodes gradata*** Ching, Bull. Bot. Res., Harbin 6 (3): 39. 1986. Zhejiang (浙江): Qingyuan (庆元), wu-ling-gan [Wulinggen] (五岭根), 1981-10-06, C.F. Zhang (张朝芳) 6864 (Holotype: PE).

宜兴复叶耳蕨 ***Arachniodes ishingensis*** Ching et Y.T. Xie [Y.T. Hsieh], Acta Phytotax. Sin. 22 (2): 161.1984. Jiangsu (江苏): Yixing (宜兴), Qing Shan (磬山), 1974-11-07, T.Y. Cheo et al. (周太炎等) 41 (Holotype: PE).

江西复叶耳蕨 ***Arachniodes jiangxiensis*** Ching, Bull. Bot. Res., Harbin 6 (3): 43. 1986. Jiangxi (江西): Xiushui (修水), Wumei Shan (五梅山), 1981-10-15, Jiangxi Vegetation Survey (江西植

被队）8110335 (Holotype: PE).

九龙山复叶耳蕨 ***Arachniodes jiulungshanensis*** Ching, Bull. Bot. Res., Harbin 2 (2): 67. 1982. Zhejiang（浙江）: Shiu-chang [Suichang]（遂昌）, Jiulung-shan [Jiulong Shan]（九龙山）, 1980-11-03, K.W. Yao（姚关琥）6031 (Holotype: PE).

溧阳复叶耳蕨 ***Arachniodes liyangensis*** Ching et Y.C. Lan, Fl. Kiang Su 1: 466. 1977. Jiangsu（江苏）: Liyang（溧阳）, [Shenxijie]（深溪岕）, 1974-06-23, T.Y. Cheo et al.（周太炎等）56 (Holotype: NAS).

庐山复叶耳蕨 ***Arachniodes lushanensis*** Ching, Bull. Bot. Res., Harbin 6 (3): 61. 1986. Jiangxi（江西）: Lu Shan（庐山）, Goddess Mercy Bridge（观音桥）, W.M. Chu（朱维明）6960A (Holotype: ?).

昴山复叶耳蕨 ***Arachniodes maoshanensis*** Ching, Bull. Bot. Res., Harbin 6 (3): 54. 1986. Zhejiang（浙江）: Longquan（龙泉）, Mao Shan（昴山）, 1964-05-15, P.C. Chiu（裘佩熹）3748 (Holotype: PE).

南靖复叶耳蕨 ***Arachniodes nanqingensis*** Ching, Bull. Bot. Res., Harbin 6 (3): 38. 1986. Fujian（福建）: Nanqing [Nanjing]（南靖）, he-qi [Hexi]（和溪）, 1980-12-21, C.T. Yi（叶国栋）1840 (Holotype: PE).

近异羽复叶耳蕨 ***Arachniodes para-simplicior*** [***Arachniodes parasimplicior***] Ching ex Y.T. Hsieh, Bull. Bot. Res., Harbin 11 (2): 1. 1991. Zhejiang（浙江）: Qiyuan [Qingyuan]（庆元）, Baishansu [Baishanzu]（百山祖）, 1964-05, P.S. Chui [P.S. Chiu]（裘佩熹）3896 (Holotype: PE).

浅耳复叶耳蕨 ***Arachniodes pseudocavalerii*** Ching, Acta Phytotax. Sin. 9 (4): 367. 1964. Fukien [Fujian]（福建）: Ping-ho [Pinghe]（平和）, 1954-04-16, H.C. Cheo [H.C. Chao]（赵修谦）1 (Holotype: PE).

假长尾复叶耳蕨 ***Arachniodes pseudo-simplicior*** [***Arachniodes pseudosimplicior***] Ching, Bull. Bot. Res., Harbin 6 (3): 47. 1986. Zhejiang（浙江）: West Tian-mu Shan [Xitianmu Shan]（西天目山）, Laodian（老殿）, 1977-09-16, P.S. Chiu（裘佩熹）5252 (Holotype: PE).

缩羽复叶耳蕨 ***Arachniodes reducta*** Y.T. Hsieh et Y.P. Wu, Bull. Bot. Res., Harbin 4 (2): 105. 1984. Zhejiang（浙江）: Daishen [Taishun]（泰顺）, Wuyanling（乌岩岭）, 1981-05, P.C. Chiu et Y.P. Wu（裘佩熹，吴依平）6221 (Holotype: PE).

华夏复叶耳蕨 ***Arachniodes rhomboidea*** (Schott) Ching var. ***sinica*** Ching, Acta Phytotax. Sin. 9 (4): 384. 1964. Chekiang [Zhejiang]（浙江）: Ningpo [Ningbo]（宁波）, 1958-07-20, Y.H. Ho（贺贤育）995 (Isotype: NAS).

相似复叶耳蕨 ***Arachniodes similis*** Ching, Bull. Bot. Res., Harbin 6 (3): 19. 1986. Zhejiang（浙江）: Taishun（泰顺）, Wu-yan shan [Wuyanling]（乌岩岭）, 1981-05, P.C. Chiu et Y.P. Wu（裘佩熹，吴依平）6214 (Holotype: PE).

天童复叶耳蕨 ***Arachniodes tiendongensis*** Ching et C.F. Zhang, Bull. Bot. Res., Harbin 3 (3): 9. 1983. Zhejiang (浙江): Jian-xian [Yin Xian] (鄞县 , 今鄞州), Tien-dong Shan [Tiantong Shan] (天童山), 1979-11-04, K.H. Shing et al. (邢公侠等) 550 (Holotype: PE).

雁荡山复叶耳蕨 ***Arachniodes yandangshanensis*** Y.T. Hsieh, Acta Phytotax. Sin. 22 (2): 161. 1984. Zhejiang (浙江): [Yueqing] (乐清), Yandang Shan (雁荡山), 1981-06-08, P.C. Chiu et Y.P. Wu (裘佩熹 , 吴依平) 6326 (Holotype: PE).

云栖复叶耳蕨 ***Arachniodes yunqiensis*** Y.T. Hsieh, Bull. Bot. Res., Harbin 6 (4): 3. 1986. Zhejiang (浙江): Hangzhou (杭州), Yunqi (云栖), 1963-11-18, P.S. Chiu (裘佩熹) 3463 (Holotype: PE).

安远肋毛蕨 ***Ctenitis anyuanensis*** Ching et Chu H. Wang, Acta Phytotax. Sin. 19 (1): 118. 1981. Jiangxi (江西): Anyuan (安远), 1958-06-01, C.M. Hu (胡启明) 2253 (Holotype: PE).

崇义肋毛蕨 ***Ctenitis chungyiensis*** Ching et Chu H. Wang, Acta Phytotax. Sin. 19 (1): 119. 1981. Jiangxi (江西): Chongyi (崇义), 1965-06-23, M.S. Nie et al. (聂敏祥等) 2022 [9022] (Holotype: PE).

二型肋毛蕨 ***Ctenitis dingnanensis*** Ching, Acta Phytotax. Sin. 19 (1): 122. 1981. Jiangxi (江西): Dingnan (定南), 1963-04-20, J.F. Cheng (程景福) 63142 (Holotype: PE).

九龙肋毛蕨 ***Ctenitis jiulunghsanensis*** [***Ctenitis jiulungshanensis***] P.C. Chiu et K.W. Yao ex Ching, Bull. Bot. Res., Harbin 2 (2): 66. 1982. Zhejiang (浙江): Shui-chang [Suichang] (遂昌), Jiulung-shan [Jiulong Shan] (九龙山), 1980-06-13, P.C. Chiu et K.W. Yao (裘佩熹 , 姚关琥) 5851a [5651a] (Holotype: PE).

黄岗肋毛蕨 ***Ctenitis whankanshanensis*** Ching et Chu H. Wang, Acta. Phytotax. Sin. 19 (1): 123. 1981. Jiangxi (江西): Yifeng (宜丰), Whankanshan [Huanggang Shan] (黄岗山), 1959-05-15, Y.K. Shiung (熊耀国) 6452 (Holotype: PE).

浙江肋毛蕨 ***Ctenitis zhejiangensis*** Ching et C.F. Zhang, Bull. Bot. Res., Harbin 3 (3): 34. 1983. Zhejiang (浙江): Qiangyuan [Qingyuan] (庆元), He-ti [Hedi] (荷地), 1975-06-27, C.F. Zhang (张朝芳) 7536 (Holotype: PE).

卵状鞭叶蕨 ***Cyrtomidictyum conjunctum*** Ching, Acta Phytotax. Sin. 6 (3): 263. 1957. Kiangsi [Jiangxi] (江西): I-fang [Yifeng] (宜丰), Hwang-Kan Shan[Huanggang Shan] (黄岗山), 1947-10-25, Hsiung Yao-Ko (熊耀国) 06466 (Holotype: PE).

密羽贯众 ***Cyrtomium confertifolium*** Ching et K.H. Shing, Acta Phytotax. Sin., Addit. 1: 24. 1965. Kiangsi [Jiangxi] (江西): Lu Shan (庐山), Hwang-lung-sze [Huanglong Si] (黄龙寺), P.H. Chao et al. (赵保惠等) 00207 (Holotype: PE).

密齿贯众 ***Cyrtomium confertiserratum*** Jian X. Li, H.S. Kung et Xiao J. Li, Pl. Diver. Resour. 34 (1): 17. 2012. Shandong (山东): Tai'an (泰安), Liangzhuang (良庄), 1988-08-06, J.Q. Sun (孙积泉) 88-131 (Holotype: SDCM).

福建贯众 ***Cyrtomium conforme*** Ching ex K.H. Shing, Acta Phytotax. Sin., Addit. 1: 23. 1965. Fukien [Fujian]（福建）: Lien-cheng [Liancheng]（连城）, [Xiazhudi]（下朱地）, 1934-10 [1943-10-13], Y. Ling（林镕）s.n. (Holotype: PE).

倒鳞贯众 ***Cyrtomium reflexosquamatum*** Jian X. Li et F.Q. Zhou, Pl. Diver. Resour. 34 (1): 19. 2012. Shandong（山东）: Jinan（济南）, Xiying（西营）, 2005-05-05, J.X. Li（李建秀）2005-01 (Holotype: PE).

Cyrtomium semifertile Jian X. Li et Xiao J. Li, Bangladesh J. Bot. 49 (3): 703. 2020. Shandong（山东）: Tai'an（泰安）, Dawenkou（大汶口）, 2012-08-27, J.X. Li（李建秀）816 (Holotype: PE).

山东贯众 ***Cyrtomium shandongense*** Jian X. Li, Bull. Bot. Res., Harbin 4 (2): 142. 1984. Shandong（山东）: Fei Xian（费县）, Ta Shan（塔山）, 1982-10-12, J.X. Li（李建秀）002023-1 (Holotype: SDCM).

阴山贯众 ***Cyrtomium yiangshanense*** Ching et Y.C. Lan, Fl. Kiang Su 1: 466. 1977. Jiangsu (江苏): Yixing (宜兴), Yin Shan (阴山), 1974-06-27, T.Y. Cheo et al. (周太炎等) 70 (Holotype: NAS).

球鳞鳞毛蕨 ***Dryopteris bullatipaleacea*** Ching, Bull. Bot. Res., Harbin 2 (2): 65. 1982. Zhejiang（浙江）: Shui-chang [Suichang]（遂昌）, [Jiulong Shan]（九龙山）, 1980-10-07, K.W. Yao（姚关琥）5848 (Holotype: PE).

永田鳞毛蕨 ***Dryopteris changii*** Ching, Wuyi Sci. J. 1: 7. 1981. Fujian (福建): Chong'an (崇安), Wuyi Shan（武夷山）, 1979-08-13, Wuyi Exped.（武夷队）131 (Holotype: PE).

启明鳞毛蕨 ***Dryopteris chimingiana*** Ching ex K.H. Shing et J.F. Cheng, Jiangxi Sci. 8 (3): 47. 1990. Jiangxi（江西）: Ruijing [Ruijin]（瑞金）, 1958-08-16, C.M. Hu（胡启明）4303 (Holotype: PE).

佩熹鳞毛蕨 ***Dryopteris chiui*** Ching, Bot. Res. Academia Sinica 2: 32. 1987. Fujian（福建）: Chong'an (崇安), Yu-yi Shan [Wuyi Shan] (武夷山), P.C. Chiu (裘佩熹) 1898 [1989] (Holotype: PE).

密叶鳞毛蕨 ***Dryopteris conferta*** Ching et P.C. Chiu, Bot. Res. Academia Sinica 2: 17. 1987. Zhejiang（浙江）: West Tian-mo Shan [Xitianmu Shan]（西天目山）, Laodian（老殿）, 1977-09-16, P.C. Chiu（裘佩熹）5258 (Holotype: PE).

密羽鳞毛蕨 ***Dryopteris confertipinna*** Ching et K.H. Shing, Fl. Fujian. 1: 600. 1982. Fujian (福建): Dehua (德化), Yangkou (羊口), 1974 年, Fujian Fern Exped. (福建蕨类植物调查队) 104 (Holotype: PE).

似多变鳞毛蕨 ***Dryopteris consimilis*** Ching et P.C. Chiu, Bot. Res. Academia Sinica 2: 25. 1987. Zhejiang（浙江）: Hangchow [Hangzhou]（杭州）, 1955-07, P.C. Chiu（裘佩熹）510 (Holotype: PE).

心羽鳞毛蕨 ***Dryopteris cordipinna*** Ching et K.H. Shing, Fl. Fujian. 1: 599. 1982. Fujian (福建): Fuzhou (福州), Gu Shan (鼓山), 1974-10-10, Fujian Fern Exped. (福建蕨类植物调查队) 40 (Holotype: PE).

光泽鳞毛蕨 ***Dryopteris decipiens*** (Hook.) O. Kuntze. var. ***subbipinnata*** Ching, Wuyi Sci. J. 1: 8. 1981. Fujian (福建): Quang-tsai [Guangze] (光泽), 1979-06-24, Y.T. Chang (张永田) 79036 (Holotype: PE).

狭翅鳞毛蕨 ***Dryopteris decurrentiloba*** Ching et C.F. Zhang, Bull. Bot. Res., Harbin 3 (3): 31. 1983. Zhejiang (浙江): Qiangyuan [Qingyuan] (庆元), Bei-Shan-Sui [Baishanzu] (百山祖), [Qikeng] (企坑), 1981-10-15, C.F. Zhang (张朝芳) 7106 (Holotype: PE).

德化鳞毛蕨 ***Dryopteris dehuaensis*** Ching et K.H. Shing, Fl. Fujian. 1: 601.1982. Fujian (福建): Dehua (德化), Qiuban (丘板), 1974 年 , Fujian Fern Exped. (福建蕨类植物调查队) 144 (Holotype: PE).

不等羽鳞毛蕨 ***Dryopteris dispar*** Ching et C.F. Zhang, Bull. Bot. Res., Harbin 3 (3): 17. 1983. Zhejiang (浙江): Qiangyuan [Qingyuan] (庆元), [Baishanzu] (百山祖), [Wanli] Forest Station (万里林场), 1981-10-19, C.F. Zhang (张朝芳) 7165 (Holotype: PE).

Dryopteris erythrosora (D.C. Eaton) Kuntze subsp. ***chiliolepis*** Hand.-Mazz., Anz. Akad. Wiss. Wien, Math.-Naturwiss. Kl. 59 (7): 49. 1922. Djianghsi (Kiangsi) [Jiangxi] (江西): Kiukiang [Jiujiang] (九江), Ku ling [Guling] (牯岭), E. Faber 1918 (Syntype: WU); Kiangsu [Jiangsu] (江苏): Taihu (太湖), Schindler Pl. sin. 254 (Syntype: ?).

凤阳山鳞毛蕨 ***Dryopteris fengyangshanensis*** Ching et C.F. Zhang, Bull. Bot. Res., Harbin 3 (3): 33. 1983. Zhejiang (浙江): Longquan (龙泉), Fengyang Shan (凤阳山), [Guanpuyang] (官埔垟), 1980-08-26, C.F. Zhang (张朝芳) 5965 (Holotype: PE).

Dryopteris fengyangshanensis Ching et P.C. Chiu, Bot. Res. Academia Sinica 2: 33. 1987. Zhejiang (浙江): Longquan (龙泉), Fengyang Shan (凤阳山), 1964-06, P.C. Chiu (裘佩熹) 4149 (Holotype: PE).

Dryopteris filix-mas (L.) Schott. var. ***tienmoshanensis*** Ching, Bull. Fan Mem. Inst. Biol. 1: 147. 1930. Chekiang [Zhejiang] (浙江): Tien-mu Shan [Tianmu Shan] (天目山), west of Hangchow [Hangzhou] (杭州), 1929-05-08, K.K. Tsoong (钟观光) 130 (Holotype: ?).

大黑足鳞毛蕨 ***Dryopteris fuscipes*** C. Chr. fo. ***major*** Ching ex K.H. Shing et J.F. Cheng, Jiangxi Sci. 8 (3): 49. 1990. Jiangxi (江西): Lu Shan (庐山), 1963-07-06, P.C. Chiu (裘佩熹) 2157 (Holotype: PE).

富阳鳞毛蕨 ***Dryopteris fuyangensis*** Ching et P.C. Chiu, Bot. Res. Academia Sinica 2: 26. 1987. Zhejiang (浙江): Fuyang (富阳), Yushan (渔山), 1973-09, P.C. Chiu (裘佩熹) 4413 [4417] (Holotype: PE).

光叶鳞毛蕨 ***Dryopteris glabrescens*** Ching et P.C. Chiu ex K.H. Shing et J.F. Cheng, Jiangxi

Sci. 8 (3): 48. 1990. Jiangxi (江西): Lu Shan (庐山), Xiufeng (秀峰), 1963-07-25, P.C. Chiu (裘佩熹) 3157 (Holotype: PE).

强壮鳞毛蕨 ***Dryopteris grandiosa*** Ching et P.C. Chiu, Bot. Res. Academia Sinica 2: 8.1987. Zhejiang (浙江): Qingyuan (庆元), Bei Shan [Baishanzu] (百山祖), 1964-06, C.P. Chiu [P.C. Chiu] (裘佩熹) 4237 [4239] (Holotype: PE).

鼓山鳞毛蕨 ***Dryopteris gushanica*** Ching et K.H. Shing, Fl. Fujian. 1: 601. 1982. Fujian (福建): Fuzhou (福州), Gu Shan (鼓山), 1974-10-10, Fujian Fern Exped. (福建蕨类植物调查队) 72 (Holotype: PE).

古田山鳞毛蕨 ***Dryopteris gutishanensis*** Ching et C.F. Zhang, Bull. Bot. Res., Harbin 3 (3): 29. 1983. Zhejiang (浙江): Kaihua (开化), Guti Shan [Gutian Shan] (古田山), 1981-10, C.C. Cheng et B.Y. Ding (郑朝宗，丁炳扬) 1783 (Holotype: PE).

杭州鳞毛蕨 ***Dryopteris hangchowensis*** Ching, Bull. Fan Mem. Inst. Biol., Bot. 8 (6): 414. 1938. Chekiang [Zhejiang] (浙江): Hangchow [Hangzhou] (杭州), 1927-07-18, T. Tang et W.Y. Hsia (唐进，夏纬瑛) 93 (Holotype: PE).

黄岗山鳞毛蕨 ***Dryopteris huangangshanensis*** Ching, Fl. Fujian. 1: 602. 1982. Fujian (福建): Chong'an (崇安), Huanggang Shan (黄岗山), 1962-08-25, L.K. Ling (林来官) 5879 (Holotype: PE).

黄龙鳞毛蕨 ***Dryopteris huanglungensis*** Ching, Bot. Res. Academia Sinica 2: 10. 1987. Jiangxi (江西): Lu Shan (庐山), Huanglung-si [Huanglong Si] (黄龙寺), 1935-09, R.C. Ching (秦仁昌) 61 (Holotype: PE) .

假异鳞毛蕨 ***Dryopteris immixta*** Ching, Fl. Tsinling. 2: 225. 1974. Kiangsu [Jiangsu] (江苏): Nanking [Nanjing] (南京), Pao-hwa Shan [Baohua Shan] (宝华山), 1933-11-18, C. Pei (裴鉴) 3464 (Holotype: PE).

无齿鳞毛蕨 ***Dryopteris integripinnula*** Ching, Wuyi Sci. J. 1: 7. 1981. Fujian (福建): Taining (泰宁), 1978-06-21, K.L. Tsai (蔡国梁) 621 [626] (Holotype: PE).

江山鳞毛蕨 ***Dryopteris jiangshanensis*** Ching et P.C. Chiu, Bot. Res. Academia Sinica 2: 34. 1987. Zhejiang (浙江): Jiangshan (江山), 1958-08-31, P.C. Chiu (裘佩熹) 2185 (Holotype: PE).

九龙山鳞毛蕨 ***Dryopteris jiulungshanensis*** P.C. Chiu et K.W. Yao ex Ching, Bull. Bot. Res., Harbin 2 (2): 62. 1982. Zhejiang (浙江): Shui-chang [Suichang] (遂昌), Jiulung-shan [Jiulong Shan] (九龙山), 1980-10-08, K.W. Yao (姚关琥) 5818 (Holotype: PE).

开化鳞毛蕨 ***Dryopteris kaihuaensis*** Ching et C.F. Zhang, Bull. Bot. Res., Harbin 3 (3): 24. 1983. Zhejiang (浙江): Kaihua (开化), Gu-tien Shan [Gutian Shan] (古田山), 1979-10-12, L.S. Hong et B.Y. Ding (洪利兴，丁炳扬) 1269 (Holotype: PE).

中华狭顶鳞毛蕨 ***Dryopteris lacera*** (Thunb.) Kuntze var. ***cninensis*** [***chinensis***] Ching, Bull.

Fan Mem. Inst. Biol., Bot. 8 (6): 439. 1938. Chekiang [Zhejiang] (浙江): Ninpo [Ningbo] (宁波), 1903 年 , C.G. Matthew [S.P. Barchet] 708 (Lectotype: US-00067516); Tien No Shan [Tianmu Shan] (天目山), T. Tang (唐进) 1639 (Syntype: ?), H.H. Hu (胡先骕) 1683 (Syntype: ?), 1925-08-22, W.J. King (金维坚) 409 [K409] (Syntype: PE). Kiangsi [Jiangxi] (江西): Kiukiang [Jiujiang] (九江), Lu Shan (庐山), 1933-08-16, C.E. Devol 2 (Syntype: ?). Shantung [Shandong] (山东): Chefoo [Yantai] (烟台), Forbes 1691 (Syntype: ?), Cowdry 647 (Syntype: ?); Tai Shan (泰山), Jacob 13 (Syntype: ?); Wei-hai-wei [Weihai] (威海), 1903 年 , C.G. Matthew 92 (Syntype: ?).

老殿鳞毛蕨 ***Dryopteris laodianensis*** Ching et P.C. Chiu, Bot. Res. Academia Sinica 2: 16. 1987. Zhejiang (浙江): West Tian-mo Shan [Xitianmu Shan] (西天目山), Laodian (老殿), 1977-09-20, P.C. Chiu (裘佩熹) 5322 (Holotype: PE).

崂山鳞毛蕨 ***Dryopteris laoshanesis*** [***Dryopteris laoshanensis***] Jian X. Li et S.T. Ma, Bull. Bot. Res., Harbin 3 (4): 139.1983. Shandong (山东): Lao Shan (崂山), 1982-09-16, J.X. Li et S.T. Ma (李建秀 , 马书太) 002013-1 (Holotype: SDCM).

鳞茎鳞毛蕨 ***Dryopteris lepidocaulon*** Ching et P.C. Chiu, Bot. Res. Academia Sinica 2: 19. 1987. Zhejiang (浙江): Fuyang (富阳), 1973-11, P.C. Chiu (裘佩熹) 04 (Holotype: PE).

临安鳞毛蕨 ***Dryopteris linganensis*** Ching et C.F. Zhang, Bull. Bot. Res., Harbin 3 (3): 23. 1983. Zhejiang (浙江): Ling-an [Lin'an] (临安), Daming Shan (大明山), 1981-06-25, C.F. Zhang (张朝芳) 6740 (Holotype: PE).

林氏鳞毛蕨 ***Dryopteris lingii*** Ching, Bot. Res. Academia Sinica 2: 23. 1987. Fujiang [Fujian] (福建): Ningyang (宁洋), 1932-12-06, Ling Yuang [Ling Yung] (林镕) s.n. (Holotype: PE).

灵隐鳞毛蕨 ***Dryopteris linyingensis*** Ching et C.F. Zhang, Bull. Bot. Res., Harbin 3 (3): 30. 1983. Zhejiang (浙江): Hangzhou (杭州), Lingyin (灵隐), [Taoguang] (韬光), 1973-12-20, C.F. Zhang (张朝芳) 3131 (Holotype: PE).

溧阳鳞毛蕨 ***Dryopteris liyangensis*** Ching et Y.C. Lan, Fl. Kiang Su 1: 466. 1977. Jiangsu (江苏): Liyang (溧阳), [Shenxijie] (深溪岕), 1974-06-22, T.Y. Cheo et al. (周太炎等) 38 (Holotype: NAS).

长喙鳞毛蕨 ***Dryopteris longirostrata*** Ching ex K.H. Shing et J.F. Cheng, Jiangxi Sci. 8 (3): 47. 1990. Jiangxi (江西): Suichuan (遂川), Yenzhi'yan [Yanziya] (燕子崖), J.F. Cheng (程景福) 63298 (Holotype: PE).

龙井鳞毛蕨 ***Dryopteris lungjingensis*** Ching et P.C. Chiu, Bot. Res. Academia Sinica 2: 27. 1987. Zhejiang (浙江): Hang Chow [Hangzhou] (杭州), Lung-jing [Longjing] (龙井), [Jiuxi] (九溪), P.C. Chiu (裘佩熹) 3477 (Holotype: PE).

龙南鳞毛蕨 ***Dryopteris lungnanensis*** Ching ex K.H. Shing et J.F. Cheng, Jiangxi Sci. 8 (3): 48. 1990. Jiangxi (江西): Longnan (龙南), Lianjiang (濂江), 1959-10-09, H.C. Wang (王洪昌)

159 (Holotype: PE).

龙泉鳞毛蕨 ***Dryopteris lungquanensis*** Ching et P.C. Chiu, Bot. Res. Academia Sinica 2: 1. 1987. Zhejiang (浙江): Lungquan [Longquan] (龙泉), Fengyang Shan (凤阳山), 1964-06, P.C. Chiu (裘佩熹) 4079 (Holotype: PE).

庐山鳞毛蕨 ***Dryopteris lushanensis*** Ching et P.C. Chiu, Bot. Res. Academia Sinica 2: 20. 1987. Jiangxi (江西): Lu Shan (庐山), Zhu-ling-wo [Zhulinwo] (竹林窝), P.C. Chiu (裘佩熹) 3041 (Holotype: PE).

中生鳞毛蕨 ***Dryopteris medialisora*** Ching et P.C. Chiu, Bot. Res. Academia Sinica 2: 6. 1987. Zhejiang (浙江): Qingyuan (庆元), Bei-shan Zu [Baishanzu] (百山祖), 1965-08-09, P.C. Chiu (裘佩熹) 4286 (Holotype: PE).

后生黑足鳞毛蕨 ***Dryopteris metafuscipes*** Ching et C.F. Zhang, Bull. Bot. Res., Harbin 3 (3): 19. 1983. Zhejiang (浙江): Jiang Xian [Yin Xian] (鄞县，今鄞州), Tien-don Shan [Tiantong Shan] (天童山), 1981-08-11, C.F. Zhang (张朝芳) 6845 (Holotype: PE).

拟倒向鳞毛蕨 ***Dryopteris mimetica*** Ching et C.F. Zhang, Bull. Bot. Res., Harbin 3 (3): 21. 1983. Zhejiang (浙江): Lingan [Lin'an] (临安), Daming Shan (大明山), 1981-06-25, C.F. Zhang (张朝芳) 6733 (Holotype: PE).

多羽鳞毛蕨 ***Dryopteris multijugata*** Ching et K.H. Shing, Bull. Bot. Res., Harbin 3 (3): 12. 1983. Zhejiang (浙江): Ninghai (宁海), 1979-11-10, K.Y. Shing et al. (邢公侠等) 66 (Holotype: PE).

新黑足鳞毛蕨 ***Dryopteris neofuscipes*** Ching et P.C. Chiu, Bot. Res. Academia Sinica 2: 4. 1987. Zhejiang (浙江): West Tian-mo Shan [Xitianmu Shan] (西天目山), Laodien [Laodian] (老殿), 1977-09-20, P.C. Chiu (裘佩熹) 5323 (Holotype: PE).

新落鳞鳞毛蕨 ***Dryopteris neosordidipes*** Ching ex K.H. Shing et J.F. Cheng, Jiangxi Sci. 8 (3): 48. 1990. Jiangxi (江西): Poyang (鄱阳), M.J. Wang (王名金) 3997 (Holotype: PE).

Dryopteris nudistipes Ching et P.C. Chiu, Bot. Res. Academia Sinica 2: 30. 1987. Jiangxi (江西): Lu Shan (庐山), P.C. Chiu (裘佩熹) 3023 (Holotype: PE).

桐木鳞毛蕨 [桐木鳞毛蕨] ***Dryopteris oblongipinnula*** Ching et P.C. Chiu, Bot. Res. Academia Sinica 2: 5. 1987. Fujiang [Fujian] (福建): Chong'an (崇安), Wuyi Shan (武夷山), Tong-mo [Tongmu] (桐木), P.C. Chiu (裘佩熹) 1227 (Holotype: PE).

西天目鳞毛蕨 ***Dryopteris occidentali-zhejiangensis*** [***Dryopteris occidentalizhejiangensis***] Ching et P.C. Chiu, Bot. Res. Academia Sinica 2: 17. 1987. Zhejiang (浙江): West Tian-mo Shan [Xitianmu Shan] (西天目山), Laodian (老殿), 1977-09-16, P.C. Chiu (裘佩熹) 429 [5249] (Holotype: PE).

假中华鳞毛蕨 ***Dryopteris parachinensis*** Ching et F.Z. Li, Bull. Bot. Res., Harbin 5 (1): 157. 1985. Shandong (山东): Rongcheng (荣成), [Shidao] (石岛), 1982-08-28, F.Z. Li (李法曾)

820561 (Holotype: SDFS).

相近鳞毛蕨 *Dryopteris persimilis* Ching et C.F. Zhang, Bull. Bot. Res., Harbin 3 (3): 16. 1983. Zhejiang (浙江): Qingyuan (庆元), Bei-sui Shan [Baishanzu] (百山祖), 1981-10-18, C.F. Zhang (张朝芳) 7126 (Holotype: PE).

假暗鳞鳞毛蕨 *Dryopteris pseudatrata* Ching, Fl. Fujian. 1: 601. 1982. Fujian (福建): Chong'an (崇安), Wuyi Shan (武夷山), 1958-08-06, P.C. Chiu (裘佩熹) 1649 (Holotype: PE).

细裂鳞毛蕨 *Dryopteris pseudobissetiana* Ching ex K.H. Shing et J.F. Cheng, Jiangxi Sci. 8 (3): 49. 1990. Jiangxi (江西): Lu Shan (庐山), Wulaofeng (五老峰), 1935-06-07, R.C. Ching (秦仁昌) 11357 (Holotype: PE).

假红盖鳞毛蕨 *Dryopteris pseudo-erythrosora* [***Dryopteris pseudoerythrosora***] Ching et C.F. Zhang, Bull. Bot. Res., Harbin 3 (3): 27. 1983. Zhejiang (浙江): Hangzhou (杭州), Qinglung Shan [Qinglong Shan] (青龙山), 1982-04-27, C.F. Zhang (张朝芳) 7235 (Holotype: PE).

假黑足鳞毛蕨 *Dryopteris pseudofuscipes* Ching et P.C. Chiu, Bot. Res. Academia Sinica 2: 3. 1987. Fujiang [Fujian] (福建): Chong'an (崇安), [Wuyi Shan] (武夷山), P.C. Chiu (裘佩熹) s.n. (Holotype: PE).

假同型鳞毛蕨 *Dryopteris pseudouniformis* Ching, Fl. Fujian. 1: 601. 1982. Fujian (福建): Xianxialing (仙霞岭), 1959-06, P.C. Chiu (裘佩熹) 2185 (Holotype: PE).

普陀鳞毛蕨 *Dryopteris pudouensis* Ching, Bull. Bot. Res., Harbin 3 (3): 11. 1983. Zhejiang (浙江): Pudou Island [Putuo] (普陀), 1979-10-30, K.Y. Shing et al. (邢公侠等) 306 (Holotype: PE).

庆元鳞毛蕨 *Dryopteris qinyuanensis* Ching et P.C. Chiu, Bot. Res. Academia Sinica 2: 7. 1987. Zhejiang (浙江): Qingyuan (庆元), Bei-shan Zu [Baishanzu] (百山祖), 1964-05, P.C. Chiu (裘佩熹) 3924 (Holotype: PE).

四回鳞毛蕨 *Dryopteris quadrifida* Ching ex K.H. Shing et J.F. Cheng, Jiangxi Sci. 8 (3): 49. 1990. Jiangxi (江西): Wugong Shan (武功山), Guan'yin'yan [Guanyinya] (观音崖), 1954-09-09, Jiangxi Exped. Inst. Bot. Acad. Sin. (中科院植物研究所江西队) 1161 (Holotype: PE).

挂墩鳞毛蕨 *Dryopteris quatanensis* Ching, Wuyi Sci. J. 1: 6. 1981. Fujian (福建): Chong'an (崇安), Quatan [Guadun] (挂墩), Wuyi Shan (武夷山), 1979-08-23, Wuyi Exped. (武夷队) 915 (Holotype: PE).

远羽鳞毛蕨 *Dryopteris remotipinnula* Ching et C.F. Zhang, Bull. Bot. Res., Harbin 3 (3): 15. 1983. Zhejiang (浙江): Jian-Xian [Yin Xian] (鄞县，今鄞州), Tien-don Shan [Tiantong Shan] (天童山), 1979-11-04, K.Y. Shing et al. (邢公侠等) 544 (Holotype: PE).

倒向鳞毛蕨 *Dryopteris retrorso-paleacea* [***Dryopteris retrorsopaleacea***] Ching et C.F. Zhang, Bull. Bot. Res., Harbin 3 (3): 20. 1983. Zhejiang (浙江): Qingyuan (庆元), [Baishanzu] (百山祖), [Wanli] Forest Station (万里林场), 1981-10-18, C.F. Zhang (张朝芳) 7035 (Holotype:

PE).

硬叶鳞毛蕨 ***Dryopteris rigidiuscula*** Ching ex K.H. Shing et J.F. Cheng, Jiangxi Sci. 8 (3): 47. 1990. Jiangxi (江西): Anyuan (安远), Pinggangmiao (坪冈庙), 1963-03-25, J.F. Cheng (程景福) 63081 (Holotype: PE).

三明鳞毛蕨 ***Dryopteris saamingensis*** [***Dryopteris sanmingensis***] Ching, Fl. Fujian. 1: 600. 1982. Fujian (福建): Sanming (三明), Daijixi [Dajixi] (大吉溪), 1945-05-23, L.K. Ling (林来官) 291 (Holotype: PE).

山东鳞毛蕨 ***Dryopteris shandongensis*** Jian X. Li et F. Li, Acta Phytotax. Sin. 26 (5): 406. 1988. Shandong (山东): Meng Shan (蒙山), 1983-07-05, J.X. Li (李建秀) 108 (Holotype: SDCM).

上海鳞毛蕨 ***Dryopteris shanghaiensis*** Ching et P.C. Chiu, Bot. Res. Academia Sinica 2: 24. 1987. Shanghai (上海): She Shan (佘山), 1973-07-17, P.C. Chiu (裘佩熹) 4445 (Holotype: PE).

遂昌鳞毛蕨 ***Dryopteris shuichangensis*** P.C. Chiu et K.W. Yao ex Ching, Bull. Bot. Res., Harbin 2 (2): 63. 1982. Zhejiang (浙江): Shui-chang [Suichang] (遂昌), Jiulung-shan [Jiulong Shan] (九龙山), 1980-05-28, P.C. Chiu et K.W. Yao (裘佩熹 , 姚关琥) 5455 (Holotype: PE).

类狭基鳞毛蕨 ***Dryopteris sinodickinsii*** Ching ex K.H. Shing et J.F. Cheng, Jiangxi Sci. 8 (3): 46. 1990. Jiangxi (江西): Yifeng (宜丰), Huanggang Xiang (黄冈乡), 1947-10-15, Y.G. Xiong (熊耀国) 6274 (Holotype: PE).

华红盖鳞毛蕨 ***Dryopteris sinoerythrosora*** Ching et K.H. Shing, Fl. Fujian. 1: 600. 1982. Fujian (福建): Dehua (德化), Qiuban (丘板), 1974 年 , Fujian Fern Exped. (福建蕨类植物调查队) 142 (Holotype: PE).

华稀羽鳞毛蕨 ***Dryopteris sinosparsa*** Ching et K.H. Shing, Fl. Fujian. 1: 601. 1982. Fujian (福建): Nanjing (南靖), 1974-10~11, Fujian Fern Exped. (福建蕨类植物调查队) 570 (Holotype: PE).

Dryopteris stenochlamys Ching ex K.H. Shing et J.F. Cheng, Jiangxi Sci. 8 (3): 49. 1990. Jiangxi (江西): Lu Shan (庐山), Baihejian (白鹤涧), 1963-07-21, P.C. Chiu (裘佩熹) 3111 (Holotype: PE).

Dryopteris subfuscipes Ching ex K.H. Shing et J.F. Cheng, Jiangxi Sci. 8 (3): 49.1990. Jiangxi (江西): Lu Shan (庐山), Huanglung'an [Huanglong An] (黄龙庵), 1935-10, R.C. Ching (秦仁昌) s.n. (Holotype: PE).

百山祖鳞毛蕨 ***Dryopteris subtenuicula*** Ching et P.C. Chiu, Bot. Res. Academia Sinica 2: 29. 1987. Zhejiang (浙江): Qingyuan (庆元), Bei-shan Zu [Baishanzu] (百山祖), 1964-05, P.C. Chiu (裘佩熹) 3585 [3985] (Holotype: PE).

泰山鳞毛蕨 ***Dryopteris taishanensis*** F.Z. Li, Acta Phytotax. Sin. 20 (3): 344. 1982. Shandong

（山东）: Tai Shan（泰山）, 1980-09-02, F.Z. Li（李法曾）0621 (Holotype: SDFS).

泰宁鳞毛蕨 ***Dryopteris tarningensis*** Ching, Wuyi Sci. J. 1: 8. 1981. Fujian（福建）: Taining（泰宁）, M.S. Li（李明生）909 (Holotype: PE).

天竺鳞毛蕨 ***Dryopteris tieanzuensis*** Ching et P.C. Chiu, Bot. Res. Academia Sinica 2: 24. 1987. Zhejiang（浙江）: Hangchow [Hangzhou]（杭州）, Tien-tso [Tianzhu]（天竺）, 1963-11-17, P.C. Chiu（裘佩熹）3555 (Holotype: PE).

三角鳞毛蕨 ***Dryopteris triangularifrons*** Ching, Bull. Bot. Res., Harbin 2 (2): 64. 1982. Zhejiang（浙江）: Shui-chang [Suichang]（遂昌）, Jiulung-shan [Jiulong Shan]（九龙山）, 1980-10-14, K.W. Yao（姚关琥）5899b (Holotype: PE).

观光鳞毛蕨 ***Dryopteris tsoongii*** Ching, Bot. Res. Academia Sinica 2: 14. 1987. Anhuei [Anhui]（安徽）: [Yixian]（黟县）, Yuting（渔亭）, 1920-12-26, K.K. Tsoong（钟观光）4520 (Holotype: PE).

棕边鳞毛蕨 ***Dryopteris uniformis*** (Makino) Makino var. ***rufomarginata*** K.H. Shing, Jiangxi Sci. 8 (3): 47. 1990. Jiangxi（江西）: Wuning（武宁）, Yi Shan（伊山）, Bankeng（板坑）, 1947年, Y.G. Xiong（熊耀国）s.n. (Holotype: PE).

黄山鳞毛蕨 ***Dryopteris whangshangensis*** Ching, Bull. Fan Mem. Inst. Biol., Bot. 8 (6): 421. 1938. Anwhei [Anhui]（安徽）: Whang Shan [Huang Shan]（黄山）, Hoo Yuan-yü（贺贤育）6 (Holotype: PE).

武夷山鳞毛蕨 ***Dryopteris wuyishanensis*** Ching, Fl. Fujian. 1: 600. 1982. Fujian（福建）: Chong'an（崇安）, Huang-zhu-ao [Huangzhu'ao]（黄竹坳）,1958-07-21, P.C. Chiu（裘佩熹）1394 (Holotype: PE).

Dryopteris wuyishanica Ching et P.C. Chiu, Bot. Res. Academia Sinica 2: 34. 1987. Fujiang [Fujian]（福建）: Chong'an（崇安）, Wuyi Shan（武夷山）, 1958-04-10, P.C. Chiu（裘佩熹）1097 (Holotype: PE).

Dryopteris wuyishanicola Ching et P.C. Chiu, Bot. Res. Academia Sinica 2: 31. 1987. Fujiang [Fujian]（福建）: Chong'an（崇安）, Wuyi Shan（武夷山）, P.C. Chiu（裘佩熹）1213 (Holotype: PE).

婺源鳞毛蕨 ***Dryopteris wuyuanensis*** Ching, Bot. Res. Academia Sinica 2: 15. 1987. Jiangxi（江西）: Wu-yuang [Wuyuan]（婺源）, Li Chi et Chen Tsai [Q.H. Li et C. Chen]（李启和，陈策）473 (Holotype: PE).

寻乌鳞毛蕨 ***Dryopteris xunwuensis*** Ching et K.H. Shing, Jiangxi Sci. 8 (3): 48. 1990. Jiangxi（江西）: Xunwu（寻乌）, Shangping（上坪）, 1964-11-17, J.F. Cheng（程景福）40210 (Holotype: PE).

雁荡鳞毛蕨 ***Dryopteris yandongensis*** Ching et C.F. Zhang, Bull. Bot. Res., Harbin 3 (3): 13. 1983. Zhejiang（浙江）: Luo-qing [Yueqing]（乐清）, Yan-don Shan [Yandang Shan]（雁荡山）,

[Zhongzhepu]（中折瀑）, 1979-11-18, K.Y. Shing et al.（邢公侠等）189 (Holotype: PE).

姚氏鳞毛蕨 ***Dryopteris yaoi*** Ching, Bull. Bot. Res., Harbin 2 (2): 64. 1982. Zhejiang（浙江）: Shui-chang [Suichang]（遂昌）, Jiulung-shan [Jiulong Shan]（九龙山）, 1980-10-09, K.W. Yao（姚关琥）5843 (Holotype: PE).

延平鳞毛蕨 ***Dryopteris yenpingensis*** C. Chr. et Ching ex Ching, Bull. Fan Mem. Inst. Biol., Bot. 8: 450. 1938. Fukien [Fujian]（福建）: Yenping [Yanping]（南平市延平区）, Buong Kan [Bankan]（半坎）, 1925-06-21, H.H. Chung（钟心煊）3508 (Isotype: PE).

渔山鳞毛蕨 ***Dryopteris yushanensis*** Ching et P.C. Chiu, Bot. Res. Academia Sinica 2: 28. 1987. Zhejiang（浙江）: Fuyang（富阳）, Yushan（渔山）, 1973-09-09, P.C. Chiu（裘佩熹）4486 (Holotype: PE).

张氏鳞毛蕨 ***Dryopteris zhangii*** Ching, Bull. Bot. Res., Harbin 3 (3): 26. 1983. Zhejiang（浙江）: Jiang-xian [Yin Xian]（鄞县，今鄞州）, Tien-don Shan [Tiantong Shan]（天童山）, 1981-08-11, C.F. Zhang（张朝芳）6830 (Holotype: PE).

浙南鳞毛蕨 ***Dryopteris zhenangensis*** Ching et P.C. Chiu, Bot. Res. Academia Sinica 2: 11. 1987. Zhejiang（浙江）: Qing-yuang [Qingyuan]（庆元）, Bei-shan Zn [Baishanzu]（百山祖）, P.C. Chiu（裘佩熹）4288 (Holotype: PE).

Lastrea opaca Hook. (Thelypteridaceae), Hooker's J. Bot. Kew Gard. Misc. 9: 339. 1857. [Zhejiang]（浙江）: Chusan [Zhoushan]（舟山）, T. Alexander s.n. (Syntype: ?); Fukien [Fujian]（福建）: Foo-chow-foo [Fuzhou]（福州）, T. Alexander s.n. (Syntype: ?).

[迷人鳞毛蕨] ***Nephrodium decipiens*** Hook., Sp. Fil. (W. J. Hooker) 4: 86, t. 243. 1862. Fukien [Fujian]（福建）: Foo-chow-foo [Fuzhou]（福州）, W.T. Alexander s.n. (Holotype: K).

Nephrodium faberi Baker, Ann. Bot. (Oxford) 5 (3): 316. 1891. [Zhejiang]（浙江）: Ningpo [Ningbo]（宁波）, 1885-08, E. Faber 205 (Holotype: K).

Nephrodium isolatum Baker, Gard. Chron. n.s., 14: 494. 1880. [Jiangxi]（江西）: Mountains of the Province of Kiu-kiang [Jiujiang]（九江）, C. Maries s.n. (Holotype: K).

Nephrodium oligophlebium Baker, Ann. Bot. (Oxford) 5 (19): 324. 1891, non 1875. Kiangsu [Jiangsu]（江苏）, J.F. Quekett s.n. (Holotype: K).

[针毛蕨] ***Nephrodium oligophlebium*** Baker, J. Bot. 13: 291. 1875. Kiang-si [Shanghai]（上海）: Phoenix Hills (Feng-wang-shan) [Fenghuang Shan]（凤凰山）, J.F. Quekett s.n. (Holotype: K).

Nephrodium puberulum Baker, J. Bot. 13: 201. 1875. Kiangsi [Jiangxi]（江西）: Kiu-kiang [Jiujiang]（九江）, 1873 年, G. Shearer s.n. (Holotype: K). 更名为 ***Nephrodium macarthyi*** Baker, Ann. Bot. (Oxford) 5 (3): 321. 1891.

Nephrodium regulare Baker, J. Bot. 13: 200. 1875. Kiangsi [Jiangxi]（江西）: Kiu-kiang [Jiujiang]（九江）, 1873 年, G. Shearer s.n. (Holotype: K).

[华东安蕨] *Nephrodium sheareri* Baker, J. Bot. 13: 200. 1875. Kiangsi [Jiangxi] (江西): Kiu-kiang [Jiujiang] (九江), 1873 年 , G. Shearer s.n. (Holotype: K).

Polypodium rheosorum Baker (Polypodiaceae), Ann. Bot. (Oxford) 5 (4): 457. 1891. Che-Kiang [Zhejiang] (浙江): [Hangzhou] (杭州), 1870-08, J. Macarthy s.n. (Holotype: K001080819). 更名为**轴鳞鳞毛蕨 *Dryopteris lepidorachis*** C. Chr., Index Filicum fasc. 5: 274. 1906.

尖头耳蕨 *Polystichum acutipinnulum* Ching et K.H. Shing, Wuyi Sci. J. 1: 9. 1981. Fujian (福建): Chong'an (崇安), Tung-mo-Kwan [Tongmu Guan] (桐木关), 1980-08-31,Wuyi Exped. (武夷队) 1576 (Holotype: PE).

无盖耳蕨 *Polystichum gymnocarpium* Ching ex W.M. Chu et Z.R. He, Fl. Reipubl. Popularis Sin. 5 (2): 227. 2001. Fujian (福建): Pucheng (浦城), Zool. et Bot. Inst., Fujian Acad. Sci. (福建省研究院动植物研究所) 46 (Holotype: PE).

宽鳞耳蕨 *Polystichum latilepis* Ching et H.S. Kung ex H.S. Kung, Acta Bot. Boreal.-Occid. Sin. 9 (4): 273. 1989. Zhejiang (浙江): Tianmu Shan (天目山), 1930-07-26, T.N. Liou (刘慎谔) 217 (Holotype: PE).

假亨氏耳蕨 *Polystichum parahancockii* Ching, Bull. Bot. Res., Harbin 2 (2): 68. 1982. Zhejiang (浙江): Shui-chang [Suichang] (遂昌), Jiulung Shan [Jiulong Shan] (九龙山), 1980-10-09, K.W. Yao (姚关琥) 5842 (Holotype: PE).

山东耳蕨 *Polystichum shandongense* Jian X. Li et Y. Wei, Acta Phytotax. Sin. 22 (2): 164. 1984. Shandong (山东): Meng Shan (蒙山), 1980-10-05, J.X. Li et Y. Wei (李建秀 , 卫云) 00105 (Holotype: SDCM).

井冈山耳蕨 *Polystichum tsingkanshanense* Ching ex K.H. Shing et J.F. Cheng, Jiangxi Sci. 8 (3): 46. 1990. Jiangxi (江西): Jinggang Shan (井冈山), 1973-07-01, J.F. Cheng (程景福) 730382 (Holotype: PE).

武夷耳蕨 *Polystichum wuyishanense* Ching et K.H. Shing, Wuyi Sci. J. 1: 9. 1981. Fujian (福建): Chong'an (崇安), Wuyi Shan (武夷山), 1980-09-14, Wuyi Exped. (武夷队) 2058 (Holotype: PE).

050 三叉蕨科 Tectariaceae

Aspidium exile Hance, J. Bot. 21: 268. 1883. Che-kiang [Zhejiang] (浙江): Wen-chau [Wenzhou] (温州), W.G. Stronach s.n. (Holotype: BM, Herb. Hance n. 22187).

Aspidium forbesii Hance, J. Bot. 13: 198. 1875. Shan tung [Shandong] (山东): Chifu [Yantai] (烟台), 1874-10, F.B. Forbes s.n. (Holotype: BM, Herb. Hance n. 18886).

053 水龙骨科 Polypodiaceae

长柄线蕨 ***Colysis liouii*** Ching, Fl. Fujian. 1: 602.1982. Fujian (福建): Jian'ou (建瓯), Lian-di to Fang-dao (连地至房道), 1951-08-09, T.J. Liu (刘团举) 201 [205] (Holotype: PE).

无柄线蕨 ***Colysis subsessilifolia*** Ching, Wuyi Sci. J. 1: 11. 1981. Fujian (福建): Taining (泰宁), 1979-06-16, M.S. Li (李明生) 558 (Holotype: PE).

Cyclophorus assimilis (Baker) C. Chr. var. ***mollifrons*** Hand.-Mazz., Anz. Akad. Wiss. Wien, Math.-Naturwiss. Kl. 59 (12): 101. 1922. Fukien [Fujian] (福建): Lungyendschou [Longyan] (龙岩), 1909-01, Schindler Pl. sin 415 (Syntype: ?).

Drynaria fortuni [***Drynaria fortunei***] T. Moore, Gard. Chron. 1855: 708. 1855. [Zhejiang] (浙江): Poo-too-san [Putuo Shan] (普陀山), 1848 年 , R. Fortune 18 (Holotype: BM).

安徽骨牌蕨 ***Lemmaphyllum christensenii*** Ching, Bull. Fan Mem. Inst. Biol. 4: 98. 1933. Anhwei [Jiangxi] (江西): Wuyuan (婺源), 1925-08-16, R.C. Ching (秦仁昌) 8851 (Holotype: PE).

细辛叶鳞果星蕨 ***Lepidomicrosorium asarifolium*** Ching et K.H. Shing, Bot. Res. Academia Sinica 1: 11. 1983. Jiangxi (江西): Jinggang Shan (井冈山), [Ciping to Jinshimian] (茨坪至金狮面), 1973-06-22, Chen Jin-Fu [J.F. Cheng] (程景福) 730107 (Holotype: PE).

椭圆瓦韦 ***Lepisorus ellipticus*** Ching, Bull. Bot. Res., Harbin 2 (2): 74. 1982. Zhejiang (浙江): Shui-chang [Suichang] (遂昌), Jiulung Shan [Jiulong Shan] (九龙山), P.C. Chiu et K.W. Yao (裘佩熹 , 姚关琥) 5408 (Holotype: HSNU).

密果瓦韦 ***Lepisorus myriosorus*** Ching, Wuyi Sci. J. 1: 11. 1981. Fujian (福建): Chung-an [Chong'an](崇安), [Guadun] (挂墩), 1979-09-01, Wuyi Exped. (武夷队) 1138 (Holotype: PE).

宝华山瓦韦 ***Lepisorus paohuashanensis*** Ching, Fl. Kiang Su 1: 467. 1977. Jiangsu (江苏): Jurong (句容), Baohua Shan (宝华山), 1933-04-01 [1935-04-01], J.J. Gong (龚家骥) 623 (Holotype: NAS).

福建剑蕨 ***Loxogramme fujiansis*** Ching, Fl. Fujian. 1: 602. 1982. Fujian (福建): Chong'an (崇安), Wuyi Shan (武夷山), P.C. Chiu (裘佩熹) 2300 (Holotype: PE).

福建假瘤蕨 ***Phymatopsis fukienensis*** Ching, Acta Phytotax. Sin. 9 (2): 186. 1964. Fukien [Fujian] (福建): Wuyi Shan (武夷山), 1958-07-27, P.S. Chiu (裘佩熹) 1416 (Holotype: PE).

掌裂假瘤蕨 ***Phymatopsis palmatifida*** Ching et P.C. Chiu, Bull. Bot. Res., Harbin 2 (2): 74. 1982. Zhejiang (浙江): Shui-chang [Suichang] (遂昌), Jiulung Shan [Jiulong Shan] (九龙山), 1980-05-28, P.C. Chiu et K.W. Yao (裘佩熹 , 姚关琥) 5449 (Holotype: PE).

山东假瘤蕨 ***Phymatopsis shandongensis*** Jian X. Li et C.Y. Wang, Acta Phytotax. Sin. 22 (2): 165. 1984. Shandong (山东): Meng Shan (蒙山), 1980-10-05, J.X. Li et Y. Wei (李建秀 , 卫云) 00106 (Holotype: SDCM).

泰宁假瘤蕨 ***Phymatopsis tarningensis*** Ching, Wuyi Sci. J. 1:10. 1981. Fujian (福建): Taining (泰宁), Li ming-sen [M.S. Li] (李明生) 537 (Holotype: PE).

武夷假瘤蕨 ***Phymatopsis wuyishanica*** Ching et K.H. Shing, Wuyi Sci. J. 1:10. 1981. Fujian (福建): Chung-an [Chong'an] (崇安), Hwang-kan Shan [Huanggang Shan] (黄岗山), 1980-09-04, Wuyi Exped. (武夷队) 1737 (Holotype: PE).

Polypodium assimile Baker, J. Bot. 13: 201. 1875. Kiangsi [Jiangxi] (江西): Kiu-kiang [Jiujiang] (九江), 1873 年 , G. Shearer s.n. (Holotype: K).

Polypodium brachylepis Baker, Gard. Chron. n.s., 14: 494. 1880. [Jiangxi] (江西): Mountains of Kiu-kiang [Jiujiang] (九江) , C. Maries s.n. (Holotype: K).

Polypodium chinense Mett. ex Kuhn, J. Bot. 6 (69): 270. 1868. Fokien [Fujian] (福建), 1861 年 , De Grijs s.n. (Syntype: BM, Herb. Hance 6786). [Zhejiang] (浙江): Pootoo [Putuo] (普陀), Fortune 181 (Syntype: ?); Tshu-San [Zhoushan] (舟山), s. coll. s.n. (Syntype: ?).

Polypodium cyclophyllum Baker, Ann. Bot. (Oxford) 5 (4): 473. 1891. Chekiang [Zhejiang] (浙江): Ningpo [Ningbo] (宁波), 1877 年 , W. Hancock 32 (Isotype: GH).

Polypodium fortunei Kunze ex Mett., Abh. Senckenberg. Naturf. Ges. 2 (1): 121. 1856. [Fujian] (福建): [Fuzhou] (福州), R. Fortune [34] (Isosyntype: B).

[庐山瓦韦] ***Polypodium lewisii*** Baker, J. Bot. 13: 201.1875. Kiangsi [Jiangxi] (江西): Kiu-kiang [Jiujiang] (九江), 1873 年 , G. Shearer s.n. (Holotype: BM).

Polypodium macrophyllum (Blume) Reinw. var. ***fokienense*** Copel., Philipp. J. Sci. 3: 283. 1908. Fokien [Fujian] (福建), 1905 年 , S.T. Dunn HH-3757 (Holotype: MICH).

Polypodium ningpoense Baker, Ann. Bot. (Oxford) 5 (4): 474. 1891. Chekiang [Zhejiang] (浙江): Ningpo [Ningbo] (宁波), 1877-05-01, W. Hancock 24 (Holotype: K).

Polypodium normale D. Don var. ***polysorum*** Baker, J. Bot. 13: 202. 1875. Kiangsi [Jiangxi] (江西): Kiu-kiang [Jiujiang] (九江), 1873 年 , G. Shearer s.n. (Holotype: K).

Polypodium oligolepidum Baker, Gard. Chron. n.s., 14: 494. 1880. [Jiangxi] (江西): Mountains of Kiu-kiang [Jiujiang] (九江), C. Maries s.n. (Holotype: K).

Polypodium sheareri Baker, J. Bot. 13: 201. 1875. Kiangsi [Jiangxi] (江西): Kiu-kiang [Jiujiang] (九江), 1873 年 , G. Shearer s.n. (Holotype: K).

黄山石韦 ***Pyrrosia dimorpha*** X.H. Guo et S.B. Zhou, Bull. Bot. Res., Harbin 25 (4): 389. 2005. Anhui (安徽): Huangshan Mt. [Huang Shan] (黄山), Jiulongpu (九龙瀑), 2004-07-08, S.B. Zhou et al. (周守标等) 0407023 (Holotype: ANUB).

裸子植物

Gymnosperms

001 苏铁科 Cycadaceae

闽粤苏铁 ***Cycas taiwaniana*** Carruth., J. Bot. 31: 2, t. 331. 1893. Island of Formosa, R. Swinhoe s.n. (Holotype: BM). 据 2007 年刘念和谢建光考证 [Acta Phytotax. Sin. 45 (2): 246-250] ，模式产地应为 Fujian (福建): Zhangzhou (漳州), Shiting (石亭), Nanshan Village (南山村), Chen Yuan-Guang Temple (陈元光庙).

005 罗汉松科 Podocarpaceae

秦氏罗汉松 ***Podocarpus chingianus*** S.Y. Hu, Taiwania 10: 32. 1964. Chekiang [Zhejiang] (浙江): [Longquan](龙泉), [Qingyun Shan] (青云山), 1924-08-25, R.C. Ching (秦仁昌) 2477 (Holotype: A).

柱冠罗汉松 ***Podocarpus macrophyllus*** (Thunb.) D. Don var. ***chingii*** N.E. Gray, J. Arnold Arbor. 39: 474. 1958. Chekiang [Zhejiang] (浙江): Lung-sien [Longquan] (龙泉), Ching Yuen Shan [Qingyun Shan] (青云山), 1924-08-25, R.C. Ching (秦仁昌) 2477 (Holotype: A).

007 柏科 Cupressaceae

松皮杉 ***Cunninghamia lanceolata*** (Lamb.) Hook. fo. ***squamata*** Q.F. Zheng, J. Fujian Coll. Forest. 2: 37. 1980. Fujian (福建): Longyan (龙岩), Q.F. Zheng et X.M. Yang (郑清芳 , 杨绪明) 76227 (Holotype: FJFC).

柏木 ***Cupressus funebris*** Endl., Syn. Conif. 58. 1847. Chekiang [Zhejiang] (浙江), 1793 年 , G.L. Staunton s.n. (Lectotype: BM, designated by A. Farjon in Monogr. Cupressaceae & Sciadopitys 200. 2005).

[福建柏] ***Cupressus hodginsii*** Dunn, J. Linn. Soc., Bot. 38 (267): 367. 1908. Fokien [Fujian] (福建): [foliage from] Yenping [Yanping] (南平市延平区), 1905-05-25, [Chinese collector 917-] HH-3505 (Lectotype: K-000088294, designated by Z. Yang et al. in Phytokeys 185: 120. 2021); [cones from] large trees in fruit near Foochow [Fuzhou] (福州), 1907-02-20, [A.E.N.] Hodgins s.n. (Syntype: HK).

Fokienia maclurei Merr., Philipp. J. Sci. 21: 492. 1922. Fokien [Fujian] (福建): Taai Yeung Shaan [Daiyun Shan] (戴云山), 1921-07-19, F.A. McClure 6572 (Isotype: US).

浙江刺柏 ***Juniperus formosana*** Hayata var. ***sinica*** Nakai, Chosen Sanrin Kaihô 163: 26. 1938. Chekiang [Zhejiang] (浙江): [Chun'an] (淳安), 1933-10-05, S. Chen (陈诗) 2293 (Syntype:

TI)，S. Chen (陈诗) 1429 (Syntype: TI)，1933-04-16, S. Chen (陈诗) 1051 (Syntype: TI).

Juniperus sphaerica Lindl., Paxt. Flow. Gard. 1: 58. 1851. [Zhejiang] (浙江): Ningpo [Ningbo] (宁波), R. Fortune 48 (Holotype: P).

[杉木] ***Pinus lanceolata*** Lamb. (Pinaceae), Descr. Pinus 1: 53, t. 34. 1803. Illustration in Lambert, Descr. Pinus 1, t. 34. 1803〔Lectotype, 绘图标本来自 Chekiang [Zhejiang] (浙江), 1793 年 , G.L. Staunton s.n.〕.

东方杉 × ***Taxodiomeria peizhongii*** Z.J. Ye, J.J. Zhang et S.H. Pan, Sida 20 (3): 1001. 2003. Shanghai (上海): Jinshan (金山), Jinshan General Petrochemical Works Cult. (金山石化厂栽培), 2001-09-25, S.H. Pan (潘士华) 01563A (Holotype: PE).

Thuja orientalis L. var. ***argyi*** Lemée et H. Lév., Monde Pl., Rev. Mens. Bot. 17 (95): 15. 1915. Kiang-Sou [Jiangsu] (江苏), d'Argy s.n. (Holotype: E).

008 三尖杉科 Cephalotaxaceae

三尖杉 ***Cephalotaxus fortuni*** [***Cephalotaxus fortunei***] Hook., Bot. Mag. 76: t. 4499. 1850. Chekiang [Zhejiang] (浙江): N of Shang-see [Ningbo] (宁波), R. Fortune s.n. (Holotype: K).

009 红豆杉科 Taxaceae

白豆杉 ***Taxus chienii*** W.C. Cheng, Contr. Biol. Lab. Sci. Soc. China, Bot. Ser. 9 (3): 240. 1934. Chekiang [Zhejiang] (浙江): Lungtsuan [Longquan] (龙泉), Mao Shan (昴山), 1933-05-14, S. Chen (陈诗) 1384 (Syntype: PE), 1934-05, S. Chen (陈诗) 3024 (Syntype: PE), 1934-10-07, Y.Y. Ho (贺贤育) 3166〔Lectotype: NAS-00070071, designated 2nd by X. Chen et Y.F. Deng in Phytotaxa 197 (4): 295. 2015, 1st by Y.W. Law in Bot. Bull. Acad. Sin. 1 (2): 144. 1947〕.

黄豆杉 ***Taxus wallichiana*** Zucc. fo. ***flaviarilla*** L.H. Qiu et W.G. Zhang, Acta Agri. Univ. Jiangxi. 40 (6): 1195. 2018. Jiangxi (江西): Le'an (乐安), Jinzhu (金竹), L.H. Qiu et al. (裘利洪等) LZ180930 (Holotype: JXAU).

榧树 ***Torreya grandis*** Fortune ex Lindl., Gard. Chron. 1857: 788. 1857. Mountains of Chekiang [Zhejiang] (浙江): [Ningbo] (宁波), 1855-11, R. Fortune s.n. (Holotype: P).

栾泡榧 ***Torreya grandis*** Fortune ex Lindl. fo. ***majus*** [***major***] Hu, Contr. Biol. Lab. Sci. Soc. China 3 (5): 6. 1927. Chekiang [Zhejiang] (浙江): Chu-Chi [Zhuji] (诸暨), Feng-Chiao [Fengqiao] (枫桥), Sia Kan [Xikeng] (西坑), 1927-10-09, R.C. Ching (秦仁昌) 3678 (Holotype: PE).

芝麻榧 ***Torreya grandis*** Fortune ex Lindl. fo. ***non-apiculata*** [***nonapiculata***] Hu, Contr. Biol. Lab. Sci. Soc. China 3 (5): 6. 1927. Chekiang [Zhejiang] (浙江): Chu-Chi [Zhuji] (诸暨), Feng-

Chiao [Fengqiao] (枫桥), 1927-09-04, Y.L. Keng (耿以礼) 1189 (Holotype: PE).

了木榧 ***Torreya grandis*** Fortune ex Lindl. var. ***chingii*** Hu, Contr. Biol. Lab. Sci. Soc. China 3 (5): 8. 1927. Chekiang [Zhejiang] (浙江): Chu-Chi [Zhuji] (诸暨), Feng-Chiao [Fengqiao] (枫桥), Sia Kan [Xikeng] (西坑), 1927-10-09, R.C. Ching (秦仁昌) 3680 (Holotype: PE).

米榧 ***Torreya grandis*** Fortune ex Lindl. var. ***dielsii*** Hu, Contr. Biol. Lab. Sci. Soc. China 3 (5): 7. 1927. Chekiang [Zhejiang] (浙江): Chu-Chi [Zhuji] (诸暨), Feng-Chiao [Fengqiao] (枫桥), 1927-09-04, Y.L. Keng (耿以礼) 1190 (Holotype: PE).

九龙山榧 ***Torreya grandis*** Fortune ex Lindl. var. ***jiulongshanensis*** Z.Y. Li, Z.C. Tang et N. Kang, Bull. Bot. Res., Harbin 15 (3): 356. 1995. Zhejiang (浙江): Suichang (遂昌), Mt. Jiulong [Jiulong Shan] (九龙山), 1990-10-15, Z.Y. Li et Z.C. Tang (李志云，汤兆成) 9009 (Holotype: PE).

香榧 ***Torreya grandis*** Fortune ex Lindl. var. ***merrillii*** Hu, Contr. Biol. Lab. Sci. Soc. China 3 (5): 9. 1927. Chekiang [Zhejiang] (浙江): Chu-Chi [Zhuji] (诸暨), Feng-Chiao [Fengqiao] (枫桥), 1927-09-04, Y.L. Keng (耿以礼) 1191 (Holotype: PE).

寸金榧 ***Torreya grandis*** Fortune ex Lindl. var. ***sargentii*** Hu, Contr. Biol. Lab. Sci. Soc. China 3 (5): 7. 1927. Anhwei [Anhui] (安徽): Shiu-Ning [Xiuning] (休宁), Feng-Chuan, 1925-08-16, R.C. Ching (秦仁昌) 3214a (Holotype: PE).

长叶榧 ***Torreya jackii*** Chun, J. Arnold Arbor. 6 (3): 144. 1925. Chekiang [Zhejiang] (浙江): Hsien-Chü [Xianju] (仙居), Chen Chon [Chenzhuang] (陈庄), GaFungKwan [Gefengkeng] (隔风坑), 1924-06-03, R.C. Ching (秦仁昌) 1779〔Lectotype: PE-00000094 (211928), designated by Q. Lin et Z.Y. Cao in Acta Bot. Yunnan. 29 (3): 292. 2007〕.

010 松科 Pinaceae

百山祖冷杉 ***Abies beshanzuensis*** M.H. Wu, Acta Phytotax. Sin. 14 (2): 16. 1976. Zhejiang (浙江): Qingyuan (庆元), Baishanzu (百山祖), 1975-11-15, M. X. Wu (吴鸣翔) 7511 (Holotype: PE).

[油杉] ***Picea fortunei*** A. Murray bis, Proc. Hort. Soc. 2: 421. 1862. Fukien [Fujian] (福建): Foo-chow-foo [Fuzhou] (福州), templum Koo-shan [Gushan Si] (鼓山寺，今涌泉寺), R. Fortune 52 (Lectotype: BM).

Pinus argyi Lemée et H. Lév., Repert. Spec. Nov. Regni Veg. 8: 60. 1910. Kiang-Sou [Shanghai] (上海): Che-Sang; Zuo-Sé [She Shan] (佘山), d'Argy s.n. (Holotype: A).

Pinus argyi Lemée et H. Lév. var. ***longevaginans*** H. Lév., Repert. Spec. Nov. Regni Veg. 8: 60. 1910. Kiang-Sou [Jiangsu] (江苏), d'Argy s.n. (Holotype: A).

Pinus* × *cerambycifera Businský, Bot. Jahrb. Syst. 125 (1): 13. 2003. Anhui (安徽): Anqing (安庆), Yuexi (岳西), Miaodao Shan (妙道山), 1995-07-20, R. Businský 42123 (Holotype: PR).

大别山五针松 *Pinus dabeshanensis* W.C. Cheng et Y.W. Law, Acta Phytotax. Sin. 13 (4): 85. 1975. Anhui (安徽): Yuexi (岳西), C.Q. Zhang (张传琪) 1 (Holotype: PE).

Pinus hwangshanensis W.Y. Hsia, Chin. J. Bot. 1 (1): 17. 1936. Anhwei [Anhui] (安徽): Hwangshan [Huang Shan] (黄山), Shih-Tze-Feng [Shizifeng] (狮子峰), 1933-10-04, M. Chen (陈谋) 1252 (Holotype: PE).

Pinus hwangshanensis W.Y. Hsia ex P.C. Tsoong, Contr. Inst. Bot. Natl. Acad. Peiping 4 (2-3): 155. 1936. [Anhui] (安徽): [Huang Shan] (黄山), Si Hai Men[Xihaimen] (西海门), 1935-08-28, T.N. Liou et P. C. Tsoong (刘慎谔 , 钟补求) 3111 (Holotype: PE).

杉松 *Pinus hwangshanensis* W.Y. Hsia var. ***wulingensis*** S.C. Li, Acta Anhui Agri. Coll. 1: 40. 1981. Jiangxi (江西): Wuning (武宁), 1979-11-30, B.F Ke et S.C. Li (柯病凡 , 李书春) 79531 (Holotype: AAUF).

沙黄松 *Pinus massoniana* Lamb. var. ***shaxianensis*** D.X. Zhou, Bull. Bot. Res., Harbin 11 (3): 41. 1991. Fujian (福建): Shaxian (沙县), Liukeng (柳坑), 1990-10-16, D.X. Zhou (周东雄) 9016 (Holotype: PE).

Pinus massoniana Lamb. var. ***shaxianensis*** D.X. Zhou et Q.F. Zheng, Wuyi Sci. J. 8: 176. 1991. Fujian (福建): Shaxian (沙县), Liukan [Liukeng] (柳坑), D.X. Zhou (周东雄) 90001 (Holotype: SXIF).

短叶黄山松 *Pinus taiwanensis* Hayata var. ***brevifolia*** G.Y. Li et Z.H. Chen, J. Zhejiang Forest. Coll. 19 (3): 259. 2002. Zhejiang (浙江): Cangnan (苍南), Yucang Shan (玉苍山), 1992-05-01, G.Y. Li et al. (李根有等) 1271 (Holotype: ZJFC).

[金钱松] *Pseudolarix kaempferi* Gordon, Pinetum 292. 1858. Cult. in U.K. (英国栽培), R. Fortune 1853—1855 年从宁波引入 , G. Gordon s.n. (Holotype: K).

Pseudolarix pourteti [***Pseudolarix pourtetii***] Ferré, Trav. Lab. Forest. Toulouse, Tome I. iv. Art. 4: 9. 1944. Kiang-Si [Jiangxi](江西): Lu Shan (庐山), 1937-07-06, H.H. Chung et S.C. Sun (钟心煊 , 孙祥钟) 400 (Isotype: NY).

华东黄杉 *Pseudotsuga gausseni* [***Pseudotsuga gaussenii***] Flous, Bull. Soc. Hist. Nat. Toulouse 69: 417. 1936. Chekiang [Zhejiang] (浙 江): Between Ping Yung [Pingyang] (平 阳) and Tai Suan [Taishun] (泰顺), 1924-07-18, R.C. Ching (秦仁昌) 2144 (Holotype: NY).

南方铁杉 *Tsuga tchekiangensis* Flous, Bull. Soc. Hist. Nat. Toulouse 69: 414. 1936. Chekiang [Zhejiang] (浙江): King Yuan [Qingyuan] (庆元), 1924-08-11, R.C. Ching (秦仁昌) 2400 (Holotype: NY).

013 买麻藤科 Gnetaceae

小叶买麻藤 ***Gnetum scandens*** Roxb. var. ***parvifolium*** Warb., Monsunia 1: 196. 1900. [Fujian] (福建): Futschau [Fuzhou] (福州), Yuenfufluss [Yongfu Jiang] (永福江, 今大樟溪), 1887-12, O. Warburg 5953 (Holotype: B).

被子植物
Angiosperms

007 五味子科 Schisandraceae

百山祖八角 *Illicium jiadifengpi* B.N. Chang var. ***baishanense*** B.N. Chang et S.H. Ou, Guihaia 5 (3): 177. 1985. Zhejiang (浙江): Qingyuan (庆元), Baishanzu (百山祖), 1977-10-15, M.X. Wu (吴鸣翔) 7724 (Holotype: IBK).

红毒茴 *Illicium lanceolatum* A.C. Sm., Sargentia 7: 43. 1947. Chekiang [Zhejiang] (浙江), [Longquan] (龙泉), 1934-05-17, S. Chen (陈诗) 3171 (Holotype: A).

闽皖八角 *Illicium minwanense* B.N. Chang et S.D. Zhang, Guihaia 5 (3): 175. 1985. Fujian (福建): Chong'an (崇安), Huangganshan [Huanggang Shan] (黄岗山), L.K. Ling (林来官) 5737 (Holotype: FNU).

武夷八角 *Illicium wuyishanum* Q. Lin, J. Changsha Norm. Univ. Water Resources Electric Power, Nat. Sci. Ed. 2 (2): 79. 1987. Fujian (福建): Chong'an (崇安), Wuyi Mt. [Wuyi Shan] (武夷山), 1985-04-17, Q. Lin (林祁) 24 (Isotype: IBSC).

Kadsura peltigera Rehder et E.H. Wilson, Pl. Wilson. (Sargent) 1 (3): 410. 1913. Kiangsi [Jiangxi] (江西): below Kuling [Guling] (牯岭), 1909 [1907] -08-01, E.H. Wilson 1736 (Lectotype: A).

二色五味子 *Schisandra bicolor* W.C. Cheng, Contr. Biol. Lab. Sci. Soc. China, Bot. Ser. 8: 137. 1932. Chekiang [Zhejiang] (浙江): Western Tienmu-Shan [Xitianmu Shan] (西天目山), near Sienting [Xianrending] (仙人顶), 1932-07-01, W.C. Cheng (郑万钧) 3656 (Holotype: PE).

Schisandra elongata (Blume) Baill. var**.** ***longissima*** Dunn, J. Linn. Soc., Bot. 38 (267): 354. 1908. Fokien [Fujian] (福建): near Buong Kang [Bankan] (半坎), S.T. Dunn HH-2441 (Isosyntype: HK); S.T. Dunn HH-2442 (Syntype: A).

东南五味子 *Schisandra henryi* C.B. Clarke var. ***marginalis*** A.C. Sm., Sargentia 7: 115. 1947. Chekiang [Zhejiang] (浙江): Hsien-chü (Siachu) [Xianju] (仙居), 1924-05-23, R.C. Ching (秦仁昌) 1606 (Holotype: A).

012 马兜铃科 Aristolochiaceae

大别山马兜铃 *Aristolochia dabieshanensis* C.Y. Cheng et W. Yu, Bull. Bot. Res., Harbin 12 (1): 110. 1992. Anhui (安徽): Jinzhai (金寨), Baimazhai (白马寨), 1989-07-12, W. Yu (余伟) 89011 (Holotype: PEM).

福建马兜铃 *Aristolochia fujianensis* S.M. Hwang, Guihaia 3 (2): 81. 1983. Fujian (福建):

Ningde (宁德), 1976-04-17, Gong et Chaio (龚 , 赵) s.n. (Holotype: FMP).

鲜黄马兜铃 ***Aristolochia hyperxantha*** X.X. Zhu et J.S. Ma, Phytotaxa 313 (1): 69. 2017. Zhejiang (浙江): Lin'an (临安), Mt. Baizhangling (百丈岭), 2015-06-09, X.X. Zhu et al. (朱鑫鑫等) ZH099 (Holotype: CSH).

长花马兜铃 ***Aristolochia longilinqua*** [***Aristolochia longilingua***] C.Y. Cheng et W. Yu, Bull. Bot. Res., Harbin 12 (1): 109. 1992. Anhui (安徽): Jinzhai (金寨), Baimazhai (白马寨), 1984-05-16, G. Yao (姚淦) 8951 (Holotype: NAS).

柔毛马兜铃 ***Aristolochia mollis*** Dunn, J. Linn. Soc., Bot. 38 (267): 364. 1908. Fokien [Fujian] (福建): Siu Yuk, Min River (闽江), 1905-05-06, S.T. Dunn HH-3470 (Holotype: HK).

寻骨风 ***Aristolochia mollissima*** Hance, J. Bot. 17: 300. 1879. Shang-hae [Shanghai] (上海): Feng-wang shan [Fenghuang Shan] (凤凰山), 1877-05-13, F.B. Forbes s.n. (Holotype: BM, Herb. Hance n. 20719).

Aristolochia recurvilabra Hance, London J. Bot. 11: 75. 1873. Chekiang [Zhejiang] (浙江): Ningpo [Ningbo] (宁波), E.C. Bowra s.n. (Holotype: ?, Herb. Hance n. 17612).

角叶马兜铃 ***Aristolochia triangulifolia*** W. Yu, Guihaia 12 (1): 3. 1992. Jiangxi (江西): Yongxiu (永修), 1932-08-22, Y. Tsiang (蒋英) 10664 (Holotype: NAS).

管花马兜铃 ***Aristolochia tubiflora*** Dunn, J. Linn. Soc., Bot. 38 (267): 364. 1908. Fokien [Fujian] (福建): Yenping [Yanping] (南平市延平区), 1905-06, S.T. Dunn HH-3472 (Holotype: HK).

大别山细辛 ***Asarum dabieshanense*** D.Q. Wang et S.H. Hwang, Bull. Bot. Res., Harbin 11 (2): 23. 1991. Anhui (安徽): Huoshan (霍山), Changchong (长冲), 1984-05-26, D.Q. Wang et T.S. Zhou (王德群 , 周铜水) 6219 (Holotype: ACM).

杜衡 ***Asarum forbesii*** Maxim., Bull. Acad. Imp. Sci. Saint-Petersbourg, sér. 3, 31 (1): 92. 1886. Chekiang [Zhejiang] (浙江): [Anji] (安吉), Meichi [Meixi] (梅溪), 1881-04-16, Forbes et Carles ex herb. F.B. Forbes 245B (Holotype: LE).

福建细辛 ***Asarum fukienense*** C.Y. Cheng et C.S. Yang, J. Arnold Arbor. 64 (4): 581. 1983. Fujian (福建): Wu-i-shan [Wuyi Shan] (武夷山), M.J. Wang et al. (王名金等) 1929 (Holotype: LBG).

肾叶细辛 ***Asarum renicordatum*** C.Y. Cheng et C.S. Yang, J. Arnold Arbor. 64 (4): 569. 1983. Anhui (安徽): Huang-shan [Huang Shan] (黄山), Nanjing Pharm. Coll. (南京药学院) s.n. (Holotype: BCMM).

014 木兰科 Magnoliaceae

亚美马褂木 ***Liriodendron*** × ***sino-americanum*** [***Liriodendron*** × ***sinoamericanum***] P.C. Yieh ex C.B. Shang et Zhang R.Wang, J. Nanjing Forest. Univ., Nat. Sci. Ed. 36 (2): 1. 2012. Jiangsu (江苏): Nanjing (南京), Z.R. Wang (王章荣) 8351 (Holotype: NF).

鹅掌楸 ***Liriodendron tulipifera*** L. var. ***chinense*** Hemsl., J. Linn. Soc., Bot. 23 (1): 25. 1886. Kiangsi [Jiangxi] (江西): Kiukiang [Jiujiang] (九江), Lushan mountains [Lu Shan] (庐山), 1873 年, G. Shearer s.n. (Syntype: K); 1878 年, C. Maries 200 (Syntype: BM).

天目木兰 ***Magnolia amoena*** W.C. Cheng, Contr. Biol. Lab. Sci. Soc. China, Bot. Ser. 9: 280. 1934. Chekiang [Zhejiang] (浙江): Yutsien [Yuqian] (於潜), Western Tienmushan [Xitianmu Shan] (西天目山), 1934-04, S. Chen (陈诗) 2692〔Lectotype: PE, designated by B.L. Chen et H.P. Nooteboom in Ann. Missouri Bot. Gard. 80 (4): 1019. 1993〕, 1933-07-06, W.C. Cheng (郑万钧) 4444A (Syntype: PE).

黄山木兰 ***Magnolia cylindrica*** E.H. Wilson, J. Arnold Arbor. 8 (2): 109. 1927. Anhwei [Anhui] (安徽): Wang shan [Huang Shan] (黄山), 1925-07-12, R.C. Ching (秦仁昌) 2949 (Holotype: A).

紫花黄山木兰 ***Magnolia cylindrica*** E.H. Wilson var. ***purpurascens*** Ya L. Wang et S.Z. Zhang, Blumea 58 (1): 37. 2013. Zhejiang (浙江): Jingning (景宁), 2010-02-27, Y.L. Wang (王亚玲) Y2010-15 (Holotype: SZG).

福建木兰 ***Magnolia fujianensis*** R.Z. Zhou, J. Trop. Subtrop. Bot. 12 (5): 473. 2004. Fujian (福建): Nanping (南平), 2002-10-26, R.Z. Zhou (周仁章) 0213A (Holotype: IBSC). 更名为 ***Lirianthe fujianensis*** N.H. Xia et C.Y. Wu, Fl. China 7: 64. 2008.

凹叶厚朴 ***Magnolia officinalis*** Rehder et E.H. Wilson var. ***biloba*** Rehder et E.H. Wilson, Pl. Wilson. (Sargent) 1 (3): 392. 1913. Kiangsi [Jiangxi] (江西): Kiukiang [Jiujiang] (九江), Kuling [Guling] (牯岭), Cult., 1907-08-02, E.H. Wilson 1649 (Holotype: A).

多瓣紫玉兰 ***Magnolia polytepala*** Y.W. Law, R.Z. Zhou et R.J. Zhang, Bot. J. Linn. Soc. 151 (2): 289. 2006. Fujian (福建): Wuyi Shan (武夷山), 2003-09-25, R.Z. Zhou (周仁章) 03021 (Holotype: IBSC).

景宁木兰 ***Magnolia sinostellata*** P.L. Chiu et Z.H. Chen, Acta Phytotax. Sin. 27 (1): 79. 1989. Zhejiang (浙江): Jingning (景宁), Caoyutang (草鱼塘), 1987-02-26, J.P. Si et H.F. Pan (斯金平, 潘洪峰) JN-002 (Holotype: HHBG).

宝华木兰 ***Magnolia zenii*** W.C. Cheng, Contr. Biol. Lab. Sci. Soc. China, Bot. Ser. 8: 291. 1933. Kiangsu [Jiangsu] (江苏): Paohua-shan [Baohua Shan] (宝华山), 1933-03-31, W.C. Cheng (郑万钧) 4233 (Lectotype: PE-00133851, designated by Q. Lin et al. in Acta Bot. Boreal. -Occid.

Sin. 28: 536. 2008); 1932-06-09, C. Pei（裴鉴）3123 (Syntype: PE).

井冈山木莲 ***Manglietia jinggangshanensis*** R.L. Liu et Z.X. Zhang, Feddes Repert. 130 (3): 289. 2019. Jiangxi（江西）: Jinggang Shan（井冈山）, 2001-05-08, R.L. Liu（刘仁林）20010012 (Holotype: BJFC).

乳源木莲 ***Manglietia yuyuanensis*** Y.W. Law, Bull. Bot. Res., Harbin 5 (3): 125. 1985. Zhejiang（浙江）: Changhua（昌化）, Daming Shan（大明山）, 1956-05-29, X.Y. Hoo（贺贤育）23326 (Holotype: IBSC).

悦色含笑 ***Michelia amoenna*** [***Michelia amoena***] Q.F. Zheng et M.M. Lin, Bull. Bot. Res., Harbin 7 (1) : 63. 1987. Fujian（福建）: Changting（长汀）, Q.F. Zheng et M.M. Lin（郑清芳，林木木）84504 (Holotype: FJFC).

黄花悦色含笑 ***Michelia amoena*** Q.F. Zheng et M.M. Lin fo. ***luteola*** Z.X. Yu, Acta Agri. Univ. Jiangxi. 21 (3): 387. 1999. Jiangxi（江西）: Nanchang（南昌）, Cult., introduced from Guan Shan（官山）, 1999-05-15, Z.X. Yu（俞志雄）99004 (Holotype: JXAU).

美毛含笑 ***Michelia caloptila*** Y.W. Law et Y.F. Wu, Bull. Bot. Res., Harbin 4 (2): 152. 1984. Jiangxi（江西）: Zixi（资溪）, Matou Shan（马头山）, 1980-09-17, Depart. Forest., Univ. Communism Kiangsi（江西共大林学系）80069 (Holotype: IBSC).

尾叶含笑 ***Michelia caudata*** M.X. Wu, X.H. Wu et G.Y. Li, Acta Bot. Boreal.-Occid. Sin. 35 (5): 1058. 2015. Zhejiang（浙江）: Qingyuan（庆元）, Jiaokeng（蕉坑）, Guanmen Ao（关门岙）, 2010-04-12, Q.J. Ye et X.H. Wu（叶其娇，吴夏华）1096 (Holotype: ZJFC).

Michelia chingii W.C. Cheng, Contr. Biol. Lab. Sci. Soc. China, Bot. Ser. 10: 110. 1936. Chekiang [Zhejiang]（浙江）: Lungtsuan [Longquan]（龙泉）, Mao Shan（昴山）, 1924-08-24, R.C. Ching（秦仁昌）2452 (Holotype: PE).

灰毛含笑 ***Michelia foveolata*** Merr. ex Dandy var. ***cinerascens*** Y.W. Law et Y.F. Wu, Bull. Bot. Res., Harbin 6 (2): 99. 1986. Zhejiang（浙江）: Qingyuan（庆元）, 1977-11, M.X. Wu（吴鸣翔）7720 (Holotype: IBSC).

福建含笑 ***Michelia fujianensis*** Q.F. Zheng, Bull. Bot. Res., Harbin 1 (3): 92. 1981. Fujian（福建）: Sanming（三明）, K.R. Wu（吴克儒）79100 (Holotype: FJFC).

耐冬含笑 ***Michelia gelida*** T.B. Zhao, Z.X. Chen et D.L. Fu., Advances Orn. Hort. China 2013: 39. 2013. Henan（河南）: Changge（长葛）, Cult., 2010-03-24, Zhao Tian-bang et Fu Da-li（赵天榜，傅大立）201003245 (Holotype: HEAC), introduced from Fuyang（富阳）, Zhejiang（浙江）.

江西含笑 ***Michelia jiangxiensis*** Hung T. Chang et B.L. Chen, Acta Sci. Nat. Univ. Sunnyatseni 31 (1): 77. 1992. Jiangxi（江西）: Ninggang（宁冈）, H.T. Chang（张宏达）20355 (Holotype: SYS).

鳞药含笑 ***Michelia linyaoesis*** [***Michelia linyaoensis***] D.C. Zhang et S.B. Zhou, Bull. Bot.

Res., Harbin 22 (2): 129. 2002. Fujian (福建): Nanping (南平), Laizhou (来舟), 1998-05-11, S.B. Zhou (周守标) 95544 (Holotype: ANUB).

深山含笑 ***Michelia maudiae*** Dunn, J. Linn. Soc., Bot. 38 (267): 353. 1908. Fokien [Fujian] (福建): Yenping [Yanping] (南平市延平区), Cult. in Garden of Chinese Literary Mandarin, 1905 年 , S.T. Dunn HH-2449 (Syntype: HK).

七瓣含笑 ***Michelia septipetala*** Z.L. Nong, Guihaia 13 (3): 220. 1993. Jiangxi (江西): Xinfeng (信丰), Jinpan Shan (金盘山), 1986-05-21, Z.L. Nong (农植林) 086067 (Holotype: IBK).

野含笑 ***Michelia skinneriana*** Dunn, J. Linn. Soc., Bot. 38 (267): 354. 1908. Fokien [Fujian] (福建): Yenping [Yanping] (南平市延平区), S.T. Dunn HH-2448 (Holotype: HK).

华木莲 ***Sinomanglietia glauca*** Z.X. Yu et Q.Y. Zheng, Acta Agri. Univ. Jiangxi. 16 (2): 203. 1994. Jiangxi (江西): Yichun (宜春), Hongjiang (洪江), 1993-09-30, Z.X. Yu et al.(俞志雄等) 93036 (Holotype: JXAU). 更名为**落叶木莲** ***Manglietia decidua*** Q.Y. Zheng, J. Nanjing Forest. Univ. 19 (1): 46. 1995. et Acta Phytotax. Sin. 33 (2): 180. 1995.

019 蜡梅科 Calycanthaceae

簇花蜡梅 ***Chimonanthus caespitosus*** T.B. Chao, Zhi X. Chen et Zhen Q. Li, Bull. Bot. Res., Harbin 9 (4): 47. 1989. Anhui (安徽): Xung-Shan [Huang Shan] (黄山), 1987-10-10, X.D. Wang et al. (王幸德等) 8710104 (Holotype: HEAC).

突托蜡梅 ***Chimonanthus grammatus*** M.C. Liu, J. Nanjing Inst. Forest. 1984 (2): 80. 1984. Jiangxi (江西): Anyuan (安远), 1978-10-02, M.C. Liu (刘茂春) 771670 (Holotype: ZJFC).

柳叶蜡梅 ***Chimonanthus salicifolius*** S.Y. Hu, J. Arnold Arbor. 35: 197. 1954. Kiangsi [Jiangxi] (江西): Hsiu-shui [Xiushui] (修水), Y.K. Hsiung (熊耀国) 5489 (Holotype: A).

浙江蜡梅 ***Chimonanthus zhejiangensis*** M.C. Liu, J. Nanjing Inst. Forest. 1984 (2): 79. 1984. Zhejiang (浙江): Longquan (龙泉), Fengyang Shan (凤阳山), 1979-11-24, M.C. Liu (刘茂春) 7900101 (Holotype: ZJFC).

夏蜡梅 ***Sinocalycanthus chinensis*** W.C. Cheng et S.Y. Chang, Acta Phytotax. Sin. 9 (2): 135. 1964. Chekiang [Zhejiang] (浙江): Changhua (昌化), Shuen-chi-wu [Shunxiwu] (顺溪坞), 1957-05-24, S.Y. Ho (贺贤育) 23213 (Holotype: NF).

025 樟科 Lauraceae

[豹皮樟] ***Actinodaphne lancifolia*** (Siebold et Zucc.) Meissn. var. ***sinensis*** C.K. Allen, Ann. Missouri Bot. Gard. 25: 406. 1938. Chekiang [Zhejiang] (浙江), 1933-09-19, S. Chen (陈诗)

2156 (Holotype: A).

华山胡椒 ***Benzoin sinoglaucum*** Nakai, Fl. Sylv. Kor. 22: 79. 1939. Kiangsi [Jiangsu]（江苏）: Suchô [Suzhou]（苏州）, 1905-06, Sinzô Oka 439 (Lectotype: TI, designated by H. Ohba in Cata. Type Spec. preserv. Herb., Depart. Bot., Univ. Mus., Univ. Tokyo, Part 10: 5. 2002); Chekiang [Zhejiang]（浙江）: Wuyi（武义）, 1933-04-15, S. Chen（陈诗）1028 (Syntype: TI).

浙江樟 ***Cinnamomum chekiangense*** Nakai, Fl. Sylv. Kor. 22: 23. 1939. Chekiang [Zhejiang]（浙江）: Hangchow [Hangzhou]（杭州）, 1929-08-23, W.C. Cheng（郑万钧）32 (Holotype: TI).

普陀樟 ***Cinnamomum chenii*** Nakai, Fl. Sylv. Kor. 22: 23. 1939. Chekiang [Zhejiang]（浙江）: [Putuo]（普陀）, 1934-09-06, S. Chen（陈诗）4035 (Holotype: TI).

Cinnamomum chingii F.P. Metcalf, Lingnan Sci. J. 10 (4): 416. 1931. Chekiang [Zhejiang]（浙江）: S. Chekiang-N. Fukien border（浙闽交界）, 1924-08-31, R.C. Ching（秦仁昌）2541 (Holotype: A).

硬壳桂 ***Cryptocarya chingii*** W.C. Cheng, Contr. Biol. Lab. Sci. Soc. China, Bot. Ser. 10: 111. 1936. Chekiang [Zhejiang]（浙江）: Pingyang（平阳）, Shunshi [Shunxi]（顺溪）, 1924-07-10, R.C. Ching（秦仁昌）2055 (Holotype: PE).

Iozoste hirtipes Migo, Bull. Shanghai Sci. Inst. 14: 300. 1944. Chekiang [Zhejiang]（浙江）: Hangchow [Hangzhou]（杭州）, Liuho-ta [Liuheta]（六和塔）, 1943-11-01, H. Migo（御江久夫）s.n. (Syntype: ?); Hangchow [Hangzhou]（杭州）, 1929-05, C.C. Yü 59 (Syntype: NAS).

［毛豹皮樟］ ***Iozoste hirtipes*** Migo var. ***lanuginosa*** Migo, Bull. Shanghai Sci. Inst. 14: 300. 1944. Kiangsi [Jiangxi]（江西）: Lu Shan（庐山）, Shenlungtan [Shenlongtan]（神龙潭）, 1941-09-25, H. Migo（御江久夫）s.n. (Holotype: NAS-00070871).

红果乌药 ***Lindera aggregata*** (Sims) Kosterm. fo. ***rubra*** P.L. Chiu, J. Zhejiang Forest. Coll. 11 (4): 449. 1994. [Zhejiang]（浙江）: Qingyuan（庆元）, Wulinggen（五岭根）, 1990-09-23, C.S. Ding et R.H. Chang（丁陈森，张若蕙）065 (Holotype: ZJFC).

狭叶山胡椒 ***Lindera angustifolia*** W.C. Cheng, Contr. Biol. Lab. Sci. Soc. China, Bot. Ser. 8: 294. 1933. Kiangsu [Jiangsu]（江苏）: Nanking [Nanjing]（南京）, Chungshan [Zhong Shan]（钟山）, 1929-09-15, W.C. Cheng（郑万钧）174〔Lectotype: PE, designated by by Q. Lin et al. in Type Spec. China Nat. Herb. (PE) 7: 422. 2017〕, 1933-04-23,W.C. Cheng（郑万钧）2494 et 2495 (Syntypes: PE).

江浙山胡椒 ***Lindera chienii*** W.C. Cheng, Contr. Biol. Lab. Sci. Soc. China, Bot. Ser. 9: 193.1934. Kiangsu [Jiangsu]（江苏）: Hsiachu [Xiashu]（下蜀）, Kungchienshan [Kongqing Shan]（空青山）, 1929-09-12,W.C. Cheng（郑万钧）631 (Syntype: PE), 1934-04-04 [1934-04-06], W.C. Cheng（郑万钧）4281 [4681] (Syntype: PE), W.C. Cheng（郑万钧）4282 [4682] (Syntype: NAS).

长梗红果山胡椒 ***Lindera erythrocarpa*** Makino var. ***longipes*** S.B. Liang, Bull. Bot. Res.,

Harbin 8 (4): 90. 1988. Shandong (山东): Muping (牟平), Kunyu Shan (昆嵛山), 1982-05-04, S.B. Liang (梁书宾) 82003 (Holotype: SDFS).

小叶山胡椒 ***Lindera glauca*** (Siebold et Zucc.) Blume var. ***parvifolia*** K.M. Li et W.D. Han, J. Nanjing Forest. Univ. 13 (4): 88. 1989. Fujian (福建): Anxi (安溪), 1987-10-17, K.M. Li (李矿明) 31153 (Holotype: NF).

黑壳楠 ***Lindera megaphylla*** Hemsl., J. Linn. Soc., Bot. 26: 389. 1891. Kiangsi [Jiangxi] (江西): Kiukiang [Jiujiang] (九江) Moutains, E. Faber 238 (Syntype: K).

陷脉山橿 ***Lindera reflexa*** Hemsl. var. ***impressivena*** G.Y. Li et J.F. Wang, J. Zhejiang Forest. Sci. Tech. 40 (4): 75. 2020. Zhejiang (浙江): Qingtian (青田), Jinji Shan (金鸡山), Z.H. Chen et al. (陈征海等) QT20060301 (Holotype: ZM).

红脉钓樟 ***Lindera rubronervia*** Gamble, Pl. Wilson. (Sargent) 2 (1): 84. 1914. Kiangsi [Jiangxi] (江西): Kuling [Guling] (牯岭) ,1907-07-29, E.H. Wilson 1624 (Syntype: A); 1907-07-31, E.H. Wilson 1637 (Syntype: A).

[檫木] ***Lindera tzumu*** Hemsl., J. Linn. Soc., Bot. 26 (176): 392. 1891. Chekiang [Zhejiang] (浙江): Ningpo [Ningbo] (宁波), 1887 年 , E. Faber 356 (Syntype: K).

天目木姜子 ***Litsea auriculata*** S.S. Chien et W.C. Cheng, Contr. Biol. Lab. Sci. Soc. China, Bot. Ser. 6 (7): 59. 1931. Chekiang [Zhejiang] (浙江): W. Tien-mu-shan [Xitianmu Shan] (西天目山), 1929-08-08, S.S. Chien (钱崇澍) 601〔Lectotype: PE-00028512, designated by Q. Lin et al. in Type Spec. China Nat. Herb. (PE) 7: 450. 2017〕, 1931-04-17, W.C. Cheng (郑万钧) 2348 et 2349 (Syntypes: PE).

[闽楠] ***Machilus bournei*** Hemsl., J. Linn. Soc., Bot. 26: 373. 1891. Fokien [Fujian] (福建): Wuikang [Wuyi Gong] (武夷宫), Bourne s.n. (Holotype: K).

浙江润楠 ***Machilus chekiangensis*** S.K. Lee, Acta Phytotax. Sin. 17 (2): 53. 1979. Zhejiang (浙江): Hangchow [Hangzhou] (杭州), Feilaifeng (飞来峰), 1957-05-24, S.Y. Chang (章绍尧) 737 (Holotype: PE).

闽润楠 ***Machilus fukienensis*** Hung T. Chang, Acta Phytotax. Sin. 17 (2): 52. 1979. Fukien [Fujian] (福建): Hokchang [Fuqing] (福清 , not 峡阳), [Ieu Chieu], 1927-05-10, Siu Ging Tang (唐瑞荣) 13855 (Holotype: SYS).

黄绒润楠 ***Machilus grijsii*** Hance, Ann. Sci. Nat., Bot. sér. 4, 18: 226. 1862. Fokien [Fujian] (福建), 1861 年 , C.F.M. De Grijs s.n. (Holotype: BM, Herb. Hance n. 6788).

薄叶润楠 ***Machilus leptophylla*** Hand.-Mazz., Symb. Sin. Pt. 7 (2): 252. 1931. Tschekiang [Zhejiang] (浙江): Siachu [Xianju] (仙居), Chen Chiong [Chenzhuang] (陈庄), 1924-06-04, Ching (秦仁昌) in Wulsin 1806 (Holotype: A).

茫荡山润楠 ***Machilus mangdangshanensis*** Q.F. Zhang [Q.F. Zheng], Fl. Fujian. 2: 393. 1985. Fujian (福建): Nanpin [Nanping] (南平), Houpin [Houping] (后坪), 1984-10-04, S.S.

You et Q.F. Zheng (游水生 , 郑清芳) 84008 (Holotype: FJFC).

闽桂润楠 ***Machilus mikweiensis*** [***Machilus minkweiensis***] S.K. Lee, Acta Phytotax. Sin. 17 (2): 52. 1979. Fukien [Fujian] (福建): Nantsing [Nanjing] (南靖), S.M. Hwang (黄淑美) 190117 (Holotype: FJFC).

雁荡润楠 ***Machilus minutiloba*** S.K. Lee, Acta Phytotax. Sin. 17 (2): 50. 1979. Zhejiang (浙江): Leching [Yueqing] (乐清), Mt. Yentang [Yandang Shan] (雁荡山), S.Y. Chang (章绍尧) 8546 (Holotype: PE).

建润楠 ***Machilus oreophila*** Hance, Ann. Sci. Nat., Bot. sér. 4, 18: 227. 1862. Fokien [Fujian] (福建), De Grijs s.n. (Holotype: BM, Herb. Hance n. 6789).

刨花润楠 ***Machilus pauhoi*** Kaneh., Trop. Woods 23: 8. 1930. Fokien [Fujian] (福建): Chanchao [Zhangzhou] (漳州), [Baiyun Yan] (白云岩), 1926-01-13, Y. Shimada 2854C (Syntype: A); Yeping [Yanping] (南平市延平区), Buong Kang [Bankan] (半坎), 1925-06-24, H.H. Chung (钟心煊) 3569 (Syntype: A); Yenping [Yanping] (南平市延平区), Chaping (茶坪), 1924-08-05, H.H. Chung (钟心煊) 2897 (Syntype: A); Minhow [Minhou] (闽侯), Kushan Monastery [Gushan Si] (鼓山寺 , 今涌泉寺), 1923-08-21, H.H. Chung (钟心煊) 2327 (Syntype: A).

[紫楠] ***Machilus sheareri*** Hemsl., J. Linn. Soc., Bot. 26: 377. 1891. Kiangsi [Jiangxi] (江西): Kiukiang [Jiujiang] (九江), 1873 年, G. Shearer s.n. (Syntype: K); Chekiang [Zhejiang] (浙江): Ningpo [Ningbo] (宁波) mountains, 1888 年 , E. Faber 45 (Syntype: K).

大果红楠 ***Machilus thunbergii*** Siebold et Zucc. var. ***borealis*** D.K. Zang, J. Shandong Agri. Univ., Nat. Sci. Ed. 32 (3): 315. 2001. Shandong (山东): Laoshan mountain [Lao Shan] (崂山), Taiqinggong (太清宫), D.K. Zang (臧德奎) 91154 (Holotype: SDAU).

玲珑山红楠 ***Machilus thunbergii*** Siebold et Zucc. var. ***linrongshanensis*** X.Z. Lin, Syst. Study of Machilus of Zhejiang [浙江省润楠属植物系统研究] 32. 2007. Zhejiang (浙江): Lin’an (临安), Linlong Shan (玲珑山), X.Z. Lin (林夏珍) ZJRN036 (Holotype: ZJFC).

汀州润楠 ***Machilus tingzhourensis*** M.M. Lin, T.F. Que et Sh. Q. Zheng, Bull. Bot. Res., Harbin 25 (1): 5. 2005. Fujian (福建): Shanghang (上杭), Shangyuan Shan (上园山), 2004-03-11, M.M. Lin (林木木) 27 (Holotype: FJFC).

浙闽新木姜子 ***Neolitsea aurata*** (Hayata) Koidz. var. ***undulatula*** Y.C. Yang et P.H. Huang, Acta Phytotax. Sin. 16 (4): 40. 1978. Zhejiang (浙江): Longquan (龙泉), P.L. Chiu (裘宝林) 1530 (Holotype: HHBG).

浙江新木姜子 ***Neolitsea chekiangensis*** Nakai, J. Jap. Bot. 16: 128. 1940. Chekiang [Zhejiang] (浙江): Lung-Chüan [Longquan] (龙泉), 1922 [1932]-10-06, Y.Y. Hô (贺贤育) 1626 (Holotype: TI).

云和新木姜子 ***Neolitsea paraciculata*** Nakai, Fl. Sylv. Kor. 22: 46. 1939. Chekiang [Zhejiang] (浙江): Yün-ho [Jingning] (景宁 , 原属云和), 1932-09-13, C. Chen [S. Chen] (陈诗) 717

(Isosyntype: PE), 1934-04-18, C. Chen [S. Chen] (陈诗) 2794 (Lectotype: TI, designated by H. Ohba in Cata. Type Spec. preserv. Herb., Depart. Bot., Univ. Mus., Univ. Tokyo, Part 10: 21. 2002).

浙江楠 ***Phoebe chekiangensis*** C.B. Shang, Acta Phytotax. Sin. 12 (3): 295. 1974. [J. South China Agri. Univ. 21 (4): 59. 2000.] Zhejiang (浙江): Hangzhou (杭州), Yunqi (云栖), T. Hong (洪涛) 6358 (Holotype: NF).

026 金粟兰科 Chloranthaceae

安徽金粟兰 ***Chloranthus anhuiensis*** K.F. Wu, Acta Phytotax. Sin. 18 (2): 222. 1980. Anhui (安徽): Huoshan (霍山), Zhufo An (诸佛庵), 1959-06-30, Anhui Univ. Exped. (安大采集队) 53026 (Holotype: NAS).

多穗金粟兰 ***Chloranthus multistachys*** C. Pei, Sinensia 6: 681. 1935. Kiangsu [Jiangsu] (江苏): Chuyung [Jurong] (句容), Paohua-shan [Baohua Shan] (宝华山), 1920-06-05, s.coll. 165 (Syntype: ?), 1920-06-04, s. coll. N-1028 (Syntype: ?); Anhwei [Jiangsi] (江西): Wu Yuen [Wuyuan] (婺源), 1924-08-19, N.K. Ip (叶雅各) 56 (Syntype: ?); Anhwei [Anhui] (安徽): Huang Shan (黄山), 1925-07-12, R.C. Ching (秦仁昌) 4155 (Syntype: ?); Chekiang [Zhejiang] (浙江): Tienmu-shan [Tianmu Shan] (天目山), 1927-07-26, T. Tang (唐进) 376 (Syntype: PE); West Tienmu-shan [Xitianmu Shan] (西天目山), 1927-06-23, H.H. Hu (胡先骕) 1687〔Lectotype: PE-00002945, designated by Q. Lin et al. in Acta Bot. Boreal.-Occid. Sin. 27 (6): 1249. 2007〕; Changhua (昌化), 1927-06-30, Y.L. Keng (耿以礼) 606 (Syntype: PE).

华南金粟兰 ***Chloranthus sessilifolius*** K.F. Wu var. ***austro-sinensis*** [***austrosinensis***] K.F. Wu, Acta Phytotax. Sin. 18 (2): 221. 1980. Jiangxi (江西): Wuyuan (婺源), 1959-04-16, Q.H. Li et C. Chen (李启和 , 陈策) 00351 (Holotype: LBG).

天目金粟兰 ***Chloranthus tianmushanensis*** K.F. Wu, Acta Phytotax. Sin. 18 (2): 221. 1980. Zhejiang (浙江): Lin’an (临安), Xitianmu Shan (西天目山), 1978-05-30, K.F. Wu et al. (吴国芳等) 0292 (Holotype: HSNU).

028 天南星科 Araceae

疏毛磨芋 ***Amorphophallus sinensis*** Belval, Bull. Soc. Bot. France 80: 98. 1933. Chang-hai [Shanghai] (上海): Zosé [She Shan] (佘山) et Tsi-pao [Qibao] (七宝), 1931-06, P. Belval 2111 (Holotype: P).

Arisaema ambiguum Engl., Pflanzenr. (Engler) Arac.-Aroid. & Pistioid. 187.1920. Schangai

[Shanghai]（上海）: Fengwangschan [Fenghuang Shan]（凤凰山）, F.B. Forbes s.n. (Syntype: BM, Herb. Hance n. 8139); Kiangsu [Jiangsu]（江苏）, H.W. Limpricht 92 (Syntype: B).

Arisaema brachyspatha Hayata, Icon. Pl. Formosan. 5: 241. 1915. Fokien [Fujian]（福建）: Kozan [Gu Shan]（鼓山）, 1910-04, S. Nagasawa（永泽定一）216 (Holotype: TI).

云台南星 ***Arisaema du-bois-reymondiae*** [***Arisaema dubois-reymondiae***] Engl., Pflanzenr. (Engler) Arac.-Aroid & Pistioid. 173. 1920. Kiangsu [Jiangsu]（江苏）: Tühinskiang [Zhenjiang]（镇江）am Yang-tze, Frau Marie du Bois-Reymond s.n. (Holotype: B).

Arisaema koreanum Engl., Pflanzenr. (Engler) Arac.-Aroid. & Pistioid. 186. 1920. Kiangsi [Jiangxi]（江西）: Kiukiang [Jiujiang]（九江）, 1873 年 , G. Shearer s.n. (Syntype: K); Tschekiang [Zhejiang]（浙江）: Tientui-Gebirge [Tiantai Shan]（天台山）, E. Faber 85 (Syntype: K).

Arisaema limprichtii K. Krause, Repert. Spec. Nov. Regni Veg. Beih. 12: 314. 1922. Kiangsu [Jiangsu]（江苏）: Nanking [Nanjing]（南京）, Bao hoa schan [Baohua Shan](宝华山), Lung tan [Longtan]（龙潭）, Limpricht 840 (Holotype: ?).

绿苞灯台莲 ***Arisaema sikokianum*** Franch. et Sav. var. ***viridescens*** D.D. Ma, Acta Bot. Boreal.-Occid. Sin. 30 (8): 1702. 2010. Zhejiang（浙江）: Putuo Shan（普陀山）, Foding Shan（佛顶山）, 2009-03-19, S.H. Jin et al.（金水虎等）PT09027 (Holotype: ZJFC).

Pinellia browniana Dunn, J. Linn. Soc., Bot. 38 (267): 370. 1908. Fokien [Fujian]（福建）: Fong Kong Tze [Fangguang Si]（方广寺，今方广岩寺）near Foochow [Fuzhou]（福州）, 1905-04-29, S.T. Dunn HH-3711 (Syntype: HK); Tam Chuk Hang [Danzhukeng]（淡竹坑）near Foochow [Fuzhou]（福州）, 1905-05-30, S.T. Dunn HH-3718 (Syntype: HK).

滴水珠 ***Pinellia cordata*** N.E. Br., J. Linn. Soc., Bot. 36 (251): 173. 1903. Chekiang [Zhejiang]（浙江）: Tientai Mountain [Tiantai Shan]（天台山）, E. Faber 82〔Lectotype: K, designated by John Grimshaw et Peter Boyce in Curtis's Bot. Mag. 18 (4): 207. 2001〕; Kiangsi [Jiangxi]（江西）: Kiukiang [Jiujiang]（九江）, 1873 年 , G. Shearer s.n. (Syntype: K).

闽半夏 ***Pinellia fujianensis*** H. Li et G.H. Zhu, Willdenowia 37 (2): 512. 2007. Fujian（福建）: Gutian（古田）, Fudaoling（福到岭）, 1946-04-17, L.K. Ling（林来官）1027 (Holotype: FNU).

盾叶半夏 ***Pinellia peltata*** C. Pei, Contr. Biol. Lab. Sci. Soc. China, Bot. Ser. 10 (1): 1. 1935. Chekiang [Zhejiang]（浙江）: Chingyuan [Qingyuan]（庆元）, Shihlung-shan [Shilong Shan]（石龙山）, 1934-05-31, S. Chen（陈诗）3278 (Holotype: PE).

Pinellia ternata (Thunb.) Ten. ex Breitenb. var. ***vulgaris*** Engl., Pflanzenr. 73: 224. 1920. Fukien [Fujian]（福建）, Dunn HH-3706 (Syntype: ?); Schan-tung [Shandong]（山东）: Tschi-fu [Yantai]（烟台）, Fauvel nach Franchet s.n. (Syntype: ?), Hoa y nan [Huayan Si]（华严寺）in Kiautschou [Jiaozhou]（胶州，胶澳）, Krug 232 (Syntype: B).

鹞落坪半夏 ***Pinellia yaoluopingensis*** X.H. Guo et X.L. Liu, Acta Bot. Yunnan. 8 (2): 223. 1986. Anhui（安徽）: Yuxi [Yuexi]（岳西）, Yaoluoping（鹞落坪）, X.H. Guo（郭新弧）850233

(Holotype: WUH).

030 泽泻科 Alismataceae

Sagittaria trifolia L. fo. ***tenuissima*** Hand.-Mazz., Symb. Sin. Pt. 7 (5): 1188. 1936. Fukien [Fujian] (福建): Schisunkeng [Shisunkeng] (石笋坑) bei Yenping [Yanping] (南平市延平区), 1924-08-14, H.H. Chung (钟心煊) 2999 (Isotype: E).

武夷慈姑 ***Sagittaria wuyiensis*** J.K. Chen, Syst. Evol. Bot. Stud. Chin. Sagittaria 18. 1989. Fujian (福建): Chong'an (崇安), 1985-09-17, J.K. Chen (陈家宽) 0144 (Holotype: WH).

032 水鳖科 Hydrocharitaceae

粗齿大茨藻 ***Najas marina*** L. var. ***grossedentata*** Rendle, Trans. Linn. Soc. London, Bot. 5: 396. 1899. Kianang [Jiangsu] (江苏), 1793 年 , G.L. Staunton s.n. (Holotype: BM).

鄱阳茨藻 ***Najas poyangensis*** S.F. Guan et Q. Lang, Bull. Bot. Res., Harbin 7 (1): 78. 1987. Jiangxi (江西): Poyang [Poyang Hu] (鄱阳湖), 1983-10-19, S.F. Guan (官少飞) 83076 (Holotype: JAS).

安徽苦草 ***Vallisneria anhuiensis*** X. S. Shen, Acta Phytotax. Sin. 39 (6): 572. 2001. Anhui (安徽): Hefei (合肥), Dongpu Reservoir (董铺水库), 1999-07-18, X.S. Shen (沈显生) 99011 (Holotype: PE).

长梗苦草 ***Vallisneria longipedunculata*** X.S. Shen, Acta Bot. Boreal.-Occid. Sin. 20 (5): 889. 2000. Anhui (安徽): Hefei (合肥), Dongpu Reservoir (董铺水库), 1999-09-05, X.S. Shen (沈显生) 99019 (Holotype: PE).

038 眼子菜科 Potamogetonaceae

丽水眼子菜 ***Potamogeton distinctus*** A. Benn. var. ***lishuiensis*** M.R. Zhu et W.Y. Xie, J. Hangzhou Norm. Univ., Nat. Sci. Ed. 17 (1): 2. 2018. Zhejiang (浙江): Lishui (丽水), Liandu (莲都), Fengyang Hu (葑垟湖), 2016-07-03, X.F. Jin et Y.F. Lu (金孝锋 , 鲁益飞) 3738 (Holotype: HTC).

Potamogeton sinicus Migo, J. Shanghai Sci. Inst., Sect. III, 3: 1.1934. Kiangsu [Jiangsu] (江苏): Soochow [Suzhou] (苏州), Shangfang Shan (上方山), 1933-11-18, H. Migo (御江久夫) s.n. (Holotype: TI).

040 川蔓藻科 Ruppiaceae

Ruppia brevipedunculata Shuo Yu et den Hartog, Aquatic Bot. 119: 67. 2014. Jiangsu (江苏): Yancheng (盐城), Dafeng (大丰), 2013-10-12, S. Yu (于硕) s.n. (Holotype: AMD).

Ruppia sinensis Shuo Yu et den Hartog, Aquatic Bot. 119: 69. 2014. Jiangsu (江苏): Yancheng (盐城), Dafeng (大丰), 2013-10-12, S. Yu (于硕) s.n. (Holotype: AMD).

043 沼金花科 Nartheciaceae

短柄粉条儿菜 ***Aletris scopulorum*** Dunn, J. Linn. Soc., Bot. 38 (267): 370. 1908. Fokien [Fujian] (福建): Sui Kai Kau near Foochow [Fuzhou] (福州), 1905-05-06, S.T. Dunn HH-3556 (Holotype: HK).

044 水玉簪科 Burmanniaceae

大西坑水玉簪 ***Burmannia cryptopetala*** Makino var. ***baxikangensis*** [***daxikangensis***] Y.B. Chang et Z. Wei, Bull. Bot. Res., Harbin 9 (2): 37. 1989. Zhejiang (浙江): Suichang (遂昌), Daxikeng (大西坑), Fengzipeng (丰子蓬), 1985-08-16, X.Z. Chen (陈行知) 4943 (Holotype: ZM).

045 薯蓣科 Dioscoreaceae

Dioscorea angusta R. Knuth, Pflanzenr. (Engler) Dioscoreac. 288. 1924. Fukien [Fujian] (福建): Futschau [Fuzhou] (福州), Yunfu-Tal [Yongfu Si] (永福寺，今方广岩寺), O.Warburg 5923 (Holotype: B).

Dioscorea batatas Decne., Rev. Hort. [Paris]. Ser. IV, 3: 243. 1854. Cult. in Mus. d'Hist. nat., Paris (巴黎自然博物馆栽培), 1848 年由 M. Montigny 引自 Chang-Hai [Shanghai] (上海).

Dioscorea belophylloides Prain et Burkill, J. Proc. Asiat. Soc. Bengal 4: 448. 1908. Kiang-si [Jiangxi] (江西): Kiukiang [Jiujiang] (九江), 1873 年，G. Shearer s.n. (Syntype: K); Lu Shan (庐山), T.L. Bullock s.n. (Syntype: K).

福州薯蓣 ***Dioscorea futschauensis*** Uline ex R.Knuth, Pflanzenr. (Engler) Dioscoreac. 264. 1924. Fukien [Fujian] (福建): Futschau [Fuzhou] (福州), Yun-fu-Tal [Yongfu Si] (永福寺，今方广岩寺), 1887 年，O. Warburg 5925 (Holotype: B).

胡氏薯蓣 ***Dioscorea huii*** R. Knuth, Repert. Spec. Nov. Regni Veg. 21: 80. 1925. Kiang-si [Jiangxi] (江西): Twe-Chuen [Suichuan] (遂川), 1921 年, H.H. Hu (胡先骕) 902 (Holotype: B).

粉背薯蓣 ***Dioscorea hypoglauca*** Palib., Bull. Herb. Boissier sér. II, 6: 21. 1906. Fokien [Fujian] (福建): Foochow [Fuzhou] (福州), 1889 年, Melnikoff s.n. (Holotype: K).

Dioscorea kelungensis R. Knuth, Pflanzenr. (Engler) Dioscoreac. 263.1924. Kiang-si [Jiangxi] (江西): Lu-schan [Lu Shan] (庐山), Kuling [Guling] (牯岭), 1908 年, Schindler Pl. sin. 350 (Syntype: B).

Dioscorea kiangsiensis R. Knuth, Repert. Spec. Nov. Regni Veg. 21: 80. 1925. Kiang-si [Jiangxi] (江西): Hsin-Feng [Xinfeng] (信丰), 1921 年, H.H. Hu (胡先骕) 1035 (Holotype: B).

Dioscorea morsei Prain et Burkill, J. Proc. Asiat. Soc. Bengal 4: 454. 1908. Kwangsi [Jiangxi] (江西): Kuling [Guling] (牯岭), H.B. Morse 28 (Holotype: K).

绵萆薢 ***Dioscorea spongiosa*** J.Q. Xi, M. Mizuno et W.L. Zhao, Acta Phytotax. Sin. 25 (1): 52. 1987. Zhejiang (浙江): Changshan (常山), 1984-11-13, Exped. Facult. Pharm. Univ. Med. Zhejiang (浙江医科大学药学系采集队, 应为赵维良) 005101 (Isotype: PE).

048 百部科 Stemonaceae

Stemona erecta C.H. Wright, Bull. Misc. Inform. Kew 1895 (100-101): 117. 1895. [Jiangsu] (江苏): Nanking [Nanjing] (南京), C. Schmidt 1541 (Holotype: K, Herb. Faber).

山东百部 ***Stemona shandongensis*** D.K. Zang, Bull. Bot. Res., Harbin 16 (4): 413. 1996. Shandong (山东): Tai Shan (泰山), Linghanfeng (凌汉峰), 1994-05-17, D.K. Zang (臧德奎) 94002 (Holotype: SDAU).

053 藜芦科 Melanthiaceae

Chamaelirium viridiflorum Lei Wang, Z.C. Liu et W.B. Liao, Phytotaxa 357 (2): 127. 2018. Jiangxi (江西): Chongyi (崇义), Qiyun Shan (齐云山), 2017-06-09, Z.C. Liu et al. (刘忠成) LXP-13-23537 (Holotype: SYS).

长梗藜芦 ***Veratrum oblongum*** O. Loes., Verh. Bot. Vereins Prov. Brandenburg 68: 142. 1926; et in Fedde, Repert. 24: 68. 1927. Schantung [Shandong] (山东): Kap Jatau bei Taitschingkung [Taiqinggong] (太清宫), Kaiserl. Forst- amt [Zimmermann Fortsetzung] no. 587, Krug C20 (Syntype: ?); Lauschan [Lao Shan] (崂山), Krug 610 (Syntype: ?); Mecklenburghauses (麦克伦堡疗养院), M. du Bois-Reymond 183 (Syntype: ?).

牯岭藜芦 ***Veratrum schindleri*** O. Loes., Verh. Bot. Vereins Prov. Brandenburg 68: 139. 1926;

et in Fedde, Repert. 24: 67. 1927. Kiangsi [Jiangxi]（江西）: Lu Shan（庐山）, Kuling gebirge [Guling]（牯岭）, 1908 年 , A.K. Schindler 383 (Lectotype: B, designated by J.H. Zimmerman).

Veratrum warburgii O. Loes., Verh. Bot. Vereins Prov. Brandenburg 68: 141. 1926; et in Fedde, Repert. 24: 70. 1927. [Shandong]（山东）: Lauschan [Lao Shan]（崂山）, Mecklenburghaus（麦克伦堡疗养院）, 1911-08, M. du Bois-Reymond 182 (Syntype: ?); Chekiang [Zhejiang]（浙江）: King Juan [Qingyuan]（庆元）, 1924 年 , R.C. Ching（秦仁昌）2367 (Syntype: ?).

056 秋水仙科 Colchicaceae

少花万寿竹 ***Disporum uniflorum*** Baker ex S. Moore, J. Bot. 13: 230. 1875. Kiangsi [Jiangxi]（江西）: Kiukiang [Jiujiang]（九江）, 1873 年 , G. Shearer s.n. (Holotype: K).

059 菝葜科 Smilacaceae

浙南菝葜 ***Smilax austro-zhejiangensis*** Q. Lin [***Smilax austrozhejiangensis*** C. Ling], Acta Phytotax. Sin. 28 (1): 71. 1990. Zhejiang（浙江）: [Linhai]（临海）, Kuocang Shan(括苍山), Huangjia Liao（黄家寮）, 1964-04-25, C.Z. Zheng et C.F. Zhang（郑朝宗，张朝芳）6826 (Holotype: HZU).

Smilax calophylla Wall. var. ***concolor*** C.H. Wright, J. Linn. Soc., Bot. 36: 96. 1903. Kiangsi [Jiangxi]（江西）: Kiukiang [Jiujiang]（九江）, 1873 年 , G. Shearer s.n. (Syntype: K); Lushan Mts. [Lu Shan]（庐山）, 1891-09-27, T.L. Bullock 89 (Syntype: K).

Smilax china L. fo. ***obtusa*** H. Lév., Mem. Pontif. Accad. Romana Nuovi Lincei 24: 344. 1906. Kiang-Sou [Jiangsu]（江苏）: Tou-gou-lin, d'Argy s.n. (Holotype: E).

Smilax china L. var. ***brachypoda*** Rehder, J. Arnold Arbor. 8 (2): 92. 1927. Kiangsi [Jiangxi]（江西）: Lu Shan（庐山）, Siu feng sze [Xiufeng Si]（秀峰寺）, 1922-08-12, A.N. Steward N-2649 (Holotype: A).

Smilax china L. var. ***straminea*** F.P. Metcalf, Lingnan Sci. J. 10: 415. 1931. Anhwei [Jiangxi]（江西）: Wu shan [Wuyuan]（婺源）, Chang Yon shan [Zhanggong Shan]（鄣公山）, 1925-08, R.C. Ching（秦仁昌）3240 (Syntype: A); Anhwei [Anhui]（安徽）: Chu hwa shan [Jiuhua Shan]（九华山）, 1925-06, R.C. Ching（秦仁昌）2805 (Syntype: A); Chekiang [Zhejiang]（浙江）: Tsing-Yun [Jinyun]（缙云）, 1926 年 , Y.L. Keng（耿以礼）463 (Syntype: A).

小果菝葜 ***Smilax davidiana*** A. DC., Monogr. Phan. [A. DC. & C. DC.] 1: 104. 1878. Kiangsi [Jiangxi]（江西）, 1870 年 , A. David s.n. (Holotype: P).

福建菝葜 ***Smilax fokiensis*** F.P. Metcalf, Lingnan Sci. J. 10: 415. 1931. Fukien [Fujian]（福

建): Min River (闽江), 1905-05-29, S.T. Dunn 1429-HH 3568 (Syntype: A).

Smilax nebelii Gilg, Bot. Jahrb. Syst. 34 (1, Beibl. 75): 26. 1904. [Shandong] (山东): Lauschan [Lao Shan] (崂山), Lauting [Laoding] (崂顶), Da ching gong, Nebel s.n (Holotype: ?).

常绿菝葜 *Smilax sempervirens* F.T. Wang, Bull. Fan Mem. Inst. Biol., Bot. 5: 116. 1934. Anhwei [Anhui] (安徽): Hsiu-ning [Xiuning] (休宁), near Hwang Shan [Huang Shan] (黄山), 1932-12, F.T. Wang (汪发缵) 22855 (Holotype: PE).

060 百合科 Liliaceae

宝华老鸦瓣 *Amana baohuaensis* B.X. Han, Long Wang et G.Y. Lu, Phytotaxa 427 (1): 45. 2019. Jiangsu (江苏): Jurong (句容), Mt. Baohua [Baohua Shan] (宝华山), 2019-04-10, L.Wang et al. (王龙等) WL194103 (Holotype: CPU).

括苍山老鸦瓣 *Amana kuocangshanica* D.Y. Tan et D.Y. Hong, Bot. J. Linn. Soc. 154: 437. 2007. Zhejiang (浙江): [Linhai] (临海), Mt. Kuocang [Kuocang Shan] (括苍山), 2002-02-27, D.Y. Tan et X.R. Li (谭敦炎 , 李新蓉) Zhe004 (Holotype: PE).

皖浙老鸦瓣 *Amana wanzhensis* Lu Q. Huang, B.X. Han et K. Zhang, Phytotaxa 177 (2): 120. 2014. Anhui (安徽): Ningguo (宁国), Xianxia town (仙霞镇), 2013-03-18, B.X. Han et X.W. Song (韩邦兴 , 宋向文) 2012125 (Holotype: ACM).

皖西贝母 *Fritillaria anhuiensis* S.C. Chen et S.F. Yin fo. ***jinzhaiensis*** Y.K. Yang et J.Z. Shao, J. Wuhan Bot. Res. 5 (2): 143. 1987. Anhui (安徽): Jinzhai (金寨), Baimazhai (白马寨), Dashuicha (打水叉), 1983-04-03, J.Z. Shao (邵建章) 834042 (Holotype: ANUB).

安徽贝母 *Fritillaria anhuiensis* S.C. Chen et S.F. Yin, Acta Phytotax. Sin. 21 (1): 100. 1983. Anhui (安徽): Huoqiu (霍邱), Yeji (叶集), S.F. Yin et T.X. Ling (殷淑芬 , 凌田心) 135 (Holotype: AHDC).

白花贝母 *Fritillaria anhuiensis* S.C. Chen et S.F. Yin var. ***albiflora*** S.C. Chen et S.F. Yin, Acta Bot. Yunnan. 7 (3): 307. 1985. Anhui (安徽): Jinzhai (金寨), Hongchong (洪冲), 1984-04-12, S.F. Yin (殷淑芬) 8434 (Holotype: AHDC).

皖南贝母 *Fritillaria austroanhuiensis* Y.K. Yang et C.J. Wu, Acta Bot. Boreal.-Occid. Sin. 5 (1): 44. 1985. Jiangsu (江苏): Nanjing (南京), Jixiangan [Jixiang An] (吉祥庵), Cult. in Med. Bot. Gard., from Austro-Anhui. (药用植物园栽培 , 引自安徽南部), Y.K. Yang (杨永康) 015 (Holotype: CPU).

Fritillaria collicola Hance, J. Bot. 8 (88): 76. 1870. Che-kiang [Zhejiang] (浙江): Ningpo [Ningbo] (宁波), W. Tarrant s.n. (Holotype: ?, Herb. Hance n. 1165).

黄山贝母 *Fritillaria huangshanensis* Y.K. Yang et C.J. Wu, Acta Bot. Boreal.-Occid. Sin. 5

(1): 41. 1985. Jiangsu (江苏): Nanjing (南京), Jixiangan [Jixiang An] (吉祥庵), Cult. in Med. Bot. Gard., from Huangshan, Anhui (药用植物园栽培，引自安徽黄山), 1975-04, C.J. Wu et Y.K. Yang (吴澄杰，杨永康) 07 (Holotype: CPU).

大别山贝母 ***Fritillaria hupehensis*** Hsiao et K.C. Hsia var. ***dabieshanensis*** M.P. Deng et K. Yao, Bull. Nanjing Bot. Gard. Mem. Sun Yat Sen 1982: 39. 1984. Anhui (安徽): Huoshan (霍山), M.B. Deng (邓懋彬) 81292 (Holotype: NAS).

天目贝母 ***Fritillaria monantha*** Migo, J. Shanghai Sci. Inst., Sect. III, 4: 139. 1939. Chekiang [Zhejiang] (浙江): Hsi-tienmu-shan [Xitianmu Shan] (西天目山), 1936-04-23, H. Migo (御江久夫) s.n. (Holotype: ?).

宽叶小贝母 ***Fritillaria monantha*** Migo var. ***ningguoica*** Y.K. Yang et M.M. Fang, J. Wuhan Bot. Res. 5 (2): 143. 1987. Anhui (安徽): Ningguo (宁国), Banqiao (板桥), Wang-Mu-An (汪沐庵), 1980-04-17, M.M. Fang (方铭满) A-10-9 (Holotype: TLDC).

铜陵黄花贝母 ***Fritillaria monantha*** Migo var. ***tonglingensis*** S.C. Chen et S.F. Yin, Acta Phytotax. Sin. 21 (1): 101. 1983. Anhui (安徽): Tongling (铜陵), Zhucun (朱村), S.F. Yin et T.X. Ling (殷淑芬，凌田心) 79 (Holotype: AHDC).

宁国贝母 ***Fritillaria ningguoensis*** S.C. Chen et S.F. Yin, Acta Bot. Yunnan. 7 (3): 306. 1985. Anhui (安徽): Ningguo (宁国), Tanggong Shan (汤公山), 1984-04-12, M.M. Fang (方铭满) 840402 (Holotype: AHDC).

祁门贝母 ***Fritillaria qimenensis*** D.C. Zhang et J.Z. Shao, Acta Phytotax. Sin. 29 (5): 474. 1991. Anhui (安徽): Qimen (祁门), Dahongling (大红岭), 1988-03-29, J.L. Chen (陈炯立) 88329 (Holotype: ANUB).

舒城贝母 ***Fritillaria shuchengensis*** Y.K. Yang, D.Q. Wang et J.Z. Shao, J. Wuhan Bot. Res. 5 (2): 140. 1987. Anhui (安徽): Shucheng (舒城), Xiao-Jian-Chang [Xiaojianchong] (小涧冲), 1983-04-19, D.Q. Wang et al. (王德群等) 5529-1 (Holotype: ACM).

东贝母 ***Fritillaria thunbergii*** Miq. var. ***chekiangensis*** Hsiao et K.C. Hsia, Acta Phytotax. Sin. 15 (2): 42. 1977. Zhejiang (浙江): Cult. in Dongyang (东阳), P.K. Hsiao et al. (肖培根等) 2 (Holotype: ?).

皖江贝母 ***Fritillaria wanjiangensis*** Y.K. Yang, J.Z. Shao et Y.H. Zhang, J. Wuhan Bot. Res. 5 (2): 141. 1987. Anhui (安徽): Tongling (铜陵), Y.H. Zhang (张荫鸿) et J.M. Ding 79-3-1 (Holotype: TLDC).

窄叶小贝母 ***Fritillaria xiaobeimu*** Y.K. Yang, J.Z. Shao et M.M. Fang, J. Wuhan Bot. Res. 5 (2): 142. 1987. Anhui (安徽): Ningguo (宁国), Xianxia Xiang (仙霞乡), 1984-04-16, M.M. Fang (方铭满) 8407 (Holotype: CPU).

Gagea argyi H. Lév., Mem. Pontif. Accad. Romana Nuovi Lincei 24: 352. 1906. Kiang-Sou [Jiangsu] (江苏): Souosé, d'Argy s.n. (Holotype: E).

Gagea hypoxioides H. Lév., Mem. Pontif. Accad. Romana Nuovi Lincei 24: 352. 1906. Kiang-Sou [Jiangsu] (江苏): entre Tong-Chin-Bou et Long-Ze, Tsang-Tou-y-Hien; Tchang-Tchéou-Fou [Changzhou] (常州), d'Argy s.n. (Holotype: E).

安徽百合 *Lilium anhuiense* D.C. Zhang et J.Z. Shao, Acta Phytotax. Sin. 29 (5): 475. 1991. Anhui (安徽): Shitai (石台), Guniujiang (牯牛降), 1983-06-18, J.Z. Shao (邵建章) 8350111 (Holotype: ANUB).

巨球百合 (黄花百合) *Lilium brownii* F.E. Brown ex Miellez var. ***giganteum*** G.Y. Li et Z.H. Chen, Pl. Resour. Wenling, Zhejiang [浙江温岭植物资源] 221. 2007. Zhejiang (浙江): Wenling (温岭), Shitang (石塘), 2005-06-21, G.Y. Li et al. (李根有等) WL002 (Holotype: ZJFC).

药百合 *Lilium speciosum* Thunb. var. ***gloriosoides*** Baker, Gard. Chron. n. s., 14: 198. 1880. C. Maries 1878 年引自 Kiangsi [Jiangxi] (江西), Lu Shan (庐山), Dragon's Pool (龙沼).

青岛百合 *Lilium tsingtauense* Gilg, Bot. Jahrb. Syst. 34 (1, Beibl. 75): 24. 1904. Shantung [Shandong] (山东): Tsingtau [Qingdao] (青岛), Nebel s.n. (Syntype: B); Lauschan [Lao Shan] (崂山), Pei tschiu schui miau [Beijiushui Miao] (北九水庙), 1901 年 , R. Zimmermann 385 (Neotype: P-00730928).

Tricyrtis bakeri Koidz. var. ***glabra*** Koidz., Bot. Mag. (Tokyo) 43: 390. 1929. [Jiangxi] (江西): Kuling [Guling] (牯岭), H.B. Morse 6 (Lectotype: K, designated by N. Tanaka in Makinoa N.S. 10: 28. 2012).

中国油点草 *Tricyrtis chinensis* Hir. Takah., Acta Phytotax. Geobot. 52 (1): 35. 2001. Zhejiang (浙江): [Suichang] (遂昌), Ankou (安口), 1996-09-16, Hir. Takahashi 20201 [20286?] (Holotype: SHM).

腺果油点草 *Tricyrtis chinensis* Hir. Takah. var. ***glandulosa*** Z.H. Chen, G.Y. Li et W.Y. Xie, J. Zhejiang Forest. Sci. Tech. 40 (4): 76. 2020. Zhejiang (浙江): Changshan (常山), Baijuhua jian (白菊花尖), 2017-08-27, Z.H. Chen (陈征海) CS-001 (Holotype: ZM).

绿花油点草 *Tricyrtis viridula* Hir. Takah., Acta Phytotax. Geobot. 48 (2): 123. 1997. Zhejiang (浙江): Longquan (龙泉), Feng Yang Mountain [Fengyang Shan] (凤阳山), Fengyang Miao (凤阳庙), Hir. Takahashi 15950 (Holotype: SHM).

仙居油点草 *Tricyrtis xianjuensis* G.Y. Li, Z.H. Chen et D.D. Ma, Ann. Bot. Fenn. 51 (4): 218. 2014. Zhejiang (浙江): Xianju (仙居), Da Shenxianju (大神仙居), 2012-09-09, Z.M. Zhu et al. (朱志明等) XJ20120911 (Holotype: ZJFC).

皖郁金香 *Tulipa anhuiensis* X.S. Shen, Acta Bot. Yunnan. 23 (1): 39. 2001. Anhui (安徽): Qianshan (潜山), Tianzhu Mount. [Tianzhu Shan] (天柱山), 1998-04-01, X.S. Shen (沈显生) 98006 (Holotype: PE).

二叶郁金香 *Tulipa erythronioides* Baker, J. Bot. 13 (154): 292. 1875. Chekiang [Zhejiang]

(浙江): [Ningbo] (宁波), Snowy Valley [Xuedou Shan] (雪窦山), 1873-03, J.F. Quekett s.n. (Holotype: K-000844380).

Tulipa graminifolia Baker ex S. Moore, J. Bot. 13: 230. 1875. Kiangsi [Jiangxi] (江西): Kiukiang [Jiujiang] (九江), 1873 年 , G. Shearer s.n. (Holotype: K).

061 兰科 Orchidaceae

浙江开唇兰 ***Anoectochilus zhejiangensis*** Z. Wei et Y.B. Chang, Bull. Bot. Res., Harbin 9 (2): 39. 1989. Zhejiang (浙江): Suichang (遂昌), Zuobieyuan (左别源), Yangmeikeng (杨梅坑), 1985-08-22, Q.B. Chen [Q.B. Cheng] (程秋波) 3004 (Holotype: ZM).

黄山石豆兰 ***Bulbophyllum huangshanense*** Y.M. Hu et X.H. Jin, Nordic J. Bot. 33 (4): 443. 2015. Anhui (安徽): Yuexi (岳西), Kujingyuan (枯井园), 2014-05-20, Y.M. Hu et al. (胡一民等) 003 (Holotype: AAF).

宁波石豆兰 ***Bulbophyllum ningboense*** G.Y. Li ex H.L. Lin et X.P. Li, J. Zhejiang A & F Univ. 31 (6): 847. 2014. Zhejiang (浙江): Fenghua (奉化), Xikou (溪口), 2013-05-10, H.L. Lin et X.P. Li (林海伦 , 李修鹏) FH20130510 (Holotype: ZJFC).

大瓣卷瓣兰 ***Bulbophyllum omerandrum*** Hayata var. ***macropetalum*** Liang Ma, Xin Y. Chen et S.P. Chen, J. Fujian Agri. Forest. Univ., Nat. Sci. Ed. 49 (5): 597. 2020. Fujian (福建): Liancheng (连城), Guanzhai Shan (冠豸山), L. Ma (马良) FAFU2019032905 (Holotype: FJFC).

屏南卷瓣兰 ***Bulbophyllum pingnanense*** J.F. Liu, S.R. Lan et Y.C. Liang, PhytoKeys 65: 108. 2016. Fujian (福建): Pingnan (屏南), Shuangxi (双溪), Yuanyan River [Yuanyang Xi] (鸳鸯溪), 2013-06-23, J.F. Liu (刘江枫) 201312 (Holotype: FJFC).

浙杭卷瓣兰 ***Bulbophyllum quadrangulum*** Z.H. Tsi, Bull. Bot. Res., Harbin 1 (1-2): 114. 1981. Zhejiang (浙江): Taishun (泰顺), 1978-04, S.Y. Chang (章绍尧) 79-A (Holotype: PE).

永泰卷瓣兰 ***Bulbophyllum yongtaiense*** J.F. Liu, S.R. Lan et Y.C. Liang, Phytotaxa 349 (3): 282. 2018. Fujian (福建): Yongtai (永泰), Geling town (葛岭镇), 2017-08-11, J.F. Liu (刘江枫) 201708 (Holotype: FJFC).

云霄卷瓣兰 ***Bulbophyllum yunxiaoense*** Ming H. Li, J.F. Liu et S.P. Chen, Phytotaxa 332 (1): 61. 2017. Fujian (福建): Yunxiao (云霄), 2017-05-16, M.H. Li (李明河) 20170315 (Holotype: FJFC).

宝华山虾脊兰 ***Calanthe cheniana*** Hand.- Mazz., Oesterr. Bot. Z. 85 (3): 228. 1936. Kiangsu [Jiangsu] (江苏): Kuyung [Jurong] (句容), Paohwa-schan [Baohua Shan] (宝华山), 1931-04-18, C.N. Chen (陈长年) et Teng 154 (Isotype: PE).

异钩距虾脊兰 ***Calanthe graciliflora*** Hayata fo. ***jiangxiensis*** Bo Li, L.J. Kong et Bo Y. Yang,

J. Trop. Subtrop. Bot. 19 (4): 317. 2011. Jiangxi (江西): Anyuan (安远), Fengshan Mt. [Feng Shan] (凤山), 2008-03-07, B. Li et G. Zhou (李波 , 周广) GZ030739 (Holotype: JXU).

Calanthe hamata Hand.- Mazz., Symb. Sin. Pt. 7 (5): 1357. 1936. Kianghsi [Jiangxi] (江西)-Fukien [Fujian] (福建)-Grenze: Schitscheng [Shicheng] (石城) und Ninghwa [Ninghua] (宁化), Dunghwa-schan [Donghua Shan] (东华山), 1921-05, Wang-Te-Hui (王德辉) Plt. sin. 320 (Holotype: WU).

异大黄花虾脊兰 ***Calanthe sieboldopsis*** Bo Y. Yang et Bo Li, PhytoKeys 145: 39. 2020. Jiangxi (江西): Ji'an (吉安), Jinggangshan Mountain [Jinggang Shan] (井冈山), 2017-04-19, B.Y. Yang (杨柏云) 095 (Holotype: CSH).

无距虾脊兰 ***Calanthe tsoongiana*** Tang et F.T. Wang, Acta Phytotax. Sin. 1 (1): 88. 1951. Chekiang [Zhejiang] (浙江): West Tien-mu-shan [Xitianmu Shan] (西天目山), 1929-04-24, K.K. Tsoong (钟观光) 212 (Holotype: PE).

Cephalanthera raymondiae Schltr., Repert. Spec. Nov. Regni Veg. Beih. 12: 342. 1922. Tschekiang [Zhejiang] (浙江): Ningpo [Ningbo] (宁波), Hsüe dou sse [Xuedou Si] (雪窦寺), 1911 年 , H.W. Limpricht 21 (Holotype: ?).

独花兰 ***Changnienia amoena*** S.S. Chien, Contr. Biol. Lab. Sci. Soc. China, Bot. Ser. 10: 90. 1935. Kiangsu [Jiangsu] (江苏): Nanking [Nanjing] (南京), Poahuashan [Baohua Shan] (宝华山), 1931-04, Chang Nien Chen (陈长年) et Teng 193〔Lectotype: PE-00027323, designated by Q. Lin et al. in Acta Bot. Boreal. -Occid. Sin. 29(1): 178. 2009〕; Chekiang [Zhejiang] (浙江): Yu-tsien [Yuqian] (於潜), Tienmushan [Tianmu Shan] (天目山), 1932-04-18, T.H. Chang (张东旭) 169 (Syntype: PE).

Coelogyne pogonioides Rolfe, Bull. Misc. Inform. Kew 1896 (119): 196. 1896. Anwhei [Anhui] (安徽): Wuhu (芜湖),1881-05, T.L. Bullock s.n. (Syntype: BM, Herb. Hance n. 22038).

安溪素 ***Cymbidium ensifolium*** (L.) Sw. var. ***susin*** T.K. Yen, Icon. Cymbid. Amoy. D. b. 1. 1964. Fukien [Fujian] (福建): An-shee [Anxi] (安溪), You-yee [Youyi] (由义), Hung-shan [Huang Shan] (黄山), 1956-06-20, T.K. Yen (严楚江) 2039 (Holotype: ?).

厦门素 ***Cymbidium ensifolium*** (L.) Sw. var. ***susin*** T.K. Yen fo. ***arcuatum*** T.K. Yen, Icon. Cymbid. Amoy. D. e. 5. 1964. Fukien [Fujian] (福建): Amoy [Xiamen] (厦门), 1963-04-07, S.J. Su (苏淑仁) 2044 (Holotype: ?).

Cymbidium ensifolium (L.) Sw. var. ***susin*** T.K. Yen fo. ***falcatum*** T.K. Yen, Icon. Cymbid. Amoy. D.d.1. 1964. Fukien [Fujian] (福建): Lung-yen [Longyan] (龙岩), 1961-12-20, S.J. Su (苏淑仁) 2027 (Holotype: ?)

蕙兰 ***Cymbidium faberi*** Rolfe, Bull. Misc. Inform. Kew 1896 (119): 198. 1896. Chekiang [Zhejiang] (浙江): Tientai Mt. [Tiantai Shan] (天台山), 1889 年 , E. Faber 94 (Syntype: K).

闽蕙 ***Cymbidium fukienense*** T.K. Yen, Icon. Cymbid. Amoy. A.1. 1964. Fukien [Fujian] (福

建): Changchow [Zhangzhou] (漳州), 1963-05-04, T.K. Yen (严楚江) 3001 (Holotype: ?)

黑脉寒兰 ***Cymbidium nigrovenium*** Z.J. Liu et J. N. Zhang, J. South China Agri. Univ. 19 (3): 117. 1998. Fujian (福建): Zhangping (漳平), Yongfu (永福), 1996-12, Z.J. Liu(刘仲健) 151 (Holotype: NOCC).

显脉四季兰 ***Cymbidium prompovenium*** Z.J. Liu et J. N. Zhang, J. South China Agri. Univ. 19 (3): 114. 1998. Fujian (福建): Zhangping (漳平), 1996-07-20, Z.J. Liu (刘仲健) 147 (Holotype: NOCC).

Cymbidium pseudovirens Schltr., Repert. Spec. Nov. Regni Veg. Beih. 12: 351. 1922. Tschekiang [Zhejiang] (浙江): Ningpo [Ningbo] (宁波), 1912-03-02, H.W. Limpricht 304 (Isotype: WU).

山城绿 ***Cymbidium sinense*** Willd. var. ***album*** T.K. Yen fo. ***viridiflorum*** T.K. Yen, Icon. Cymbid. Amoy. F.b.1. 1964. Fukien [Fujian] (福建): Nan-gien [Nanjing] (南靖), Shancheng (山城), Nan-Kan [Nankeng] (南坑), 1964-01-20, T.K. Yen (严楚江) 1040 (Holotype: ?).

云锦 ***Cymbidium sinense*** Willd. var. ***bellum*** T.K. Yen, Icon. Cymbid. Amoy. E.a.5. 1964. Fukien [Fujian] (福 建): Chang-chow [Zhangzhou] (漳 州), 1962-02-15, S.H. Cheng et S.T. Cheng (陈松涵 , 陈瑞腾) 1019 (Holotype: ?).

中华寒兰 ***Cymbidium sinokanran*** T.K. Yen, Icon. Cymbid. Amoy. G.1. 1964. Fukien [Fujian] (福建): Nan-gien [Nanjing] (南靖), 1961-12-10, S.T. Cheng (陈瑞腾) 4001 (Holotype: ?).

紫中华寒兰 ***Cymbidium sinokanran*** T.K. Yen var. ***atropurpureum*** T.K. Yen, Icon. Cymbid. Amoy. G.2. 1964. Fukien [Fujian] (福建): Nan-gien [Nanjing] (南靖), 1961-12-10, S.T. Cheng (陈瑞腾) 4002 (Holotype: ?).

独占 ***Cymbidium uniflorum*** T.K. Yen, Icon. Cymbid. Amoy. A. 2. 1964. Fukien [Fujian] (福建): An-shee [Anxi] (安溪), You-yee [Youyi] (由义), Yuan-tze-shan [Yuanzi Shan] (圆仔山), 1964-02-20, J.P. Lin (林建保) 7001 (Holotype: ?).

线叶建兰 ***Cymbidium yongfuense*** Z.J. Liu et J.N. Zhang, J. South China Agri. Univ. 19 (3): 116. 1998. Fujian (福建): Zhangping (漳平), Yongfu (永福), 1996-09, Z.J. Liu (刘仲健) 150 (Holotype: NOCC).

Cynosorchis chinensis Rolfe, J. Linn. Soc., Bot. 38 (267): 369. 1908. Fokien [Fujian] (福建): [Nanping] (南平), 3800 Steps Pass (三千八百坎), 1905-05-22, S.T. Dunn HH-3543 (Holotype: HK).

华杓兰 ***Cypripedium cathayenum*** S.S. Chien, Contr. Biol. Lab. Sci. Soc. China, Bot. Ser. 6 (3): 23. 1930. Chekiang [Zhejiang] (浙江): Tienmu Shan [Tianmu Shan] (天目山), 1929-05-01, K.K. Tsoong (钟观光) 282 (Holotype: PE).

杨氏丹霞兰 ***Danxiaorchis yangii*** Bo Y. Yang et Bo Li, Phytotaxa 306 (4): 290. 2017. Jiangxi (江西): Ji'an (吉安), Jinggang Shan (井冈山), 2016-04-07, B.Y. Yang (杨柏云) 075 (Holotype:

IBSC).

铜皮石斛 ***Dendrobium crispulum*** K. Kimura et Migo, J. Shanghai Sci. Inst., Sect. III, 3: 123. 1936. bought at a drug store in Hangchou [Hangzhou] (杭州), from Wukang (武康，今属德清), Chechiang [Zhejiang] (浙江), K. Kimura et H. Migo (木村康一，御江久夫) s.n. (Holotype: TI).

霍山石斛 ***Dendrobium huoshanense*** Z.Z. Tang et S.J. Cheng, Bull. Bot. Res., Harbin 4 (3): 142. 1984. Anhui (安徽): Huoshan (霍山), 1982-05-24, L.Z. Wang (王立志) 001 (Holotype: IBSC).

文声石斛 ***Dendrobium luoi*** L.J. Chen et W.H. Rao var. ***wenhuii*** W.L. Yang, Subtrop. Pl. Sci. 47 (3): 261. 2018. Fujian (福建): Zhouning (周宁), 2018-05-06, W.L. Yang (杨旺利) 18050601 (Holotype: FAFS).

铁皮石斛 ***Dendrobium officinale*** K. Kimura et Migo, J. Shanghai Sci. Inst., Sect. III, 3: 122. 1936. 1934-03-07 购于 Shanghai (上海) 药店，采自 Chekiang [Zhejiang] (浙江), Hung-hua [Fenghua] (奉化), K. Kimura et H. Migo (木村康一，御江久夫) s.n. (Holotype: TI).

永嘉石斛 ***Dendrobium yongjiaense*** Z. Zhou et S.R. Lan, Phytotaxa 441 (2): 209. 2020. Zhejiang (浙江): Yongjia (永嘉), 2019-12-06, Z. Zhou (周庄) 2019120601 (Holotype: FJFC).

政和石斛 ***Dendrobium zhenghuoense*** S.P. Chen, Liang Ma et Ming H. Li, Phytotaxa 275 (3): 285. 2016. Fujian (福建): Zhenghe (政和), 2016-05-01, M.H. Li (李明河) 20160501 (Holotype: FJFC).

Diplomeris chinensis Rolfe, Bull. Misc. Inform. Kew 1896 (119): 203. 1896. Chekiang [Zhejiang] (浙江): Tientai Mt. [Tiantai Shan] (天台山), 1889 年，E. Faber 95 (Holotype: K).

福建天麻 ***Gastrodia fujianensis*** Liang Ma, Xin Y. Chen et S.P. Chen, Phytotaxa 391 (4): 270. 2019. Fujian (福建): Wuyi Shan (武夷山), 2018-08-12, Ma (马良) 2018081205 (Holotype: FJFC).

武夷山天麻 ***Gastrodia wuyishanensis*** D.M. Li et C.D. Liu, Novon 17 (3): 354. 2007. Fujian (福建): Jianyang (建阳), Wuyi Shan (武夷山), 2004-08-23, C.D. Liu (刘初钿) 4823 (Holotype: PE).

Goodyera melinostele Schltr., Repert. Spec. Nov. Regni Veg. Beih. 4: 59. 1919. Tschekiang [Zhejiang] (浙江): Hangtschou [Hangzhou] (杭州), [Hsihu-Berge] [Xihu] (西湖), [Schi pan schan] [Qipan Shan] (棋盘山), 1913-10, H.W. Limpricht 1113 (Holotype: ?).

[大花无柱兰] ***Gymnadenia pinguicula*** Rchb. f. et S. Moore, J. Bot. 16: 135. 1878. Chekiang [Zhejiang] (浙江): Ningpo [Ningbo] (宁波), C.W. Everard s.n. (Holotype: K-000796366).

Gymnadenia tryphiaeformis [***Gymnadenia tryphiiformis***] Rchb.f. ex Hemsl., J. Bot. 14: 209.1876. [Jiangxi] (江西): Kiukiang [Jiujiang] (九江), s.coll. s.n. (Syntype: ?).

Habenaria fimbriatiloba Kolan., Phytotaxa 201 (1): 96. 2015. Jiangxi (江西): Wuning (武

宁), Luoxi [Luxi] (鲁溪), 2000-08-02, Zhang 1064 (Holotype: MO).

Habenaria henryi Rolfe, Bull. Misc. Inform. Kew 1896 (119): 202. 1896. Kiangsi [Jiangxi] (江西): Kiukiang [Jiujiang] (九江), G. Shearer s.n. (Syntype: K).

湿地玉凤花 ***Habenaria humidicola*** Rolfe, Bull. Misc. Inform. Kew 1896 (119): 202. 1896. Chekiang [Zhejiang] (浙江): Ningpo [Ningbo] (宁波) Mts., 1885-09, E. Faber 200 (Holotype: K).

Habenaria sagittifera Rchb. f. fo. ***lacerata*** Matsuda, Bot. Mag. (Tokyo) 25: 121. 1911. Kiang-si [Jiangxi] (江西): Lu Shan (庐山), K. Inami (稲并幸吉) 125 (Holotype: ?).

十字兰 ***Habenaria schindleri*** Schltr., Repert. Spec. Nov. Regni Veg. 16: 354. 1920. Kiangsi [Jiangxi] (江西): Lu Shan (庐山), Kuling [Guling] (牯岭), K. Schindler 317b (Holotype: ?).

盔花舌喙兰 ***Hemipilia galeata*** Ying Tang, X.X. Zhu et H. Peng, Phytotaxa 245 (4): 276. 2016. Fujian (福建): Wuyi Shan (武夷山), 2015-04-18, Tang et Zhu (唐颖，朱鑫鑫) 203 (Holotype: KUN).

短茎萼脊兰 ***Hygrochilus subparishii*** Z.H. Tsi, Acta Bot. Yunnan. 4 (3): 267. 1982. Zhejiang (浙江): Kaihua (开化), 1959-05-29, Zhejiang Exp. (浙江植物资源普查队) 26243 (Holotype: PE).

勺状羊耳蒜 ***Liparis cucullata*** S.S. Chien, Contr. Biol. Lab. Sci. Soc. China, Bot. Ser. 6 (3): 29. 1930. Chekiang [Zhejiang] (浙江): W. Tienmu [Xitianmu Shan] (西天目山), Lotus Peak [Lianhuafeng] (莲花峰), 1929-05-08, K.K. Tsoong (钟观光) 361〔Lectotype: PE-00027181, designated by Y. Lin et al. in Acta Bot. Boreal.-Occid. Sin. 34 (2): 414. 2014〕; E. Tienmu [Dongtianmu Shan] (东天目山), 1929-08-06, S.S. Chien (钱崇澍) 538 (Syntype: PE).

福建羊耳蒜 ***Liparis dunnii*** Rolfe, J. Linn. Soc., Bot. 38 (267): 368. 1908. Fokien [Fujian] (福建): Tze Chuk Hang [Zizhukeng] (紫竹坑), 1905-5-30, S.T. Dunn HH-3544 (Holotype: HK).

梅花山羊耳蒜 ***Liparis meihuashanensis*** S.M. Fan, Phytotaxa 323 (2): 184. 2017. Fujian (福建): Meihua Shan (梅花山), 2016-05-02, S.M. Fan (范世明) 2016015 (Holotype: FUTCM).

纤叶钗子股 ***Luisia hancockii*** Rolfe, Bull. Misc. Inform. Kew 1896 (119): 199. 1896. Chekiang [Zhejiang] (浙江): Ningpo [Ningbo] (宁波), 1877-05-13, W. Hancock 22 (Holotype: K).

小沼兰 ***Microstylis minutiflora*** Rolfe, J. Linn. Soc., Bot. 38 (267): 367. 1908. Fokien [Fujian] (福建): Yuen Fu Gorges, 1905-05-01, S.T. Dunn HH-3545 (Holotype: HK). 更名为 ***Microstylis pusilla*** Rolfe (1911); ***Microstylis microtatantha*** Schltr. (1919).

象鼻兰 ***Nothodoritis zhejiangensis*** Z.H. Tsi, Acta Phytotax. Sin. 27 (1): 59. 1989. Zhejiang (浙江): Lin'an (临安), Xitianmu Shan (西天目山), 1986-06-14, Z.H. Tsi (吉占和) 86-006 (Holotype: PE).

[鹅毛玉凤花] ***Orchis dentata*** Sw., Vet. Acad. Handl. Stochh. 21: 207. 1800. E. China [Fujian] (福建), O. Swartz s.n. (Holotype: S).

中型山兰 *Oreorchis intermedia* S.S. Chien, Contr. Biol. Lab. Sci. Soc. China, Bot. Ser. 6 (3): 26. 1930. Chekiang [Zhejiang] (浙江): East Tienmu Shan [Dongtianmu Shan] (东天目山), 1929-05-18, K.K. Tsoong (钟观光) 337 (Holotype: PE).

[黄山舌唇兰] *Perularia whangshanensis* S.S. Chien, Contr. Biol. Lab. Sci. Soc. China, Bot. Ser. 6: 75. 1931. Anhwei [Anhui] (安徽): Whangshan [Huang Shan] (黄山), 1925-07-19, R.C. Ching (秦仁昌) 4254 (Holotype: N).

福建舌唇兰 *Platanthera fujianense* [***Platanthera fujianensis***] B.H. Chen et X.H. Jin, Phytotaxa 286 (2): 116. 2016. Fujian (福建): Quanzhou (泉州), Yongchun (永春), 2013-08-29, [B.H. Chen] (陈炳华) CBH00317 (Holotype: FNU).

尾瓣舌唇兰 *Platanthera mandarinorum* Rchb. f., Linnaea 25 (2): 226. 1852. Chekiang [Zhejiang] (浙江): Chusan [Zhoushan] (舟山), 1844-04, R. Fortune a79〔Lectotype: K- LDL, designated by P.G. Efimov et X.-H. Jin in Taxon 63 (5): 1119. 2014〕.

Platanthera mandarinorum Rchb. f. var. ***elongatocalcarata*** Koidz., Fl. Symb. Orient.-Asiat. 36. 1930. [Zhejiang] (浙江): Chusan [Zhoushan] (舟山), s.coll. s.n. (Syntype: K).

Platanthera winkleriana Schltr., Repert. Spec. Nov. Regni Veg. Beih. 12: 335. 1922. Kiangsu [Jiangsu] (江苏): Sutschou [Suzhou] (苏州), Da yang schan [Dayang Shan] (大洋山), H.W. Limpricht 434 (Holotype: ?).

胡氏独蒜兰 *Pleione hui* Schltr., Repert. Spec. Nov. Regni Veg. 19: 377. 1924. Kiangsi [Jiangxi] (江西): Anfu (安福),Wu-Kungshan [Wugong Shan] (武功山), 1921-04-22, H.H. Hu (胡先骕) 718 (Holotype: ?).

金华独蒜兰 *Pleione jinhuana* Z.J. Liu, M.T. Jiang et S.R. Lan, Phytotaxa 345 (1): 48. 2018. Zhejiang (浙江): Jinhua (金华), [Pan'an] (磐安), [Bogongkeng] (泊公坑), 2013-04-24, Z.J. Liu (刘仲健) Liu7084 (Holotype: NOCC).

Spiranthes stylites Lindl., J. Proc. Linn. Soc., Bot. 1: 178. 1857. Che-kiang [Zhejiang] (浙江), 1850-05, R. Fortune s.n. (Holotype: K).

带唇兰 *Tainia dunnii* Rolfe, J. Linn. Soc., Bot. 38 (267): 368. 1908. Fokien [Fujian] (福建): Buong Kang [Bankan] (半坎), 1905-05-[30], S.T. Dunn HH-3542 (Holotype: HK).

070 鸢尾科 Iridaceae

华夏鸢尾 *Iris cathayensis* Migo, J. Shanghai Sci. Inst., Sect. III, 4: 140. 1939. Kiangsu [Jiangsu] (江苏): Chinkiang [Zhenjiang] (镇江), Chulinssu [Zhulin Si] (竹林寺), 1935-04-24, H. Migo (御江久夫) s.n. (Isotype: IBSC).

Iris grijsii Maxim., Bull. Acad. Imp. Sci. Saint-Pétersbourg 26: 515. 1880. Fokien [Fujian]

(福建), de Grijs Herb. Hance n. 8583〔Lectotype: LE, designated by N.B. Aleeva in Cat. type spec. East-Asian vascular plants Herb. Komarov Bot. Inst. (LE). Pt. 2 (China). 2010〕.

白蝴蝶花 *Iris japonica* Thunb. fo. ***pallescens*** P.L. Chiu et Y.T. Zhao ex Y.T. Zhao, Acta Phytotax. Sin. 18 (1): 58. 1980. Cult. in Hangzhou Bot. Gard. (杭州植物园栽培), 1978-04-15, P.L. Chiu (裘宝林) s.n. (Holotype: NENU).

小鸢尾 *Iris proantha* Diels, Svensk Bot. Tidskr. 18: 427. 1924. Anhui (安徽): Chu-chow [Chuzhou] (滁州), 1922-03, Kj. Kolthoff 141 (Holotype: B).

假长尾鸢尾 *Iris pseudorossii* S.S. Chien, Contr. Biol. Lab. Sci. Soc. China, Bot. Ser. 6: 72. 1931. Kiangsu [Jiangsu] (江苏): Nanking [Nanjing] (南京), Purple Mountain [Zijin Shan] (紫金山), 1931-03-30, C.C. Chang 1220 (Holotype: PE).

粗壮假长尾鸢尾 *Iris pseudorossii* S.S. Chien var. ***valida*** S.S. Chien, Contr. Biol. Lab. Sci. Soc. China, Bot. Ser. 6: 74. 1931. Chekiang [Zhejiang] (浙江): W. Tien-mu-shan [Xitianmu Shan] (西天目山), 1931-04-18, W.C. Cheng (郑万钧) 2361 (Holotype: ?).

宜兴溪荪 *Iris sanguinea* Donn ex Hornem var. ***yixingensis*** Y.T. Zhao, Acta Phytotax. Sin. 20 (1): 99. 1982. Jiangsu (江苏): Yixing (宜兴), 1914-04-18, P. Courtois 9282 (Holotype: NAS).

072 阿福花科 Asphodelaceae

Hemerocallis fulva L. var. ***rosea*** Stout, Addisonia15: 7. t. 484. 1930. A.N. Steward 引自 Kiangsi [Jiangxi] (江西), Kuling [Guling] (牯岭).

073 石蒜科 Amaryllidaceae

Allium argyi H. Lév., Mem. Pontif. Accad. Romana Nuovi Lincei 24: 350. 1906. Kiang-Sou [Jiangsu] (江苏), d'Argy s.n. (Syntype: E).

Allium bouddhae [***Allium bouddae***] Debeaux, Actes Soc. Linn. Bordeaux 32: 24.1878. et Fl. du Tché-foû 137. Chan-tong [Shandong] (山东): Cult., Tché-foû [Yantai] (烟台), 1860-04, J.O. Debeaux s.n. (Holotype: P).

矮齿韭 *Allium brevidentatum* F.Z. Li, Bull. Bot. Res., Harbin 6 (1): 170. 1986. Shandong (山东): Tai Shan (泰山), 1979-07, F.Z. Li (李法曾) 790 (Holotype: SDFS).

Allium iatasen H. Lév., Mem. Pontif. Accad. Romana Nuovi Lincei 24: 351. 1906. Kiang-Sou [Jiangsu] (江苏); Ngan-Hoei [Anhui] (安徽), Muy-Touo-Fou, Sai-Tcheou, d'Argy s.n. (Holotype: E).

Allium pseudocyaneum Grüning, Repert. Spec. Nov. Regni Veg. Beih. 12: 320.1922. Kiangsu [Jiangsu] (江苏): Wusih [Wuxi] (无锡), Lung schan [Long Shan] (龙山), Limpricht 114a et 699 (Syntypes: ?).

泰山韭 ***Allium taishanense*** J.M. Xu, Fl. Reipubl. Popularis Sin. 14: 285. 1980. Shantung [Shandong] (山东): Tai Shan (泰山),1935-09-20, Y.C. Wang (王云章) 412 (Holotype: PE).

烟台韭 ***Allium tchefouense*** Debeaux, Actes Soc. Linn. Bordeaux 32: 25. 1878. et Fl. du Tché-foû 138. Chan-tong [Shandong] (山东): Tché-foû [Yantai] (烟台), 1860-08, O. Debeaux s.n. (Holotype: P).

观光韭 ***Allium tsoongii*** F.T. Wang et Tang, Bull. Fan Mem. Inst. Biol., Bot. 7: 292. 1937. Chekiang [Zhejiang] (浙江), 1921-09-14, K.K. Tsoong (钟观光) 3732 (Holotype: PE).

Allium zimmermannianum Gilg, Bot. Jahrb. Syst. 34 (1, Beibl. 75): 23. 1904. Shantung [Shandong] (山东): Tsingtau [Qingdao] (青岛), Nebel s.n. (Syntype: B); Klarabucht [Huiquan wan] (汇泉湾), Zimmermann 250 (Syntype: B).

Caloscordum exsertum Herb., Edwards's Bot. Reg. 33: sub t. 5. 1847. [Zhejiang] (浙江): Chusan [Zhoushan] (舟山), R. Fortune 102 (Holotype: BM).

Caloscordum neriniflorum Herb., Edwards's Bot. Reg. 30 (Misc.): 67. 1844. [Zhejiang] (浙江): insulam Chusan [Zhoushan] (舟山), J. Trevor Alcock s.n. (Holotype: ?).

安徽石蒜 ***Lycoris anhuiensis*** Y. Hsu et G.J. Fan, Acta Phytotax. Sin. 20 (2): 197. 1982. Anhui (安徽): Langya Shan (琅琊山), 1964-08-13, Y. Xu et G. J. Fan (徐垠, 范广进) 2234 (Holotype: SHMI).

短蕊石蒜 ***Lycoris caldwellii*** Traub, Pl. Life (Stanford) 13: 46. 1957. U.S.A, Tennessee: Nashville, Cult., S. Caldwell 552 (Holotype: TRA). the type material was probably taken to the United States from a shipment out of Shanghai (上海), China, before 1949.

中国石蒜 ***Lycoris chinensis*** Traub, Pl. Life (Stanford) 14: 44. 1958. U.S.A., California: La Jolla, culti., H.P. Traub 585 (Holotype: TRA). Type plant was grown from a bulb (P.I. 162443) furnished by J.L. Creech originally obtained from Sun Yat Sen Memorial Garden in Nanjing (南京中山植物园), China, in 1948.

长筒石蒜 ***Lycoris longituba*** Y. Hsu et G.J. Fan, Acta Phytotax. Sin. 12 (3): 299. 1974. Jiangsu (江苏): Nanjing (南京), Zijin Shan (紫金山), 1951-08-28, F.X. Liu (刘昉勋) 1919 (Holotype: NAS).

黄长筒石蒜 ***Lycoris longituba*** Y. Hsu et G.J. Fan var. ***flava*** Y. Hsu et X. L. Huang, Acta Phytotax. Sin. 20 (2): 198. 1982. Jiangsu (江苏): Jiangning (江宁), Lang Shan (狼山), 1964-08-16, Z.M. Zhou 64246 (Holotype: SHMI).

稻草石蒜 ***Lycoris straminea*** Lindl., J. Hort. Soc. London 3: 76. 1848. China: Tchin Tchiou [Zhoushan] (舟山 , 泉州为误记), 1845 年 , R. Fortune 148 (Holotype: MO).

江苏石蒜 ***Lycoris* × *houdyshelii*** Traub, Pl. Life (Stanford) 13: 45. 1957. U.S.A., Tennessee, Nashville, Cult., S. Caldwell 549 (Holotype: TRA); Type material was imported from a Chinese nurseryman in Shanghai (上海), China, in 1948.

邹氏葱兰 ***Zephyranthes tsouii*** Hu, Icon. Pl. Sin. 1: 50. 1927. Chekiang [Zhejiang] (浙江): South of Yengtang Shan [Yandang Shan]〔球茎由 R.C. Ching (秦仁昌) 1924 年采自雁荡山南部〕.

074 天门冬科 Asparagaceae

长叶天门冬 ***Asparagus cochinchinensis*** (Lour.) Merr. var. ***longifoliatus*** [***longifolius***] F.T. Wang et Tang, Bull. Fan Mem. Inst. Biol., Bot. 7: 291. 1937. Chekiang [Zhejiang] (浙江): Yü-tsien [Yuqian] (於潜), 1927-06-26, Y.L. Keng (耿以礼) 526 (Holotype: PE).

紫花南玉带 ***Asparagus oligoclonos*** Maxim. var. ***purpurascens*** X.J. Xue et H. Yao, Bull. Bot. Res., Harbin 14 (3): 242. 1994. Zhejiang (浙江): Changxing (长兴), Meishan (煤山), 1986-04-10, X.J. Xue (薛祥骥) 8613 (Holotype: HHBG).

Aspidistra basalis Tillich, Gard. Bull. Singapore 64 (1): 202. 2012. Originally from the Nanjing Botanical Garden, Jiangsu (引自江苏南京中山植物园), Tillich 5720 (Holotype: M).

流苏蜘蛛抱蛋 ***Aspidistra fimbriata*** F.T. Wang et K.Y. Lang, Acta Phytotax. Sin. 16 (1): 76. 1978. Fujian (福建): Ningyang (宁洋), [Weikeng Shan] (嵬坑山), 1932-12-01, Y. Ling (林镕) 4683 (Holotype: PE).

Funkia argyi H. Lév., Mem. Pontif. Accad. Romana Nuovi Lincei 24: 350. 1906. Kiang-Sou [Jiangsu] (江苏): Vou-sei [Wuxi] (无锡), Long-Chan [Long Shan] (龙山), d'Argy s.n. (Holotype: ?).

武功山异黄精 ***Heteropolygonatum wugongshanensis*** G.X. Chen, Y. Meng et J.W. Xiao, Phytotaxa 328 (2): 194. 2017. Jiangxi (江西): Anfu (安福), Wugong Shan (武功山), 2017-05-06, G.X. Chen et al. (陈功锡等) LXP-06-9253 (Holotype: JIU).

白粉玉簪 ***Hosta albofarinosa*** D.Q. Wang, Guihaia 9 (4): 297. 1989. Anhui (安徽): Xiuning (休宁), Liugujian (六股尖), 1983-06-20, D.Q. Wang et al. (王德群等) 8914 (Holotype: ACM).

Liriope gracilis Nakai fo. ***albiflora*** Migo, J. Shanghai Sci. Inst., Sect. III, 4: 165. 1939. Kiangsu [Jiangsu] (江苏): Chinkiang [Zhenjiang] (镇江), Chulinssu [Zhulin Si] (竹林寺), 1934-08-18, H. Migo (御江久夫) s.n. (Holotype: NAS).

阔叶山麦冬 ***Liriope platyphylla*** F.T. Wang et Tang, Acta Phytotax. Sin. 1 (3): 332. 1951. Anhwei [Anhui] (安徽): Huang Shan (黄山), 1935-08-24, T.N. Liou et P. C. Tsoong (刘慎谔, 钟补求) 2077 (Syntype: PE); Kiangsu [Jiangsu] (江苏): Nanking [Nanjing] (南京), Xixiashan [Qixia Shan] (栖霞山), 1929-09-29, Y.L. Keng (耿以礼) 2749〔Lectotype: PE-00036000, designated by Q. Lin et Z.R. Yang in Bull. Bot. Res., Harbin 30 (2):132. 2010〕.

低矮山麦冬 ***Liriope spicata*** (Thunb.) Lour. var. ***humilis*** F.Z. Li, Bull. Bot. Res., Harbin 6 (1): 170. 1986. Shandong (山东): Qixia (栖霞), 1982-08-09, F.Z. Li (李法曾) 820412 (Holotype: SDFS).

Liriope spicata (Thunb.) Lour. var. ***latifolia*** Franch., Pl. David. 1: 296. 1884. Kiang-si [Jiangxi] (江西): Kiukiang [Jiujiang] (九江), 1868-07, A. David 854 (Holotype: P).

浙江山麦冬 ***Liriope zhejiangensis*** G.H. Xia et G.Y. Li, Ann. Bot. Fenn. 49 (1-2): 64. 2012. Zhejiang (浙江): Lin'an (临安), Tianmu Mountain [Tianmu Shan] (天目山), 2009-05-07, Xia et al. (夏国华等) TM052 (Holotype: ZJFC).

Ophiopogon argyi H. Lév., Repert. Spec. Nov. Regni Veg. 9: 77. 1910. Kiang-Sou [Jiangsu] (江苏): Ma-Men-Tong, d'Argy s.n. (Holotype: E).

浙江沿阶草 ***Ophiopogon chekiangensis*** K. Kimura et H. Migo, J. Jap. Bot. 57 (10): 313. 1982. Chekiang [Zhejiang] (浙江): Hangchou [Hangzhou] (杭州), 1940-10-24, 引自杭州灵隐, 1981-06-24, K. Kimura (木村康一) 810720a (Holotype: TI).

安徽黄精 ***Polygonatum anhuiense*** D.C. Zhang et J.Z. Shao, Guihaia 12 (2): 99. 1992. Anhui (安徽): Chu Xian [Chuzhou] (滁州), Langya Shan (琅琊山), Dafeng Shan (大丰山), 1990-05-24, J.Z. Shao (邵建章) 90540 (Holotype: ANUB).

古田山黄精 ***Polygonatum cyrtonema*** Hua var. ***gutianshanicum*** X.F. Jin, J. Zhejiang Univ., Agri. & Life Sci. Ed. 28 (5) : 540. 2002. Zhejiang (浙江): Kaihua (开化), Gutian Shan (古田山), 2000-05-24, X.F. Jin (金孝锋) XF0023 (Holotype: HZU).

大皿黄精 ***Polygonatum daminense*** H.J. Yang et D.F. Cui, Phytotaxa 449 (3): 290. 2020. Zhejiang (浙江): Pan'an (磐安), Damin (大皿), 2019-05-04, H.J. Yang (羊海军) 201902 (Holotype: CANT).

长梗黄精 ***Polygonatum filipes*** Merr. ex C. Jeffrey et J. McEwan, Kew Bull. 34 (3): 445. 1980. Chekiang [Zhejiang] (浙江): near Siachu [Xianju] (仙居), 1924-05-22, R.C. Ching (秦仁昌) 1614 (Holotype: E).

金寨黄精 ***Polygonatum jinzhaiense*** D.C. Zhang et J.Z. Shao, Guihaia 20 (1): 34. 2000. Anhui (安徽): Jinzhai (金寨), Tiantangzhai (天堂寨), Dashuicha (打水叉), 1998-05-14, J.Z. Shao et S.B. Zhou (邵建章 , 周守标) 98503 (Holotype: ANUB).

琅琊黄精 ***Polygonatum langyaense*** D.C. Zhang et J.Z. Shao, Guihaia 12 (2): 101.1992. Anhui (安徽): Chu Xian [Chuzhou] (滁州), Langya Shan (琅琊山), Zuiwengting (醉翁亭), 1990-04-23, J.Z. Shao (邵建章) 90445 (Holotype: ANUB).

浙江黄精 ***Polygonatum zhejiangensis*** X.J. Xue et H.Yao, Bull. Bot. Res., Harbin 14: 241. 1994. Zhejiang (浙江): Hangzhou (杭州), introduced from Mt. Jinzijian (金紫尖), Chun'an (淳安) county in June 1979, 1982-06-13, X.J. Xue (薛祥骥) 8334 (Holotype: HHBG).

Speirantha convallarioides Baker, J. Linn. Soc., Bot. 14: 563. 1875. Shanghai (上海), Baines s.n. (Holotype: K).

076 棕榈科 Arecaceae

高毛鳞省藤 ***Calamus hoplites*** Dunn, J. Linn. Soc., Bot. 38 (267): 369. 1908. Fokien [Fujian] (福建): Buong Kang [Bankan] (半坎) near Yenping [Yanping] (南平市延平区), 1905 年 , S.T. Dunn HH-3590 (Holotype: HK).

棕榈 ***Chamaerops fortunei*** Hook., Bot. Mag. 86: pl. 5221. 1860. 英国 Kew 栽培 (R. Fortune 1849 年从舟山引入).

078 鸭跖草科 Commelinaceae

二色鸭跖草 ***Commelina bicolor*** D.Q. Wang et M.E. Cheng, J. West Anhui Univ. 35 (5): 71. 2019. Anhui (安徽): Feixi (肥西), Daqian Shan (大潜山), 2014-06-29, D.Q. Wang et al. (王德群等) W1406291 (Holotype: PE).

089 姜科 Zingiberaceae

温郁金 ***Curcuma wenyujin*** Y.H. Chen et C. Ling, Acta Pharm. Sin. 16 (5): 387. 1981. Zhejiang (浙江), 1973-05-23, W.X. Lin et X.Z. Li (林文兴 , 李信再) s.n. (Holotype: ?).

浙江舞花姜 ***Globba chekiangensis*** G.Y. Li, Z.H. Chen et G.H. Xia, Nord. J. Bot. 27: 210. 2009. Zhejiang (浙江): Quzhou (衢州), [Qujiang] (衢江), 2008-09-25, Li et al. (李根有等) s.n. (Holotype: ZJFC).

094 谷精草科 Eriocaulaceae

江南谷精草 ***Eriocaulon faberi*** Ruhl., Pflanzenr. (Engler) IV. 30 (Heft 13): 95. 1903. Chekiang [Zhejiang] (浙江): Ningpo-Mts. [Ningbo] (宁波), E. Faber 206 (Isotype: K).

Eriocaulon huianum Ruhl., Notizbl. Bot. Gart. Berlin-Dahlem 10 (100): 1040. 1930. Kiangsi [Jiangxi] (江西): Hsin-Jeng [Xinfeng] (信丰), 1921-06, H.H. Hu (胡先骕) 1137 (Holotype: ?).

以礼谷精草 ***Eriocaulon kengii*** Ruhl., Notizbl. Bot. Gart. Berlin-Dahlem 10 (100): 1042. 1930. Chekiang [Zhejiang] (浙江): Tien-tan shan [Tiantai Shan] (天台山), 1927-08-05, Y.L. Keng (耿以礼) 953 (Isotype: PE).

Eriocaulon nipponicum Maxim. var. ***lauschanensis*** Y. Yabe, Prelim. Rep. Fl. Tsing-tau reg. 30. 1919. Shantung [Shandong] (山东): Tsing-tau [Qingdao] (青岛), Laushan [Lao Shan] (崂山), 1918-09, Y. Yabe (矢部吉祯) s.n. (Holotype: ?).

龙塘山谷精草 ***Eriocaulon sikokianum*** Maxim. var. ***linanense*** W.L. Ma, Acta Phytotax. Sin. 29 (4): 309. 1991. Zhejiang (浙江): Linan [Lin'an] (临安), Longtang Shan (龙塘山), 1983-08-24, W.L. Ma et al. (马炜梁等) 76B (Holotype: HSNU).

泰山谷精草 ***Eriocaulon taishanense*** F.Z. Li, Acta Phytotax. Sin. 26 (4): 318. 1988. Shandong (山东): Tai Shan (泰山), [Puzhao Si] (普照寺), 1984-10-22, F.Z. Li (李法曾) 84072 (Holotype: SDFS).

097 灯芯草科 Juncaceae

异被地杨梅 ***Luzula inaequalis*** K.F. Wu, J. E. China Norm. Univ., Nat. Sci. Ed. 1992 (3): 97. 1992. Jiangxi (江西): Lu Shan (庐山), Huang-long-si [Huanglong Si] (黄龙寺), 1977-05-08, K.J. Guan (关克俭) 77048 (Holotype: PE).

098 莎草科 Cyperaceae

Bulbostylis disticha Ohwi et T. Koyama, Bull. Natl. Sci. Mus., Tokyo, n.s. 3 (1): 18. 1956. Chekiang [Zhejiang] (浙江): Puto Is. [Putuo] (普陀), 1935-10-13, H. Migo (御江久夫) 37 (Holotype: TNS-97699).

安徽薹草 ***Carex anhuiensis*** S.W. Su et S.M. Xu, Bull. Bot. Res., Harbin 9 (1): 47. 1989. Anhui (安徽): Xiuning (休宁), Liukou (流口), 1981-04-20, S.W. Su (苏宋旺) 81008 (Holotype: ANU).

阿齐薹草 ***Carex argyi*** H. Lév. et Vaniot, Bull. Soc. d'Agric. de la Sarthe 60: 78. 1905. Kiang-Sou [Jiangsu] (江苏), d'Argy s.n. (Holotype: ?).

瑞安薹草 ***Carex arisanensis*** Hayata subsp. ***ruianensis*** Hong Wang, C. Song et X.F. Jin, Ann. Bot. Fenn. 45: 156. 2008. Zhejiang (浙江): Rui'an (瑞安), Xinjian Forestry Region (新建林区), 1989-05-08, Li et Wang 0945 (Holotype: ZJFC).

浙南薹草 ***Carex austrozhejiangensis*** C.Z. Zheng et X.F. Jin, Acta Phytotax. Sin. 42 (6): 546. 2004. Zhejiang (浙江): Suichang (遂昌), Jiulong Shan (九龙山), 1983-05-17, B.Y. Ding et al. (丁炳扬等) 2625 (Holotype: HZU).

白马薹草 ***Carex baimaensis*** S.W. Su, Bull. Bot. Res., Harbin 10 (4): 6. 1990. Anhui (安徽): Jinzhai (金寨), Baimazhai (白马寨), 1983-05-28, S.W. Su (苏宋旺) 83075 (Holotype: ANU).

宝华山薹草 ***Carex baohuashanica*** Tang et F.T. Wang ex L.K. Dai, Acta Phytotax. Sin. 32 (2): 182. 1994. Jiangsu（江苏）: Baohua Shan（宝华山）, 1932-04-16, H.C. Cheo（周鹤昌）3527 (Holotype: PE).

宝华薹草 ***Carex bauhwaensis*** Z.P. Wang, J. Nanjing Univ., Nat. Sci. Ed. 1962 (2): 47. 1962. Kiangsu [Jiangsu]（江苏）: Bauhwa-Shan [Baohua Shan]（宝华山）, C.P. Wang（王正平）34 (Holotype: N).

短尖薹草 ***Carex brevicuspis*** C.B. Clarke, J. Linn. Soc., Bot. 36 (252): 277. 1903. Kiangsi [Jiangxi]（江西）: Kiukiang [Jiujiang]（九江）, C. Maries s.n. (Syntype: K), 1873 年，G. Shearer s.n. (Syntype: K); Chekiang [Zhejiang]（浙江）: Ningpo [Ningbo]（宁波）Mountains, 1889 年，E. Faber 62〔Lectotype: K, designated by X.F. Jin et C.Z. Zheng in Taxonomy of Carex sect. Rhomboidales (Cyperaceae): 150. 2013〕.

Carex brunnea Thunb. fo. ***simplex*** Kük., Acta Horti Gothob. 5: 114. 1930. Kiangsu [Jiangsu]（江苏）: Chinkiang [Zhenjiang]（镇江）, 1921-10, Kjell Kolthoff 44 (Holotype: ?).

Carex cavaleriei H. Lév. et Vaniot, Bull. Soc. d'Agric. de la Sarthe 60: 79. 1905. Kiang-Sou [Jiangsu]（江苏）, d'Argy s.n. (Holotype: P).

天台薹草 ***Carex cercidascus*** C.B. Clarke, J. Linn. Soc., Bot. 36 (252): 279. 1903. Chekiang [Zhejiang]（浙江）: Tientai Mountains [Tiantai Shan]（天台山）, E. Faber 60 (Holotype: K).

朝芳薹草 ***Carex chaofangii*** C.Z. Zheng et X.F. Jin, Acta Phytotax. Sin. 42 (6): 548. 2004. Zhejiang（浙江）: Longquan（龙泉）, Mt. Fengyangshan [Fengyang Shan]（凤阳山）, 1980-06-02, C.F. Zhang（张朝芳）485 (Holotype: HZU).

陈氏薹草 ***Carex cheniana*** Tang et F.T. Wang ex S. Yun Liang, Acta Phytotax. Sin. 36 (6): 532. 1998. Zhejiang（浙江）: Longquan（龙泉）, [Mao Shan]（昴山）, 1934-05-18, S. Chen（陈诗）3173 (Holotype: PE).

仲氏薹草 ***Carex chungii*** Z.P. Wang, J. Nanjing Univ., Nat. Sci. Ed. 1962 (2): 45. 1962. Anhwei [Anhui]（安徽）: Langya Shan（琅琊山）, C.P. Wang（王正平）63 (Holotype: N).

坚硬薹草 ***Carex chungii*** Z.P. Wang var. ***rigida*** Y.C. Tang et S.Yun Liang, Fl. Reipubl. Popularis Sin. 12: 522. 2000. Fujian（福建）: Nanping（南平）, 1931-03-18, Y. Ling（林镕）2213 (Holotype: PE). 更名为 ***Carex nanpingensis*** X.F. Jin, Phytotaxa 317 (1): 39. 2017.

Carex conica Boott var. ***densa*** Kük., Repert. Spec. Nov. Regni Veg. Beih. 12: 311. 1922. Kiangsu [Jiangsu]（江苏）: Tai Hu（太湖）, Insel Ma tschi san (Mau sai) [Maji Shan]（马迹山）, Limpricht 374 (Holotype: ?).

Carex cuspidosa Dunn, J. Linn. Soc., Bot. 38 (267): 373. 1908. Fokien [Fujian]（福建）: Banks of Yuen Fu near Foochow [Fuzhou]（福州）, 1905 年，S.T. Dunn HH-3643 (Holotype: HK).

大别薹草 ***Carex dabieensis*** S.W. Su, Acta Phytotax. Sin. 20 (2): 221.1982. Anhui（安徽）: Yuexi（岳西）, 1979-05-19, Z.A. Shen et al.（沈祖安等）2773 (Holotype: ANU).

大盘山薹草 *Carex dapanshanica* X.F. Jin, Y.J. Zhao et Zi L. Chen, Nord. J. Bot. 29: 670. 2011. Zhejiang (浙江): Pan'an (磐安), Mount. Dapan [Dapan Shan] (大盘山), Huaxi (花溪), 2010-04-25, X.F. Jin et al. (金孝锋等) 2530 (Holotype: HTC).

大通薹草 *Carex datongensis* S.W. Su, J. Anhui Agri. Univ. 36 (4): 560. 2009. Anhui (安徽): Dongzhi (东至), Shengjin Hu (升金湖), 1984-05-01, S.W. Su (苏宋旺) 84020 (Holotype: ACM).

戴云山薹草 *Carex dayunshanensis* L.K. Ling et Y.Z. Huang, Fl. Fujian. 6: 689. 1995. Fujian (福建): Dehua (德化), Shangyong (上涌), 1989-06-09, Y.Z. Huang (黄以钟) 198 [188] (Holotype: FNU).

密毛薹草 *Carex densipilosa* C.Z. Zheng et X.F. Jin, Acta Phytotax. Sin. 42 (6): 544. 2004. Zhejiang (浙 江): Jinhua (金 华), Waifan (外 畈), 1970-04-25, C.Z. Zheng (郑 朝 宗) s.n. (Holotype: HZU).

Carex exerta K.L. Chu, Contr. Biol. Lab. Sci. Soc. China, Bot. Ser. 10: 213. 1938. Chekiang [Zhejiang] (浙江): Lungtsuan [Longquan] (龙泉), Moushan [Mao Shan] (昴山), Shih-li-ting [Shili ting] (十里亭), 1933-05-14, S. Chen (陈诗) 1380 (Syntype: PE); behind Mou-shan-sze [Maoshan Si] (昴山寺), 1934-05-18, S. Chen (陈诗) 3180 (Lectotype: PE-02307840, designated here, by Y.C. Tang Herb. Sched. 1962).

Carex faberiana Loes., Beih. Bot. Centralbl., Abt. 2. 37 (2): 94. 1919. [Shandong] (山东): Lauschan [Lao Shan] (崂山), Peitschiuschuimiau [Beijiushui Miao] (北九水庙), K. Forstamt TS. 511 (Holotype: ?).

Carex fabri Hance, J. Linn. Soc., Bot. 13: 90.1873. Shanghae [Shanghai] (上海), C. Fabre-Tonnerre Herb. Hance n. 10238 (Holotype: ?).

Carex ferruspiculata K.L. Chu, Contr. Biol. Lab. Sci. Soc. China, Bot. Ser. 10: 215. 1938. Chekiang [Zhejiang] (浙江): Suichang (遂昌), Peimou shan [Baima Shan] (白马山), 1933-04-29, S. Chen (陈诗) 1204 (Syntype: NAS); Yunhuo [Yunhe] (云和), 1934-04, S. Chen (陈诗) 2768 (Syntype: PE), 1934-04, S. Chen (陈诗) 2826 (Syntype: PE- 02307837).

丝梗薹草 *Carex filipedunculata* S.W. Su, J. Anhui Univ., Nat. Sci. Ed. 20 (3): 105. 1996. Anhui (安徽): Xiuning (休宁), Liukou (流口), Quankeng (泉坑), 1981-04-21, S.W. Su (苏宋旺) 81025 (Holotype: ANU).

福建薹草 *Carex fokienensis* Dunn, J. Linn. Soc., Bot. 38 (267): 371. 1908. Fokien [Fujian] (福 建): Yenping [Yanping] (南平市延平区), 1905-05-15, S.T. Dunn HH-3658A (Holotype: HK).

穿孔薹草 *Carex foraminata* C.B. Clarke, J. Linn. Soc., Bot. 36 (252): 285. 1903. Chekiang [Zhejiang] (浙江): Ningpo Mts. [Ningbo] (宁波), E. Faber 63 (Lectotype: K- 000960856); Kiangsi [Jiangxi] (江西): Kiukiang Mts. [Jiujiang] (九江), E. Faber 1139 (Syntype: K), Chinkiang et Kiukiang

[Jiujiang]（九江）, C. Maries s.n. (Syntype: K- 000960857).

Carex forbesii C.B. Clarke, J. Linn. Soc., Bot. 36: 286. 1903. Shantung [Shandong]（山东）: Chefoo [Yantai]（烟台）, 1874 年 , F.B. Forbes s.n. (Holotype: K).

Carex graciliflora Dunn, J. Linn. Soc., Bot. 38 (267): 372. 1908. Fokien [Fujian]（福建）: Sui Kai Kau near Min River（闽江）, 1905-05-07, S.T. Dunn HH-3657 (Holotype: HK).

Carex granifera Dunn, J. Linn. Soc., Bot. 38 (267): 372. 1908. Fokien [Fujian]（福建）: Tap Ling Ho near Min River（闽江）, 1905-05-08, S.T. Dunn HH-3655 (Holotype: HK).

牯牛薹草 ***Carex guniuensis*** S.W. Su, J. Anhui Agri. Univ. 36 (4): 557. 2009. Anhui（安徽）: Shitai（石台）, Guniujiang（牯牛降）, 1984-06-03, S.W. Su（苏宋旺）84043 (Holotype: ACM).

Carex haematorrhyncha Ohwi et T. Koyama, Bull. Natl. Sci. Mus., Tokyo, n.s. 3 (1): 21. 1956. Chekiang [Zhejiang]（浙 江）: Hangchow [Hangzhou]（杭 州）, Mt. Peikaofeng [Beigao feng]（北高峰）, 1935-05-23, H. Migo（御江久夫）19 (Holotype: TNS-97701).

Carex hancei C.B. Clarke, J. Linn. Soc., Bot. 36 (252): 288. 1903. Shanghai（上海）: Fengwangshan [Fenghuang Shan]（凤凰山）, F.B. Forbes s.n. (Syntype: ?); Chekiang [Zhejiang]（浙江）: Huchau [Huzhou]（湖州）, F.B. Forbes s.n. (Syntype: ?); Kiangsi [Jiangxi]（江西）: Kiukiang [Jiujiang]（九江）, 1873 年 , G. Shearer s.n. 〔Lectotype: K, designated by X.F. Jin et C.Z. Zheng in Taxonomy of Carex sect. Rhomboidales (Cyperaceae):194. 2013〕.

杭州薹草 ***Carex hangzhouensis*** C.Z. Zheng, X.F. Jin et B.Y. Ding, Novon 15 (1): 157. 2005. Zhejiang（浙江）: Hangzhou（杭州）, Feilaifeng（飞来峰）, 2003-05-13, X.F. Jin et F.J. Wu（金孝锋 , 吴飞婕）0702 (Holotype: HZU).

六股长囊薹草 ***Carex harlandii*** Boott var. ***liuguensis*** S.Yun Liang et D.Y. Liu, Bull. Bot. Res., Harbin 6 (1): 181.1986. Anhui（安徽）: Liugujian（六股尖）, D.Y. Liu（刘登义）0085 (Holotype: ANUB).

休宁长囊薹草 ***Carex harlandii*** Boott var. ***xiuningensis*** S.W. Su, J. Anhui Univ., Nat. Sci. Ed. 1985 (1): 78. 1985. Anhui（安徽）: Xiuning（休宁）, Liukou（流口）, Quankeng（泉坑）, 1981-04-21, S.W. Su（苏宋旺）81020 (Holotype: ANU).

Carex hassiana Loes., Beih. Bot. Centralbl., Abt. 2. 37 (2): 95. 1919. Shantung [Shandong]（山东）: [Qingdao]（青岛）, Tungliuschui [Dongliushui]（东流水）, K. Forstamt TS. 38 (Syntype: ?), Krug 160 (Syntype: ?).

戟叶薹草 ***Carex hastata*** Kük., Repert. Spec. Nov. Regni Veg. 27: 110. 1929. Chekiang [Zhejiang]（浙江）: Hang tschou [Hangzhou]（杭州）, 1929-05-04, Y.L. Keng（耿以礼）2353 (Isotype: PE).

和溪薹草 ***Carex hexinensis*** S.Yun Liang et Y.Z. Huang, Fl. Fujian. 6: 690. 1995. Fujian（福建）: Nanjing（南靖）, hexin [Hexi]（和溪）, 1965-06, Q.J. Wang（王清江）s.n. (Holotype: FNU).

洪林薹草 ***Carex honglinii*** Y.F. Lu et X.F. Jin, Phytotaxa 372 (3): 203. 2018. Zhejiang（浙江）:

Kaihua (开化), Tongcun (桐村), Peilingjiao (裴岭脚), 1987-05-29, L. Hong (洪林) 1851 (Holotype: HTC).

黄山薹草 ***Carex huangshanica*** X.F. Jin et W.J. Chen, Phytotaxa 233 (3): 284. 2015. Anhui (安徽): Huang Shan (黄山), Yupinglou (玉屏楼), 2014-05-26, W.J. Chen (陈伟杰) 424A (Holotype: HTC).

Carex hwangii Matsuda, Bot. Mag. (Tokyo) 28: 297. 1914. Shanghai (上海), Hwang-yi-jen (黄以仁) s.n. (Holotype: TI).

Carex hypoblephara Ohwi et Ryu [T.S. Liu], J. Jap. Bot. 12: 654. 1936. Kiangsi [Jiangxi] (江西): Lu Shan (庐山), D. Ryu (刘棠瑞) s.n. (Holotype: KYO).

长穗刻鳞薹草 ***Carex incisa*** Boott subsp. ***longissima*** S.W. Su, J. Anhui Agri. Univ. 36 (4): 562. 2009. Anhui (安徽): Yuexi (岳西), Duzhijian (都支尖 , 今多枝尖), 1979-05-18, S.W. Su (苏宋旺) 2678 (Holotype: ACM).

隐匿薹草 ***Carex infossa*** Z.P. Wang, J. Nanjing Univ., Nat. Sci. Ed. 1962 (2): 51. 1962. Anhwei [Anhui] (安徽): Langya Shan (琅琊山), C.P. Wang (王正平) 76 (Holotype: N).

显穗薹草 ***Carex infossa*** Z.P. Wang var. ***extensa*** S.W. Su, J. Anhui Univ. Nat. Sci. Ed. 20 (3): 108. 1996. Anhui (安徽): Qimen (祁门), Zhawan (查湾), 1982-05-07, S.W. Su (苏宋旺) 82005 (Holotype: ANU).

肿胀果薹草 ***Carex ischnostachya*** Steud. var. ***subtumida*** Kük., Repert. Spec. Nov. Regni Veg. 27: 109. 1929. Kiangsu [Jiangsu] (江苏): I shing [Yixing] (宜兴), 1926-05-10, Ching et Tso (秦仁昌 , 左景烈) 386 (Syntype:?); Hai Wei, 1926-05-17, Ching et Tso (秦仁昌 , 左景烈) 548 (Lectotype: PE-01842042, designated by Y. Lin et al. in Acta Bot. Boreal.-Occid. Sin. 34: 412. 2014).

胶东薹草 ***Carex jiaodongensis*** Y.M. Zhang et X.D. Chen, Acta Phytotax. Sin. 31 (4): 381. 1993. Shandong (山东): Muping (牟平), 1990-05-08, Y.M. Zhang (张艳敏) 90015 (Holotype: SDFS).

九华薹草 ***Carex jiuhuaensis*** S.W. Su, Bull. Bot. Res., Harbin 10 (4): 5. 1990. Anhui (安徽): Jiuhua Shan (九华山), Tiantai (天台), 1980-05-13, S.W. Su (苏宋旺) 80038 (Holotype: ANU).

九仙山薹草 ***Carex jiuxianshanensis*** L.K. Dai et Y.Z. Huang, Fl. Fujian. 6: 690. 1995. Fujian (福建): Dehua (德化), Jiuxian Shan (九仙山), 1980-07-16, Y.C. Ye (叶友谦) 68 (Holotype: FNU).

长梗薹草 ***Carex kengiana*** Z.P. Wang, J. Nanjing Univ., Nat. Sci. Ed. 1962 (2): 45. 1962. Kiangsu [Jiangsu] (江苏): Nanking [Nanjing] (南京), C.P. Wang (王正平) 46 (Holotype: N).

Carex kengii Kük., Repert. Spec. Nov. Regni Veg. 27: 108. 1929. [Jiangsu] (江苏): Nanking [Nanjing] (南京), Ming Graber [Mingxiaoling] (明孝陵), 1928-05-10, Keng (耿以礼) 1543

(Syntype:?); Purpurberg [Zijin Shan] (紫金山),1929-05-01, Keng (耿以礼) 2189 (Isosyntype: IBSC); Sutschou [Suzhou] (苏州), Tien Ping shan [Tianping Shan] (天平山), 1926-06-09, C.L. Tso (左景烈) 839 (Syntype: ?).

江苏薹草 ***Carex kiangsuensis*** Kük., Repert. Spec. Nov. Regni Veg. 27: 109. 1929. Kiangsu [Jiangsu] (江苏): Teihu [Taihu] (太湖), Insel Ma Tchi san [Maji Shan] (马迹山), Limpricht 374 (Syntype: ?); Nanking [Nanjing] (南京), Ching et Tso (秦仁昌 , 左景烈) 27 (Syntype: ?), Keng (耿以礼) 2044 (Syntype: ?), Keng (耿以礼) 2061 (Syntype: ?); Purpurberg [Zijin Shan] (紫金山), Keng (耿以礼) 1540 (Syntype: ?).

牯岭薹草 ***Carex kulingana*** L.H. Bailey, Gentes Herbarum 1 (1): 13. 1920. Kiangsi [Jiangxi] (江西): Kuling [Guling] (牯岭), 1917-07-18, L.H. Bailey s.n. (Holotype: NY).

琅琊薹草 ***Carex langyaensis*** S.W. Su et X.M. Fang, J. Anhui Agri. Univ. 36 (4): 558. 2009. Anhui (安徽): Chuzhou (滁州), Langya Shan (琅琊山), 1981-05-08, S.W. Su (苏宋旺) 81061 (Holotype: ACM).

连城薹草 ***Carex lianchengensis*** S.Yun Liang et Y.Z. Huang, Fl. Fujian. 6: 690. 1995. Fujian (福建): Liancheng (连城), Juxi (莒溪), Tieshanluodi (铁山罗地), 1988-03-22, H.B. Chen (陈恒彬) s.n. (Holotype: FJSI).

林氏薹草 ***Carex lingii*** F.T. Wang et Tang, Contr. Inst. Bot. Natl. Acad. Peiping 6 (2): 61. reimpr. 1949. Fukien [Fujian] (福建): Yung-an [Yong'an] (永安), 1932-05, Y. Ling (林镕) 2897 (Holotype: PE).

刘氏薹草 ***Carex liouana*** F.T.Wang et Tang, Contr. Inst. Bot. Natl. Acad. Peiping 6 (2): 62. reimpr. 1949. Fukien [Fujian] (福建): districtu Sha [Shaxian] (沙县), [Dukeng] (杜坑),1942-04, Ying Ling (林英) 157 (Holotype: PE).

Carex longicruris Nees var. ***henryi*** C.B. Clarke, J. Linn. Soc., Bot. 36: 295. 1903. Chekiang [Zhejiang] (浙江): Ningpo Mts. [Ningbo] (宁波), E. Faber 10 (Syntype: K).

无芒长嘴薹草 ***Carex longerostrata*** C.A. Mey. var. ***exaristata*** X.F. Jin et C.Z. Zheng, Acta Phytotax. Sin. 42 (6): 548. 2004. Zhejiang (浙江): Yueqing (乐清), Yandang Shan (雁荡山), 1980-04-28, Q.C. Chen et J.H. Zhou (陈启瑞 , 周今华) 1879 (Holotype: HZU).

城湾薹草 ***Carex longerostrata*** C.A. Mey. var. ***hoi*** K.L. Chu, Acta Phytotax. Sin. 36 (6): 537. 1998. Zhejiang (浙江): [Zhenhai] (镇海), [Chengwan] (城湾),1932-04-19, Y.Y. He (贺贤育) 943 (Holotype: PE).

龙栖山薹草 ***Carex longqishanensis*** S.Yun Liang, Pl. Longqi Mount., Fujian, China [龙栖山植物] 603. 1994. Fujian (福建): Jiangle (将乐), Longqi Shan (龙栖山), 1991-05-28, Longqishan Exped. (龙栖山考察队) 0705 (Holotype: PE).

Carex maculata Boott fo. ***viridans*** Kük., Repert. Spec. Nov. Regni Veg. 27: 109. 1929. Kiangsu [Jiangsu] (江苏): Nanking [Nanjing] (南京),Tung Shan Chiao [Dongshan Qiao] (东

善桥), Keng (耿以礼) 1458 (Isosyntype: PE); Purpurberg [Zijin Shan] (紫金山), Keng (耿以礼) 2112 (Isosyntype: PE); Chekiang [Zhejiang] (浙江): Tih tai shan [Tiantai Shan] (天台山), 1924 年 , R.C. Ching (秦仁昌) 1351 (Syntype: ?).

闽清薹草 *Carex minquinensis* Z.P. Wang, Acta Bot. Yunnan. 11 (2): 169. 1989. Fujian (福建): Minquin [Minqing] (闽清), Z.P. Wang et G.H. Ye (王正平 , 叶光汉) 74202 (Holotype: N).

矮秆薹草 *Carex minuticulmis* S.W. Su et S.M. Xu, Bull. Bot. Res., Harbin 8 (3): 79. 1988. Anhui (安徽): Taihu (太湖), Daishan [Da Shan] (大山), 1979-04-28, S.W. Su (苏宋旺) 2477 (Holotype: ANU).

毛果薹草 *Carex miyabei* Franch. var. ***maopengensis*** S.W. Su, J. Anhui Univ., Nat. Sci. Ed. 20 (3): 107. 1996. Anhui (安徽): Qimen (祁门), Maopeng-dian (毛棚店), 1985-05-06, S.W. Su (苏宋旺) 85072 (Holotype: ANU).

少毛条穗薹草 *Carex nemostachys* Steud. var. ***subglabra*** X.F. Jin et C. Z. Zheng, J. Zhejiang Univ., Sci. Ed. 31 (6): 688. 2004. Zhejiang (浙江): Suichang (遂昌), [Ankou] (安口), [Genzhukou] (根竹口), 1959-05-04, Zhejiang Bot. Exped. (浙江植物资源普查队) 25852 (Holotype: HZU).

灰绿薹草 *Carex pallens* Z.P. Wang, J. Nanjing Univ., Nat. Sci. Ed. 1962 (2): 48. 1962. Kiangsu [Jiangsu] (江苏): Nanking [Nanjing] (南京), C.P. Wang (王正平) 56 (Holotype: N).

杯鳞薹草 *Carex poculisquama* Kük., Repert. Spec. Nov. Regni Veg. 27: 111. 1929. Kiang su [Jiangsu] (江苏): Sutschou [Suzhou] (苏州), Hu See, 1926-06-07, Ching et Tso (秦仁昌 , 左景烈) 734 (Lectotype: PE-01842071, designated by Y. Lin et al. in Acta Bot. Bor.-Occ. Sin. 34:412. 2014); Nanking [Nanjing] (南京), Spirit Valley [Linggu Si] (灵谷寺), 1929-05-25, Y.L. Keng (耿以礼) 2227 (Syntype: ?).

拟三穗薹草 *Carex pseudotristachya* X.F. Jin et C.Z. Zheng, Acta Phytotax. Sin. 42 (6): 543. 2004. Zhejiang (浙江): Qingyuan (庆元), Baishanzu (百山祖), 2002-05-14, X.F. Jin (金孝锋) 0121 (Holotype: HZU).

Carex purpureotincta Ohwi var. ***sphaerocarpa*** Ohwi ex T. Koyama, Jap. J. Bot. 15: 169. 1956. Chekiang [Zhejiang] (浙江): Hangchow [Hangzhou] (杭州), Mt. Peikaofeng [Beigaofeng] (北高峰), 1935-05-23, H. Migo (御江久夫) 19 (Holotype: TNS- 97701).

普陀薹草 *Carex putuoensis* S.Yun Liang, Acta Phytotax. Sin. 33 (5): 486. 1995. Zhejiang (浙江): Putuo (普陀), 1936-06-05, H. Migo (御江久夫) s.n. (Holotype: PE-01862963).

祁门薹草 *Carex qimenensis* S.W. Su et S.M. Xu, Bull. Bot. Res., Harbin 9 (1): 49. 1989. Anhui (安徽): Qimen (祁门), Zhawan (查湾), 1982-05-09, S.W. Su (苏宋旺) 82006 (Holotype: ANU).

青岛薹草 *Carex qingdaoensis* F.Z. Li et S.J. Fan, Bull. Bot. Res., Harbin 13 (1): 71. 1993. Shandong (山东): Qingdao (青岛), Changmenyan island (长门岩岛), 1988-06-29, S.J. Fan (樊

守金) 88008 (Holotype: SDNU).

清凉峰薹草 ***Carex qingliangensis*** D.M. Weng, H.W. Zhang et S.F. Xu, Nord. J. Bot. 27: 7. 2009. Zhejiang (浙江): Lin'an (临安), Mount. Qingliang [Qingliangfeng] (清凉峰), 2007-04-30, X.F. Jin et H.W. Zhang (金孝锋 , 张宏伟) 1713 (Holotype: HTC).

青阳薹草 ***Carex qingyangensis*** S.W. Su et S.M. Xu, Bull. Bot. Res., Harbin 8 (3): 77. 1988. Anhui (安徽): Qingyang(青阳), Jiuhua Shan (九华山), Huayandong (华严洞), 1980-05-16, S.W. Su (苏宋旺) 73 (Holotype: ANU).

齐云薹草 ***Carex qiyunensis*** S.W. Su et S.M. Xu, Bull. Bot. Res., Harbin 9 (1): 50. 1989. Anhui (安徽): Xiu-lin [Xiuning] (休宁), Qiyun Shan (齐云山), 1981-04-23, S.W. Su (苏宋旺) 81033 (Holotype: ANU).

根花薹草 ***Carex radiciflora*** Dunn, J. Linn. Soc., Bot. 38 (267): 371. 1908. Fokien [Fujian] (福建): Siu Kai Kau near Min River (闽江), 1905 年 , S.T. Dunn HH-3653 (Holotype: HK).

细根茎薹草 ***Carex radicina*** Z.P. Wang, J. Nanjing Univ., Nat. Sci. Ed.1962 (2): 52.1962. Kiangsu [Jiangsu] (江苏): Bauhwa-Shan [Baohua Shan] (宝华山), C.P. Wang (王正平) 73 (Holotype: N).

远穗薹草 ***Carex remotistachya*** Y.Y. Zhou et X.F. Jin, Phytotaxa 164 (2): 133. 2014. Zhejiang (浙江): Pan'an (磐安), Shang Hu (尚湖), Sanhuang [Shanhuan] (山环), 2012-05-16, X.F. Jin (金孝锋) 2872 (Holotype: HTC).

反折果薹草 ***Carex retrofracta*** Kük., Repert. Spec. Nov. Regni Veg. 27: 110. 1929. Chekiang [Zhejiang] (浙江): Hang tschou [Hangzhou] (杭州), 1929-05-04, Y.L. Keng (耿以礼) 2352 (Isotype: PE).

缘喙薹草 ***Carex rhynchophora*** Franch. var. ***margineorostris*** S.W. Su, J. Anhui Agri. Univ. 36 (4): 559. 2009. Anhui (安徽): Xuancheng (宣城), Xikou (溪口), 1986-04-29, S.W. Su (苏宋旺) 86003 (Holotype: ACM).

Carex rivulorum Dunn, J. Linn. Soc., Bot. 38 (267): 372. 1908. Fokien [Fujian] (福建): Sui Kai Kau near Min river (闽江), 1905 年 , S.T. Dunn HH-3651 (Holotype: HK).

短苞点囊薹草 ***Carex rubrobrunnea*** C.B. Clarke var. ***brevibracteata*** T. Koyama, Bull. Natl. Sci. Mus., Tokyo, n.s. 3 (1): 25. 1956. Kiangsi [Jiangxi] (江西): Lu Shan (庐山), 1941-04-27, H. Migo (御江久夫) 9 (Holotype: TNS-97703).

Carex sampsoni [***Carex sampsonii***] Hance, J. Bot. 6: 89. 1868. Fukien [Fujian] (福建): insula Ku-lang-sú [Gulang Yu] (鼓浪屿), 1866-05-10, T. Sampson s.n.(Holotype: BM, Herb. Hance n. 13059).

Carex scabrisacca Ohwi et Ryu [T.S. Liu], J. Jap. Bot. 12: 655. 1936. Kiangsi [Jiangxi] (江西): Lu Shan (庐山), D. Ryu (刘棠瑞) s.n. (Holotype: KYO).

崖生薹草 ***Carex scopulus*** X.F. Jin et W.J. Chen, Phytotaxa 231 (2): 165. 2015. Zhejiang (浙

江): Wencheng (文成), Mt. Tongling [Tongling Shan] (铜铃山), 2014-04-16, W.J. Chen et al. (陈伟杰等) 370 (Holotype: HTC).

具芒崖生薹草 ***Carex scopulus*** X.F. Jin et W.J. Chen subsp. ***aristata*** Y.F. Lu et X.F. Jin, Phytotaxa 372 (3): 207. 2018. Zhejiang (浙江): Tonglu (桐庐), Baiyunyuan (白云源), 2017-05-03, X.F. Jin et Y.F. Lu (金孝锋 , 鲁益飞) 3897 (Holotype: HTC).

上海薹草 ***Carex shanghaiensis*** S.X. Qian et Y.Q. Liu, Acta Phytotax. Sin. 37 (1): 103. 1999. Shanghai (上海): [Shanghai Botanic Garden] (上海植物园), 1995-04-27, Y.Q. Liu et S.X. Qian (刘永强 , 钱士心) 0063 (Holotype: PE).

上杭薹草 ***Carex shanghangensis*** S. Yun Liang, Acta Phytotax. Sin. 34 (1): 94. 1996. Fujian (福建): Shanghang (上杭), 1987-08-02, H.B. Chen (陈恒彬) 1315 (Holotype: FJSI).

舒城薹草 ***Carex shuchengensis*** S.W. Su et Q. Zhang, Acta Phytotax. Sin. 27 (6): 465. 1989. Anhui (安徽): Shucheng (舒城), Xiaojianchong (小涧冲), 1987-04-21, S.W. Su et Q. Zhang (苏宋旺 , 张青) 87130 (Holotype: ANU).

相仿薹草 ***Carex simulans*** C.B. Clarke, J. Linn. Soc., Bot. 36 (253): 310. 1904. Chekiang [Zhejiang] (浙江): Ningpo [Ningbo] (宁波) Mts., E. Faber 1522〔Lectotype: K, designated by X.F. Jin et C.Z. Zheng in Taxonomy of Carex sect. Rhomboidales (Cyperaceae): 205. 2013〕.

近头状薹草 ***Carex subcapitata*** X.F. Jin, C.Z. Zheng et B.Y. Ding, Acta Phytotax. Sin. 41 (6): 566. 2003. Zhejiang (浙江): Suichang [Songyang] (松阳 , 原属遂昌), Yuyan (玉岩), 1956-04-23, Zhejiang Bot. Exped. (浙江植物资源普查队) 26623 (Holotype: HHBG).

Carex sublateralis T. Koyama, Jap. J. Bot. 15: 180. 1956. Kiangsu [Jiangsu] (江苏): Suchow [Suzhou] (苏州), Mt. Shangfang-shan [Shangfang Shan] (上方山), K. Kimura s.n. (Holotype: KYO).

类霹雳薹草 ***Carex subperakensis*** L.K. Ling et Y.Z. Huang, Fl. Fujian. 6: 689. 1995. Fujian (福建): Yong'an (永安), Qingshui (青水), Goudongping [Goudunping] (勾墩坪), 1986-07-10, L.K. Ling (林来官) 10065 (Holotype: FNU).

太湖薹草 ***Carex taihuensis*** S.W. Su et S.M. Xu, Bull. Bot. Res., Harbin 9 (1): 51. 1989. Anhui (安徽): Taihu (太湖), Da Shan (大山), Shuanghe (双河), 1983-05-02, S.W. Su (苏宋旺) 83030 (Holotype: ANU).

细喙薹草 ***Carex tenuirostrata*** X.F. Jin, S.H. Jin et D.F. Wu, Brittonia 64 (3): 326. 2012. Zhejiang (浙江): Pingyang (平阳), Shunxi (顺溪), 2009-05-01, D.F. Wu (吴棣飞) 0951-1 (Holotype: HTC).

细穗薹草 ***Carex tenuispicula*** Tang ex S.Yun Liang, Acta Phytotax. Sin. 34 (1): 92. 1996. Fujian (福建): Ningyang (宁洋), 1932 [1943]-12-01,Y. Ling (林镕) 4689 (Holotype: PE).

天目山薹草 ***Carex tianmushanica*** C.Z. Zheng et X.F. Jin, Acta Phytotax. Sin. 42 (6): 541. 2004. Zhejiang (浙江): Lin'an (临安), Western Tianmushan [Xitianmu Shan] (西天目山),

1984-06-02, C.Z. Zheng (郑朝宗) 3343 (Holotype: HZU).

截鳞薹草 ***Carex truncatigluma*** C.B. Clarke, J. Linn. Soc., Bot. 36 (253): 315. 1904. Chekiang [Zhejiang] (浙江): Ningpo [Ningbo] (宁波) Mts., E. Faber 1541 (Holotype: K).

华阳薹草 ***Carex truncatigluma*** C.B. Clarke subsp. ***huayangensis*** S.W. Su, J. Anhui Agri. Univ. 36 (4): 561. 2009. Anhui (安徽): Xuanzhou (宣州), Huayang (华阳),1985-04-02, S.W. Su (苏宋旺) 85004 (Holotype: ACM).

截喙薹草 ***Carex truncatirostris*** S.W. Su et S.M. Xu, Bull. Bot. Res., Harbin 9 (1): 46. 1989. Anhui (安徽): Taihu (太湖), Lidu (李杜), Shahe (沙河), 1983-04-28, S.W. Su (苏宋旺) 83164 (Holotype: ANU).

无喙薹草 ***Carex truncatirostris*** S.W. Su et S.M. Xu fo. ***erostris*** S.W. Su et S.M. Xu, Bull. Bot. Res., Harbin 9 (1): 46. 1989. Anhui (安徽): Taihu (太湖), Shanlong (山龙), 1979-05-01, S.W. Su (苏宋旺) 79051 (Holotype: ANU).

Carex turczaninowiana Meinsh. ex Korsh. var. ***beaurepairoei*** H. Lév. et Vaniot, Bull. Soc. d'Agric. de la Sarthe 60: 79. 1905. Kiang-Sou [Jiangsu] (江苏), d'Argy et de Beaurepaire s.n. (Holotype: ?).

单性薹草 ***Carex unisexualis*** C.B. Clarke, J. Linn. Soc., Bot. 36: 316. 1904. Shanghai (上海), Maingay 361 (Syntype: K); Kiangsi [Jiangxi] (江西): Kiukiang [Jiujiang] (九江), 1873 年 , G. Shearer s.n. (Syntype: K); Kiukiang Mts. [Jiujiang] (九江) , E. Faber 1186〔Lectotype: K-000960662, designated by S.H. Jin et X.F. Jin in Flora of Pan-Himalaya, Vol. 12 (2): 391. 2020〕.

Carex wilfordii C.B. Clarke, J. Linn. Soc., Bot. 36 (253): 318. 1904. Chekiang [Zhejiang] (浙江): Shrub Island, A. Henry 47 (Syntype: K).

武夷山薹草 ***Carex wuyishanensis*** S. Yun Liang, Acta Phytotax. Sin. 34 (1): 94. 1996. Fujian (福建): Chong'an (崇安), Wuyi Mt. [Wuyi Shan] (武夷山), 1955-04-21, M.J. Wang (王名金) 3387 (Holotype: PE).

宣城薹草 ***Carex xuanchengensis*** S.W. Su et S.M. Xu, Bull. Bot. Res., Harbin 9 (1): 48.1989. Anhui (安徽): Xuancheng (宣城), Xikou (溪口), 1985-04-14, S.W. Su (苏宋旺) 85067 (Holotype: ANU).

Carex yabei H. Lév. et Vaniot., Bull. Soc. d'Agric. de la Sarthe 60: 79. 1905. Kiang-Sou [Jiangsu] (江苏), d'Argy s.n. (Holotype: P).

雁荡山薹草 ***Carex yandangshanica*** C.Z. Zheng et X.F. Jin, Nord. J. Bot. 28: 709. 2010. Zhejiang (浙江): Yueqing (乐清), Mount. Yandang [Yandang Shan] (雁荡山), 1980-05-01, C.Z. Zheng et al.(郑朝宗等) 1793 (Holotype: HTC).

永安薹草 ***Carex yonganensis*** L.K. Dai et Y.Z. Huang, Fl. Fujian. 6: 689. 1995. Fujian (福建): Yong'an(永安), Shangping (上坪), Jiulong Shan (九龙山), 1989-11-08, G.Y. Ling (林

国宇) 2216 (Holotype: FNU).

突喙薹草 *Carex yuexiensis* S.W. Su et S.M. Xu, Bull. Bot. Res., Harbin 8 (3): 78. 1988. Anhui (安徽): Yuexi (岳西), Duzhijian (都支尖, 今多枝尖), S.W. Su (苏宋旺) 2670 (Holotype: ANU).

云亿薹草 *Carex yunyiana* X.F. Jin et C.Z. Zheng, Nord. J. Bot. 27: 344. 2009. Zhejiang (浙江): Tiantai (天台), Mount. Huading (华顶), 2006-05-27, Xu Feng-Biao et Zhou Shi-Ping [W.B. Xu et S.P. Zhou] (徐文标, 周书平) 027 (Holotype: HTC).

浙江薹草 *Carex zhejiangensis* X.F. Jin, Y.J. Zhao, C.Z. Zheng et H.W. Zhang, Nord. J. Bot. 29: 68. 2011. Zhejiang (浙江): Lin'an (临安), Qianqingtang (千顷塘), 2008-05-19, X.F. Jin (金孝锋) 2130 (Holotype: HTC).

厦门莎草 *Cyperus amoyensis* Hance, Ann. Sci. Nat., Bot. sér. 5, 5: 249.1866. Fukien [Fujian] (福建): Amoy [Xiamen] (厦门),1857-10, H.F. Hance 1392 (Holotype: BM).

Cyperus amuricus Maxim. var. ***subirioides*** Kük., Repert. Spec. Nov. Regni Veg. 27: 107. 1929. Kiangsu [Jiangsu] (江苏): Pao Hwa Shan [Baohua Shan] (宝华山), Tso (左景烈) 2078 (Isosyntype: IBSC), Tso (左景烈) 2226 (Syntype:?); Kiangpu [Jiangpu] (江浦), Wang 2696 (Syntype: ?); Yuntai Shan (云台山), [C.N.] Chen (陈长年) 2352 (Isosyntype: IBSC); Chekiang [Zhejiang] (浙江): Mo kan shan [Mogan Shan] (莫干山), P. Klautke 414 (Syntype: B).

长穗高秆莎草 *Cyperus exaltatus* Retz. var. ***megalanthus*** Kük., Repert. Spec. Nov. Regni Veg. 27: 107. 1929. Kiangsu [Jiangsu] (江苏): Nanking [Nanjing] (南京), Hsien wu-See, Tso (左景烈) 1888 (Holotype: ?).

Cyperus haspan L. var. ***flaccidissimus*** Kük., Pflanzenr. (Engler) IV, 20 (101): 248. 1936. [Jiangsu] (江苏): Nanking [Nanjing] (南京), R.C. Chieng [R.C. Ching] (秦仁昌) 393 (Syntype: ?).

Cyperus michelianus (L.) Delile fo. ***elatus*** Kük., Pflanzenr. (Engler) IV, 20 (101): 312. 1936. Nordchina [Jiangsu] (江苏): Lou shan [Lao Shan] (老山), [C.N.] Chen (陈长年) 2381 (Isotype: IBSC).

Cyperus pilosus Vahl var. ***pseudobabakensis*** Kük, Repert. Spec. Nov. Regni Veg. 27: 107. 1929. Kiangsi [Jiangxi] (江西): Yü Du [Yudu] (于都), K.K. Hu [H.H. Hu] (胡先骕) 1171 (Syntype: ?); Fokien [Fujian] (福建): Futschou [Fuzhou] (福州), H.H. Chung (钟心煊) 2553 (Isosyntype: NAS).

金门莎草 *Cyperus rotundus* L. var. ***quimoyensis*** L.K. Dai, Fl. Reipubl. Popularis Sin. 11: 231. 1961. Fukien [Fujian] (福建): Amoy [Xiamen] (厦门), Jinmen Island (金门岛), 1933-08-07, A. N. Steward 3155 (Holotype: PE).

山东白鳞莎草 *Cyperus shandongense* F.Z. Li, Acta Phytotax. Sin. 22 (2): 151. 1984. Shandong (山东): Tai'an (泰安), 1981-08-24, F.Z. Li (李法曾) 0275 (Holotype: SDFS).

Cyperus sinensis Debeaux, Actes Soc. Linn. Bordeaux 31: t. 2. 1877; 32: 28. 1878. et Fl. du

Tché-foû 141. Chan-tong [Shandong]（山东）: Yan-tai（烟台）et Ki-tsen-sôo [Qishansuo]（奇山所）, 1860-09, J.O. Debeaux s.n. (Holotype: P-00587059).

Cyperus subfuscus Debeaux, Actes Soc. Linn. Bordeaux 31: t. 3. 1877; 32: 30.1878. et Fl. du Tché-foû 143. Chan-tong [Shandong]（山东）: Yan-tai（烟台）, Ki-tsen-sôo [Qishansuo]（奇山所）, 1860-09-22, J.O. Debeaux s.n. (Holotype: ?).

无根状茎荸荠 ***Heleocharis attenuata*** [***Eleocharis attenuata***] (Franch. et Sav.) Palla var. ***erhizomatosa*** Tang et F.T. Wang, Fl. Reipubl. Popularis Sin. 11: 226. 1961. Chekiang [Zhejiang]（浙江）: [Hangzhou]（杭州）, 1927-05-11, K.K. Tsoong（钟观光）51 [721] (Holotype: PE).

江南荸荠 ***Eleocharis migoana*** Ohwi et T. Koyama, Bull. Natl. Sci. Mus., Tokyo, n. s. 3 (1): 27. 1956. Anhwei [Anhui]（安徽）: Anking [Anqing]（安庆）, 1941-04-18, H. Migo（御江久夫）15 (Holotype: TNS-97709).

海绵基荸荠 ***Heleocharis pellucida*** [***Eleocharis pellucida***] Presl var. ***spongiosa*** Tang et F.T. Wang, Fl. Reipubl. Popularis Sin. 11: 226. 1961. Kiangsi [Jiangxi]（江西）: Pingxiang（萍乡）, 1954-11-13, Kiangsi Exped.（江西队）2982 (Isotype: LBG).

Heleocharis plantagineiformis [***Eleocharis plantagineiformis***] Tang et F.T. Wang, Fl. Reipubl. Popularis Sin. 11: 225. 1961. Fukien [Fujian]（福建）, H.H. Chung（钟心煊）6064 (Isotype: AU).

Fimbristylis chalarocephala Ohwi et T. Koyama, Bull. Natl. Sci. Mus., Tokyo, n. s. 3 (1): 27. 1956. Kiangsi [Jiangxi]（江西）: Lu Shan（庐山）, 1942-09-30, H. Migo（御江久夫）18 (Holotype: TNS-97695).

Fimbristylis diphylloides Makino var. ***straminea*** Tang et F.T. Wang, Fl. Reipubl. Popularis Sin. 11: 227. 1961. Kiangsi [Jiangxi]（江西）: Lu Shan（庐山）, X.Z. Sun（孙祥钟）844 (Isotype: HIB).

龙泉飘拂草 ***Fimbristylis longquanensis*** X.F. Jin, Y.F. Lu et C.Z. Zheng, Phytotaxa 309 (2): 130. 2017. Zhejiang（浙江）: Longquan（龙泉）, Guanpuyang（官埔垟）, 1980-8-27, C.F. Zhang et al.（张朝芳等）5979 (Holotype: HTC).

矮秆飘拂草 ***Fimbristylis minuticulmis*** X.F. Jin et C.Z. Zheng, Phytotaxa 309 (2): 130. 2017. Zhejiang（浙江）: Longquan（龙泉）, Zhulong（住龙）, 1980-10-30, Hangzhou Bot. Gard. Exped.（杭植队）22072 (Holotype: HTC).

矮飘拂草 ***Fimbristylis nanofusca*** Tang et F.T. Wang, Fl. Reipubl. Popularis Sin. 11: 229. 1961. Chekiang [Zhejiang]（浙江）: Haining（海宁）, Jianshan（尖山）, 1930-08-06, T.N. Liou（刘慎谔）586 (Holotype: PEY- 0043273).

烟台飘拂草 ***Fimbristylis stauntoni*** [***Fimbristylis stauntonii***] Debeaux et Franch., Actes Soc. Linn. Bordeaux 31: t. 3. f1. 1877; et 32: 38. 1878. Chan-tong [Shandong]（山东）, 1793 年, G.L. Staunton 144 (Holotype: P).

长穗匍茎飘拂草 ***Fimbristylis stolonifera*** C.B. Clarke var. ***cylindrica*** X.F. Jin et Y.F. Lu, Phytotaxa 309 (2): 132. 2017. Zhejiang (浙江): Yongjia (永嘉), Yantan (岩坦), 1980-07-20, C.F. Zhang (张朝芳) 7226 (Holotype: HTC).

Fimbristylis unicolor Ohwi et T. Koyama, Bull. Natl. Sci. Mus., Tokyo, n. s. 3 (1): 30. 1956. Kiangsu [Shanghai] (上海): Sunkiang [Songjiang] (松江), 1933-10-17, H. Migo (御江久夫) 78 (Holotype: TI).

武功山飘拂草 ***Fimbristylis wukungshanensis*** Tang et F.T. Wang, Fl. Reipubl. Popularis Sin. 11: 226. 1961. Kiangsi [Jiangxi] (江西): Pingxiang (萍乡),1954-09-05, Kiangsi Exped. (江西队) 923 (Holotype: PE).

浙江扁莎 ***Pycreus chekiangensis*** Tang et F.T. Wang, Fl. Reipubl. Popularis Sin. 11: 232. 1961. Chekiang [Zhejiang] (浙江): Yûnhuo [Yunhe](云和), 1932-09-19, H. Chen [S. Chen] (陈诗) 758 (Holotype: PE).

细叶刺子莞 ***Rhynchospora faberi*** C.B. Clarke, J. Linn. Soc., Bot. 36 (252): 259. 1903. Chekiang [Jiangxi] (江西): Lu Mts [Lu Shan] (庐山), E. Faber 247 (Holotype: K).

曲氏藨草 ***Scirpus chuanus*** Tang et F.T. Wang, Fl. Reipubl. Popularis Sin. 11: 222. 1961. Kiangsu [Jiangsu] (江苏): Nanking [Nanjing] (南京), [Qixia Shan] (栖霞山), 1931-08-17, K.L. Chü (曲桂龄) 341 (Holotype: PE).

Scirpus filipes C.B. Clarke var. ***paucispiculatus*** Tang et F.T. Wang, Fl. Reipubl. Popularis Sin. 11: 221. 1961. Fukien [Fujian] (福建): Nanping (南平),1931-03-25, Y. Ling (林英) 79 (Holotype: PE).

庐山藨草 ***Scirpus lushanensis*** Ohwi, Acta Phytotax. Geobot. 7 (3): 134. 1938. Kiangsi [Jiangxi] (江西): Lu Shan (庐山), D. Liu (刘棠瑞) (Holotype: KYO).

三棱秆藨草 ***Scirpus mattfeldianus*** Kük., Repert. Spec. Nov. Regni Veg. 27: 108. 1929. Chekiang [Zhejiang] (浙江): Taichou [Taizhou] (台州), Yun Fun [Yunfeng] (云峰), 1924-05-01, R.C. Ching (秦仁昌) 1332 (Syntype: B); Siachu [Xianju] (仙居), Chu Chai Ping [Zhujiaping] (朱家坪), 1924-05, R.C. Ching (秦仁昌) 1656 (Isosyntype: UC).

单穗藨草 ***Scirpus monocephalus*** J.Q. He, Acta Phytotax. Sin. 37 (3): 291. 1999. Anhui (安徽): Fuyang (阜阳), 1994-06-08, J.Q. He et X.L. Hou (何家庆 , 侯学良) 05438 (Holotype: ANU).

荣成藨草 ***Scirpus rongchengensis*** F.Z. Li, Acta Phytotax. Sin. 25 (1): 71. 1987. Shandong (山东): Rongcheng (荣成), Shidao (石岛), 1982-08-23, F.Z. Li (李法曾) 820564 (Holotype: SDFS).

Scirpus stauntonii C.B. Clarke, J. Linn. Soc., Bot. 36 (252): 253. 1903. Chekiang [Zhejiang] (浙江), 1793 年 , G.L. Staunton s.n. (Holotype: BM-000959085).

青岛藨草 ***Scirpus trisetosus*** Tang et F.T. Wang, Fl. Reipubl. Popularis Sin. 11: 221.1961.

Shantung [Shandong] (山东): Tsingtau [Qingdao] (青岛), 1930-08-20, C.Y. Chiao (焦启源) 2992 (Holotype: PE).

福建珍珠茅 ***Scleria fujianensis*** G.P. Li, Fl. Fujian. 6: 689. 1995. Fujian (福建): Xianyou (仙游), Jiulongyan (九龙岩), G.P. Li (李国平) 220 (Holotype: FNU).

南京珍珠茅 ***Scleria nankingensis*** Tang et F.T. Wang, Fl. Reipubl. Popularis Sin. 11: 234. 1961. Kiangsu [Jiangsu] (江苏): Nanking [Nanjing] (南京), [Zijin Shan] (紫金山), 1930-10-08, C.Y. Chiao (焦启源) N-22363 (Holotype: PE).

三槽珍珠茅 ***Scleria trisulcata*** G.P. Li, Fl. Fujian. 6: 689. 1995. Fujian (福建): Zhao'an (诏安), G.P. Li (李国平) 140 (Holotype: FNU).

103 禾本科 Poaceae

福建酸竹 ***Acidosasa fujianensis*** C.S. Chao et H.Y. Zou, J. Nanjing Inst. For. 3: 88.1984. Fujian (福建): Nanpin [Nanping] (南平), Maodi to Ziedi [Xiedi] (茂地—谢地), H.Y. Zou (邹惠渝) 0352 (Holotype: NF).

Agropyron ciliare (Trin.) Franch. var. ***integrum*** Keng ex C. Pei, Contr. Biol. Lab. Sci. Soc. China, Bot. Ser. 10: 186. 1936. Kiangsu [Jiangsu] (江苏): Nanking [Nanjing] (南京), Sheh Er Tung [Shi'erdong] (十二洞), 1928-04-22, Y.L. Keng (耿以礼) 1389 (Isotype: US).

Agropyron ciliare (Trin.) Franch. var. ***panperum*** Keng ex C. Pei, Contr. Biol. Lab. Sci. Soc. China, Bot. Ser. 10: 187. 1936. Kiangsu [Jiangsu] (江苏): Nanking [Nanjing] (南京), Tung Shan Chiao [Dongshan Qiao](东善桥), 1928-07-14, Y.L. Keng (耿以礼) 1572 (Isotype: US).

山东剪股颖 ***Agrostis shandongensis*** F.Z. Li, Bull. Bot. Res., Harbin 11 (2): 27. 1991. Shandong (山东): Kunyu Shan (昆嵛山), 1988-06-03, Y.M. Zhang (张艳敏) 88232 (Holotype: SDNU).

昆嵛山剪股颖 ***Agrostis transmorrisonensis*** Hayata var. ***kunyushanensis*** F.Z. Li, Bull. Bot. Res., Harbin 11 (2): 28. 1991. Shandong (山东): Kunyu Shan (昆嵛山), 1988-06-02, Y.M. Zhang (张艳敏) 88202 (Holotype: SDNU).

大花楔颖草 ***Apocopis wrightii*** Munro var. ***macrantha*** [***macranthus***] S.L. Chen, Bull. Bot. Res., Harbin 12 (4): 317. 1992. Zhejiang (浙江): Tiantai Shan (天台山), 1957-09-04, Y.Y. Ho (贺贤育) 27907 (Holotype: NAS).

Arundinaria amara Keng, Sinensia 6 (2): 148. 1935. Chekiang [Zhejiang] (浙江): Hangchow [Hangzhou] (杭州), Ling-yin Temple [Lingyin Si] (灵隐寺), 1935-05-02, Keng et Yang (耿以礼，杨衔晋) 2947 (Holotype: ?).

南平青篱竹 ***Arundinaria concava*** C.D. Chu et H.Y. Zou, J. Nanjing Inst. For. 3: 90. 1984.

Fujian (福建): Nanpin [Nanping] (南平), Lushi (芦狮), H.Y. Zou (邹惠渝) 0432 (Holotype: NF).

短穗竹 ***Arundinaria densiflora*** Rendle, J. Linn. Soc., Bot. 36 (254): 434. 1904. Kiangsu [Jiangsu] (江苏): Kiangsu hills, E. Faber 19 (Syntype: K); Chekiang [Zhejiang] (浙江): hills near Huchan [Huzhou] (湖州), Taihoo Lake [Taihu] (太湖), 1887 年 , W.R. Carles 227 (Syntype: K).

Arundinaria dolichantha Keng, Sinensia 7 (3): 418. 1936. Fukien [Fujian] (福建): Foochow [Fuzhou] (福州), Black Rock Hill (乌石山), 1926-08-06, Tang Chung Chang (唐仲璋) 4551 (Holotype: BM).

Arundinaria latifolia Keng, Sinensia 6 (2): 147. 1935. Chekiang [Zhejiang] (浙江): Hangchow [Hangzhou] (杭州), Ling-yin Temple [Lingyin Si] (灵隐寺), 1935-01-26, Y.C. Yang (杨衔晋) 118 (Isotype: K).

Arundinaria panda Keng, Sinensia 7 (3): 416. 1936. Fukien [Fujian] (福建): Diongloh [Changle] (长乐), top of the Golden Bill Mt. [Jinniu Shan] (金牛山), 1925-07-31, Chen Ping En (陈必恩) 2563 (Isotype: CAS).

浙江苦竹 ***Arundinaria varia*** Keng, Sinensia 6 (2): 150. 1935. Chekiang [Zhejiang] (浙江): Hangchow [Hangzhou] (杭州), West-Lake [Xi Hu] (西湖), Ke-ling [Geling] (葛岭), 1931-06-16, K.K. Tsoong (钟观光) 116 or the recent accession no. 363 (Isotype: NAS).

Arundinella bidentata Keng, J. Wash. Acad. Sci. 21: 159. 1931. Fukien [Fujian] (福建): Kuliang [Guling] (鼓岭), 1919-07-30, J.B. Norton 1154 (Holotype: US).

大别山野古草 ***Arundinella kengiana*** N.X. Zhao, Guihaia 12 (3): 219. 1992. Anhui (安徽): Qianshan (潜山), Wumiao (五庙), 1987-09-09, N.X. Zhao (赵南先) 176 (Holotype: N).

Avena fatua L. var. ***mollis*** Keng, Sinensia 11 (5-6): 411. 1940. [Jiangsu] (江苏): Nanking [Nanjing] (南京), waste ground of a monastery yard, 1930-05-24, Y.L. Keng (耿以礼) 2932 (Holotype: N).

光箨绿竹 ***Bambusa atrovirens*** T.H. Wen, J. Bamb. Res. 5 (2): 15. 1986. Zhejiang (浙江): Pingyang (平阳), Shunxi (顺溪), Y.Z. Liu (刘永正) s.n. (Holotype: ZJFI).

坭竹 ***Bambusa gibba*** McClure, Lingnan Univ. Sci. Bull. 9: 10. 1940. Kiangsi [Jiangxi] (江西): Kanchow [Ganzhou] (赣州), Cult., 1926-12-16, H. Fung (冯钦) 20709 (Holotype: SYS).

实心孝顺竹 ***Bambusa glaucescens*** (Willd) Siebold ex Munro fo. ***solida*** K.J. Mao et C.H. Zhao, J. Bamb. Res. 12 (3): 21.1993. Anhui (安徽): Jixi (绩溪), 1992-05-12, Mao et Zhao (毛克钧 , 赵昌恒) 92066 (Holotype: AAUF).

藤枝竹 ***Bambusa lenta*** L.C. Chia, Guihaia 8 (2): 125. 1988. Fujian (福建): Nanjing (南靖), 1974-08-31, Nan-Zhu (南竹) 2106 (Holotype: IBSC).

普陀孝顺竹 ***Bambusa multiplex*** (Lour.) Raeusch ex Schult. var. ***lutea*** T.H. Wen, J. Bamb. Res. 1 (1): 31. 1982. Zhejiang (浙江): Putushan [Putuo Shan] (普陀山), S.C. Hua et al. (华锡

奇等) 81901 (Holotype: ZJFI).

撑青 4 号 ***Bambusa pervariabilis* × *textilis*** T.H. Wen, J. Bamb. Res. 4 (2): 9. 1985. Zhejiang (浙江): Pinyang [Pingyang] (平阳), [Shuitou] (水头), W.W. Chou (周文伟) C84114 (Holotype: ZJFI).

苦绿竹 ***Bambusa prasina*** T.H. Wen, J. Bamb. Res. 1 (1): 29. 1982. Zhejiang (浙江): Hangzhou (杭州), introduced from Pingyang (平阳), T.H. Wen (温太辉) 76019 (Holotype: ZJFI).

河边竹 ***Bambusa strigosa*** T.H. Wen, J. Bamb. Res. 1 (1): 31. 1982. Jiangxi (江西): Xinwu [Xunwu] (寻乌), [Eping] (鹅坪), J.Y. Chin et W. Fang (金剑荣 , 方伟) JW81501 (Holotype: ZJFI).

大肚竹 ***Bambusa vulgaris*** Schrad. ex J.C. Wendl. fo. ***waminii*** T.H. Wen, J. Bamb. Res. 4 (2): 16. 1985. Zhejiang (浙江): Wenzhou (温州), Jiangxin Si (江心寺), T.H. Wen (温太辉) 81904 (Holotype: ZJFI).

黄条大木竹 ***Bambusa wenchouensis*** (T.H. Wen) Q.H. Dai fo. ***striata*** J.J. Yue et J.L. Yuan, J. Bamb. Res. 37 (2): 71. 2018. Zhejiang (浙江): Wenzhou (温州), Gonghou Village (贡后村), 2017-09-15, J.J. Yue et J.L. Yuan (岳晋军 , 袁金玲) 170915 (Holotype: RISFCAF).

Brachypodium chinense [***Brachypodium chinensis***] S. Moore, J. Bot. 13: 230. 1875. Kiangsi [Jiangxi] (江西): Kiukiang [Jiujiang] (九江), 1873 年 , G. Shearer s.n. (Holotype: K).

白纹短穗竹 ***Brachystachyum albostriatum*** G.H. Lai, J. Anhui Agri. Univ. 25 (1): 29. 1998. Anhui (安徽): Guangde (广德), Inst. Silv. (林科所), Xiaopingshan (小平山), 1994-05-20, G.H. Lai (赖广辉) 94059 (Holotype: AAUF).

无毛白纹短穗竹 ***Brachystachyum albostriatum*** G.H. Lai var. ***glabratum*** G.H. Lai, J. Anhui Agri. Univ. 25 (1): 30. 1998. Anhui (安徽): Ningguo (宁国), Hule (胡乐), 1995-05-05, G.H. Lai (赖广辉) 95028 (Holotype: AAUF).

毛环短穗竹 ***Brachystachyum densiflorum*** (Rendle) Keng var. ***villosum*** S.L. Chen et C.Y. Yao, Acta Phytotax. Sin. 21 (4): 404. 1983. Zhejiang (浙江): Hangzhou Botanic Garden (杭州植物园), 1981-05-03, S.L. Chen et G.Y. Sheng (陈守良 , 盛国英) 8104 (Holotype: NAS).

Bromus megalanthus Keng, Sinensia 6 (2): 152. 1935. Kiangsi [Jiangxi] (江西): Kuling [Guling] (牯岭), 1934-07-07, C.E. DeVol 501 (Isosyntype: US), 1910-09-05 [1921-05-09], K.K. Tsoong (钟观光) 3468 (Syntype: ?).

紫秆方竹 ***Chimonobambusa quadrangularis*** (Fenzi) Makino fo. ***purpureiculma*** T.H. Wen, J. Bamb. Res. 8 (1): 24. 1989. Fujian (福建): Shunchang (顺昌), [Guixi] (桂溪), R.G. Chai et al. (蔡绍秋等) 87122 (Holotype: ZJFI).

武夷方竹 ***Chimonobambusa setiformis*** T.H. Wen, J. Bamb. Res. 3 (2): 29. 1984. Fujian (福建): Chong'an (崇安), Wuyi Shan (武夷山), [Dazhulan] (大竹岚), S.C. Hua et P.S. Chang (华

锡奇，张培新）FJ81616 (Holotype: ZJFI).

Chrysopogon pictus Hance, Ann. Sci. Nat., Bot. sér. 5, 5: 252. 1866. Fokien [Fujian]（福建）, C.F.M. de Grijs s.n. (Holotype: BM, Herb. Hance n. 10154).

多枝隐子草 ***Cleistogenes caespitosa*** Keng var. ***ramosa*** F.Z. Li et C.K. Ni, Bull. Bot. Res., Harbin 15 (4): 433. 1995. Shandong（山东）: Jiaonan（胶南）, Dazhu Shan（大珠山）, 1979-09-15, H.B. Chen（陈汉斌）131 (Holotype: SDNU).

天目隐子草 ***Cleistogenes ramiflora*** Keng et Z.P. Wang var. ***tianmushanensis*** F.Z. Li et C.K. Ni, Bull. Bot. Res., Harbin 15 (4): 436. 1995. Zhejiang（浙江）: West Tianmushan [Xitianmu Shan]（西天目山）, 1959-09-11, s.coll. s.n. (Holotype: SDNU).

花秆绿竹 ***Dendrocalamopsis oldhamii*** (Munro) Keng f. fo. ***striata*** Y.Y. Wang et W.Y. Zhang, J. Bamb. Res. 25 (1): 26. 2006. Zhejiang（浙江）: Rui'an（瑞安）, Y.Y. Wang et C. Jin（王月英，金川）51102 (Holotype: ZJISC).

北方野青茅 ***Deyeuxia sylvatica*** (Schrad.) Kunth var. ***borealis*** Rendle, J. Linn. Soc., Bot. 36 (254): 398. 1904. Shantung [Shandong]（山东）: Chefoo [Yantai]（烟台）, Forbes 397 (Syntype: K); Maingay 63 (Syntype: K).

Diarrhena sinica K.S. Hao, Repert. Spec. Nov. Regni Veg. 42: 83. 1937. Chekiang [Zhejiang]（浙江）: Tien-mu-schan [Tianmu Shan]（天目山）, 1927-08-04, W.Y. Hsia（夏纬瑛）258 (Holotype: ?).

Digitaria tenuispica Rendle, J. Linn. Soc., Bot. 36: 326. 1904. Shanghai（上海）, Maingay 554 (Syntype: K).

异花觿茅 ***Dimeria heterantha*** S.L. Chen et G.Y. Sheng, Bull. Bot. Res., Harbin 13 (1): 77. 1993. Anhui（安徽）: Xiuning（休宁）, 1920-10-11, C. Courtoi [F. Courtois] 27148 (Holotype: NAS).

矮觿茅 ***Dimeria ornithopod*a** Trin. var. ***nana*** F. Courtois ex Keng et Y.L.Yang, J. Nanjing Univ., Nat. Sci. Ed. 1980 (4): 108.1980. Anhui（安徽）: Shitai（石埭，今石台）, 1916-11-02, F. Courtois 17076 (Holotype: NAS).

中间披碱草 ***Elymus kamoji*** (Ohwi) S.L. Chen var. ***intermedius*** S.L.Chen et Y.X.Jin, Bull. Nanjing Bot. Gard. 1987: 10. 1988. Jiangsu（江苏）: Nanjing Botanical Garden Mem. Sun Yat Sen（南京中山植物园）, 1986-05-20, S.L. Chen（陈守良）8663 (Holotype: NAS).

山东披碱草 ***Elymus shandongensis*** B. Salomon, Willdenowia 19 (2): 449. 1990. Shandong（山东）: Qingdao（青岛）, F.C. Keng [P.C. Keng]（耿伯介）6507 (Holotype: N).

秋画眉草 ***Eragrostis autumnalis*** Keng, Contr. Biol. Lab. Sci. Soc. China 10 (2): 178. 1936. Kiangsu [Jiangsu]（江苏）: Nanking [Nanjing]（南京）, Yuntai Shan（云台山）, 1928-08-17, Y.L. Keng（耿以礼）1705 (Isotype: US).

福建知风草 ***Eragrostis ferruginea*** (Thunb.) Beauv. var. ***fujianensis*** N.X. Zhao et X.T. Ma, Acta Bot. Yunnan. 16 (1): 24. 1994. Fujian（福建）: Jiangle（将乐）, Longxishan [Longqi Shan]（龙

栖山), 1991-09-18, Longxishan Exped. (中科院植物所龙栖山队) 2289 (Holotype: PE).

Eragrostis terrestris Keng, Contr. Biol. Lab. Sci. Soc. China, Bot. Ser. 10 (2): 182. 1936. Kiangsu [Jiangsu] (江苏): Nanking [Nanjing] (南京), Chao Young Men [Chaoyangmen] (朝阳门), 1927-09-27, Y.L. Keng (耿以礼) 1240 (Isotype: US).

金茅 ***Erianthus speciosus*** Debeaux, Actes Soc. Linn. Bordeaux 32: 53. 1878. et Fl. du Tché-foû 166. Chan-tong [Shandong] (山东): Tché-foû [Yantai] (烟台), 1860-09-06, J.O. Debeaux s.n. (Holotype: ?).

线叶金茅 ***Eulalia filifolia*** S.L. Chen, Gram. E. China 287. 1962. Anhwei [Anhui] (安徽): Tsingté [Jingde] (旌德), 1915-09-25, F. Courtois 12570 (Holotype: NAS). 更名为**假金发草** ***Pseudopogonatherum capilliphyllum*** S.L. Chen, Acta Phytotax. Sin. 18 (4): 489. 1980.

Eulalia quadrinervis (Hack.) Kuntze var. ***bispicata*** Hosok., Bot. & Zool. (Tokyo) 6 (11): 1868. 1938. Chekiang [Zhejiang] (浙江): Wenzhou (温州), 虎头岛 [Damen Dao] (大门岛), 1937-09-09, 渡边正一 28 (Holotype: TAI).

崂山小颖羊茅 ***Festuca parvigluma*** Steud. var. ***laoshanensis*** F.Z. Li, Guihaia 30 (1): 28. 2010. Shandong (山东): Mt. Laoshan [Lao Shan] (崂山), Yangkou (仰口), 2001-04-24, Q. Ren et al. (任强等) 3134 (Holotype: SDNU).

毛鞘羊茅 ***Festuca trichovagina*** F.Z. Li, Guihaia 30 (1): 26. 2010. Shandong (山东): Mt. Laoshan [Lao Shan] (崂山), 1959-06-02, Shandong Wild Plant Exp. general survey group (山东野生植物普查队) 1505 (Holotype: SDNU).

冬顶寒竹 ***Gelidocalamus dongdingensis*** K.F. Huang et C.D. Dai, Wuyi Sci. J. 8: 173. 1991. Fujian (福建): Zhangping (漳平), Dongding Shan (冬顶山), 1984-07-30, K.F. Huang et Z.L. Dai (黄克福 , 戴宗垒) 021 (Holotype: FJFC).

红壳寒竹 ***Gelidocalamus rutilans*** T.H. Wen, J. Bamb. Res. 2 (1): 66. 1983. Zhejiang (浙江): Jianshan [Jiangshan] (江山), Y.F. Chan (占荣富) J80608 (Holotype: ZJFI).

井冈寒竹 ***Gelidocalamus stellatus*** T.H. Wen, J. Bamb. Res. 1 (1): 22. 1982. Jiangxi (江西): Chingkangshan [Jinggang Shan] (井冈山), [Xiazhuang] (下庄), P.H. Liu et al. (刘品辉等) 81189 (Holotype: ZJFI).

寻乌寒竹 ***Gelidocalamus xunwuensis*** W.G. Zhang et G.Y. Yang, PhytoKeys 85: 63. 2017. Jiangxi (江西): Xunwu (寻乌), 2015-11-07, W.G. Zhang et al. (张文根等) 1107 (Holotype: JXAU).

Glyceria leptolepis Ohwi var. ***laxior*** Keng, Sinensia 11 (5-6): 410. 1940. Anhwei [Anhui] (安徽): Chu-hwa Shan [Jiuhua Shan] (九华山), 1925-06-29, R.C. Ching (秦仁昌) 4107 (Holotype: N).

展穗膜稃草 ***Hymenachne patens*** L. Liu, Bot. Res. Academia. Sinica 4: 35. 1989. Anhui (安徽): Huang Shan (黄山), Y. Zou (邹垣) 1703 (Holotype: PE).

都昌箬竹 ***Indocalamus cordatus*** T.H. Wen et Y. Zou, J. Bamb. Res. 10 (1): 18. 1991. Jiangxi (江西): Douchang [Duchang] (都昌), Dagang (大港), Fonshuxia [Fengshuxia] (枫树下), 1990-06-02, T.H. Wen (温太辉) 90661 (Holotype: ZJFI).

毛鞘箬竹 ***Indocalamus hirtivaginauts*** H.R. Zhao et Y.L. Yang, Acta Phytotax. Sin. 23 (6): 463. 1985. Jiangxi (江西): Ruijin (瑞金), Baying (拔英), 1979-04-26, G.H. Ye et C.H. Hu (叶光汉，胡成华) 79005 (Holotype: N).

泡箬 ***Indocalamus lacunosus*** T.H. Wen, J. Bamb. Res. 2 (1): 70. 1983. Fujian (福建): Chong'an (崇安), S.C. Hua et P.S. Chang (华锡奇，张培新) FJ86127 (Holotype: ZJFI).

黄条阔叶箬竹 ***Indocalamus latifolius*** (Keng) McClure fo. ***flavistriatus*** G.H. Lai, J. Anhui Agri. Univ. 25 (1): 31. 1998. Anhui (安徽): Guangde (广德), Lishan (梨山), 1994-10-02, G.H. Lai (赖广辉) 94124 (Holotype: AAUF).

大叶箬竹 ***Indocalamus macrophyllus*** K.F. Huang, Wuyi Sci. J. 8: 171. 1991. Fujian (福建): Mingxi (明溪), Xiafang (夏坊), J.L. Wang et al. (王建林等) 864039 (Holotype: FJFC).

遂川箬竹 ***Indocalamus suichuanensis*** T.P. Yi et Y.H. Guo, J. Bamb. Res. 14 (1): 14. 1995. Jiangxi (江西): Suichuan (遂川), [Chuzhou] (滁洲), 1992-05-28, X.T. Duan et Y.H. Guo (段学涛，郭院华) 034 (Holotype: SIFS).

同春箬竹 ***Indocalamus tongchunensis*** K.F. Huang et Z.L. Dai, Wuyi Sci. J. 6: 293. 1986. Fujian (福建): Zhangping (漳平), Tongchun (同春), 1984-04-15, K.F. Huang et Z.L. Dai (黄克福，戴宗垒) 008 (Holotype: FJFC).

建瓯大节竹 ***Indosasa chienouensis*** T.H. Wen, J. Bamb. Res. 2 (1): 67. 1983. Fujian (福建): Jian'ou (建瓯), [Wanmulin] (万木林), P.S. Chang et S.C. Hua (张培新，华锡奇) FJ.81607 (Holotype: ZJFI).

长舌大节竹 ***Indosasa longoligula*** [***Indosasa longiligula***] T.H. Wen, J. Bamb. Res. 2 (1): 68. 1983. Fujian (福建): Anxi (安溪), [Gande] (感德), Fujian Synt. invest. team (福建综考队) 2331 (Holotype: SHM).

小大节竹 ***Indosasa longiligula*** T.H. Wen var. ***amara*** T.H. Wen, J. Bamb. Res. 2 (1): 70. 1983. Fujian (福建): Anxi (安溪), [Gande] (感德), T.H. Wen et P.S. Chang (温太辉，张培新) 81525 (Holotype: ZJFI).

武宁大节竹 ***Indosasa wuningensis*** T.H. Wen et Y. Zou, J. Bamb. Res. 10 (1): 20. 1991. Jiangxi (江西): Wuning (武宁), Shimen (石门), Sanliandon [Sanliandong] (三联洞), L.X. Chang (张龙兴) 6 (Holotype: ZJFI).

Isachne altissima Debeaux, Actes Soc. Linn. Bordeaux 30: 122. 1875. et Fl. Shang hai 70. Shanghai (上海), 1862-06, J.O. Debeaux s.n. (Holotype: ?).

紧穗柳叶箬 ***Isachne globosa*** (Thunb.) Kuntze var. ***compacta*** W.Z. Fang, Bull. Nanjing Bot. Gard. Mem. Sun Yat Sen 1988—1989: 2. 1990. Fujian (福建): Xiamen (厦门), H.J. Wang (王

清江）960 (Holotype: NAS).

永修柳叶箬 ***Isachne hirsuta*** (Hook. f.) Keng f. var. ***yongxiouensis*** W.Z. Fang, Acta Phytotax. Sin. 22 (4): 308. 1984. Jiangxi（江西）: Yongxiu（永修）, Yunju Shan（云居山）, Y. Zou（邹垣）01324 (Holotype: NAS).

贤育柳叶箬［浙江柳叶箬］ ***Isachne hoi*** Keng f., Acta Phytotax. Sin. 10 (1): 11. 1965. Chekiang [Zhejiang]（浙江）: I-chien [Yuqian]（於潜）, West Tien-mu Shan [Xitianmu Shan]（西天目山）, [Ximaopeng]（西茅蓬）, 1957-09-02 [09-03], Y.Y. Ho（贺贤育）25692 (Holotype: NAS).

江西柳叶箬 ***Isachne nipponensis*** Ohwi var. ***kiangsiensis*** Keng f., Acta Phytotax. Sin. 10 (1): 21. 1965. Kiangsi [Jiangxi]（江西）: Ping-shiean [Pingxiang]（萍乡）, Nanyuan（南源）, 1954-10-20, Kiangsi Exped.（江西队）2688 (Holotype: PE).

毛鞘鸭嘴草 ***Ischaemum aristatum*** L. var. ***barbivaginatum*** H.R. Zhao, J. Nanjing Teach. Coll. 1981 (3): 9. 1981. Zhejiang（浙江）: Hangzhou（杭州）, Chien-Tan Fruit-garden（钱塘江果园）, 1958-07-05, s.coll. 662 (Holotype: PE).

毛柄鸭嘴草 ***Ischaemum crassipes*** (Steud.) Thell. var. ***pilipes*** H.R. Zhao, J. Nanjing Teach. Coll. 1981 (3): 10. 1981. Jiangsu [Shanghai]（上海）: Wusung-kow [Wusongkou]（吴淞口）, 1930-07-18, T.N. Liou（刘慎谔）557 (Holotype: PE).

多木鸭嘴草 ***Ischaemum hondae*** Matsuda, Bot. Mag. (Tokyo) 27 (317): 106. 1913. Chehkiang [Zhejiang]（浙江）: [Hangzhou]（杭州）, Tai-pin-mun [Taipingmen]（太平门）, K. Honda（本多厚二）367 (Syntype: TI); Tsu-yun-dong [Ziyundong]（紫云洞）, K. Honda（本多厚二）437 (Syntype: TI); Swi-shing-kaw [Shuixingge]（水星阁）, K. Honda（本多厚二）93 (Syntype: TI); Ya-feng [Yuefen]（岳坟）, K. Honda（本多厚二）430 et 479 (Syntypes: TI); Chi-ling [Geling]（葛岭）, K. Honda（本多厚二）111 (Syntype: TI).

无瘤长鸭嘴草 ***Ischaemum lanuginosum*** (A. Camus) Keng et H.R. Zhao var. ***enodulosum*** Keng et H.R. Zhao, J. Nanjing Teach. Coll. 3: 16. 1981. Jiangsu（江苏）: Suchou [Suzhou]（苏州）, Tienping-shan [Tianping Shan]（天平山）, 1933-09-22, H. Migo（御江久夫）s.n. (Holotype: NAS-22906).

天台鸭嘴草 ***Ischaemum tientaiense*** Keng et H.R. Zhao, J. Nanjing Teach. Coll. 3: 19. 1981. Zhejiang（浙江）: Tientai shan [Tiantai Shan]（天台山）, Guoqing Si（国清寺）, 1957-08-25, Y.Y. Ho（贺贤育）27862 (Holotype: PE).

福建薄稃草 ***Leptoloma fujianensis*** L. Liu, Bot. Res. Academia Sinica 1: 41. 1983. Fujian（福建）: Liancheng（连城）, [Guanzhai Shan]（冠豸山）, 1932-09-20, Y. Ling（林镕）3339 [3239] (Holotype: PE).

小粉单竹 ***Lingnania chungii*** (McClure) McClure var. ***petilla*** T.H. Wen, J. Bamb. Res. 1 (1): 34. 1982. Fujian（福建）: Xiamen（厦门）, [Wanshi Si]（万石寺）, T.H. Wen（温太辉）78182

(Holotype: ZJFI).

天鹅绒竹 *Lingnania chungii* (McClure) McClure var. ***velutina*** T.P. Yi et J.Y. Shi, J. Bamb. Res. 24 (2): 14. 2005. Fujian (福建): Hua'an (华安), Gantangkeng (甘塘坑), 2004-12-20, T.P. Yi et al. (易同培等) 04020 (Holotype: SIFS).

有节竹 *Lingnania fujianensis* T.P. Yi et J.Y. Shi, J. Sichuan Forest. Sci. Tech. 26 (5): 62. 2005. Fujian (福建): Hua'an (华安), Huafeng (华丰), Lianmeicuo (连梅厝), 2004-12-24, T.P. Yi et J.Y. Shi (易同培 , 史军义) 04024 (Holotype: SIFS).

大木竹 *Lingnania wenchouensis* T.H. Wen, J. Bamb. Res. 1 (1): 32. 1982. Zhejiang (浙江): Wenchou [Wenzhou] (温州), [Zhongshan Park] (中山公园), T.H. Wen (温太辉) 40817 (Holotype: ZJFI).

Lophatherum gracile Brongn. var. ***hispidum*** A. Camus, Bull. Mus. Hist. Nat. (Paris) 25: 495. 1919. Chekiang [Zhejiang] (浙江): Ningpo [Ningbo] (宁波), E. Faber s.n. (Holotype: ?).

中华淡竹叶 *Lophatherum sinense* Rendle, J. Linn. Soc., Bot. 36: 421.1904. Kiangsi [Jiangxi] (江西): Kiukiang [Jiujiang] (九江), 1873 年 , G. Shearer s.n. (Holotype: K).

沼原草 *Mollinia hui* [***Molinia hui***] Pilger ex Hu, Science (Sci. Soc. China) 7 (6): 609. 1922. Chekiang [Zhejiang] (浙江): Choo-chow [Lishui] (丽水), 1920-09-20, H.H. Hu (胡先骕) 572 (Holotype: B).

Moliniopsis intermedia Keng, Sinensia 11 (5-6): 409. 1940. Anhwei [Anhui] (安徽): Wang Shan [Huang Shan] (黄山), 1924-08-11, A.N. Steward 7183 (Holotype: N).

山类芦 *Neyraudia montana* Keng, Sinensia 6 (2): 151. 1935. Kiangsi [Jiangxi] (江西): Kuling [Guling] (牯岭), 1934-08-28, C.E. DeVol 635 (Isotype: PE).

无耳少穗竹 *Oligostachyum exauriculatum* N.X. Zhao et Z.Yu Li, Pl. Longqi Mount., Fujian, China [龙栖山植物] 599. 1994. Fujian (福建): Jiangle (将乐), Longqi Shan (龙栖山), 1991-06-11, Exped. Longqishan (龙栖山考察队) 1279 (Holotype: PE).

福建少穗竹 *Oligostachyum fujianense* Z.P. Wang et G.H. Ye, J. Nanjing Univ., Nat. Sci. Ed. 18 (1): 97. 1982. Fujian (福建): Minqing (闽清), 1974-06-08, Z.P. Wang et G.H. Ye (王正平 , 叶光汉) 74114 (Holotype: N).

城隍竹 *Oligostachyum heterophyllum* M.M. Lin, J. Trop. Subtrop. Bot. 25 (6): 602. 2017. Fujian (福建): Changting (长汀), Gucheng (古城), Magezhai, 2015-04-24, Q.W. Lin et al. (林沁文等) 01-06 (Holotype: FJFC).

云和少穗竹 *Oligostachyum lanceolatum* G.H. Ye et Z.P. Wang, J. Nanjing Univ., Nat. Sci. Ed. 24 (1): 163. 1988. Zhejiang (浙江): Yunhe (云和), S.Y. Chen et al. (陈绍云等) 780017 (Holotype: N).

少穗竹 *Oligostachyum sulcatum* Z.P. Wang et G.H. Ye, J. Nanjing Univ. 18 (1): 96. 1982. Fujian (福建): Minqing (闽清), 1974-06-07, Z.P. Wang et G.H. Ye (王正平 , 叶光汉) 74109

(Holotype: N).

武夷少穗竹 ***Oligostachyum wuyishanicum*** S.S.You et K.F. Huang, J. Bamb. Res. 11 (4): 8. 1992. Fujian (福建): Wuyi Shan (武夷山), 1990-05-11, S.S. You (游水生) 90115 (Holotype: FJFC).

永安少穗竹 ***Oligostachyum yonganense*** Y.M. Lin et Q.F. Zheng, Fl. Fujian. 6: 689. 1995. Fujian (福建): Yong'an (永安), 1982-04-02, Sanming team (三明组) 823455 (Holotype: FJFC).

福建竹叶草 ***Oplismenus fujianensis*** S.L. Chen et Y.X. Jin, Acta Phytotax. Sin. 22 (6): 469.1984. Fujian (福建): Nanjing (南靖), 1963-07-02, Univ. Xiamen (厦门大学队) 452 (Holotype: PE).

双穗求米草 ***Oplismenus undulatifolius*** (Ard.) Beauv. var. ***binatus*** S.L. Chen et Y.X. Jin, Acta Phytotax. Sin. 22 (6): 471. 1984. Shanghai (上海): She Shan (佘山), 1931-10-29, H. Migo (御江久夫) s.n. (Holotype: NAS).

光叶求米草 ***Oplismenus undulatifolius*** (Ard.) Beauv. var. ***glaber*** S.L. Chen et Y.X. Jin, Acta Phytotax. Sin. 22 (6): 471.1984. Anhui (安徽): Xiao Xian (萧县), 1958-07-14, F.X. Liou (刘昉勋) 10126 (Holotype: NAS).

裸粒稻 × ***Oryticum oryzoides*** Z.P. Wang et S.H. Tang, Acta Phytotax. Sin. 20 (2): 179. 1982. Shanghai (上海): Cult. in Inst. Pl. Physio. Acad. Sin. (中科院植物生理所栽培), S.H. Tang (唐锡华) s.n. (Holotype: N).

冠黍 ***Panicum cristatellum*** Keng, Sinensia 11 (5-6): 412. 1940. Kiangsu [Jiangsu] (江苏): Kiangyin [Jiangyin] (江阴), 1922-06, A. Allison 202 (Holotype: US).

微穗水生黍 ***Panicum paludosum*** Roxb. var. ***parvispiculosum*** Keng f. et L.C. Li, Pl. Shanghai 1: 740.1999. Shanghai (上海): Shanghai Bot. Gard. (上海植物园), 1991-11-02, L.C. Li (李林初) 91011 (Holotype: FUS).

单穗束尾草 ***Phacelurus latifolius*** (Steud.) Ohwi var. ***monostachys*** [***monostachyus***] Keng ex S.L. Chen, Bull. Bot. Res., Harbin 14 (2): 139. 1994. Shanghai (上海): Wusong (吴淞), 1933-08-01, H. Migo (御江久夫) s.n. (Holotype: NAS).

显子草 ***Phaenosperma globosa*** [***Phaenosperma globosum***] Munro ex Benth., J. Linn. Soc., Bot. 19: 59. 1881. First received from the Jardin des Plantes at Paris where it had been raised from seeds brought from China by the Père David, but it has since turned up among Shearer's Kiu-Kiang plants. 《中国植物志》记载：模式标本采自巴黎博物馆植物园，而该种植物的种子系由大卫神甫（P. A. David）自江西九江所采得 .

尖头青竹 ***Phyllostachys acuta*** C.D. Chu et C.S. Chao, Acta Phytotax. Sin. 18 (2): 172. 1980. Zhejiang (浙江): Hangzhou (杭州), Gudang (古荡), C.D. Chu et H.Y. Zou (朱政德 , 邹惠渝) 75132 (Holotype: NF).

糙竹 ***Phyllostachys acutiligula*** G.H. Lai, Pl. Diver. Resour. 35 (2): 131. 2013. Anhui (安徽):

Qimen (祁门), Qishan (祁山), 1997-04-30, G.H. Lai (赖广辉) 97024 (Holotype: AAUF).

白壳竹 ***Phyllostachys albidula*** N.X. Ma et W.Y. Zhang, J. Bamb. Res. 31 (3): 48. 2012. Zhejiang (浙江): Anji (安吉), Anji Bamboo Garden (安吉竹博园), introduced from Fuyang (富阳), 2001-04-20, X.W. Wang et N.X. Ma (王锡武 , 马乃训) 安吉 201001 (Holotype: AJBG [CBM]).

高舌哺鸡竹 ***Phyllostachys altiligulata*** G.G. Tang et Y.L. Xu, J. Nanjing Inst. Forest. 1985 (4): 18. 1985. Jiangsu (江苏): Rugao (如皋), Cult. in Zhang-qing-sha farm (长青沙农场栽培), X.K. Zhu (祝小科) 003 (Holotype: NF). 可能引自浙江 .

黄古竹 ***Phyllostachys angusta*** McClure, J. Wash. Acad. Sci. 35 (9): 278. 1945. U.S.A. Cult. (美国栽培), 1942 年 , McClure 21023 (Holotype: US). 1907 年 F.N. Meyer 引自 Tangsi [Tangxi] (塘栖), Chekiang [Zhejiang] (浙江).

黄槽黄古竹 ***Phyllostachys angusta*** McClure fo. ***flavosulcata*** G.H. Lai, Subtrop. Pl. Sci. 42 (1): 56. 2013. Anhui (安徽): Guangde (广德), Seminar. Bambus. Lingyun. (凌云竹圃), in cultis, 2012-05-19, G.H. Lai (赖广辉) 12009 (Holotype: AAUF).

石绿竹 ***Phyllostachys arcana*** McClure, J. Wash. Acad. Sci. 35 (9): 280. 1945. U.S.A. Cult.(美国栽培), 1941-04-29, McClure 20980 (Holotype: US). 1926 年 F.A. McClure 引自 Chihwashan [Jiuhua Shan] (九华山), Anhwei [Anhui] (安徽).

乌芽竹 ***Phyllostachys atrovaginata*** C.S. Chao et H.Y. Chou, Acta Phytotax. Sin. 18 (2): 191. 1980. Zhejiang (浙江): Hangzhou (杭州), Gudang (古荡), Q.S. Zhao et H.Y. Zou (赵奇僧 , 邹惠渝) 74166 (Holotype: NF).

绿槽人面竹 ***Phyllostachys aurea*** (Carrière) Rivière et C. Rivière fo. ***koi*** G.H. Lai, Subtrop. Pl. Sci. 42 (1): 56. 2013. Zhejiang (浙江): Lin'an (临安), Univ. Agri. et Silv. Zhejiang. Hort. Bamb. (浙农林大竹类植物园), 2012-10-12, G.H. Lai et P.J. Gao (赖广辉 , 高培军) 12012 (Holotype: ZJFI).

黄槽竹 ***Phyllostachys aureosulcata*** McClure, J. Wash. Acad. Sci. 35 (9): 282. 1945. U.S. A. Cult., 1949-04-29, McClure 20971 (Holotype: US). 原文记载引自中国，具体地点不详 , Acta Phytotax. Sin. 18 (2): 180. 1980 记载 1908 [1907] 年 F.N. Meyer 引自浙江余杭塘栖 .

桥竹 ***Phyllostachys aureosulcata*** McClure fo. ***alata*** T.H. Wen, J. Bamb. Res. 2 (1): 72. 1983. Zhejiang (浙江): Yuyao (余姚), [Siming Shan] (四明山), [Chengchuiyan] (秤锤岩), S.D. Yu (余颂德) 4 (Holotype: ZJFI).

黄皮京竹 [黄竿京竹] ***Phyllostachys aureosulcata*** McClure fo. ***aureocaulis*** Z.P. Wang et N.X. Ma, J. Nanjing Univ., Nat. Sci. Ed. 3: 493. 1983. Zhejiang (浙江): Anji (安吉), Z.P. Wang et G.H. Ye (王正平 , 叶光汉) 8027 (Holotype: N).

金条竹 ***Phyllostachys aureosulcata*** McClure fo. ***flavostriata*** S. J. Zhao ex G. H. Lai, Subtrop. Pl. Sci. 42 (1): 60. 2013. Jiangsu (江苏): Lianyungang (连云港), Nanyuntai Shan (南云台山),

S.J. Zhao (赵胜杰) 001 (Holotype: NF).

金镶玉竹 ***Phyllostachys aureosulcata*** McClure fo. ***spectabilis*** C.D. Chu et C.S. Chao, Acta Phytotax. Sin. 18 (2): 180. 1980. Jiangsu (江苏): Lianyungang (连云港), Yuntai Shan (云台山), C.D. Chu (朱政德) 7401 (Holotype: NF).

花叶京竹 ***Phyllostachys aureosulcata*** McClure fo. ***vittata*** X.Y. Zeng, J. Bamb. Res. 24 (4): 13. 2005. Zhejiang (浙江): Hangzhou Bot. Gard. (杭州植物园), 2005-05-31, X.Y. Zeng (曾新宇) 05001 (Holotype: HHBG).

对花竹 ***Phyllostachys bambusoides*** Siebold et Zucc. fo. ***duihuazhu*** C.J. Wu ex G. H. Lai, Subtrop. Pl. Sci. 42 (1): 60. 2013. Jiangsu (江苏): Jiangdu (江都), 2012-06-21, G.H. Lai (赖广辉) 12010 (Holotype: AAUF).

黄槽斑竹 ***Phyllostachys bambusoides*** Siebold et Zucc. fo. ***mixta*** Z. P. Wang et N. X. Ma ex G. H. Lai, Subtrop. Pl. Sci. 42 (1): 64. 2013. Jiangsu (江苏): Jiangdu (江都), 2012-06-21, G.H. Lai (赖广辉) 12011 (Holotype: AAUF).

黄鞍竹 ***Phyllostachys chlorina*** T.H. Wen, Bull. Bot. Res., Harbin 2 (1): 61. 1982. Zhejiang (浙江): Kaihua (开化), R.F. Zhan (占荣富) J80629 (Holotype: ZJFI).

毛壳花哺鸡竹 ***Phyllostachys circumpilis*** C.Y. Yao et S.Y. Chen, Acta Phytotax. Sin. 18 (2): 178. 1980. Zhejiang (浙江): Hangzhou Bot. Gard. (杭州植物园), C.Y. Yao et S.Y. Chen (姚昌豫 , 陈绍云) 75015 (Holotype: HHBG). 1962 年引自浙江农学院 .

嘉兴雷竹 ***Phyllostachys compar*** W.Y. Zhang et N.X. Ma, J. Bamb. Res. 31 (3): 49. 2012. Zhejiang (浙江): Anji Bamboo Garden (安吉竹博园), introduced from Jiaxing (引自嘉兴), W.Y. Zhang et N.X. Ma (张文燕 , 马乃训) 2904065 (Holotype: AJBG [CBM]).

安吉水胖竹 ***Phyllostachys concava*** Z.H. Yu et Z.P. Wang, Acta Phytotax. Sin. 18 (2): 192. 1980. Zhejiang (浙江): Anji (安吉), H.R. Zhao et Z.H. Yu (赵惠如 , 俞泽华) 75061 (Holotype: N).

广德芽竹 ***Phyllostachys corrugata*** G.H. Lai, Pl. Diver. Resour. 35 (2): 136. 2013. Anhui (安徽): Guangde (广德), Shuanghe (双河), 1991-05-11, G.H. Lai (赖广辉) 91046 (Holotype: AAUF).

美竹 ***Phyllostachys decora*** McClure, J. Arnold Arbor. 37 (2): 182. 1956. U.S.A. Cult., 1953-04-16, F.A. McClure 21757 (Holotype: US). 1938 年 由 F.A. McClure 引 自 Kiangsu [Jiangsu] (江苏), I-Ming [Yixing] (宜兴), Lung Chi Mt. [Longchi Shan] (龙池山), Hoi Wai Monastery [Haihui Si] (海会寺).

Phyllostachys dubia Keng, Sinensia 11 (5-6): 407. 1940. Anhwei [Anhui] (安徽): Chu-hwa Shan [Jiuhua Shan] (九华山), 1923-05-25, W.A. Macklin 7423 (Holotype: N).

白哺鸡竹 ***Phyllostachys dulcis*** McClure, J. Wash. Acad. Sci. 35 (9): 285. 1945. U.S.A. Cult., McClure 20974 (Holotype: US). 原文记载引自中国，具体地点不详，Acta Phytotax. Sin. 18 (2):

182. 1980 记载 1907 年 F.N. Meyer 引自浙江余杭塘栖 .

蝶毛竹 ***Phyllostachys edulis*** (Carrière) J. Houz. fo. ***abbreviatus*** G.H. Lai, Subtrop. Pl. Sci. 42 (1): 56. 2013. Anhui (安徽): Guangde (广德), Cult., 2012-05-04, G.H. Lai (赖广辉) 12003 (Holotype: AAUF).

油毛竹 ***Phyllostachys edulis*** (Carrière) J. Houz. fo. ***epruinosa*** G.H. Lai, J. Bamb. Res. 14 (2): 7. 1995. Anhui (安徽): Guangde (广德), 1991-05-19, G.H. Lai (赖广辉) 91059 (Holotype: AAF).

麻衣竹 ***Phyllostachys edulis*** (Carrière) J. Houz. fo. ***exaurita*** T. G. Chen, World Bamb. Ratt.11 (6): 25. 2013. Jiangsu (江苏): Changzhou (常州 , 引自福建), 2013-04-25, T.G. Chen (陈天国) 201302 (Holotype: NF).

黄皮毛竹 ***Phyllostachys edulis*** (Carrière) J. Houz. fo. ***holochrysa*** Ohrnberger ex G. H. Lai, Subtrop. Pl. Sci. 42 (1): 64. 2013. Anhui (安徽): Guangde (广德), G.H. Lai (赖广辉) 12004 (Neotype: AAUF).

斑毛竹 ***Phyllostachys edulis*** (Carrière) J. Houz. fo. ***porphyrosticta*** G.H. Lai, World Bamb. Ratt.11 (4): 21. 2013. Zhejiang (浙江): Hangzhou (杭州 , 浙江省林业科学研究院竹类植物园栽培), 2012-10-12, G.H. Lai et al. (赖广辉等) 12019 (Holotype: ZJFI).

安吉紫毛竹 ***Phyllostachys edulis*** (Carrière) J. Houz. fo. ***purpureoculmis*** P.X. Zhang, G.H. Lai et H.F. Zhang, World Bamb. Ratt. 10 (3): 32. 2012. Zhejiang (浙江): Anji (安吉), Dazhugan (大竹竿), 2012-05-18, P.X. Zhang et J.S. Zhang (张培新 , 张金生) 201202 (Holotype: AJBG [CBM]).

孝丰紫筋毛竹 ***Phyllostachys edulis*** (Carrière) J. Houz. fo. ***purpureosulcata*** P.X. Zhang, G.H. Lai et H.F. Zhang, World Bamb. Ratt. 10 (3): 32. 2012. Zhejiang (浙江): Anji (安吉), Panxi (磻溪), 2012-03-18, P.X. Zhang et al. (张培新等) 201201 (Holotype: AJBG [CBM]).

花秆金丝毛竹 ***Phyllostachys edulis*** (Carrière) J. Houz. fo. ***venusta*** G.H. Lai, J. Bamb. Res. 14 (2): 8. 1995. Anhui (安徽): Guangde (广德), 1991-05-14, G.H. Lai (赖广辉) 91053 (Holotype: AAF).

黄槽甜笋竹 ***Phyllostachys elegans*** McClure fo. ***luteosulcata*** Z.D. Yu et Y.C. Yu, J. Bamb. Res. 38 (2): 63. 2019. Jiangsu (江苏): Yangzhou (扬州), Dayu Scenic Bamboo Garden (大禹风景竹园), Z.D. Yu et N.X. Ma (禹在定 , 马乃训) 190505 (Holotype: RISFCAF).

乌壳鳗竹 ***Phyllostachys erecta*** T.H. Wen, Bull. Bot. Res., Harbin 2 (1): 62. 1982. Zhejiang (浙江): Hangzhou (杭州), [Huajiachi] (华家池), 1963-05-21, T.H. Wen (温太辉) 63505 (Holotype: N).

Phyllostachys faberi Rendle, J. Linn. Soc., Bot. 36 (254): 439. 1904. Chekiang [Zhejiang] (浙江): Ningpo Mountains [Ningbo] (宁波), 1888 年 , E. Faber s.n. (Holotype: BM-000959232).

Phyllostachys filifera McClure, Lingnan Univ. Sci. Bull. 9: 42. 1940. Fukien [Fujian] (福建):

Shaowu (邵武), 19??-08-02, H.N. Fan 9285 (Holotype: SYS).

角竹 *Phyllostachys fimbriligula* T.H. Wen, J. Bamb. Res. 2 (1): 71. 1983. Zhejiang (浙江): Shangyu (上虞), T.H. Wen (温太辉) 82611 (Holotype: ZJFI).

花哺鸡竹 *Phyllostachys glabrata* S.Y. Chen et C.Y. Yao, Acta Phytotax. Sin. 18 (2): 174. 1980. Zhejiang (浙江): Hangzhou Bot. Gard. (杭州植物园), S.Y. Chen et C.Y. Yao (陈绍云，姚昌豫) 75012 (Holotype: HHBG).

黄条花哺鸡竹 *Phyllostachys glabrata* S.Y. Chen et C.Y. Yao fo. ***aureo-lineata*** Z.D. Yu et Y.C. Yu, J. Bamb. Res. 38 (2): 63. 2019. Jiangsu (江苏): Yangzhou (扬州), Dayu Scenic Bamboo Garden (大禹风景竹园), Z.D. Yu et al. (禹在定等) 190504 (Holotype: RISFCAF).

花秆花哺鸡竹 *Phyllostachys glabrata* S.Y. Chen et C.Y. Yao fo. ***viridistriata*** G.H.Lai, J. Anhui Agri. Univ. 25 (1): 31. 1998. Anhui (安徽): Guangde (广德), Inst. Silv. (林科所), 1995-05-14, G.H. Lai (赖广辉) 95062 (Holotype: AAUF).

淡竹 *Phyllostachys glauca* McClure, J. Arnold Arbor. 37 (2): 185.1956. U.S. A. Cult., 1955-04-24, F.A. McClure 21803 (Holotype: US). 1926 年由 F.A. McClure 引自 Kiangsi [Jiangsu] (江苏), Nanking [Nanjing] (南京).

红鸡竹 *Phyllostachys helva* T.H. Wen, Bull. Bot. Res., Harbin 2 (1): 64. 1982. Zhejiang (浙江): Pingyang [Cangnan] (苍南，原属平阳), Tianjing (天井), Huangshe (黄畲), Z.H. Feng (冯志海) 77023 (Holotype: ZJFI).

黄秆水竹 *Phyllostachys heteroclada* Oliv. fo. ***flaviculmis*** P.X. Zhang, X.X. Chen et G.H. Lai, World Bamb. Ratt. 12 (5): 36. 2014. Zhejiang (浙江): Anji (安吉), Meixi (梅溪), Zongzhi (宗址), 2014-05-24, P.X. Zhang et X.X. Chen (张培新，陈贤喜) ZPX201402 (Holotype: CBM).

奉化水竹 *Phyllostachys heteroclada* Oliv. var. ***funhuaensis*** X.G. Wang et Z.M. Lu, J. Bamb. Res. 16 (4): 15. 1997. Zhejiang (浙江): Fun-hua [Fenghua] (奉化), Louyan (楼岩), Nijia Village (倪家村), W.Y. Zhang (张文燕) 96003 (Holotype: AJBG [CBM]).

安吉锦毛竹 *Phyllostachys heterocycla* (Carrière) Mitford. fo. ***anjiensis*** P.X. Zhang, World Bamb. Ratt. 6 (2): 27. 2008. Zhejiang (浙江): Anji (安吉), 2007-04-28, P.X. Zhang (张培新) 7005 (Holotype: AJBG [CBM]).

燥壳竹 *Phyllostachys hirtivagina* G.H. Lai, Pl. Diver. Resour. 35 (2): 134. 2013. Anhui (安徽): Guangde (广德), Tongxi (同溪), 1992-05-30, G.H. Lai (赖广辉) 92028 (Holotype: AAUF).

黄条燥壳竹 *Phyllostachys hirtivagina* G.H. Lai fo. ***luteovittata*** G. H. Lai, World Bamb. Ratt. 11 (4): 22. 2013. Anhui (安徽): Guangde (广德), 2012-05-08, G.H. Lai (赖广辉) 12007 (Holotype: AAUF). Junio 1999 e monte Fushan (凫山), Jingde (旌德), Anhui (安徽) introductus.

毛壳竹 *Phyllostachys hispida* S.C. Li, S.H. Wu et S.Y. Chen, Acta Phytotax. Sin. 20 (4): 492. 1982. Zhejiang (浙江): Hangzhou Bot. Gard. (杭州植物园), C.P. Wang et G.H. Ye (王正平，叶光汉) 8041 (Holotype: N).

Phyllostachys hispida S.C. Li, S.H. Wu et S.Y. Chen var. ***glabrivagina*** G.H. Lai, J. Trop. Subtrop. Bot. 21 (1): 7. 2013. Anhui (安徽): Guangde (广德), 1991-05-16, G.H. Lai (赖广辉) 91083 (Holotype: AAUF).

红壳雷竹 *Phyllostachys incarnata* T.H. Wen, Bull. Bot. Res., Harbin 2 (1): 65. 1982. Zhejiang (浙江): Suichang (遂昌), T.H. Wen et al. (温太辉等) 80524 (Holotype: ZJFI).

花秆红壳雷竹 *Phyllostachys incarnata* T.H. Wen fo. ***bicolor*** P.X. Zhang, X.X. Chen et G.H. Lai, World Bamb. Ratt. 12 (5): 35. 2014. Zhejiang (浙江): Anji (安吉), Meixi (梅溪), Longshan (龙山), 2014-05-24, P.X. Zhang et X.X. Chen (张培新 , 陈贤喜) ZPX201401 (Holotype: CBM).

红竹 [红哺鸡竹] *Phyllostachys iridescens* C.Y. Yao et S.Y. Chen, Acta Phytotax. Sin. 18 (2): 170. 1980. Zhejiang (浙江): Hangzhou Bot. Gard. (杭州植物园), C.Y. Yao et S.Y. Chen (姚昌豫 , 陈绍云) 75013 (Holotype: HHBG).

花秆红竹 *Phyllostachys iridescens* C.Y. Yao et S.Y. Chen fo. ***heterochroma*** P.X. Zhang, World Bamb. Ratt. 4 (3): 26. 2006. Zhejiang (浙江): Anji (安吉), Liangpeng (良朋), P.X. Zhang (张培新) 6005〔Holotype: AJBG [CBM]〕.

黄槽红壳竹 *Phyllostachys iridescens* C.Y. Yao et S.Y. Chen fo. ***luteosulcata*** C.H. Zhao et K.J. Mao, J. Bamb. Res. 12 (3): 23. 1993. Anhui (安徽): Jixi (绩溪), 1992-05-29, K.J. Mao et C.H. Zhao (毛克钧 , 赵昌恒) 92013 (Holotype: AAUF).

金沟红竹 *Phyllostachys iridescens* C.Y. Yao et S.Y. Chen fo. ***luteosulcata*** P.X. Zhang, World Bamb. Ratt. 15 (6): 40. 2017. Zhejiang (浙江): Anji (安吉), 2017-09-20, P.X. Zhang (张培新) ZPX201701 (Holotype: CBM).

康岭红竹 *Phyllostachys iridescens* C.Y. Yao et S.Y. Chen fo. ***striata*** T.H. Wen, Bull. Bot. Res., Harbin 2 (1): 74. 1982. Zhejiang (浙江): Angji [Anji] (安吉), Chiwukangling (尺五康岭), 1950 年 , 林垦部华东森林调查队 40491 (Holotype: ZJFI).

扬州红竹 *Phyllostachys iridescens* C.Y. Yao et S.Y. Chen fo. ***yangzhounensis*** Z.D. Yu et Y.C. Yu, J. Bamb. Res. 38 (2): 63. 2019. Jiangsu (江苏): Yangzhou (扬州), Dayu Scenic Bamboo Garden (大禹风景竹园), Z.D. Yu et N.X. Ma (禹在定 , 马乃训) 190503 (Holotype: RISFCAF).

瓜水竹 *Phyllostachys longiciliata* G.H. Lai, Subtrop. Plant Sci. 42 (1): 53. 2013. Anhui (安徽): Guangde (广德), 2012-05-08, G.H. Lai (赖广辉) 12005 (Holotype: ZJFI). 1999-07 从浙江省林业科学研究院竹类植物园引入 .

黄条台湾桂竹 *Phyllostachys makinoi* Hayata fo. ***wuyishanensis*** S.S. You et H.L. Yu ex G.H. Lai, J. Wuhan Bot. Res. 17 (4): 320. 1999. Zhejiang (浙江): Jingning (景宁), Hexi (鹤溪), 1986-04-25, S.Q. Chen (陈士强) JN 86416 (Holotype: ZJFI).

毛环竹 *Phyllostachys meyeri* McClure, J. Wash. Acad. Sci. 35 (9): 286. 1945. U.S.A. Cult., 1941-04-29, McClure 20984 (Holotype: US). 原文记载引自中国 , 具体地点不详 . Acta Phytotax. Sin. 18 (2): 170. 1980 记载 1907 年 F.N. Meyer 引自浙江余杭塘栖 .

美菇扁竹 ***Phyllostachys meyeri*** McClure fo. ***sphaeroidea*** T.H. Wen, Bull. Bot. Res., Harbin 2 (1):74.1982. Fujian (福建): Minqing (闽清), Meigu (美菇), T.H. Wen et S.Z. Yang (温太辉 , 杨绍中) 76159 (Holotype: ZJFI).

笔笋竹 ***Phyllostachys nidularia*** Munro fo. ***basipilis*** G.H. Lai, Subtrop. Pl. Sci. 42 (1): 59. 2013. Anhui (安徽): Guangde (广德), Heng Shan (横山), 2012-05-18, G.H. Lai (赖广辉) 12008 (Holotype: AAUF). 从南京林业大学竹类植物园引入 .

光箨篌竹 ***Phyllostachys nidularia*** Munro f. ***glabro-vagina*** [***glabrovagina***] T.H. Wen, J. Bamb. Res. 4 (2): 17. 1985. Zhejiang (浙江): Linang [Lin'an] (临安), Xitianmu Shan (西天目山), Wen T.H. (温太辉) 40275 (Holotype: ZJFI).

蝶竹 ***Phyllostachys nidularia*** Munro fo. ***vexillaris*** T.H. Wen, Bull. Bot. Res., Harbin 2(1): 74. 1982. Zhejiang (浙江): Yuyao (余姚), [Siming Shan] (四明山), S.D. Yu (余颂德) Y80621 (Holotype: ZJFI).

富阳乌哺鸡竹 ***Phyllostachys nigella*** T.H. Wen, Bull. Bot. Res., Harbin 2(1): 66. 1982. Zhejiang (浙江): Fuyang (富阳), Dongzhou (东洲), T.H. Wen (温太辉) 62510 (Holotype: ZJFI) .

罗汉紫竹 ***Phyllostachys nigra*** (Lodd. ex Lindl.) fo. ***heterocystis*** Z.D. Yu et Y.C. Yu, J. Bamb. Res. 38 (2): 62. 2019. Jiangsu (江苏): Yangzhou (扬州), Dayu Scenic Bamboo Garden (大禹风景竹园), Z.D. Yu et N.X. Ma (禹在定 , 马乃训) 190501 (Holotype: RISFCAF).

灰竹 ***Phyllostachys nuda*** McClure, J. Wash. Acad. Sci. 35 (9): 288. 1945. U.S.A. Cult., McClure 20992 (Holotype: US). 原文记载引自中国，具体地点不详，Acta Phytotax. Sin. 18 (2): 173. 1980 记载 1908 [1907] 年 F.N. Meyer 引自浙江余杭塘栖 .

紫蒲头石竹 ***Phyllostachys nuda*** McClure fo. ***localis*** Z.P. Wang et Z.H. Yu, Acta Phytotax. Sin. 18 (2): 173. 1980. Zhejiang (浙江): Anji (安吉), C.P. Wang et Z.H. Yu (王正平 , 俞泽华) 75057 (Holotype: N).

光秆石竹 ***Phyllostachys nuda*** McClure. fo. ***lucida*** T.H. Wen, Bull. Bot. Res., Harbin 2 (1): 75. 1982. Zhejiang (浙江): Linang [Lin'an] (临安), Qiankeng (乾坑), G.F. Lei (雷根法) 8 (Holotype: ZJFI).

花秆白叶灰竹 ***Phyllostachys nuda*** McClure fo. ***miscella*** Z.D. Yu et Y.C. Yu, J. Bamb. Res. 38 (2): 64. 2019. Jiangsu (江苏): Yangzhou (扬州), Dayu Scenic Bamboo Garden (大禹风景竹园), Z.D. Yu et N.X. Ma (禹在定 , 马乃训) 190506 (Holotype: RISFCAF).

白叶石竹 ***Phyllostachys nuda*** McClure fo. ***varians*** P.X. Zhang, World Bamb. Ratt. 4 (3): 26. 2006. Zhejiang (浙江): Anji (安吉), P.X. Zhang (张培新) 5085〔Holotype: AJBG [CBM]〕.

安吉金竹 ***Phyllostachys parvifolia*** C.D. Chu et H.Y. Chou, Acta Phytotax. Sin. 18 (2): 190. 1980. Zhejiang (浙江): Anji (安吉), C.D. Chu et H.Y. Chou (朱政德 , 邹惠渝) 75123〔Lectotype: NF-17003156, designated by Y.F. Duan et al. in Phytotaxa. 268 (3): 222. 2016〕.

实壁竹 ***Phyllostachys parvifolia*** C.D. Chu et H.Y. Chou fo. ***lignosa*** Wen, Bull. Bot. Res.,

Harbin 2 (1): 75. 1982. Zhejiang (浙江): Jinhua (金华), D.W. Zhu (诸定旺) G80516 (Holotype: ZJFI).

水桂竹 ***Phyllostachys pinyanensis*** T.H.Wen, Bull. Bot. Res., Harbin 2 (1): 67. 1982. Zhejiang (浙江): Pingyang (平阳), Nanyan [Nanyandang] (南雁荡), Hetou Shan (河头山), 1977-06, Z.H. Feng (冯志海) 77025 (Holotype: ZJFI).

灰水竹 ***Phyllostachys platyglossa*** Z.P. Wang et Z.H. Yu, Acta Phytotax. Sin. 18 (2): 184. 1980. Zhejiang (浙江): Anji (安吉), Z.H. Yu et H.R. Zhao (俞泽华, 赵惠如) 75052 (Holotype: N).

白壳灰水竹 ***Phyllostachys platyglossa*** Z.P. Wang et Z.H. Yu fo. ***leucodermis*** G.H. Lai, J. Bamb. Res. 14 (2): 10. 1995. Anhui (安徽): Guangde (广德), 1991-05-11, G.H. Lai (赖广辉) 91044 (Holotype: AAF).

早竹 ***Phyllostachys praecox*** C.D. Chu et C.S. Chao, Acta Phytotax. Sin. 18 (2): 176. 1980. Zhejiang (浙江): Deqing (德清), C.S. Chao et H.Y. Zou (赵奇僧, 邹惠渝) 74013 (Holotype: NF).

黄条早竹 ***Phyllostachys praecox*** C.D. Chu et C.S. Chao fo. ***notata*** S.Y. Chen et C.Y. Yao, Acta Phytotax. Sin. 18 (2): 177. 1980. Zhejiang (浙江): Deqing (德清), Shangbai (上柏), S.Y. Chen et C.Y. Yao (陈绍云, 姚昌豫) 75041 (Holotype: HHBG).

雷竹 ***Phyllostachys praecox*** C.D. Chu et C.S. Chao fo. ***prevernalis*** S.Y. Chen et C.Y. Yao, Acta Phytotax. Sin. 18 (2): 177. 1980. Zhejiang (浙江): Anji (安吉), S.Y. Chen et C.Y. Yao (陈绍云, 姚昌豫) 74068 (Holotype: HHBG).

花秆早竹 ***Phyllostachys praecox*** C.D. Chu et C.S. Chao fo. ***viridisulcata*** P.X. Zhang, J. Bamb. Res. 9 (4): 39. 1990. Zhejiang (浙江): Anji (安吉), P.X. Zhang (张培新) 9001 (Holotype: ZJFI).

遂昌雷竹 ***Phyllostachys primotina*** T.H. Wen, J. Bamb. Res. 3 (2): 34. 1984. Zhejiang (浙江): Suichang (遂昌), T.H. Wen (温太辉) 80507 (Holotype: ZJFI).

高节竹 ***Phyllostachys prominens*** W.Y. Hsiung, Acta Phytotax. Sin. 18 (2): 182. 1980. Zhejiang (浙江): Hangzhou Bot. Gard. (杭州植物园), Q.S. Zhao (赵奇僧) 74181 (Holotype: NF).

望江哺鸡竹 ***Phyllostachys propinqua*** McClure fo. ***lanuginosa*** T.H. Wen, Bull. Bot. Res., Harbin 2 (1): 75. 1982. Zhejiang (浙江): Hangzhou (杭州), T.H. Wen (温太辉) 78401 (Holotype: ZJFI).

花毛竹 ***Phyllostachys pubescens*** Mazel fo. ***huamozhu*** T.H. Wen, Acta Phytotax. Sin. 16 (4): 99. 1978. Zhejiang (浙江): [Deqing] (德清), Mogan Shan (莫干山), Luhuadang (芦花荡), 1958-07-30, T.H. Wen (温太辉) 58701 (Holotype: PE).

黄皮毛竹 ***Phyllostachys pubescens*** Mazel fo. ***lutea*** T.H. Wen, Bull. Bot. Res., Harbin 2(1): 76. 1982. Zhejiang (浙江): Angji [Anji] (安吉), T.H. Wen (温太辉) 64412 (Holotype: ZJFI).

金鞭毛竹 ***Phyllostachys pubescens*** Mazel fo. ***viridosulcata*** T.H. Wen, Bull. Bot. Res., Harbin 2

(1): 76. 1982. Zhejiang (浙江): Longquen [Longquan] (龙泉), Niutouling (牛头岭), T.H. Wen et al. (温太辉等) 80555 (Holotype: ZJFI).

盘珠竹 ***Phyllostachys purpurata*** McClure fo. ***decurtata*** S.L. Chen, Fl. Kiang Su 1: 467. 1977. Jiangsu (江苏): Jiangpu (江浦), 1975-05-06, Y.X. Jin et al. (金岳杏等) 3 (Holotype: NAS).

谷雨竹 ***Phyllostachys purpureociliata*** G.H. Lai, Pl. Diver. Resour. 35 (2): 138. 2013. Anhui (安徽): She Xian (歙县), Huicheng (徽城), 1997-04-28, G.H. Lai (赖广辉) 97007 (Holotype: AAUF).

华东水竹 ***Phyllostachys retusa*** T.H. Wen, Bull. Bot. Res., Harbin 2 (1): 69. 1982. Fujian (福建): Futing [Fuding] (福鼎), T.H. Wen (温太辉) 80657 (Holotype: ZJFI).

芽竹 ***Phyllostachys robustiramea*** S. Y. Chen et C. Y. Yao, Acta Phytotax. Sin. 18 (2): 188. 1980. Zhejiang (浙江): Hangzhou Bot. Gard. (杭州植物园), 1962 年由浙江农业大学引入 , S. Y. Chen et C.Y. Yao (陈绍云 , 姚昌豫) 75022 (Holotype: HHBG).

红后竹 ***Phyllostachys rubicunda*** T.H. Wen, Acta Phytotax. Sin. 16 (4): 98. 1978. Zhejiang (浙江): Anji (安吉), Lingfeng Si (灵峰寺), 1961-05-23, T.H. Wen (温太辉) 61528 (Holotype: PE).

女儿竹 ***Phyllostachys rubromarginata*** McClure fo. ***castigata*** T.H. Wen, Bull. Bot. Res., Harbin 2 (1): 76. 1982. Zhejiang (浙江): Anji (安吉), T.H. Wen (温太辉) 61511 (Holotype: ZJFI).

衢县红壳竹 ***Phyllostachys rutila*** T.H. Wen, Bull. Bot. Res., Harbin 2 (1): 70. 1982. Zhejiang (浙江): Quxian (衢县), 1964-05, T.H. Wen (温太辉) 64531 (Holotype: ZJFI).

舒竹 ***Phyllostachys shuchengensis*** S.C. Li et S.H. Wu, J. Anhui Agri. Coll. 2 (2): 50. 1981. Anhui (安徽): Shucheng (舒城), S.C. Li et S.H. Wu (李书春 , 吴诗华) 632 (Holotype: AAUF).

漫竹 ***Phyllostachys stimulosa*** H.R. Zhao et A.T. Liu, Acta Phytotax. Sin. 18 (2): 186. 1980. Zhejiang (浙江): Anji (安吉), H.R. Zhao et Z.H. Yu (赵惠如 , 俞泽华) 75054 (Holotype: N).

水后竹 ***Phyllostachys stimulosa*** H.R. Zhao et A.T. Liu fo. ***unifoliata*** T.H. Wen, Bull. Bot. Res., Harbin 2 (1): 77. 1982. Zhejiang (浙江): Dongyang (东阳), T.H. Wen (温太辉) 80514 (Holotype: ZJFI).

花秆刚竹 ***Phyllostachys sulphurea*** (Carrière) Rivière et C. Rivière fo. ***tricolor*** G.H. Lai, J. Bamb. Res. 14 (2): 11. 1995. Anhui (安徽): Guangde (广德), 1991-06-22, G.H. Lai (赖广辉) 91218 (Holotype: AAF).

刚竹 ***Phyllostachys sulphurea*** (Carrière) Rivière et C. Rivière var. ***viridis*** Rob. A. Young, J. Wash. Acad. Sci. 27: 345. 1937. U.S.A. Cult., 1937-01-11, D.A. Bisset s.n. (Holotype: US). 原文记载引自中国 , 具体地点不详 , Acta Phytotax. Sin. 18 (2): 169. 1980 记载 : 1840 年由上海引入法国栽培 , 1928 年由法国引至美国 .

天目早竹 ***Phyllostachys tianmuensis*** Z.P. Wang et N.X. Ma, J. Nanjing Univ.,Nat. Sci. Ed. 3:

491. 1983. Zhejiang (浙江): Anji (安吉), P.X. Zhang (张培新) × 82402 (Holotype: N).

曲秆燕竹 ***Phyllostachys tianmuensis*** Z.P. Wang et N.X. Ma fo. ***flexicaulis*** G.H. Lai, J. Bamb. Res. 14 (2): 12. 1995. Anhui (安徽): Jixi (绩溪), 1994-06-20, G.H. Lai (赖广辉) 94122 (Holotype: AAF).

乌竹 ***Phyllostachys varioauriculata*** S.C. Li et S.H.Wu, J. Anhui Agri. Coll. 2 (2): 49.1981. Anhui (安徽): Shucheng (舒城), 1980-05-12 [1980-05-22], T.M. Wu et X.M. Liu [S.C. Li et S.H. Wu] (李书春 , 吴诗华) 651 (Holotype: AAUF).

光壳竹 ***Phyllostachys varioauriculata*** S.C. Li et S.H. Wu var. ***glabrata*** G.H. Lai, J. Bamb. Res. 14 (2): 12. 1995. Anhui (安徽): Ningguo (宁国), 1993-05-14, G.H. Lai (赖广辉) 93082 (Holotype: AAF). 更名为 ***Phyllostachys microphylla*** G.H. Lai, J. Trop. Subtrop. Bot. 21(1): 7. 2013.

黄腊竹 ***Phyllostachys villosa*** T.H. Wen, Bull. Bot. Res., Harbin 2 (1): 71. 1982. Zhejiang (浙江): Qinyuan [Qingyuan] (庆元), T.H. Wen et al. (温太辉等) 80588 (Holotype: ZJFI).

黄皮早竹 ***Phyllostachys violascens*** (Carrière) Rivière et C. Rivière fo. ***chrysoderma*** T. G. Chen,World Bamb. Ratt.11 (3): 11. 2013. Jiangsu (江苏): Changzhou (常州), Cult., 2013-04-20, T.G. Chen (陈天国) 201301 (Holotype: NF).

大禹早竹 ***Phyllostachys violascens*** (Carrière) Rivière et C. Rivière fo. ***dayunensis*** Z.D. Yu et Y.C. Yu, J. Bamb. Res. 38 (2): 63. 2019. Jiangsu (江苏): Yangzhou (扬州), Dayu Scenic Bamboo Garden (大禹风景竹园), Z.D. Yu et N.X. Ma (禹在定 , 马乃训) 190502 (Holotype: RISFCAF).

东阳青皮竹 ***Phyllostachys virella*** T.H.Wen, Bull. Bot. Res., Harbin 2 (1): 72. 1982. Zhejiang (浙江): Dongyang (东阳), Z.W. Hu (胡仲威) 12 (Holotype: ZJFI).

绿皮黄筋竹 ***Phyllostachys viridis*** (Young) McClure fo. ***houzeauana*** C.D. Chu et C. S. Chao, Acta Phytotax. Sin. 18 (2):169. 1980. Jiangsu (江苏): Nanjing (南京), C.D. Chu (朱政德) 76052 (Holotype: ?).

黄壳竹 ***Phyllostachys viridis*** (Young) McClure fo. ***laqueata*** T.H. Wen, Bull. Bot. Res., Harbin 2(1): 77. 1982. Zhejiang (浙 江): Fenghua (奉 化), T.H. Wen (温 太 辉) 63402 (Holotype: ZJFI).

黄皮刚竹 ***Phyllostachys viridis*** (Young) McClure fo. ***surata*** T.H. Wen, J. Bamb. Res. 3 (2): 35. 1984. Zhejiang (浙江):Yunhuo [Yunhe] (云和), [Dongkeng] (东坑), T.H. Wen (温太辉) 80627 (Holotype: ZJFI).

绿槽刚竹 ***Phyllostachys viridis*** (Young) McClure fo. ***viridisulcata*** P.X. Zhang, J. Bamb. Res. 8 (4): 40. 1989. Zhejiang (浙江): Anji (安吉), P.X. Zhang (张培新) 89002 (Holotype: ZJFI).

黄皮绿筋竹 ***Phyllostachys viridis*** (Young) McClure fo. ***youngii*** C.D. Chu et C.S. Chao, Acta Phytotax. Sin. 18 (2): 169. 1980. Jiangsu (江苏): Nanjing (南京), C.D. Chu et C.S. Chao (朱政德 , 赵奇僧) 76123 (Holotype: ?).

乌哺鸡竹 ***Phyllostachys vivax*** McClure, J. Wash. Acad. Sci. 35 (9): 292. 1945. U.S.A. Cult., McClure 21044 (Holotype: US). 原文记载引自中国，具体地点不详，Acta Phytotax. Sin. 18 (2): 175. 1980 记载 1907 年 F.N. Meyer 引自浙江余杭塘栖 .

绿纹竹 ***Phyllostachys vivax*** McClure fo. ***viridivittata*** P.X. Zhang et G.H. Lai, World Bamb. Ratt. 7 (6): 28. 2009. Zhejiang (浙江): Anji (安吉), 2009-06-03, P.X. Zhang (张培新) 20090603〔Holotype: AJBG [CBM]〕.

褐条乌哺鸡竹 ***Phyllostachys vivax*** McClure fo. ***vittata*** T.H. Wen, J. Bamb. Res. 2(1): 72. 1983. Zhejiang (浙江): Xinchang (新昌), [Xiaojiang] (小将), W.S. Chu (朱伟曙) 81415 (Holotype: ZJFI).

云和哺鸡竹 ***Phyllostachys yunhoensis*** S.Y. Chen et C.Y. Yao, Acta Phytotax. Sin. 18 (2): 183. 1980. Zhejiang (浙江): Yunhe (云和), S.Y. Chen et al. (陈绍云等) 78618 (Holotype: HHBG).

浙江甜竹 ***Phyllostachys zhejiangensis*** G.H. Lai, Subtrop. Plant Sci. 42 (1): 55. 2013. Anhui (安徽): Guangde (广德), 2012-05-08, G.H. Lai (赖广辉) 12006 (Holotype: ZJFI) . 1999-07 从浙江省林业科学研究院竹类植物园引入 .

高舌苦竹 ***Pleioblastus altiligulatus*** S.L. Chen et S.Y. Chen, Acta Phytotax. Sin. 21(4): 407. 1983. Zhejiang (浙江): Qingyuan (庆元), S.Y. Chen et al. (陈绍云等) 78007 (Holotype: HHBG).

花秆苦竹 ***Pleioblastus amarus*** (Keng) Keng f. fo. ***huangshanensis*** C.L. Huang, J. Bamb. Res. 15 (3): 14. 1996. Anhui (安徽): Huang Shan (黄山), Fuxi (浮溪), 1994-02-28, C.L. Huang et al. (黄成林等) 940137 (Holotype:AAUF).

杭州苦竹 ***Pleioblastus amarus*** (Keng) Keng f. var. ***hangzhouensis*** S.L. Chen et S.Y. Chen, Acta Phytotax. Sin. 21 (4): 408. 1983. Zhejiang (浙江): Hangzhou (杭州), 1978-05-13, S.Y. Chen et al. (陈绍云等) 78030 (Holotype: HHBG).

垂枝苦竹 ***Pleioblastus amarus*** (Keng) Keng f. var. ***pendulifolius*** S.Y. Chen, Acta Phytotax. Sin. 21 (4): 413. 1983. Zhejiang (浙江): Hangzhou (杭州), S.Y. Chen et al. (陈绍云等) 78031 (Holotype: HHBG).

光箨苦竹 ***Pleioblastus amarus*** (Keng) Keng f. var. ***subglabratus*** S. Y. Chen, Acta Phytotax. Sin. 21(4): 413. 1983. Zhejiang (浙江): Ju Xian [Qu Xian] (衢县), S.Y. Chen (陈绍云) 79064 (Holotype: HHBG).

胖苦竹 ***Pleioblastus amarus*** (Keng) Keng f. var. ***tubatus*** T.H. Wen, Bull. Bot. Res., Harbin 3 (1): 93. 1983. Zhejiang (浙江): Fuyang (富阳), Kengxi (坑西), T.H. Wen (温太辉) 62527 (Holotype: ZJFI).

花叶铺地竹 ***Pleioblastus argenteostriata*** (Regel) Nakai fo. ***albus*** Q.X. Qian, J. Bamb. Res. 38 (1): 20. 2019. Zhejiang (浙江): Hangzhou (杭州), Lin'an (临安), 2018-05-20, Q.X. Qian (钱奇霞) QQX201801 (Holotype: ZJFC).

光节苦竹 *Pleioblastus glabrinodus* G.H. Lai, J. Zhejiang A & F Univ. 29 (6): 854. 2012. Anhui (安 徽): Xiuning (休 宁), Lingnan (岭 南), 1997-06-06, G.H. Lai (赖 广 辉) 97197 (Holotype: AAUF).

罗公竹 *Pleioblastus guilongshanensis* M.M. Lin, Bull. Bot. Res., Harbin 29 (3): 257. 2009. Fujian (福 建): Changting (长 汀), Guilong Shan (圭 龙 山), 2008-05-04, M.M. Lin et X.X. Wang (林木木 , 王小夏) 03 (Holotype: FJFC).

仙居苦竹 *Pleioblastus hsienchuensis* T.H. Wen, Bull. Bot. Res., Harbin 3 (1): 92. 1983. Zhejiang (浙江): Xianju (仙居), S.D. Yu (余颂德) 80519 (Holotype: ZJFI).

绿苦竹 *Pleioblastus incarnatus* S.L. Chen et G.Y. Sheng, Bull. Bot. Res., Harbin 11 (4): 42. 1991. Fujian (福建): Zhenghe (政和), Dongping (东平), 1980-05-23, Z.P. Wang et al. (王正平等) 8064 (Holotype: N).

华丝竹 *Pleioblastus intermedius* S.Y. Chen, Acta Phytotax. Sin. 21 (4): 408. 1983. Zhejiang (浙江): Hangzhou (杭州), S.Y. Chen et al. (陈绍云等) 78035 (Holotype: HHBG).

巨县苦竹 [衢县苦竹] *Pleioblastus juxianensis* T.H. Wen, C.Y. Yao et S.Y. Chen, Acta Phytotax. Sin. 21(4): 409. 1983. Zhejiang (浙江): Ju Xian [Qu Xian] (衢县), 1977-05-18, S.Y. Chen et al. (陈绍云等) 79065 (Holotype: HHBG).

硬头苦竹 *Pleioblastus longifimbriatus* S.Y. Chen, Acta Phytotax. Sin. 21 (4): 411. 1983. Zhejiang (浙江): Hangzhou (杭州), S.Y. Chen et al. (陈绍云等)78045 (Holotype: HHBG).

龙栖山苦竹 *Pleioblastus longqishanensis* N.X. Zhao et Z.Yu Li, Pl. Longqi Mount., Fujian, China [龙栖山植物] 603. 1994. Fujian (福建): Jiangle (将乐), Longqi Shan (龙栖山), 1991-05-21, Exped. Longqishan (龙栖山考察队) 0417 (Holotype: PE).

长筒斑苦竹 *Pleioblastus maculatus* (McClure) C.D. Chu et C.S. Chao var. ***longitubus*** S.C. Li et Z.M. Wu, J. Anhui Agri. Coll. 14 (4): 10. 1987. Anhui (安徽): Jinzhai (金寨), 1980-06-24, Z.M. Wu (吴泽民) 20663 (Holotype: AAUF).

丽水苦竹 *Pleioblastus maculosoides* T.H. Wen, J. Bamb. Res. 3 (2): 33. 1984. Zhejiang (浙江): Lishui (丽水), [Fengyuan] (峰源), W.W. Chou (周文伟) LS82501 (Holotype: ZJFI).

肿节苦竹 *Pleioblastus oedogonatus* Z.P. Wang et G.H. Ye, J. Nanjing Univ. , Nat. Sci. Ed. 1: 96. 1981. Fujian (福建): Chong'an (崇安), Sangang (三港), 1980-05-18, Z.P. Wang et G.H. Ye (王正平 , 叶光汉) 8055 (Holotype: N).

油苦竹 *Pleioblastus oleosus* T.H. Wen, J. Bamb. Res. 1 (1): 24. 1982. Fujian (福建): Angxi [Anxi] (安溪), [Huzixiang] (胡子巷), T.H. Wen et al. (温太辉等) 81523 (Holotype: ZJFI).

烂头苦竹 *Pleioblastus ovatoauritus* T.H. Wen ex W.Y. Zhang, J. Bamb. Res. 37 (2): 73. 2018. Zhejiang (浙 江): Fuyang (富 阳), 2016-05-21, W.Y. Zhang et N.X. Ma (张 文 燕 , 马 乃 训) 160043 (Holotype: RISFCAF).

皱苦竹 *Pleioblastus rugatus* T.H. Wen et S. Y. Chen, J. Bamb. Res. 1 (1): 26. 1982. Zhejiang (浙

江): Huangyan (黄岩), S.D. Yu (余颂德) Y80607 (Holotype: ZJFI).

三明苦竹 ***Pleioblastus sanmingensis*** S.L. Chen et G.Y. Sheng, Bull. Bot. Res., Harbin 11 (4): 42. 1991. Fujian (福建): Sanming (三明), 1976-05-18, C.Y. Yao et al. (姚昌豫等) 46075 (Holotype: NAS).

实心苦竹 ***Pleioblastus solidus*** S.Y. Chen, Acta Phytotax. Sin. 21 (4): 411. 1983. Zhejiang (浙江): Yunhe (云和), 1978-04-29, S.Y. Chen et al. (陈绍云等) 78015 (Holotype: HHBG).

方箨苦竹 ***Pleioblastus subrectangularis*** T.P. Yi et H. Long, J. Bamb. Res. 14 (1): 17. 1995. Jiangxi (江西): Anfu (安福), [Dabu] (大布), 1992-05-25, B.Y. Ye et X.T. Duan (叶冰扬，段学涛) 042 (Holotype: SIFS).

尖子竹 ***Pleioblastus truncatus*** T.H. Wen, J. Bamb. Res. 3 (2): 32. 1984. Zhejiang (浙江): Shaoxing (绍兴), [Nanchi] (南池), S.Y. Wang (王友相) W81505 (Holotype: ZJFI).

武夷山苦竹 ***Pleioblastus wuyishanensis*** Q.F. Zheng et K.F. Huang, Wuyi Sci. J. 2: 18. 1982. Fujian (福建): Chong'an (崇安), Wuyigong (武夷宫), K.F. Huang (黄克福) 006 (Holotype: FJFC).

宜兴苦竹 ***Pleioblastus yixingensis*** S.L. Chen et S.Y. Chen, Acta Phytotax. Sin. 21 (4): 411. 1983. Zhejiang (浙江): Hangzhou (杭州), S.Y. Chen et al. (陈绍云等) 78027 (Holotype: HHBG).

法氏早熟禾 ***Poa faberi*** Rendle, J. Linn. Soc., Bot. 36: 423. 1904. Shanghai (上海), E. Faber 293 (Syntype: K).

Poa mariesii Rendle, J. Linn. Soc., Bot. 36: 425. 1904. Kiangsu [Jiangsu] (江苏): Chiukiang [Zhenjiang] (镇江) and River Yangtze, Maries s.n. (Holotype: K).

尖箨茶秆竹 ***Pseudosasa acutivagina*** T.H. Wen et S.C. Chen, J. Bamb. Res. 3 (2): 31. 1984. Zhejiang (浙江): Qinyuan [Qingyuan] (庆元), [Guanmen Ao] (关门岙), S.C. Chen (陈士强) QY83053 (Holotype: ZJFI).

空心苦 ***Pseudosasa aeria*** T.H. Wen, Bull. Bot. Res., Harbin 3 (1): 94. 1983. Zhejiang (浙江): Pingyang [Cangnan] (苍南，原属平阳), Tianjing (天井), Shankeng (山坑), C.H. Feng (冯志海) 76003 (Holotype: ZJFI).

福建茶秆竹 ***Pseudosasa amabilis*** (McClure) Keng f. var. ***convexa*** Z.P. Wang et G.H. Ye, J. Nanjing Univ., Nat. Sci. Ed. 1: 98. 1981. Fujian (福建): Zhenghe (政和), 1980-05-23, Z.P. Wang et G.H. Ye (王正平，叶光汉) 8059 (Holotype: N).

薄箨茶秆竹 ***Pseudosasa amabilis*** (McClure) Keng f. var. ***tenuis*** S.L. Chen et G.Y. Sheng, Acta Phytotax. Sin. 21 (4): 407. 1983. Fujian (福建): Sanming (三明), C.Y. Yao et al. (姚昌豫等) 76074 (Holotype: NAS).

短箨茶秆竹 ***Pseudosasa brevivaginata*** G.H. Lai, J. Bamb. Res. 19 (2): 37. 2000. Anhui (安徽): Yuexi (岳西), Tiantang (天堂), 1997-05-18, G.H. Lai (赖广辉) 97127 (Holotype: NF).

多曲茶秆竹 ***Pseudosasa flexuosa*** T.P. Yi et X.M. Zhou, J. Bamb. Res. 15 (3): 1. 1996. Jiangxi (江西): Taihe (泰和), 1991-06-10, H.Y. Hu et X.M. Zhou (胡红元，周新民) 024 (Holotype: SIFS).

庐山茶秆竹 ***Pseudosasa hirta*** S.L. Chen et G.Y. Sheng, Bull. Bot. Res., Harbin 11 (4): 43. 1991. Jiangxi (江西): Lu Shan (庐山), 1983-11-20, S.L. Chen et al. (陈守良等) 1983016 (Holotype: NAS).

将乐茶秆竹 ***Pseudosasa jiangleensis*** N.X. Zhao et N.H. Xia, Pl. Longqi Mount., Fujian, China [龙栖山植物] 600. 1994. Fujian (福建): Jiangle (将乐), Longqi Shan (龙栖山), 1991-05-20, Exped. Longqishan (龙栖山考察队) 0158 (Holotype: PE).

长鞘茶秆竹 ***Pseudosasa longivaginata*** H.R. Zhao et Y.L. Yang, Acta Phytotax. Sin. 20 (2): 217. 1982. Fujian (福建): Chong'an (崇安), Tungmo [Tongmu] (桐木), 1974-06-26, C.Y. Yao et Z.P. Wang (姚昌豫，王正平) 74131 (Holotype: N).

毛鸡公山竹 ***Pseudosasa maculifera*** J.L. Lu var. ***hirsuta*** S.L. Chen et G.Y. Sheng, Bull. Bot. Res., Harbin 11 (4): 45. 1991. Zhejiang (浙江): Qingyuan (庆元), 1982-05-05, P.X. Zhang et al. (张培新等) CX1 (Holotype: N).

斑箨茶秆竹 ***Pseudosasa notata*** Z.P. Wang et G.H. Ye, J. Nanjing Univ., Nat. Sci. Ed. 1: 97.1981. Fujian (福建): Chong'an (崇安), Xiaowuyi Shan (小武夷山), Sanjiemeifeng (三姐妹峰), 1974-06-16, Z.P. Wang et G.H. Ye (王正平，叶光汉) 74121 (Holotype: N).

面秆竹 ***Pseudosasa orthotrpa*** [***Pseudosasa orthotropa***] S.L. Chen et T.H. Wen, J. Bamb. Res. 1 (1): 46. 1982. Zhejiang (浙江): Wencheng (文成), S.D. Yu (余颂德) 80506 (Holotype: ZJFI).

抽展茶秆竹 ***Pseudosasa parilis*** T.P. Yi et D.H. Hu, J. Bamb. Res. 14 (1): 20. 1995. Jiangxi (江西): Suichuan (遂川), 1991-11-21, Q. Hu et D.H. Hu (胡庆，胡登荷) 032 (Holotype: SIFS).

花叶近实心茶秆竹 ***Pseudosasa subsolida*** S. L. Chen et G.Y. Sheng fo. ***auricoma*** J.G. Zheng et Q.F. Zheng, Guihaia 26 (5): 579. 2006. Fujian (福建): Gutian (古田), s.coll. s.n. (Holotype: GTFB).

平截茶秆竹 ***Pseudosasa truncatula*** S.L. Chen et G.Y. Sheng, Bull. Bot. Res., Harbin 11 (4): 44. 1991. Zhejiang (浙江): Hangzhou (杭州), 1975-05-07, H.R. Zhao et al. (赵惠如等) 75028 (Holotype: N).

笔竹 ***Pseudosasa viridula*** S.L. Chen et G.Y. Sheng, Bull. Bot. Res., Harbin 11 (4): 46. 1991. Zhejiang (浙江): Hangzhou Botanic Garden (杭州植物园), 1979-05-22, S.L. Chen et al. (陈守良等) 79459 (Holotype: NAS).

武夷山茶秆竹 ***Pseudosasa wuyiensis*** S.L. Chen et G. Y. Sheng, Bull. Bot. Res., Harbin 11 (4): 46. 1991. Fujian (福建): Wuyi Shan (武夷山), 1974-06-16, Z.P. Wang et al. (王正平等)

74120 (Holotype: N).

中岩茶秆竹 ***Pseudosasa zhongyanensis*** S.H. Chen, K.F. Huang et H.Z. Guo, Bull. Bot. Res., Harbin 32 (5): 513. 2012. Fujian (福建): Xiamen (厦门), Wan-shi Mountain [Wanshi Shan] (万石山), 2009-10-16, H.Z. Guo et al. (郭惠珠等) 2014 (Holotype: XMBG).

耿氏硬草 ***Puccinellia stricta*** Keng, Sinensia 4: 321. 1934. Kiangsu [Jiangsu] (江苏): Tsehsia Shan [Qixia Shan] (栖霞山), 1931-04-14, Chen (陈长年) et Teng 48 (Isotype: US). 更名为 ***Puccinellia kengiana*** Ohwi, J. Jap. Bot. 12: 654. 1936.

杂交鹅观草 ***Roegneria hybrida*** Keng, J. Nanjing Univ., Nat. Sci. Ed. 1: 18. 1963. Kiangsu [Jiangsu] (江苏): Nanking [Nanjing] (南京), Taipingmen (太平门), 1956-05-07, T.H. Yu (俞泽华) 3 (Holotype: N).

光穗筒轴茅 ***Rottboellia laevispica*** Keng, J. Wash. Acad. Sci. 21: 157. 1931. Anhwei [Anhui] (安徽): Chu-chow [Chuzhou] (滁州), 1921-09-24, J.B. Griffin et A.N. Steward 996 (Holotype: US).

狭叶束尾草 ***Rottboellia latifolia*** Steud. var. ***angustifolia*** Debeaux, Acta Soc. Linn. Bord. 30: 123. 1875 et Florule de Shang-hai 71. Shanghai (上海): Woo-song [Wusong] (吴淞), Debeaux s.n. (Holotype: ?).

大节赤竹 ***Sasa magnonoda*** [***Sasa magninoda***] T.H. Wen et G.L. Liao, J. Bamb. Res. 10 (1): 14. 1991. Jiangxi (江西): Ginganshan [Jinggang Shan] (井冈山), Longtan (龙潭), 1990-05-28, T.H. Wen et G.L. Liao (温太辉，廖光庐) 90551 (Holotype: ZJFI).

华箬竹 ***Sasa sinica*** Keng, Sinensia 7 (6): 748. 1936. Anhwei [Anhui] (安徽): Wang Shan [Huang Shan] (黄山), about 5 li below the Lion Forestry (狮子林), 1934-05-22, Y.Y. Ho (贺贤育) 2481 (Holotype: NAS).

御江氏华箬竹 ***Sasamorpha migoi*** Nakai, J. Shanghai Sci. Inst., Sect III, 4: 163. 1939. Chekiang [Zhejiang] (浙江): Mt. Hsi-tienmu-shan[Xitianmu Shan] (西天目山), 1935-05-15, H. Migo (御江久夫) s.n. (Holotype: TI).

庆元华箬竹 ***Sasamorpha qingyuanensis*** C.H. Hu, J. Bamb. Res. 2 (1): 52. 1983. Zhejiang (浙江): Qingyuan (庆元), [Baishanzu] (百山祖), Wanlilin (万里林), 1978-05-26, M.C. Zhuang (庄茂长) 7801041 (Holotype: SG).

光叶华箬竹 ***Sasamorpha sinica*** (Keng) Koidz. fo. ***glabra*** C.H. Hu, J. Bamb. Res. 2 (1): 55. 1983. [Cat. Type Spec. Herb. China: 352. 1994.] Zhejiang (浙江): Tianmu Mountains [Tianmu Shan] (天目山), 1957-05-24, P.C. Keng (耿伯介) 27 (Holotype: N).

火筒竹 ***Schizostachyum xinwuense*** Wen et J.Y. Chin, J. Bamb. Res. 1 (1): 28. 1982. Jiangxi (江西): Xinwu [Xunwu] (寻乌), [Eping] (鹅坪), J.Y. Chin (金剑荣) JW81502 (Holotype: ZJFI).

四季竹 ***Semiarundinaria lubrica*** T.H. Wen, J. Bamb. Res. 2 (1): 64. 1983. Zhejiang (浙江):

Dongyang (东阳), T.H. Wen (温太辉) 80512 (Holotype: ZJFI).

中华业平竹 ***Semiarundinaria sinica*** T.H. Wen, J. Bamb. Res. 8 (1): 13. 1989. Zhejiang (浙江): Hangzhou (杭州), 引自南京林业大学 , T.H. Wen (温太辉) 88501 (Holotype: ZJFI) .

江山倭竹 ***Shibataea chiangshanensis*** T.H. Wen, Bull. Bot. Res., Harbin 3 (1): 95. 1983. Zhejiang (浙江): Jiangshan (江山), Y.F. Chan (占荣富) 80607 (Holotype: ZJFI).

鹅毛竹 ***Shibataea chinensis*** Nakai, J. Jap. Bot. 9: 81, 85. 1933. Kiang-Su [Shanghai] (上海): Sungkiang [Songjiang] (松江), Mt. Zose [She Shan] (佘山), H. Migo s.n. (Holotype: TI).

细倭竹 ***Shibataea chinensis*** Nakai var. ***gracilis*** C.H. Hu, J. Nanjing Univ., Nat. Sci. Ed. 3: 733. 1982. Jiangsu (江苏): Nanjing (南京), 1979-11-08, C.H. Hu (胡成华) 79041 (Holotype : N).

福建倭竹 ***Shibataea fujianica*** Z.D. Zhu et H.Y. Zou ex C.H. Hu, Q.F. Zheng et K.F. Huang, Acta Phytotax. Sin. 26 (2): 134. 1988. Fujian (福 建): Nanping (南 平), Shanxing (山 兴), 1981-08, Q.F. Zheng et S.S. You (郑清芳 , 游水生) 81518 (Holotype : FJFC).

芦花竹 ***Shibataea hispida*** McClure, Lingnan Univ. Sci. Bull. 9: 57. 1940. Anhwei [Anhui] (安徽): Siunin [Xiuning] (休宁), 1925-08-15, R.C. Ching (秦仁昌) 3211 (Isotype: KUN, LU-54300).

狭叶倭竹 ***Shibataea lanceifolia*** C.H. Hu, J. Nanjing Univ., Nat. Sci. Ed. 2: 257.1981. Fujian (福建): Chungan [Chong'an] (崇安), 1974 年 , Z.P. Wang et G.H. Ye (王正平 , 叶光汉) 126 (Holotype: N).

翡翠倭竹 ***Shibataea lanceifolia*** C.H. Hu fo. ***smaragdina*** C.H. Hu, Acta Phytotax. Sin. 26 (2): 134.1988. Jiangsu (江苏): Nanjing (南京), East China Water Resour. Coll. (华东水利学院), 1984 年 , C.H. Hu (胡成华) s.n. (Holotype: N).

南平矮竹 ***Shibataea nanpinensis*** Q.F. Zheng et K.F. Huang, Wuyi Sci. J. 2:17.1982. Fujian (福建): Nan-pin [Nanping] (南平), Q.F. Zheng et S.S. You (郑清芳 , 游水生) 285 (Holotype: FJFC).

南平倭竹 ***Shibataea nanpingensis*** Q.F. Zheng et K.F. Huang, Acta Phytotax. Sin. 26 (2): 135. 1988. Fujian (福建): Nanping (南平), Haoping [Houping] (后坪), K.F. Huang (黄克福) 801276 (Holotype: FJFC).

Shibataea pygmaea Maekawa, J. Jap. Bot. 19 (5): 150. 1943. Kiangsi [Jiangxi] (江西): P'eng-che [Pengze] (彭泽), Nangwa-wan [Nanguawan] (南瓜湾), 1941-12, F. Maekawa (前川文夫) 11M539 (Holotype: TI).

矮雷竹 ***Shibataea strigosa*** T.H. Wen, Bull. Bot. Res., Harbin 3 (1): 96. 1983. Zhejiang (浙江): Longquen [Longquan] (龙泉), T.H. Wen (温太辉) 80557 (Holotype: ZJFI).

大节矮竹 ***Shibataea tumidinoda*** T.H. Wen, J. Bamb. Res. 7 (1): 23. 1988. Fujian (福建): Zhouning (周宁), 1980-06-17, T.H. Wen (温太辉) 50662 (Holotype: ZJFI).

井冈唐竹 ***Sinobambusa anaurita*** T.H. Wen, J. Bamb. Res. 2 (1): 62. 1983. Jiangxi (江西): Chingkangshan [Jinggang Shan] (井冈山), [Xiazhuang] (下庄), T.H. Wen et W. Fang (温太辉 , 方伟) 81530 (Holotype: ZJFI).

黄甜竹 ***Sinobambusa edulis*** T.H. Wen, J. Bamb. Res. 3 (2): 30. 1984. Fujian (福建): Fuzhou (福州), S.C. Hua et G.S. Xue (华锡奇 , 薛贵山) F83610 (Holotype: ZJFI).

橄榄竹 ***Sinobambusa gigantea*** T.H. Wen, J. Bamb. Res. 2 (1): 57. 1983. Zhejiang (浙江): Longquen [Longquan] (龙泉), [Baoxi] (宝溪), T.H. Wen (温太辉) 80556 (Holotype: ZJFI).

屏南唐竹 ***Sinobambusa glabrescens*** T.H. Wen, J. Bamb. Res. 1 (2): 20. 1982. Fujian (福建): Pinnan [Pingnan] (屏南), P.S. Chang et S.C. Hua (张培新 , 华锡奇) FJ81639 (Holotype: ZJFI).

小叶唐竹 ***Sinobambusa parvifolia*** T.H. Wen et S.Y. Chen, J. Bamb. Res. 6 (3): 31.1987. Zhejiang (浙江): Hangzhou Bot. Gard. (杭州植物园), 1981-06-03, T.H. Wen (温太辉) 81602 (Holotype: ZJFI).

胶南竹 ***Sinobambusa seminuda*** T.H. Wen, J. Bamb. Res. 1 (2): 18. 1982. Fujian (福建): Songxi (松溪), 1980-06-02, T.H. Wen (温太辉) 80602 (Holotype: ZJFI).

花箨唐竹 ***Sinobambusa striata*** T.H. Wen, J. Bamb. Res. 2 (1): 63. 1983. Jiangxi (江西): Chingkangshan [Jinggang Shan] (井冈山), [Xiajiaodong] (下角洞), T.H. Wen et W. Fang (温太辉 , 方伟) 81536 (Holotype: ZJFI).

福鼎唐竹 ***Sinobambusa tootsik*** (Sieb.) Makino var. ***dentata*** T.H. Wen, J. Bamb. Res. 1 (2): 13. 1982. Fujian (福建): Futing [Fuding] (福鼎), [Liumei] (流美), T.H. Wen (温太辉) 79136 (Holotype: ZJFI).

尖头唐竹 ***Sinobambusa urens*** T.H. Wen, J. Bamb. Res. 2 (1): 59. 1983. Fujiang [Fujian] (福建): Futing [Fuding] (福鼎), [Fenshuiguan] (分水关), T.H. Wen (温太辉) 80649 (Holotype: ZJFI).

宜兴唐竹 ***Sinobambusa yixingensis*** C.S. Chao et K.S. Xiao, J. Nanjing Inst. For. 4: 20. 1985. Jiangsu (江苏): Yixing (宜兴), Shan-juan Cave [Shanjuandong](善卷洞), S.L. Zhou (周世良) 84520 (Holotype: NF).

飞鸾六月麻 ***Sinocalamus latiflorus*** (Munro) McClure var. ***magnus*** T.H. Wen, J. Bamb. Res. 1 (1): 34. 1982. Fujian (福建): Ningdei [Ningde] (宁德), Feilan [Feiluan] (飞鸾), T.H. Wen (温太辉) 76129 (Holotype: ZJFI).

明月山华赤竹 ***Sinosasa mingyueshanensis*** N.H. Xia, Q.M. Qin et X.R. Zheng, Taxon 70 (1): 42. 2020. Jiangxi (江西): Yichun (宜春), Mingyue Shan (明月山), 2017-08-25, X.R. Zheng (郑锡荣) 16 (Holotype: IBSC-0857171).

广州鼠尾粟 ***Sporobolus hancei*** Rendle, J. Linn. Soc., Bot. 36: 387.1904. Fokien [Fujian] (福建): Amoy [Xiamen] (厦门), 1866-05, T. Sampson s.n. (Syntype: BM, Herb. Hance n. 13055).

大叶直芒草 ***Stipa grandifolia*** Keng, Sinensia 4: 322. 1934. Anhwei [Anhui] (安徽): Chemen [Qimen] (祁门), Li Shan (里山), 1925-08-05, R.C. Ching (秦仁昌) 4392 (Holotype: N).

浙皖菅 ***Themeda unica*** S.L. Chen et T.D. Zhuang, Bull. Bot. Res., Harbin 9 (2): 56. 1989. Anhui (安徽): Jing Xian (泾县), Pancun (潘村), 1915-10-17, P. Courtois 13169 (Holotype: NAS).

百山祖玉山竹 ***Yushania baishanzuensis*** Z.P. Wang et G.H. Ye, J. Nanjing Univ., Nat. Sci. Ed. 3: 494. 1983. Zhejiang (浙江): [Qingyuan] (庆元), Baishanzu (百山祖), Z.P. Wang et W. Fang (王正平 , 方伟) 82520 (Holotype: N).

毛秆玉山竹 ***Yushania hirticaulis*** Z.P. Wang et G.H. Ye, J. Nanjing Univ., Nat. Sci. Ed. 1: 94. 1981. Jiangxi (江西): Huanggang Shan (黄岗山), 1980-10-26, Z.P. Wang (王正平) 8069 (Holotype: N).

撕裂玉山竹 ***Yushania lacera*** Q.F. Zheng et K.F. Huang, Acta Phytotax. Sin. 22 (3): 218. 1984. Fujian (福建): Jianyang (建阳), Wuyi Shan (武夷山), Zhumugang (诸母岗), Z.Q. Huang et J.Y. He (黄志强 , 何建元) 124 (Holotype: FJFC).

长耳玉山竹 ***Yushania longiaurita*** Q.F. Zheng et K.F. Huang, Acta Phytotax. Sin. 22 (3): 217. 1984. Fujian (福建): Dehua (德化), Daiyun Shan (戴云山), D.J. Wu (吴当鉴) 001 (Holotype: FJFC).

长鞘玉山竹 ***Yushania longissima*** K.F. Huang, Wuyi Sci. J. 2: 20.1982. Fujian (福建): Chong’an (崇安), Huanggang Shan (黄岗山), K.F. Huang (黄克福) 25 (Holotype: FJFC).

天目玉山竹 ***Yushania tianmushanica*** G.H. Lai, J. Anhui Agri. Univ. 25 (1): 26. 1998. Anhui (安徽): Qinliangfeng [Qingliangfeng] (清凉峰), Yezhudang (野猪垱), 1995-05-31, G.H. Lai et al. (赖广辉等) 95126 (Holotype: AAUF).

庐山玉山竹 ***Yushania varians*** T.P. Yi, J. Bamb. Res. 5 (1): 38. 1986. Jiangxi (江西): Lu Shan (庐山), [Baisha He] (白沙河), 1976-12-22, T.P. Yi (易同培) 76358 (Holotype: SIFS).

武夷玉山竹 ***Yushania wuyishanensis*** Q.F. Zheng et K.F. Huang, Acta Phytotax. Sin. 22 (3): 219. 1984. Fujian (福建): Jianyang (建阳), Wuyi Shan (武夷山), Zhumugang (诸母岗), Z.Q. Huang et J.Y. He (黄志强 , 何建元) 123 (Holotype: FJFC).

中华结缕草 ***Zoysia sinica*** Hance, J. Bot. 7: 168. 1869. [Fujian] (福建): Amoy [Xiamen] (厦门), T. Sampson s.n. (Isotype: GH, Herb. Hance n. 10155).

106 罂粟科 Papaveraceae

博落回 ***Bocconia cordata*** Willd., Sp. Pl.,ed. 4 [Willdenow] 2 (2): 841. 1799. 无标本信息 . 1795 [1793] 年 , G.L. Staunton 引自浙江 .

Corydalis amabilis Migo, J. Shanghai Sci. Inst., Sect. III, 3 (8): 221. 1937. Kiangsu [Jiangsu] (江苏): Soochow [Suzhou] (苏州), Mt. Shangfang-shan [Shangfang Shan] (上方山), 1935-04-05, H. Migo s.n. (Holotype: TI).

Corydalis chinensis Franch., Pl. David. 1: 28. 1884. Kiang-si [Jiangxi] (江西): Kiukiang [Jiujiang] (九江), 1868-07, A. David 844 (Holotype: P).

Corydalis edulioides Fedde, Repert. Spec. Nov. Regni Veg. 20: 53. 1924. Tschekiang [Zhejiang] (浙江): Insel Putu [Putuo] (普陀) im Tschusan-Archipel [Zhoushan] (舟山), 1912-02-29, H.W. Limpricht 305b (Syntype: B), M. du Bois-Reymond 73a (Syntype: B).

Corydalis edulioides Fedde var. ***haimensis*** Fedde, Repert. Spec. Nov. Regni Veg. 20: 54. 1924. Tschekiang [Zhejiang] (浙江): Haimen (海门，现台州椒江), 1912-02-25, H.W. Limpricht 305a (Holotype: B).

无柄紫堇 *Corydalis gracilipes* S. Moore, J. Bot. 13: 226. 1875. Kiangsi [Jiangxi] (江西): Kiu-kiang [Jiujiang] (九江), 1873 年 , G. Shearer s.n. (Holotype: K).

黄山夏天无 *Corydalis huangshanensis* Lu Q. Huang et H.S. Peng, Nordic J. Bot. 36 (10)-e01960: 1. 2018. Anhui (安徽): Huang Shan (黄山), Tangkou (汤口), 2016-03-17, H.S. Peng et M.E. Cheng (彭华胜 , 程铭恩) 20160317001HS (Holotype: ACM).

土元胡 *Corydalis humosa* Migo, J. Shanghai Sci. Inst., Sect. III, 4 (16): 146. 1939. Chekiang [Zhejiang] (浙江): Hsi-tienmu-shan [Xitianmu Shan] (西天目山), 1936-04-23, H. Migo (御江久夫) s.n. (Holotype: TI).

浙江刻叶紫堇 *Corydalis incisa* (Thunb.) Pers. var. ***tschekiangensis*** Fedde, Repert. Spec. Nov. Regni Veg. 17: 197. 1921. Kiangsu [Jiangsu] (江苏): Sutschou [Suzhou] (苏州), Insel Hsi dung ding [Xidongting Shan] (西洞庭山) im Tai Hu (太湖), 1912-04, H.W. Limpricht 355 (Syntype: ?); Tschekiang [Zhejiang] (浙江): Tientai [Tiantai] (天台), Guo tsing sze [Guoqing Si] (国清寺), 1912-02-22, H.W. Limpricht 293 (Syntype: B); Ningpo [Ningbo] (宁波), Snowy valley [Xuedou Shan] (雪窦山), 1911-04, H.W. Limpricht 19a (Syntype: ?); Hutschou [Huzhou] (湖州), 1912-04, H.W. Limpricht 330 (Syntype: ?); Ningpo [Ningbo] (宁波), Tien tung ssu [Tiantong Si] (天童寺), 1909-04, A.K. Schindler 446 (syntype: K).

胶州延胡索 *Corydalis kiautschouensis* Poelln., Repert. Spec. Nov. Regni Veg. 45: 103. 1938. [Shandong] (山东): Kiautschou [Jiaozhou] (胶州 , 胶澳), Insel Arkona [Xiaoqingdao] (小青岛), 1901-04-24, E. Zimmermann 311 (Lectotype: B).

Corydalis orthocarpa Hayata, Icon. Pl. Formosan. 3: 16. 1913. Fokien [Fujian] (福建): Usekisan [Wushi Shan] (乌石山), 1910-07, S. Nagasawa (永泽定一) 149 (Holotype: TI).

浙江黄堇 *Corydalis pallida* (Thunb.) Pers. var. ***zhejiangensis*** Y.H. Zhang, Acta Bot. Yunnan. 12 (1): 39. 1990. Zhejiang (浙江): Suichang (遂昌), Jiulong Shan (九龙山), 1983-05-24, Q. Lin et al. (林泉等) 3422 (Holotype: ZDC).

全叶土元胡 ***Corydalis repens*** Mandl et Muhld. var. ***humosoides*** Y.H. Zhang, Acta Bot. Yunnan. 12 (1): 37. 1990. Jiangsu (江苏): Xuzhou (徐州), Tongshan (铜山), 1983-05-09, W.Y. Lian et L.L. Guo (连文琰 , 过立农) s.n. (Holotype: PE).

地锦苗 ***Corydalis sheareri*** S. Moore, J. Bot. 13: 225. 1875. Kiangsi [Jiangxi] (江西): Kiukiang [Jiujiang] (九江), 1873 年 , G. Shearer s.n. (Holotype: K).

Corydalis turtschaninovii Bess. fo. ***yanhusuo*** Y.H. Chou et C.C. Hsu, Acta Phytotax. Sin. 15 (2): 82. 1977. Zhejiang (浙江): Hangzhou (杭州), Cult. in Longjuwu Pharm. Base (龙驹坞药物试验场) s.n. (Holotype: SYPC).

延胡索 ***Corydalis yanhusuo*** W.T. Wang, Acta Bot. Yunnan. 7 (3): 269. 1985. Anhui (安徽): Chu Xian [Chuzhou] (滁州), Langya Shan (琅琊山), 1951-04-14, 华东工作站同人 1514 (Holotype: NAS).

108 木通科 Lardizabalaceae

Akebia micrantha Nakai, Fl. Sylv. Kor. 21: 44. 1936. Che-Kiang [Zhejiang] (浙江): Yüanhai [Yunhe] (云和), 1934-04, S. Chen (陈诗) 2946 (Holotype: TI).

Akebia quinata Decne. var. ***yiehi*** W.C. Cheng ex C. Pei, Contr. Biol. Lab. Sci. Soc. China, Bot. Ser. 8: 289. 1933. Kiangsu [Jiangsu] (江 苏): Nanking [Nanjing] (南 京), Ming-tomb [Mingxiaoling] (明孝陵), 1933-05-04, P.C. Yieh (叶培忠) 101 (Holotype: ?).

刺毛大血藤 ***Sargentodoxa cuneata*** (Oliv.) Rehder et E.H. Wilson var. ***setosa*** S.C. Li et T.M. Wu, J. Anhui Agri. Coll. 1980 (1): 83. 1980. Anhui (安徽): Xiuning (休宁), Liukou (流口), 1979-04-27, T.M. Wu (吴泽民) 027 (Holotype: AAUF).

Stauntonia brachyanthera Hand.-Mazz. var. ***minor*** Diels ex Y.C. Wu, Notizbl. Bot. Gart. Berlin-Dahlem 13: 373. 1936. Kiangsi [Jiangxi] (江西): Anfu (安福), 1921-04-20, H.H. Hu (胡先骕) 697 (Isotype: A).

显脉野木瓜 ***Stauntonia conspicua*** R.H. Chang, Acta Phytotax. Sin. 25 (3): 235. 1987. Zhejiang (浙江): Longquan (龙泉), Fengyang Shan (凤阳山), Datianping (大田坪), 1980-04-30, C.S. Ding et X.L. Shen (丁陈森 , 沈湘林) 5311 (Holotype: ZJFC).

109 防己科 Menispermaceae

粉 防 己 ***Stephania tetrandra*** S. Moore, J. Bot. 13: 225. 1875. Kiangsi [Jiangxi] (江 西): Kiukiang [Jiujiang] (九江), 1873 年 , G. Shearer s.n. (Holotype: A).

Tinospora craveniana S.Y. Hu, J. Arnold Arbor. 35: 194. 1954. Kiangsi [Jiangxi] (江西):

Hwang-kong shan [Huanggang Shan]（黄岗山）, 1947-10-15, Y.K. Hsiung（熊耀国）6402 (Syntype: A).

110 小檗科 Berberidaceae

安徽小檗 ***Berberis anhweiensis*** Ahrendt, J. Linn. Soc., Bot. 57: 185. 1961. Anhwei [Anhui]（安徽）: Wang-shan [Huang Shan]（黄山）, back of Lion Ridge [Shiziling]（狮子岭）, 1925-07-12, R.C. Ching（秦仁昌）2981 (Holotype: K).

Berberis bealei Fortune, Gard. Chron. 1850 (14): 212. 1850. Anhwei [Anhui]（安徽）: Hwuy-chow [Huizhou]（徽州）, R. Fortune s.n. (Holotype: ?).

被粉小檗 ***Berberis cavaleriei*** H. Lév. var. ***pruinosa*** Bijh., J. Arnold Arbor. 9 (2-3): 132. 1928. Anhwei [Jiangsi]（江西）: Wuyuan（婺源）, Chang gon shan [Zhanggong Shan]（鄣公山）, 1925-08-17, R.C. Ching（秦仁昌）3248 (Holotype: A). 更名为华东小檗 ***Berberis chingii*** W.C. Cheng, Contr. Biol. Lab. Sci. Soc. China, Bot. Ser. 9: 191. 1934.

浙江小檗 ***Berberis chekiangensis*** Ahrendt, J. Linn. Soc., Bot. 57 (369): 185. 1961. Chekiang [Zhejiang]（浙江）: Tientai Mts. [Tiantai Shan]（天台山）, 1889 年, E. Faber 260 (Holotype: K).

淳安小檗 ***Berberis chunanensis*** T.S. Ying, Acta Phytotax. Sin. 37 (4): 315. 1999. [Cat. Type Spec. Herb. China Suppl. II: 52. 2007.] Zhejiang（浙江）: Chun'an（淳安）, Wangfu（王埠）, 1958-08-20, s.coll. 30227 (Holotype: PE).

Berberis consanguinea Fortune, J. Hort. Soc. London 7: 226. 1852. Anhwei [Anhui]（安徽）: Hwuy-chow [Huizhou]（徽州）, R. Fortune s.n. (Holotype: ?).

[十大功劳] ***Berberis fortuni*** [***Berberis fortunei***] Lindl., J. Hort. Soc. London 1: 231, 300. 1846. Shanghae [Shanghai]（上海）, Cult., 1846 年, R. Fortune 32 (Lectotype: K- 000442307).

福建小檗 ***Berberis fujianensis*** C.M. Hu, Bull. Bot. Res., Harbin 6 (2): 5. 1986. Fujian（福建）: Chong'an（崇安）, Mt. Huang Gang [Huanggang Shan]（黄岗山）, Wuyi Exped.（武夷队）2352 (Holotype: FJSI).

江西小檗 ***Berberis jiangxiensis*** C.M. Hu, Bull. Bot. Res., Harbin 6 (2): 9. 1986. Jiangxi（江西）: Anfu（安福）, Wugong Shan（武功山）, Baihefeng（白鹤峰）, Y.G. Xiong（熊耀国）7885 (Holotype: LBG).

矩叶江西小檗 ***Berberis jiangxiensis*** C.M. Hu var. ***pulchella*** C.M. Hu, Bull. Bot. Res., Harbin 6 (2): 10. 1986. Jiangxi（江西）: Nanfeng（南丰）, Junfeng Shan（军峰山）, M.H. Nie(聂敏祥）2489 (Holotype: LBG).

长柱小檗（天台小檗） ***Berberis lempergiana*** Ahrendt, Gard. Chron. Ser. III, 109: 101. 1941. U.K., Cult., 1940-10-26, L.W.A. Ahrendt s.n. (Holotype: OXF). Raised at Hillier's nursery by seed sent to Dr Fritz Lemperg from Nanking [Nanjing] Botanic Garden (南京植物园).

Berberis trifurca Lindl. et Paxton, Paxt. Flow. Gard. 3: 57. 1852-53. [Zhejiang] (浙江), R. Fortune s.n. (Holotype: ?).

庐山小檗 ***Berberis virgetorum*** C.K. Schneid., Pl. Wilson. (Sargent) 3 (3): 440.1917. Kiangsi [Jiangxi] (江西): Kuling [Guling] (牯岭), 1907-07-29, E.H. Wilson 1517 (Holotype: A).

武夷小檗 ***Berberis wuyiensis*** C.M. Hu, Bull. Bot. Res., Harbin 6 (2): 7. 1986. Jiangxi (江西): Qian Shan [Yanshan] (铅山), Mt. Huang Gong [Huanggang Shan] (黄岗山), Q.H. Li et al. (李启和等) 231 (Holotype: LBG).

时珍淫羊藿 ***Epimedium lishihchenii*** Stearn, Kew Bull. 52 (3): 664. 1997. Jiangxi (江西): Jiujiang (九江), Lu Shan (庐山), 1996-05-05, Ogisu 96305 (Holotype: K).

Epimedium membranaceum K.I. Mey. subsp. ***orientale*** Stearn, J. Linn. Soc., Bot. 51: 497. 1938. Kiangsi [Jiangxi] (江西): Kiukiang mountains [Jiujiang] (九江), F.M. Reid 11 (Holotype: K).

江南牡丹草 ***Leontice kiangnanensis*** P.L. Chiu, Acta Phytotax. Sin. 18 (1): 96. 1980. Zhejiang (浙江): Cult. in Hangzhou Botanical Garden (杭州植物园), from Xiaofeng (孝丰), Anji (安吉), 1974-04-19, 杭植标 0095 (Holotype: HHBG).

郑氏八角莲 (郑氏鬼臼) ***Podophyllum chengii*** S.S. Chien, Contr. Biol. Lab. Sci. Soc. China, Bot. Ser. 10: 108. 1936. Chekiang [Zhejiang] (浙江): Yutsien [Yuqian] (於潜), W. Tienmushan [Xitianmu Shan] (西天目山), Sientin [Xianrending] (仙人顶), 1931-04-23, W.C. Cheng (郑万钧) 2413 (Syntype: PE); Suichang (遂昌), Peimashan [Baima Shan] (白马山), 1933-04-30, S. Chen (陈诗) 1254〔Lectotype: PE-01863943, designated by Y. Lin et al. in Bull. Bot. Res., Harbin 33 (5): 517. 2013〕.

111 毛茛科 Ranunculaceae

Aconitum autumnale Lindl., J. Hort. Soc. London 2: 77. 1847. [Zhejiang] (浙江): Chusan [Zhoushan] (舟山), 1846 年 , R. Fortune s.n. (Holotype: ?).

乌头 ***Aconitum carmichaeli*** Debeaux, Actes Soc. Linn. Bordeaux 33: 87. 1879. Chantong [Shandong] (山东): Tché-foû [Yantai] (烟台), Bamboo Temple [Zhulin Si] (竹林寺), 1875 年 , J.R. Carmichael s.n. (Holotype: ?).

深裂乌头 ***Aconitum carmichaeli*** Debeaux var. ***tripartitum*** W.T. Wang, Fl. Reipubl. Popularis Sin. 27: 608. 1979. Kiangsu [Jiangsu] (江苏): Nanking [Nanjing] (南京), Zijin Shan (紫金山), M.L. She et al. (佘孟兰等) 101 (Holotype: NAS).

黄山乌头 ***Aconitum chinense*** Siebold ex Paxton var. ***hwangshanicum*** W.T. Wang et Hsiao,

Observ. Fl. Hwangshan. 113. 1965. Anhwei [Anhui]（安徽）: Hwangshan [Huang Shan]（黄山）, Wen Chu Yuan [Wenshuyuan]（文殊院）, 1957-07-30, L.K. Fu（傅立国）752 (Holotype: PE).

赣皖乌头 ***Aconitum finetianum*** Hand.-Mazz., Acta Horti Gothob. 13: 80. 1939. Kiangsi [Jiangxi]（江西）: Kiu-kiang [Jiujiang]（九江）, Lu Shan（庐山）, Bullock s.n. (Holotype: K).

展毛乌头 ***Aconitum japonicum*** Thunb. var. ***truppelianum*** Ulbr., Beih. Bot. Centralbl., Abt. 2. 37 (2): 122. 1919. Shantung [Shandong]（山东）: Lauschan [Lao Shan]（崂山）, K. Forstamt TS. 383, Krug 134 (Holotype: HBG).

庐山乌头 ***Aconitum lushanense*** Migo, J. Shanghai Sci. Inst. 14 (2): 133.1944. Kiangsi [Jiangxi]（江西）: Lu Shan（庐山）, inter Wulaofeng（五老峰）et Chilichung [Qilichong]（七里冲）, 1942-09-30, H. Migo（御江久夫）s.n. (Holotype: NAS-00070530).

狭盔穿心莲乌头 ***Aconitum sinomontanum*** Nakai var. ***angustius*** W.T. Wang, Observ. Fl. Hwangshan.114. 1965. Kiangsi [Jiangxi]（江西）: Lu Shan（庐山）, Hang Yang Fung [Hanyangfeng]（汉阳峰）, 1951-07-18, Y.K. Hsiung（熊耀国）6741 (Holotype: PE).

Aconitum sioseanum Migo, J. Shanghai Sci. Inst. 14 (2): 133. 1944. Kiangsi [Jiangxi]（江西）: Lu Shan（庐山）, Hwanglung-ssu [Huanglong Si]（黄龙寺）, 1941-09-26, H. Migo（御江久夫）s.n. (Holotype: NAS-00070541).

安徽银莲花 ***Anemone anhuiensis*** Y.K. Yang, N. Wang et W.C. Ye, J. Wuhan Bot. Res. 7 (4): 327.1989. Anhui（安徽）: Qingyang（青阳）, Jiuhua Shan（九华山）, Tiantai（天台）, 1987-04-16, W.C. Ye（叶文才）87103 (Holotype: WUH).

龙王山银莲花 ***Anemone raddeana*** Regel var. ***lacerata*** Y.L. Xu, Bull. Bot. Res., Harbin 13 (2): 121. 1993. Zhejiang（浙江）: Anji（安吉）, Longwang Shan（龙王山）, 1991-04-04, Y.L. Xu（徐耀良）0879 (Holotype: ZM).

Anemone schantungensis Hand.-Mazz., Acta Horti Gothob. 13: 181. 1939. Shantung [Shandong]（山东）: Chi-fu [Yantai]（烟台）, 1891 年, E. Faber s.n (Holotype: B).

小花水毛茛 ***Batrachium bungei*** (Steud.) L. Liou var. ***micranthum*** W.T. Wang, Guihaia 15 (2): 105. 1995. Jiangxi（江西）: Nanchang（南昌）, 1950-05-05, X.X. Yang（杨祥学）10750 (Holotype: PE).

华东驴蹄草 ***Caltha palustris*** L. var. ***orientali-sinensis* [*orientalisinensis*]** X.H. Guo, Acta Phytotax. Sin. 25 (3): 241. 1987. Anhui（安徽）: Jiuhua Shan（九华山）, 1983-05-18, X.H. Guo et al.（郭新弧等）516 (Holotype: ANUB).

长冬草 ***Clematis angustifolia*** Jacq. var. ***tchefouensis*** Debeaux, Actes Soc. Linn. Bordeaux 31: 117. 1876. et Fl. du Tché-foû 22. Shantung [Shandong]（山东）: Tché-foû [Yantai]（烟台）, 1860 年, O. Debeaux s.n. (Isotype: A).

安徽威灵仙 ***Clematis anhweiensis*** M.C. Chang, Fl. Reipubl. Popularis Sin. 28: 357. 1980. Anhwei [Anhui]（安徽）: Kueichih [Guichi]（贵池）, 1959-07-01, Kuei（贵）7022 (Holotype:

NAS).

Clematis brevicaudata DC. var. ***lissocarpa*** Rehder et E.H. Wilson, Pl. Wilson. (Sargent) 1 (3): 340. 1913. Kiangsi [Jiangxi] (江西): Kuling [Guling] (牯岭), 1907-07-31, E.H. Wilson 1552 (Holotype: A).

Clematis caesariata Hance, J. Bot. 8: 71. 1870. Fokien [Fujian] (福建), 1861 年 , C.F.M. De Grijs Herb. s. n. (Holotype: BM) Hance n. 6700.

巢湖铁线莲 ***Clematis chaohuensis*** W.T. Wang et Lu Q. Huang, Bull. Bot. Res., Harbin 34 (3): 289. 2014. Anhui (安徽): Chaohu (巢湖), Yinping Shan (银屏山), 1995-08-28, D.Q. Wang (王德群) 70543 (Holotype: PE).

浙江山木通 ***Clematis chekiangensis*** C. Pei, Contr. Biol. Lab. Sci. Soc. China, Bot. Ser. 10: 105. 1936. Chekiang [Zhejiang] (浙江): Chingyuan [Qingyuan] (庆元), Yingling-shan (应岭), 1934-06-06, S. Chen (陈诗) 3343〔Lectotype: NAS, designated by W.T. Wang in Acta Phytotax. Sin. 41 (2): 124. 2003〕, S. Chen (陈诗) 3347 (Syntype: NAS).

大花威灵仙 ***Clematis courtoisii*** Hand.-Mazz., Acta Horti Gothob. 13: 200. 1939. Anhwei [Anhui] (安徽), 1925-06, R.C. Ching (秦仁昌) 2731 (Holotype: K).

舟柄铁线莲 ***Clematis dilatata*** C. Pei, Contr. Biol. Lab. Sci. Soc. China, Bot. Ser. 10: 105. 1936. Chekiang [Zhejiang] (浙 江): Lishui (丽 水), Peiyun-shan [Baiyun Shan] (白 云 山), 1935-05-19, P.C. Tsoong [Pu Chin Tsoong] (钟补勤) 269 (Syntype: NAS); Yunhuo [Yunhe] (云和), Niushou Shan (牛首山), 1933-06-25, S. Chen (陈诗) 1638 (Syntype: NAS).

牯牛铁线莲 ***Clematis guniuensis*** W.Y. Ni, R.B. Wang et S.B. Zhou, PhytoKeys 128: 48. 2019. Anhui (安徽): Qimen (祁门), Guniujiang (牯牛降), 2018-05-15, R.B. Wang (汪荣斌) WRB201805068 (Holotype: ANUB).

毛萼铁线莲 ***Clematis hancockiana*** Maxim., Bull. Soc. Imp. Naturalistes Moscou 54 (1): 1. 1879. Chekiang [Zhejiang] (浙江): Ningpo [Ningbo] (宁波), 1877-05-13, W. Hancock s.n. (Holotype: LE).

三叶铁线莲 ***Clematis henryi*** Oliv. var. ***trifolia*** R.J. Wang, J. Trop. Subtrop. Bot. 7 (1): 28. 1999. Fujian (福建): Shaowu (邵武), Huilin (惠林), H.C. Zhou (周鹤昌) 6612 (Holotype: IBSC).

Clematis hexapetala Pall. var. ***elliptica*** S.Y. Hu, J. Arnold Arbor. 35 (2): 194. 1954. Shantung [Shandong] (山东): Tsingtau [Qingdao] (青岛), Zimmermann 205 (Holotype: A).

Clematis hexapetala Pall. var. ***insularis*** S.Y. Hu, J. Arnold Arbor. 35 (2): 193. 1954. Shantung [Shandong] (山东): Tsingtao [Qingdao] (青岛), Tsingtao Island [Xiaoqingdao] (小青岛), C.Y. Chiao (焦启源) 2521 (Holotype: A).

吴兴铁线莲 ***Clematis huchouensis*** Tamura, Acta Phytotax. Geobot. 23 (1-2): 36. 1968. Chekiang [Zhejiang] (浙江): Huchou [Huzhou] (湖州), s.coll. s.n. (Holotype: MAK).

齿缺铁线莲 ***Clematis incisodenticulata*** W.T. Wang, Guihaia 27 (1): 11. 2007. Zhejiang (浙江): [Ningbo] (宁波), S.P. Barchet s.n. (Holotype: US-00902010).

金寨铁线莲 ***Clematis jinzhaiensis*** Z.W. Xue et X.W. Wang, Acta Phytotax. Sin. 24 (5): 406. 1986. Anhui (安徽): Jinzhai (金寨), 1982-09-20, Z.W. Xue (薛兆文) 21 (Holotype: AIB, lost), 1981-09-24, J.Z. Shao (邵建章) 0120〔Lectotype: PE- 00029910, designated by J.Y. Li et al. in Phytotaxa 205 (4): 292. 2015〕. Neotype 被更正 in Phytotaxa 528 (4): 261. 2021.

毛叶铁线莲 ***Clematis lanuginosa*** Lindl., Paxt. Fl. Gard. 3: 107. 1853. Chekiang [Zhejiang] (浙江): Ningpo [Ningbo] (宁波), Tein-tung [Tiantong] (天童), 1850 年, R. Fortune 62 (Isotype: FI).

单花毛柱铁线莲 ***Clematis meyeniana*** Walp. var. ***uniflora*** W.T. Wang, Acta Phytotax. Sin. 36 (2): 158. 1998. Fujian (福建): Jiangle (将乐), Mt. Longxi [Longqi Shan] (龙栖山), 1991-06-22, Longxishan Exped. (龙栖山队) 1528 (Holotype: PE).

天台铁线莲 ***Clematis patens*** Morr. et Decne. subsp. ***tientaiensis*** M.Y. Fang, Fl. Reipubl. Popularis Sin. 28: 358. 1980. Chechiang [Zhejiang] (浙江): Tientaishan [Tiantai Shan] (天台山), Longwangtang to Huading (龙王堂去华顶), 1927-06-08, Y.L. Keng (耿以礼) 999 (Holotype: PE).

华中铁线莲 ***Clematis pseudootophora*** M.Y. Fang, Fl. Reipubl. Popularis Sin. 28: 355. 1980. Kiangsi [Jiangxi] (江西): Wukung Mount. [Wugong Shan] (武功山), Paihofeng [Baihefeng] (白鹤峰), 1954-09-14, Kiangsi Exped. (江西队) 1232 (Holotype: PE).

Clematis stronachii Hance, J. Bot. 16: 103. 1878. Kiang-su [Jiangsu] (江苏): Chinkiang [Zhenjiang] (镇江), 1876 年 , W.G. Stronach s.n. (Holotype: BM, Herb. Hance n. 20136).

圆锥铁线莲 ***Clematis terniflora*** DC., Syst. Nat. 1: 137. 1818 [1817]. Che-Kiang [Zhejiang] (浙江), 1793 年 , G.L. Staunton s.n. (Holotype: BM-000554739).

曾氏铁线莲 ***Clematis tsengiana*** F.P. Metcalf, Lingnan Sci. J. 20 (1): 129. 1941. Chekiang [Zhejiang] (浙江): [Tiantai Shan] (天台山), 1924-05-16, R.C. Ching (秦仁昌) 1555 (Isotype: A).

浙江铁线莲 ***Clematis zhejiangensis*** R.J. Wang, J. Trop. Subtrop. Bot. 7 (1): 28. 1999. Zhejiang (浙江): [Chun'an] (淳安), 1958-08-29, He Xian-yu (贺贤育) 30216 (Holotype: IBSC).

还亮草 ***Delphinium anthriscifolium*** Hance, J. Bot. 6: 207. 1868. Jiangsu (江苏): Chin-kiang [Zhenjiang] (镇江), Silver Island [Jiao Shan] (焦山), 1863-05, J. Hay s.n. (Syntype: BM).

烟台翠雀花 ***Delphinium chefoense*** Franch., Bull. Annuel Soc. Philom. Paris sér. 8, v: 170. 1893. Shan-tung [Shandong] (山东): Chefoo [Yantai] (烟台), 1881 年 , A.A. Fauvel s.n. (Holotype: P).

Delphinium gilgianum Pilg. ex Gilg et Loes., Bot. Jahrb. Syst. 34 (1, Beibl. 75): 33. 1904. Shantung [Shandong] (山东): Tsingtau [Qingdao] (青岛), 1900-05, Zimmermann 192 (Isotype: GH).

卵瓣还亮草 ***Delphinium savatieri*** Franch., Bull. Mens. Soc. Linn. Paris 1 (42): 330. 1882.

Chekiang [Zhejiang] (浙江): Shao-shin [Shaoxing] (绍兴), prope Ning-po [Ningbo] (宁波), 1863-05, P.A.L. Savatier s.n. (Holotype: P-00195839).

Isopyrum flaccidum Ulbr., Notizbl. Bot. Gart. Berlin-Dahlem 9: 221.1925. Kiangsi [Jiangxi] (江西): Aufu (安福), Woo-Kung-Shan [Wugong Shan] (武功山), 1921-04-22, H.H. Hu (胡先骕) 716 (Holotype: B).

白花白头翁 *Pulsatilla chinensis* (Bunge) Regel fo. ***alba*** D.K. Zang, Bull. Bot. Res., Harbin 13 (4): 340. 1993. Shandong (山东): Anqiu (安丘), D.K. Zang et B. Zhang (臧德奎 , 张兵) 93033 (Holotype: SDAU).

多萼白头翁 *Pulsatilla chinensis* (Bunge) Regel fo. ***plurisepala*** D.K. Zang, Bull. Bot. Res., Harbin 13 (4): 340. 1993. Shandong (山东): Anqiu (安丘), D.K. Zang et B. Zhang (臧德奎 , 张兵) 93013 (Holotype: SDAU).

怀宁毛茛 *Ranunculus huainingensis* W.T. Wang, Z. Yang et J. Xie, Guihaia 36 (Suppl. 1): 97. 2016. Anhui (安徽): Huaining (怀宁), 2015-03-29, D.Q. Wang (王德群) 150329032 (Holotype: PE).

三叶毛茛 *Ranunculus japonicus* Thunb. var. ***ternatifolius*** L. Liao, Bull. Bot. Res., Harbin 12 (4): 375. 1992. Jiangxi (江西): [Yongxiu] (永修), Yunju mountains [Yunju Shan] (云居山), 1989-04-27, L. Liao (廖亮) 89427 (Holotype: PE).

庐江毛茛 *Ranunculus lujiangensis* W.T. Wang et D.Q. Wang, Bull. Bot. Res., Harbin 38 (6): 801. 2018. Anhui (安徽): Lujiang (庐江), 2018-03-19, D.Q. Wang (王德群) W1804 (Holotype: PE).

柄果毛茛 *Ranunculus podocarpus* W.T. Wang, Bull. Bot. Res., Harbin 16 (2): 163. 1996. Jiangxi (江西): Xingzi (星子县 , 今庐山星子镇), 1948-05-18, M.J. Wang et Y. Zou (王名金 , 邹垣) 1615 (Holotype: PE).

上海毛茛 *Ranunculus polii* Franch. ex F.B. Forbes et Hemsl., J. Linn. Soc., Bot. 23: 15. 1886. Shanghai (上海): Fengwang Shan [Fenghuang Shan] (凤凰山), 1875-04-10, H. de Poli ex Franchet s.n. (Isotype: P).

细裂猫爪草 *Ranunculus zuccarinii* Miq. var. ***dissectissimus*** Migo, J. Shanghai Sci. Inst., Sect. III, 3: 4. 1934. Shanghai (上海), Horto Inst. Sci. Shanghai. (上海自然研究所栽培), 1931-04-15, H. Migo (御江久夫) s.n. (Holotype: TI).

大天葵 *Semiaquilegia adoxoides* (DC.) Makino var. ***grandis*** D.Q. Wang, Bull. Bot. Res., Harbin 9 (4): 53. 1989. Anhui (安徽): Xiuning (休宁), Dajian (大尖), 1982-03-31, D.Q. Wang et C.C. Hu (王德群 , 胡长春) 3790 (Holotype: ACM).

直根天葵 *Semiaquilegia dauciformis* D.Q. Wang, Bull. Bot. Res., Harbin 9 (4): 51.1989. Anhui (安徽): Qianshan (潜山),Tianzhu Shan (天柱山), 1988-03-23, X.G. Wang et al. (汪兴贵等) 840001 (Holotype: ACM).

Thalictrum argyi H. Lév. et Vaniot, Bull. Herb. Boissier Ser. II, 6 (6): 504. 1906. Kiang-Sou [Jiangsu]（江苏）: Gong-Chan, d'Argy s.n. (Holotype: E).

焦氏唐松草 ***Thalictrum chiaonis*** B. Boivin, Rhodora 46 (550): 368. 1944. Kiangsi [Jiangxi]（江西）: Kuling [Guling]（牯岭）, 1928-07-27, Chiao（焦启源）18719 (Holotype: NY).

大叶唐松草 ***Thalictrum faberi*** Ulbr., Notizbl. Bot. Gart. Berlin-Dahlem 9 (84): 222. 1925. Tschekiang [Zhejiang]（浙江）: Ningpo-Mts [Ningbo]（宁波）, 1888 年, E. Faber 942? (Isotype: K).

华东唐松草 ***Thalictrum fortunei*** S. Moore, J. Bot. 16 (185): 130. 1878. Chekiang [Zhejiang]（浙江）: Ningpo [Ningbo]（宁波）, C.W. Everard s.n. (Syntype: K); 1845-04, R. Fortune 28 (Syntype: K).

珠芽华东唐松草 ***Thalictrum fortunei*** S. Moore var. ***bulbiliferum*** B. Chen et X.J. Tian, Acta Phytotax. Sin. 43 (3): 281. 2005. Jiangsu（江苏）: Jurong（句容）, Baohua Shan（宝华山）, 2004-05-23, B. Chen（陈彬）523001 (Holotype: N).

Thalictrum macrophyllum Migo, J. Shanghai Sci. Inst. 14 (2): 136. 1944. Kiangsi [Jiangxi]（江西）: Mt. Lu-shan [Lu Shan]（庐山）, Hwanglung-ssu [Huanglong Si]（黄龙寺）, 1941-09-26, H. Migo（御江久夫）s.n. (Syntype: NAS); Chekiang [Zhejiang]（浙江）: Mt. Hsi-tienmu-shan [Xitianmu Shan]（西天目山）, 1935-08-28, H. Migo（御江久夫）s.n. (Syntype: NAS).

阴地唐松草 ***Thalictrum umbricola*** Ulbr., Notizbl. Bot. Gart. Berlin-Dahlem 9: 221. 1925. Kiangsi [Jiangxi]（江西）: Shang Yu [Shangyou]（上犹）, 1921-05-14, H.H. Hu（胡先骕）893 (Holotype: B).

武夷唐松草 ***Thalictrum wuyishanicum*** W.T. Wang et S.H. Wang, Fl. Reipubl. Popularis Sin. 27: 618. 1979. Fukien [Fujian]（福建）: Chungan [Chong'an]（崇安）, Wuyi Shan（武夷山）, 1955-04-06, M.J. Wang（王名金）3101 (Holotype: PE).

岳西唐松草 ***Thalictrum yuoxiense*** [***Thalictrum yuexiense***] W.T. Wang, Pl. Sci. J. 32 (6): 567. 2014. Anhui（安徽）: Yuexi（岳西）, 1997-08-13, Z.W. Xie et L.L. Zheng（谢中稳, 郑鹿邻）97021 (Holotype: PE).

112 清风藤科 Sabiaceae

光叶泡花树 ***Meliosma cuneifolia*** Franch. var. ***glabriuscula*** Cufod., Oesterr. Bot. Z. 88: 257. 1939. Anhwei [Anhui]（安徽）: Chiu Hwa Shan[Jiuhua Shan](九华山）, R.C. Ching（秦仁昌）4756 (Syntype: A).

Meliosma dilatata Diels, Notizbl. Bot. Gart. Berlin-Dahlem 11 (103): 212. 1931. Chekiang [Zhejiang]（浙江）: Yu hong [Yuhang]（余杭）, 1915-07-16, F.N. Meyer 1509 (Holotype: A).

毛果垂枝泡花树 ***Meliosma flexuosa*** Pamp. var. ***pubicarpa*** X.F. Jin, Hong Wang et H.W.

Zhang, J. Zhejiang Forest. Coll. 25 (4): 442. 2008. Zhejiang (浙江): Lin'an (临安), Changhua (昌化), Shunxiwu (顺溪坞), 1957-07-16, Y.Y. Ho (贺贤育) 23949 (Holotype: HHBG).

Meliosma myriacanthum [***Meliosma myriantha***] Siebold et Zucc. var. ***discolor*** Dunn, J. Linn. Soc., Bot. 38 (267): 358. 1908. Fokien [Fujian] (福建): Shaowu (邵武), S.T. Dunn HH-2537 [2531] (Syntype: HK), S.T. Dunn HH-2536? (Syntype: ?).

有腺泡花树 ***Meliosma oldhamii*** Miq. var. ***glandulifera*** Cufod., Oesterr. Bot. Z. 88: 253. 1939. Anhwei [Anhui] (安徽): Chu Hwa Shan [Jiuhua Shan] (九华山), 1935 [1925]-06-27, R.C. Ching (秦仁昌) 2783 (Holotype: B).

Meliosma stewardii Merr., Philipp. J. Sci. 27: 164. 1925. Kiangsi [Jiangxi] (江西): Kuling [Guling] (牯岭), 1922-07-07, A.N. Steward 2443 (Holotype: UC).

Sabia coriacea Rehder et E.H.Wilson, Pl. Wilson. (Sargent) 2 (1): 198. 1914. Fokien [Fujian] (福建), Dunn's Exped., 1905-04~06, S.T. Dunn HH-2534 (Holotype: A).

灰背清风藤 ***Sabia discolor*** Dunn, J. Linn. Soc., Bot. 38 (267): 358. 1908. Fokien [Fujian] (福建): Yenping [Yanping] (南平市延平区), 1905-05-25, S.T. Dunn [Chinese collector 923-] HH-2537〔Lectotype: HK, designated by Th.P.M. van de Water in Blumea 26 (1): 34. 1980〕; Foochow [Fuzhou] (福州), Kuliang [Guling] (鼓岭), 1905-04-26, S.T. Dunn [Chinese collector 168-] HH-2536 (Syntype: HK).

117 黄杨科 Buxaceae

Buxus ichangensis Hatus. var. ***fukienensis*** Hatus., J. Dept. Agric., Kyushu Imp. Univ. 6 (6): 311. 1942. Fukien [Fujian] (福建), Dunn's Exped., 1905-04~06, Dunn HH-3515 (Holotype: A).

江西黄杨木 ***Buxus microphylla*** Siebold et Zucc. var. ***kiangsiensis*** Hu et F.H. Chen, Acta Phytotax. Sin. 1 (2): 227. 1951. Kiangsi [Jiangxi] (江西): Hsiushui [Xiushui] (修水), Hwanglung Shan [Huanglong Shan] (黄龙山), Yuhwangtien [Yuhuangdian] (玉皇殿), 1947-08-20, Y.K. Hsiung (熊耀国) 5580 (Holotype: PE).

小叶黄杨 ***Buxus sinica*** (Rehder et E.H. Wilson) M. Cheng var. ***parvifolia*** M. Cheng, Acta Phytotax. Sin. 17 (3): 98. 1979. Anhui (安徽): Huang Shan (黄山), 1977-05-20, W.L. Ma (马炜梁) 1972 (Holotype: HSNU).

狭叶黄杨 ***Buxus stenophylla*** Hance, J. Bot. 6: 331. 1868. Fokien [Fujian] (福建): An-koe [Anxi] (安溪), 1861 年 , C. de Grijs s.n. (Holotype: BM, Herb. Hance n. 6683).

多毛板凳果 ***Pachysandra stylosa*** Dunn, J. Bot. 46: 326. 1908. Fokien [Fujian] (福建): Tze Chuk Hang [Zizhukeng] (紫竹坑), 1905-05-30, S.T. Dunn HH-3514 (Holotype: HK).

东方野扇花 ***Sarcococca orientalis*** C.Y. Wu, Acta Phytotax. Sin. 17 (3): 99. 1979. Jiangxi

(江西): Pingxiang (萍乡), Nanyuan (南源), 1954-10-21, Jiangxi Exped. (江西采集队) 2711 (Holotype: PE).

122 芍药科 Paeoniaceae

药用牡丹 ***Paeonia ostii*** T. Hong et J. X. Zhang var. ***lishizhenii*** B.A. Shen, Acta Phytotax. Sin. 35 (4): 360. 1997. Anhui (安徽): Nanling (南陵), Yashan Mt. [Ya Shan] (丫山), 1984-04-18, B.A. Shen (沈保安) PB1018 (Holotype: WHDC).

银屏牡丹 ***Paeonia suffruticosa*** Andrews subsp. ***yinpingmudan*** D.Y. Hong, K.Y. Pan et Z.W. Xie, Acta Phytotax. Sin. 36 (6): 519. 1998. Anhui (安徽): Caohu (巢湖), Mt.Yinping [Yinping Shan] (银屏山), 1997-04, K.Y. Pan et Z.W. Xie (潘开玉 , 谢中稳) 9701 (Holotype: PE).

123 蕈树科 Altingiaceae

细柄半枫荷 ***Altingia chingii*** F.P. Metcalf, Lingnan Sci. J. 10: 413. 1931. N. Fukien [Fujian] (福建): near Chekiang border, 1924-08-04, R.C. Ching (秦仁昌) 2244 (Holotype: IBSC).

Altingia gracilipes Hemsl., Hooker's Icon. Pl. 29: t. 2837. 1907. Fokien [Fujian] (福建), 1905 年 , S.T. Dunn HH-1119 (Syntype: ?); S.T. Dunn HH-2682 (Isosyntype: HK).

闽半枫荷 ***Semiliquidambar cathayensis*** Hung T. Chang var. ***fukienensis*** Hung T. Chang, Acta Sci. Nat. Univ. Sunyatseni 1962 (1): 42. 1962. Fukien [Fujian] (福建): Chang-ping [Zhangping] (漳平), 1942-11-21, Y. Ling (林镕) 4522 (Holotype: PE).

长尾半枫荷 ***Semiliquidambar caudata*** Hung T. Chang, Acta Sci. Nat. Univ. Sunyatseni 1962 (1): 43. 1962. Fukien [Fujian] (福建): Sha Hsien [Shaxian] (沙县), 1959-08-20, Exped. Fu-Tan Univ. (复旦大学综合调查队) 53260 (Holotype: FUS).

尖叶半枫荷 ***Semiliquidambar cuspidata*** Hung T. Chang, Acta Sci. Nat. Univ. Sunyatseni 1962 (1): 43. 1962. Chekiang [Zhejiang] (浙 江): Jingning (景 宁), 1959-10-23, Hang-chow Bot. Gard. (杭植标 , 应为章绍尧) 7303 (Holotype: PE).

124 金缕梅科 Hamamelidaceae

腺蜡瓣花 ***Corylopsis glandulifera*** Hemsl., Icon. Pl. 29: t. 2818. 1906. Kiangsi [Jiangxi] (江西): Kiukiang [Jiujiang] (九 江), C. Maries s.n. (Syntype: K); Chekiang [Zhejiang] (浙 江): Tientai Mountains [Tiantai Shan] (天台山), E. Faber 177 (Syntype: ?).

Corylopsis hypoglauca W.C. Cheng, Contr. Biol. Lab. Sci. Soc. China, Bot. Ser. 10: 169.

1936. Anhwei [Anhui] (安徽): Wangshan [Huang Shan] (黄山), 1935-05-14, C. Pei (裴鉴) 3870 (Holotype: ?).

Corylopsis hypoglauca W.C. Cheng var. ***glaucescens*** W.C. Cheng, Contr. Biol. Lab. Sci. Soc. China, Bot. Ser. 10: 126. 1936. Chekiang [Zhejiang] (浙 江): Tientai [Tiantai] (天 台), Tientaishan [Tiantai Shan] (天台山), Fangkwangsze [Fangguang Si] (方广寺), 1932-06-29, S. Chen (陈诗) 430 (Holotype: PE).

Corylopsis multiflora Hance, Ann. Sci. Nat., Bot. sér. 4, 15: 224. 1861. Fokien [Fujian] (福建): Ankoe [Anxi] (安溪), De Grijs s.n. (Holotype: BM, Herb. Hance n. 6684).

白背蜡瓣花 ***Corylopsis multiflora*** Hance var. ***nivea*** Hung T. Chang, Acta Sci. Nat. Univ. Sunyatseni 1960 (1): 36. 1960. Fukien [Fujian] (福 建): Chong'an (崇 安), 1955-04-18, M.J. Wang et B.H. Huang (王名金 , 黄伯兴) 3207 (Holotype: PE).

小叶大果蜡瓣花 ***Corylopsis multiflora*** Hance var. ***parvifolia*** Hung T. Chang, Acta Sci. Nat. Univ. Sunyatseni 1960 (1): 37. 1960. Fokien [Fujian] (福建): Nanping (南平), Xiazhuang (下庄), 1936-05-17, G. Ho (何景) s.n. (Holotype: PE-419089).

秃蜡瓣花 ***Corylopsis sinensis*** Hemsl. var. ***calvescens*** Rehder et E.H. Wilson, Pl. Wilson. (Sargent) 1 (3): 424. 1913. Kiangsi [Jiangxi] (江西): Kuling [Guling] (牯岭), 1907-07-29, E.H. Wilson 1554 (Holotype: A).

小叶蜡瓣花 ***Corylopsis sinensis*** Hemsl. var. ***parvifolia*** Hung T. Chang, Acta Sci. Nat. Univ. Sunyatseni 1960 (1): 37. 1960. Anhwei [Anhui] (安徽): Ging-Tsai [Jinzhai] (金寨), Hort. Bot. Zhong-Shan, Nanking (南京植物研究所华东工作站) 6870 (Holotype: PE).

Corylopsis willmottiae Rehder et E.H. Wilson var. ***chekiangensis*** W.C. Cheng, Contr. Biol. Lab. Sci. Soc. China, Bot. Ser. 10: 125. 1936. Chekiang [Zhejiang] (浙江): Yunhuo [Yunhe] (云和), 1934-04-16, S. Chen (陈诗) 2772 (Holotype: PE).

杨梅叶蚊母树 ***Distylium myricoides*** Hemsl., Hooker's Icon. Pl. 29: sub t. 2835. 1907. Fokien [Fujian] (福建), S.T. Dunn Hb. Hongk. 2684 et 2685 (Syntypes: K).

亮叶蚊母树 ***Distylium myricoides*** Hemsl. var. ***nitidum*** Hung T. Chang, Acta Sci. Nat. Univ. Sunyatseni 1960 (1): 40. 1960. Chekiang [Zhejiang] (浙江), Wenzhou (温州), [Pingyang] (平阳), 1924-07-12, R.C. Ching (秦仁昌) 2081 (Holotype: SYS).

Distylium strictum Hemsl., Hooker's Icon. Pl. 29: sub t. 2835. 1907. Fokien [Fujian] (福建), S.T. Dunn Hb. Hongk. 2681 (Holotype: K).

[檵木] ***Hamamelis chinensis*** R.Br., Narr. Journey China 375. 1818. [Jiangsu] (江苏): Nanking [Nanjing] (南京), 1816 年 , D. Abel [C. Abel] s.n. (Syntype: ?); Zhejiang (浙江): Insula Cheusan [Zhoushan] (舟山), 1701 年 , J. Cunningham s.n. (Syntype: BM).

长椭圆金缕梅 ***Hamamelis mollis*** Oliv. var. ***oblongifolia*** M.B. Deng et K. Yao, Bull. Nanjing Bot. Gard. Mem. Sun Yat Sen 1984 -1985: 125. 1986. Anhwei [Anhui] (安徽): Huoshan (霍山),

Majiahe (马家河), M.P. Deng et K. Yao (邓懋彬 , 姚淦) 80641 (Holotype: NAS).

[银缕梅] *Hamamelis subaequalis* Hung T. Chang, Acta Sci. Nat. Univ. Sunyatseni 1960 (1): 35. 1960. Kiangsu [Jiangsu] (江苏): I-Shing [Yixing] (宜兴), Tongguan Shan (铜官山), Furong Si (芙蓉寺) 对面山上 , 1935-09-28, C. Chen (沈隽) 958 (Holotype: NAS).

闽粤蚊母树 *Sycopsis chungii* F.P. Metcalf, Lingnan Sci. J. 10: 414. 1931. Fukien [Fujian] (福建): [Fuzhou] (福州), Pehling [=Baek-liang, Beiling] (北岭),1923-08-04, H.H. Chung (钟心煊) 2095 (Holotype: A).

Sycopsis dunnii Hemsl., Hooker's Icon. Pl. 29: t. 2836. 1907. Fokien [Fujian] (福建), S.T. Dunn [Chinese collector HH-533] (Syntype: ?), HH-2695 (Syntype: K).

127 鼠刺科 Iteaceae

Itea longibracteata Hu, J. Arnold Arbor. 6 (3): 141. 1925. Chekiang [Zhejiang] (浙 江): Taichow [Taizhou] (台 州), Yun-Fan [Yunfeng] (云 峰), 1924-05-01, R.C. Ching (秦 仁 昌) 1316 (Holotype: A).

矩叶鼠刺 *Itea oblonga* Hand.-Mazz., Anz. Akad. Wiss. Wien, Math.-Naturwiss. Kl. 58: 90. 1921. Kiangsi [Jiangxi] (江西): Pinghsiang [Pingxiang] (萍乡), 1920 年 , Wang-Te-Hui (王德辉) Plt. sin. 146 (Holotype: WU).

细叶鼠刺 *Itea stenophylla* Hung T. Chang, Acta Phytotax. Sin. 2 (2): 126. 1952. Jiangxi (江西): [Longnan] (龙南), 1942-04, X.M. Mo (莫熙穆) 20967 (Isotype: PE).

128 茶藨子科 Grossulariaceae

Ribes chifuense Hance, J. Bot. 13: 36. 1875. Shantung [Shandong] (山东): Chifu [Yantai] (烟台), 1873 年 , R. Swinhoe s.n. (Holotype: BM, Herb. Hance n.17916).

绿花细枝茶藨 *Ribes tenue* Jancz. var. ***viridiflorum*** W.C. Cheng, Contr. Biol. Lab. Sci. Soc. China, Bot. Ser. 10: 120. 1936. Chekiang [Zhejiang] (浙江): Yutsien [Yuqian] (於潜), W. Tienmushan [Xitianmu Shan] (西天目山), 1931-04-17, W.C. Cheng (郑万钧) 2344 (Isotype: NAS).

129 虎耳草科 Saxifragaceae

大果落新妇 *Astilbe macrocarpa* Knoll, Sitzungsber. Kaiserl. Akad. Wiss., Math.-Naturwiss. Cl., Abt 1, 118: 73. 1909. [Zhejiang] (浙江): Ningpo Mts [Ningbo] (宁波), E. Faber s.n. (Holotype:

B).

无毛金腰 ***Chrysosplenium glaberrimum*** W.T. Wang, Bull. Bot. Res., Harbin 1 (1-2): 46. 1981. Jiangxi (江西): Lu Shan (庐山), [Huanglongtan] (黄龙潭), 1951-04-29, M.J. Wang (王名金) 56 (Holotype: LBG).

楔叶金腰 ***Chrysosplenium japonicum*** (Maxim.) Makino var. ***cuneifolium*** X.H. Guo et X.P. Zhang, Acta Phytotax. Sin. 36 (4): 365. 1998. Anhui (安徽): Ningguo (宁国), Banqiao (板桥), 1997-05-01, X.P. Zhang et al. (张小平等) 9701024 (Holotype: ANUB).

建宁金腰 ***Chrysosplenium jienningense*** W.T. Wang, Bull. Bot. Res., Harbin 1 (1-2): 48. 1981. Fujien [Fujian] (福建): Jienning [Jianning] (建宁), [Zhongchakeng] (中茶坑), 1978-06-19, Z.Y. Li (李振宇) 10941 (Holotype: PE).

庐山金腰 ***Chrysosplenium lushanense*** W.T. Wang, Bull. Bot. Res., Harbin 1 (1-2): 47.1981. Jiangxi (江西): Lu Shan (庐山), [Hanyangfeng] (汉阳峰), 1951-07-27, M.J. Wang (王名金) 845 (Holotype: LBG).

罗霄虎耳草 ***Saxifraga luoxiaoensis*** W.B. Liao, L.Wang et X.J. Zhang, Phytotaxa 350 (3): 294. 2018. Jiangxi (江西): Suichuan (遂川), Daijiapu (戴家埔), 2016-05-18, W.Y. Zhao et al. (赵万义等) LXP-13-16785 (Holotype: SYS).

瓣萼虎耳草 ***Saxifraga stolonifera*** Curt. fo. ***sepaloides*** G.H. Xia et G.Y. Li, J. Zhejiang Forest. Coll. 25 (5): 679. 2008. Zhejiang (浙江): Lin'an (临安), 2006-05-20, G.H. Xia (夏国华) s.n. (Holotype: ZJFC).

浙江虎耳草 ***Saxifraga zhejiangensis*** Z. Wei et Y.B. Chang, Bull. Bot. Res., Harbin 9 (2): 33. 1989. Zhejiang (浙江): Longquan (龙泉), Fengyang Shan (凤阳山), 1963-10-20, Z.G. Mao (毛宗国) 10139 (Holotype: HHBG).

130 景天科 Crassulaceae

汤池八宝 ***Hylotelephium tangchiense*** R.X. Meng, Bull. Bot. Res., Harbin 12 (3): 243. 1992. Anhui (安徽): Lujiang (庐江), Tangchi (汤池), 1986-10-14, F.X. Zhou (周逢旭) 86102 (Holotype: AU [ANU]).

大花瓦松 ***Orostachys fimbriatus*** [***Orostachys fimbriata***] (Turcz.) A. Berger var. ***grandiflorus*** [***grandiflora***] F.Z. Li et X.D. Chen, Bull. Bot. Res., Harbin 9 (1): 74. 1989. Shandong (山东): Tai Shan (泰山), 1981-10, F.Z. Li (李法曾) s.n. (Holotype: SDFS).

山东瓦松 ***Orostachys fimbriatus*** [***Orostachys fimbriata***] (Turcz.) A. Berger var. ***shandongensis*** F.Z. Li et X.D. Chen, Bull. Bot. Res., Harbin 9 (1): 73. 1989. Shandong (山东): Zulashan [Culai Shan] (徂徕山), 1986-09-07, F.Z. Li (李法曾) 860700 (Holotype: SDFS).

九华瓦松 ***Orostachys jiuhuaensis*** X.H. Guo et X.L. Liu, Bull. Bot. Res., Harbin 11 (1): 29. 1991. Anhui (安徽): Jiuhua Shan (九华山), 1985-10-20, X.L. Liu (刘晓龙) 85986 (Holotype: WUH).

狭叶垂盆草 ***Sedum angustifolium*** Z.B. Hu et X.L. Huang, Acta Phytotax. Sin. 19 (3): 311. 1981. Zhejiang (浙江): Hangzhou (杭州), Xiaohe Shan (小和山), X.L. Huang (黄秀兰) 7604 (Holotype: SHMI).

安徽景天 ***Sedum anhuiense*** S.H. Fu et X.W. Wang, Bull. Bot. Res., Harbin 6 (4): 137. 1986. Anhui (安徽): Chu Xian [Chuzhou] (滁州), Daliu (大柳), 1982-04-13, Y.F. Hsiao et T. Ren (肖云峰，任涛) 503 (Holotype: AIB [IBSC]).

对叶景天 ***Sedum baileyi*** Praeger, Proc. Roy. Irish Acad. 35: 4. 1919. Kiangsi [Jiangxi] (江西): Kuling [Guling] (牯岭), 1917-07-09, L.H. Bailey Sedum no. 2 (Holotype: ?).

东至景天 ***Sedum dongzhiense*** D.Q. Wang et Y.L. Shi, Bull. Bot. Res., Harbin 10 (3): 48. 1990. Anhui (安徽): Dongzhi (东至), Hongfang (洪方), 1986-06-29, D.Q. Wang et Y.L. Shi (王德群，施有立) 8745 (Holotype: ACM).

虎耳草状景天 ***Sedum drymarioides*** Hance var. ***saxifragiforme*** X.F. Jin et H.W. Zhang, J. Hangzhou Norm. Univ., Nat. Sci. Ed. 9 (3): 167. 2010. Zhejiang (浙江): Lin'an (临安), Changhua (昌化), 1978-04-15, L. Hong (洪林) 415 (Holotype: HHBG).

无距景天 ***Sedum ecalcaratum*** H.J. Wang et P.S. Hsu ex P.S. Hsu, Rheedea 1(1-2): 46. 1991. Zhejiang (浙江): Mt. West Tienmu [Xitianmu Shan] (西天目山), near Daishwang [Dashuwang] (大树王), 1987-05-09, F. Lu (陆帆) 17 (Holotype: FUS).

凹叶景天 ***Sedum emarginatum*** Migo, J. Shanghai Sci. Inst., Sect III, 3: 224. 1937. Chekiang [Zhejiang] (浙江): Hangchow [Hangzhou] (杭州), Lingyin (灵隐), 1935-05-23, H. Migo (御江久夫) s.n. (Holotype: TI).

多花景天 ***Sedum floriferum*** Praeger, J. Bot. 56: 149. 1918. Shantung [Shandong] (山东), Seed collected at or near Wei-hai-Wei (威海) was sent to Kew by Mr. Liardet in 1911.

杭州景天 ***Sedum hangzhouense*** K.T. Fu et G.Y. Rao, Acta Bot. Boreal.-Occid. Sin. 8 (2): 118. 1988. Zhejiang (浙江): Hangzhou (杭州), Lingyin Si (灵隐寺), 1961-05-09, s.coll. 71 (Holotype: SZ).

贺氏景天 ***Sedum hoi*** X.F. Jin et B.Y. Ding, Acta Bot. Yunnan. 27 (4): 381. 2005. Zhejiang (浙江): Lin'an (临安), Tianmu Shan (天目山), Hengtang (横塘), 1957-07-15, Y.Y. Ho (贺贤育) 25418 (Holotype: HHBG).

胶东景天 ***Sedum jiaodongense*** Y.M. Zhang et X.D. Chen, Bull. Bot. Res., Harbin 10 (1): 43. 1990. Shandong (山东): Rongcheng (荣成), Longxu Island (龙须岛), 1988-08-10, Y.M. Zhang (张艳敏) 885131 (Holotype: SDFS).

皖景天 ***Sedum jinianum*** X.H. Guo, Acta Bot. Yunnan. 18 (3): 297. 1996. Anhui (安徽):

Ningguo (宁国), Banqiao (板桥), 1994-05-16, X.H. Guo (郭新弧) 94054 (Holotype: ANUB).

九华山景天 ***Sedum jiuhuashanense*** P.S. Hsu et H.J. Wang, Rheedea 1 (1–2): 46. 1991. Anhui (安徽): Qinyang (青阳), Mt. Jiuhua [Jiuhua Shan] (九华山), 1986-05-25, H.J. Wang (王汉津) et P.X. Fu 86112 (Holotype: FUS).

九龙山景天 ***Sedum jiulungshanense*** Y.C. Ho, Bull. Bot. Res., Harbin 9 (4): 31. 1989. Zhejiang (浙江): Suichuang [Suichang] (遂昌), jiulungshan [Jiulong Shan] (九龙山), Aiping [Yanping] (岩坪), 1983-05-17, Q. Lin (林泉) 3278 (Holotype: HZU).

江南景天 ***Sedum kiangnanense*** D.Q. Wang et Z.F. Wu, Bull. Bot. Res., Harbin 10 (3): 45. 1990. Anhui (安徽): Huang Shan (黄山), Tangkou (汤口), 1988-04-11, D.Q. Wang (王德群) 9229 (Holotype: ACM).

坤俊景天 ***Sedum kuntsunianum*** X.F. Jin, S.H. Jin et B.Y. Ding, Phytotaxa 105 (2): 34. 2013. Zhejiang (浙江): Wencheng (文成), Shiyang (石垟), Sanzhuangkeng, 2005-05-16, X.F. Jin et X.M. Yang (金孝锋 , 杨信猛) 1808 (Holotype: HTC).

潜茎景天 ***Sedum latentibulbosum*** K.T. Fu et G.Y. Rao, Acta Bot. Boreal. -Occid. Sin. 8 (2): 122. 1988. Jiangxi (江西): Lu Shan (庐山), Shan-die-quan [Sandiequan] (三叠泉), 1987-08-09, K.T. Fu (傅坤俊) 19565 (Holotype: WUK).

薄叶景天 ***Sedum leptophyllum*** Fröd., Symb. Sin. Pt. 7: 412. 1931. Nganhui [Anhui] (安徽): Hwang-schan [Huang Shan] (黄山), 1926-07, Chien (钱崇澍) 1233 (Isotype: PE).

龙泉景天 ***Sedum lungtsuanense*** S.H. Fu, Acta Phytotax. Sin., Add. 1: 115. 1965. Chekiang [Zhejiang] (浙江): Longtsuan [Longquan] (龙泉), 1930-06-06, K.K. Tsoong (钟观光) 545 (Holotype: PE).

名金景天 ***Sedum mingjinianum*** S.H. Fu, Acta Phytotax. Sin. Add. 1: 113. 1965. Anhwei [Anhui] (安徽): Hwangshan [Huang Shan] (黄山), 1955-10-02, M.J. Wang (王名金) 3603 (Lectotype: PE- 00842392, designated by Q. Lin et al. in Acta Bot. Boreal. -Occid. Sin. 28: 537. 2008).

***Sedum obtuso-lineare* [*Sedum obtusolineare*]** Hayata, Icon. Pl. Formosan. 3: 111. 1913. Fokien [Fujian] (福建), 1910-04, S. Nagasawa (永泽定一) s.n. (Holotype: TI).

爪瓣景天 ***Sedum onychopetalum*** Fröd., Sinensia 3: 199. 1933. Kiangsu [Jiangsu] (江苏): Nanking [Nanjing] (南京), Purple Mountain [Zijin Shan] (紫金山), 1931-05-31, C.Y. Lu et S.W. Teng (邓世纬) 9636 (Holotype: NAS).

Sedum peltatum M.L. Chen et X.H. Cao, Bangl. J. Bot. 46 (3): 847. 2017. Anhui (安徽): Jiulong Mountains [Jiulong Feng] (九龙峰), 2015-05-16, M.L. Chen (陈明林) 20150516007 (Holotype: ANUB).

伴矿景天 ***Sedum plumbizincicola*** X.H. Guo et S.B. Zhou ex L.H.Wu, Plant Syst. Evol. 299: 492. 2013. Zhejiang (浙江): Chun'an (淳安), Zitong (梓桐), 2005-06-10, D. Bi (毕德)

05061028 (Holotype: ANU [ANUB]).

藓状景天 ***Sedum polytrichoides*** Hemsl., J. Linn. Soc., Bot. 23 (155): 286. 1887. Chekiang [Zhejiang] (浙江): Ningpo [Ningbo] (宁波), 1887 年 , E. Faber 210 (Holotype: K).

Sedum pseudo-aizoon [***Sedum pseudoaizoon***] Debeaux, Actes Soc. Linn. Bordeaux 31: 159. 1877. et Fl. du Tché-foû 64. Chan-tong [Shandong] (山东): Ki-tsen-sôo [Qishansuo] (奇山所), 1860-07-12, J.O. Debeaux s.n. (Holotype: P).

Sedum sheareri S. Moore, J. Bot. 13: 227. 1875. Kiangsi [Jiangxi] (江西): Kiu-kiang [Jiujiang] (九江), 1873 年 , G. Shearer s.n. (Holotype: K).

石台景天 ***Sedum shitaiense*** Yan Zheng et D.C. Zhang, Bull. Bot. Res., Harbin 20 (3): 246. 2000. Anhui (安徽): Shitai (石台), Qilikeng (七里坑), 1992-05-10, Y. Zheng (郑艳) 92004 (Holotype: ANU [ANUB]).

Sedum spiralifolium D.Q. Wang, D.M. Xie et Lu Q. Huang, Phytotaxa 183 (3): 177. 2014. Anhui (安徽): Lu'an (六安), Shucheng (舒城), Shucha (舒茶), 2012-04-20, D.Q. Wang et D.M. Xie (王德群 , 谢冬梅) 120420 (Holotype: ACM).

天目山景天 ***Sedum tianmushanense*** Y.C. Ho et F. Chai, Bull. Bot. Res., Harbin 9 (4): 32. 1989. Zhejiang (浙江): Tianmu Shan (天目山), Laodian (老殿), 1987-05-31, F. Chai (蔡飞) 52 (Holotype: HTC).

浙景天 (中华景天) ***Sedum tosaense*** Makino subsp. ***sinense*** K.T. Fu et G.Y. Rao, Acta Bot. Boreal.-Occid. Sin. 8 (2): 121. 1988. Zhejiang (浙江): Changhua (昌化), 1957-05-12, X.Y. He (贺贤育) 22931 (Holotype: NAS).

皖南景天 ***Sedum wannanense*** X.H. Guo, X.P. Zhang et X.H. Chen, Acta Bot. Yunnan. 21 (1): 25. 1999. Anhui (安徽): Ningguo (宁国), Banqiao (板桥), 1997-05-01, X.P. Zhang et al. (张小平等) 970504 (Holotype: ANUB).

肉红景天 ***Sedum wannanense*** X.H. Guo, X.P. Zhang et X.H. Chen var. ***incarnatum*** X.H. Guo, X.P. Zhang et X.H. Chen, Acta Bot. Yunnan. 21 (1): 26. 1999. Anhui (安徽): Ningguo (宁国), Banqiao (板桥), 1997-06-02, X.P. Zhang et al. (张小平等) 970605 (Holotype: ANUB).

烟台景天 ***Sedum yantaiense*** Debeaux, Actes Soc. Linn. Bordeaux 31:160. 1877. et Fl. du Tché-foû 65. Chan-tong [Shandong] (山东): Yan-tai (烟台) et Ki-tsen-sôo [Qishansuo] (奇山所), 1860 年 , J.O. Debeaux s.n. (Lectotype: P-02346985, designated here, by V. Byalt in Herb. sched. 2016).

136 葡萄科 Vitaceae

牯岭蛇葡萄 ***Ampelopsis brevipedunculata*** (Maxim.) Trautv. var. ***kulingensis*** Rehder, Gentes

Herbarum 1 (1): 36. 1920. Kiangsi [Jiangxi] (江西): Kuling [Guling] (牯岭), 1907-07-28, E.H. Wilson 1703 (Holotype: A).

微毛蛇葡萄 ***Ampelopsis brevipedunculata*** (Maxim.) Trautv. var. ***kulingensis*** Rehder fo. ***puberula*** W.T. Wang, Acta Phytotax. Sin. 17 (3): 78. 1979. Jiangxi (江西): Chienshan [Yanshan] (铅山), Yanbu (盐埠), Dakeng (大坑), 1958-08-11, P.C. Chiu (裘佩熹) 1887 (Holotype: PE).

江西蛇葡萄 ***Ampelopsis jiangxiensis*** W.T. Wang, Bull. Bot. Res., Harbin 1 (1-2): 170. 1981. Jiangxi (江西): Anyuan (安远), Banshi (版石), Ge'ao (葛坳), 1958-05-31, C.M. Hu (胡启明) 2206 (Holotype: LBG).

山地乌蔹莓 ***Causonis montana*** Z.H. Chen, Y.F. Lu et X.F. Jin, Phytotaxa 475 (4): 261. 2020. Zhejiang (浙江): Jingning (景宁), Wangdongyang (望东垟), Yujikeng (渔漈坑), 2017-08-01, Z.H. Chen et al. (陈征海等) JN17080104A (Holotype: ZM).

文采乌蔹莓 ***Causonis wentsiana*** Z.H. Chen, F. Chen et X.F. Jin, Phytotaxa 475 (4): 257. 2020. Zhejiang (浙江): Wencheng (文成), Mt. Tongling [Tongling Shan] (铜铃山), 2017-07-10, Z.H. Chen et al. (陈征海等) WC17061004 (Holotype: ZM).

Cayratia oligocarpa (H. Lév. et Vaniot) Gagnep. fo. ***glabra*** Gagnep., Notul. Syst. (Paris) 1: 360. 1911. Fo-kien [Fujian] (福建), J. de La Touche s.n. (Syntype: P).

锈毛爬山虎 ***Parthenocissus tricuspidata*** (Siebold et Zucc.) Planch. var. ***ferruginea*** W.T. Wang, Bull. Bot. Res., Harbin 1 (1-2): 171. 1981. Jiangxi (江西): Zixi (资溪), Matoushan Xiang (马头山乡), 1958-07-14, M.X. Nie (聂敏祥) 3413 (Holotype: LBG).

华东拟乌蔹莓 ***Pseudocayratia orientalisinensis*** Z.H. Chen, W.Y. Xie et X.F. Jin, Phytotaxa 475 (4): 261. 2020. Zhejiang (浙江): Jingning (景宁), Caoyutang (草鱼塘), 2017-08-04, Z.H. Chen et al. (陈征海等) JN17080401 (Holotype: ZM).

Pseudocayratia speciosa J. Wen et L.M. Lu, J. Syst. Evol. 56 (4): 377. 2018. Fujian (福建): Wuyi Shan (武夷山), Tongmu (桐木), 2011-07-13, J. Wen (文军) 12047 (Holotype: US).

Vitis adstricta Hance, J. Bot. 20: 258.1882. An-hwei [Anhui] (安徽): Wuhu (芜湖), 1881-05, T.L. Bullock s.n. (Holotype: BM, Herb. Hance n. 21978).

三出葡萄 (三出蘡薁) ***Vitis adstricta*** Hance var. ***ternata*** W.T. Wang, Acta Phytotax. Sin. 17 (3): 76. 1979. Chekiang [Zhejiang] (浙江): Hangchow [Hangzhou] (杭州), [Yunqi] (云栖), 1958-05-09, 杭州植物园 (应为章绍尧) 15 (Holotype: PE).

东南葡萄 ***Vitis chunganensis*** Hu, J. Arnold Arbor. 6: 143.1925. Fokien [Fujian] (福建): Chung-An [Chong'an] (崇安), 1921-09 [07]-27, H.H. Hu (胡先骕) 1348 (Holotype: A).

闽赣葡萄 ***Vitis chungii*** F.P. Metcalf, Lingnan Sci. J. 11: 102.1932. Fukien [Fujian] (福建): Liu Kai Kan, S.T. Dunn 751-HH 2500 (Syntype: A), Shao-Wu (邵武), S.T. Dunn 1425-HH 2499 (Syntype: ?), Yenping [Yanping] (南平市延平区), Buong-Kang [Bankan] (半坎), Chung (钟心煊) 3668 (Syntype: A); Kiangsi [Jiangxi] (江西): Near Pinghsiang [Pingxiang] (萍乡),

Wang Te-Hui (王德辉) Pl. Sin. 160 (Syntype: A).

顺昌刺葡萄 ***Vitis davidii*** (Rom. Caill.) Foëx var. ***hispida*** X.D. Wang et S.C. Chen, Acta Phytotax. Sin. 37 (6): 603. 1999. Fujian (福建): Shunchang (顺昌), Jiatou Cun (甲头村), 1986-07-17, M.S. Li et Z.Y. Li (李明生 , 李振宇) 5859 (Holotype: PE).

红叶葡萄 ***Vitis erythrophylla*** W.T. Wang, Bull. Bot. Res., Harbin 1 (1-2): 168. 1981. Jiangxi (江西): Fuliang (浮梁), Lifang (礼芳), 1959-05-03, Q.H. Li et C. Chen (李启和 , 陈策) 731 (Holotype: LBG).

山毛榉叶葡萄 ***Vitis fagifolia*** Hu, J. Arnold Arbor. 6 (3): 142. 1925. Chekiang [Zhejiang] (浙江): Taichow [Taizhou] (台州), 1924-04-30, R.C. Ching (秦仁昌) 1297 (Holotype: A).

菱叶葡萄 ***Vitis hancockii*** Hance, J. Bot. 20 (229): 4. 1882. Che-kiang [Zhejiang] (浙江): Ning-po [Ningbo] (宁波), 1877-05-06, W. Hancock s.n. (Holotype: BM, Herb. Hance n. 21220).

庐山葡萄 ***Vitis hui*** W.C. Cheng, Contr. Biol. Lab. Sci. Soc. China, Bot. Ser.10: 77. 1935. Kiangsi [Jiangxi] (江西): Lu Shan (庐山), near Chichiensze [Qixian Si] (栖贤寺),1934-08-18, H.H. Hu (胡先骕) 2543 (Holotype: PE).

井冈葡萄 ***Vitis jinggangensis*** W.T. Wang, Bull. Bot. Res., Harbin 1 (1-2): 167.1981. Jiangxi (江西): Jinggang Shan (井冈山), 1965-11-19, S.S. Lai et al. (赖书绅等) 5628 (Holotype: LBG).

金寨山葡萄 ***Vitis jinzhainensis*** X.S. Shen, Acta Phytotax. Sin. 27 (4): 304. 1989. Anhui (安徽): Jinzhai (金寨), 1983-10-04, X.S. Shen (沈显生) 2022 (Holotype: PE).

龙泉葡萄 ***Vitis longquanensis*** P.L. Chiu, Bull. Bot. Res., Harbin 10 (3): 41. 1990. Zhejiang (浙江): Longquan (龙泉), [from Linggen to Maoshan] (自岭根上昴山), 1973-07-21, P.L. Chiu (裘宝林) 1571 (Holotype: HHBG).

毛脉葡萄 ***Vitis piloso-nerva*** [***Vitis pilosonerva***] F.P. Metcalf, Lingnan Sci. J. 11: 14. 1932. Fukien [Fujian] (福建): Yenping [Yanping] (南平市延平区), 3800 steps (三千八百坎), Dunn 937-HH 2506 (Holotype: A).

华东葡萄 ***Vitis pseudoreticulata*** W.T. Wang, Acta Phytotax. Sin. 17 (3): 73. 1979. Chekiang [Zhejiang] (浙江): Hangchow [Hangzhou] (杭州), [Feilaifeng] (飞来峰), 1968-06-14, 杭州植物园 (应为章绍尧) 394 (Holotype: PE).

温州葡萄 ***Vitis wenchowensis*** C. Ling ex W.T. Wang, Acta Phytotax. Sin. 17(3): 74. 1979. Chekiang [Zhejiang] (浙江): Rueian [Rui'an] (瑞安), [Hongshuang Forest. Station] (红双林场), 1972-06-30, C. Ling (林泉) 1152 (Holotype: PE).

仙居葡萄 ***Vitis wentsaiana*** P.L. Chiu, Bull. Bot. Res., Harbin 10 (3): 40. 1990. Zhejiang (浙江): Xianju (仙居), [Xiachen Cun] (下陈村), 1978-05-10, C.F. Zhang (张朝芳) 3802 (Holotype: HZU).

毛叶武汉葡萄 ***Vitis wuhanensis*** C.L. Li var. ***arachnoidea*** X.D. Wang et C.L. Li, Acta Phytotax.

Sin. 37 (6): 604. 1999. Jiangxi (江西): Pingxiang (萍乡), 1954-05-27, Jiangxi Exped. (江西队) 00554 (Holotype: PE).

浙江蘡薁 ***Vitis zhejiang-adstricta*** P.L. Chiu, Bull. Bot. Res., Harbin 10 (3): 39. 1990. Zhejiang (浙江): Lin'an (临安), [Changhua] (昌化), [Longtang Shan] (龙塘山), 1979-08-07, C.F. Zhang (张朝芳) 5099 (Holotype: HZU).

140 豆科 Fabaceae

土圞儿 ***Apios fortunei*** Maxim., Bull. Acad. Imp. Sci. Saint-Pétersbourg 18: 396. 1873. [Fujian] (福建): [Xiamen] (厦门), 1845 年 , R. Fortune A.44〔Lectotype: LE, designated by Yu. Roskov in Новости систематики высших растений (Novosti Sistematiki Vysshikh Rastenii, News of the taxonomy of higher plants.) T. 35. СПб. 230. 2003〕.

白花紫荆 ***Cercis chinensis*** Bunge fo. ***alba*** P.S. Hsu, Acta Phytotax. Sin. 11 (2):193. 1966. Shanghai (上海): campus of Futan Univ. (复旦大学校园), Cult., 1964-04-21, P.S. Hsu (徐炳声) 1548 (Holotype: FUS).

短毛紫荆 ***Cercis chinensis*** Bunge fo. ***pubescens*** C.F. Wei, Guihaia 3 (1): 15. 1983. Jiangsu (江苏): Nanking Inst. Bot. (南京植物研究所), Cult., R.D. Chen (陈荣道) s.n. (Holotype: IBSC).

粉红紫荆 ***Cercis chinensis*** Bunge fo. ***rosea*** P.S. Hsu, Acta Phytotax. Sin. 11 (2): 193. 1966. Shanghai (上海): Lung-hua Nursery [Longhua Miaopu] (龙华苗圃), Cult., 1965-04-04, P.S. Hsu (徐炳声) 1727 (Holotype: FUS).

黄山紫荆 ***Cercis chingii*** Chun, J. Arnold Arbor. 8: 20. 1927. Anhwei [Anhui] (安徽): Kweichow [Hweichow] [Huizhou] (徽州), 1925-09-10, R.C. Ching (秦仁昌) 3332 (Isotype: A).

白花黄山紫荆 ***Cercis chingii*** Chun fo. ***albiflora*** S.H. Jin et D.D. Ma, J. Zhejiang Forest. Coll. 27 (2): 277. 2010. Zhejiang (浙江) : Lin'an (临安), Jincheng (锦城), Cult., 2009-03-23, S.H. Jin et al. (金水虎等) JM0001 (Holotype: ZJFC).

香槐 ***Cladrastis wilsonii*** Takeda, Notes Roy. Bot. Gard. Edinburgh 8 (38): 103.1913. et Pl. Wilson. (Sargent) 2 (1): 97. 1914. Kiangsi [Jiangxi] (江西): Kuling [Guling] (牯岭), 1907-08-01, E.H. Wilson 1535 (Syntype: A).

Coronilla buxifolia Hance, Ann. Sci. Nat., Bot. sér. 4, 18: 219. 1862. Fokien [Fujian] (福建): Amoy [Xiamen] (厦门), 1857-11, s.coll. s.n. (Holotype: BM, Herb. Hance n.1477).

Crotalaria rufescens Franch., Pl. David. 1: 79. 1884. Kiang-si [Jiangxi] (江西): Kiukiang [Jiujiang] (九江), A. David 792 (Holotype: P).

天台猪屎豆 ***Crotalaria tiantaiensis*** Y.C. Jiang, X.Y. Zhu, Y.F. Du et H. Ohashi, J. Jap. Bot

79 (6): 373. 2004. Zhejiang (浙江): Tiantai (天台), 1928-09-10, s.coll. 839 (Holotype: PE).

上海黄檀 ***Dalbergia sacerdotum*** Prain, J. Asiat. Soc. Bengal, Pt. 2, Nat. Hist. 70: 42. 1901. Shanghai (上海), Hélot et d'Argy 75 (Holotype: P).

侧序长柄山蚂蝗 ***Desmodium laterale*** Schindl., Repert. Spec. Nov. Regni Veg. 22: 258. 1926. Fukien [Fujian] (福建): Amoy [Xiamen] (厦门), Price 1214 et 1184 (Syntypes: ?).

Desmodium racemosum (Thunb.) DC. var. ***pubescens*** F.P. Metcalf, Lingnan Sci. J. 19 (4): 605. 1940. Fukien [Fujian] (福建), 1924-08, R.C. Ching (秦仁昌) 2513 (Holotype: US).

Euchresta tenuifolia Hemsl., J. Linn. Soc., Bot. 23 (154): 200. 1887. Chekiang [Zhejiang] (浙江): Ningpo [Ningbo] (宁波), W.M. Cooper s.n. (Holotype: K).

Gleditschia xylocarpa [***Gleditsia xylocarpa***] Hance, J. Bot. 22: 366. 1884. Shanghai (上海), 1881-10, T.L. Bullock s.n. (Holotype: BM, Herb. Hance n. 22252).

Gueldenstaedtia giraldii Harms subsp. ***glabra*** Jacot, J. N. China Roy. Asiat. Soc. 58: 113. 1927. [Shandong] (山东): Tsinan [Jinan] (济南), s.coll. s.n (Holotype: NY).

Gueldenstaedtia giraldii Harms var. ***alba*** Jacot, J. N. China Roy. Asiat. Soc.58: 113. 1927. [Shandong] (山东): Tsinan [Jinan] (济南) et Tsingtao [Qingdao] (青岛), s.coll. s.n. (Syntypes: NY).

Gueldenstaedtia guilloni [***Gueldenstaedtia guillonii***] Franch., Mém. Soc. Sci. Nat. Math. Cherbourg 24: 210. 1884. Shan-tung [Shandong] (山东): Tché-foû [Yantai] (烟台), R.P. Guillon s.n. (Holotype: P)

Gueldenstaedtia maritima Maxim., Bull. Soc. Imp. Naturalistes Moscou 54 (1): 7. 1879. [Shandong] (山东): Tschifu [Yantai] (烟台),1875-04-12,W. Hancock 20〔Lectotype: LE, designated by Yu. Roskov in Новости систематики высших растений (Novosti Sistematiki Vysshikh Rastenii, News of the taxonomy of higher plants.) T. 36. СПб. 261. 2004〕.

白花米口袋 ***Gueldenstaedtia multiflora*** Bunge fo. ***alba*** F.Z. Li, Acta Phytotax. Sin. 22 (2): 152. 1984. Shandong (山东): Tai Shan (泰山), 1980-05-05, F.Z. Li (李法曾) 0512 (Holotype: SDFS).

肥皂荚 ***Gymnocladus chinensis*** Baill., Bull. Mens. Soc. Linn. Paris 1: 34.1875. et Compt. Rend. Franç. Avane. Sci. 3: 418. t. 4. 1875. Neotype: t. 4, designated by Y.T. Lee in J. Arnold Arbor. 57 (1): 106. 1976. 由 P. Heudes 引自 Shangai [Shanghai] (上海).

苏木蓝 ***Indigofera carlesii*** Craib, Notes Roy. Bot. Gard. Edinburgh 8 (36): 48. 1913. [Jiangsu] (江苏): Chinkiang [Zhenjiang] (镇江), Carles 514 (Holotype: E).

南京木蓝 ***Indigofera chenii*** S.S. Chien, Contr. Biol. Lab. Sci. Soc. China, Bot. Ser. 9: 150. 1934. Kiangsu [Jiangsu] (江苏): Nanking [Nanjing] (南京), Santaitung [Santaidong] (三台洞), 1926-09-11, C.N. Chen (陈长年) 2011 (Holotype: PE).

宁波木蓝 ***Indigofera cooperi*** Craib, Notes Roy. Bot. Gard. Edinburgh 8 (36): 50. 1913.

Chekiang [Zhejiang] (浙江): Ningpo [Ningbo] (宁波), W.M. Cooper s.n. (Holotype: K).

庭藤 ***Indigofera decora*** Lindl., J. Hort. Soc. Lond. 1: 68. 1846. [Fujian] (福建): [Xiamen] (厦门), R. Fortune A60 (Holotype: ?). 《中国植物志》记载模式采自福建厦门 .

Indigofera faberii [***Indigofera faberi***] Craib, Notes Roy. Bot. Gard. Edinburgh 8 (36): 52. 1913. Chekiang [Zhejiang] (浙江): Tien Tai Mountains [Tiantai Shan] (天台山), E. Faber 243 (Holotype: K).

华东木蓝 ***Indigofera fortunei*** Craib, Notes Roy. Bot. Gard. Edinburgh 8 (36): 53. 1913. [Fujian] (福建): [Xiamen] (厦门), R. Fortune 43 (Holotype: K).

光叶木蓝 ***Indigofera glabra*** S.S. Chien, Contr. Biol. Lab. Sci. Soc. China, Bot. Ser. 8: 130. 1932. Chekiang [Zhejiang] (浙江): Siachu [Xianju] (仙居), 1924-05-30, R.C. Ching (秦仁昌) 1685 (Holotype: PE).

白花吉氏木蓝 ***Indigofera kirilowii*** Maxim. ex Palib. fo. ***alba*** D.K. Zang, J. Shandong Agri. Univ., Nat. Sci. Ed. 32 (3): 315. 2001. Shandong (山东): Yantai (烟台), Qixia (栖霞), J. Li (李健) 99060 (Holotype: SDAU).

长总梗木蓝 ***Indigofera longipedunculata*** Y.Y. Fang et C.Z. Zheng, Acta Phytotax. Sin. 21 (3): 331. 1983. Zhejiang (浙江): Yin Xian (鄞县 , 今鄞州), Siming Shan(四明山), Yangtian Hu (仰天湖), 1978-05-17, C.F. Zhang (张朝芳) 38911 [3891] (Holotype: HZU).

浙江木蓝 ***Indigofera parkesii*** Craib, Notes Roy. Bot. Gard. Edinburgh 8 (36): 59.1913. China [Zhejiang] (浙江), Parkes s.n. (Holotype: K).

多叶浙江木蓝 ***Indigofera parkesii*** Craib var. ***polyphylla*** Y.Y. Fang et C.Z. Zheng, Acta Phytotax. Sin. 21 (3): 336. 1983. Jiangxi (江西): Zixi (资溪), M.X. Nie et S.S. Lai (聂敏祥 , 赖书绅) 3394 (Holotype: PE).

Indigofera subnuda Craib, Notes Roy. Bot. Gard. Edinburgh 8 (36): 62. 1913. Hills near Shanghai (上海), 1887-04-17, Carles s.n. (Holotype: E).

安徽山黧豆 ***Lathyrus anhuiensis*** Y.J. Zhu et R.X. Meng, Acta Phytotax. Sin. 24 (5): 402. 1986. Anhui (安徽): Xuan Cheng (宣城), Shui Dong (水东), 1981-05-26, Y.J. Zhu (朱玉简) 810031 (Holotype: SAAC).

尾叶山黧豆 ***Lathyrus caudatus*** Z. Wei et H.P. Tsui, Bull. Bot. Res., Harbin 4 (1): 49. 1984. Zhejiang (浙江): Jiande (建德), 1976-05-04, Museum Zhejiang (浙博调查队) 4253 (Holotype: PE).

Lespedeza anhweiensis Ricker, Lingnan Sci. J. 20 (2-4): 200. 1942. Anhwei [Jiangxi] (江西): Wuyuan (婺源), 1925-09-04, R.C. Ching (秦仁昌) 8997 (Holotype: US).

Lespedeza chekiangensis Ricker, Lingnan Sci. J. 20 (2-4): 201. 1942. Chekiang [Zhejiang] (浙江), 1910 [1921]-09-23, K.K. Tsoong (钟观光) 4170 (Holotype: NY, lost).

Lespedeza ciliata Benth., Hooker's J. Bot. Kew Gard. Misc. 4: 48. 1852. [Zhejiang] (浙江):

Chusan [Zhoushan] (舟山), R. Fortune 42 (Syntype: K); [Fujian] (福建): Chinchew [Quanzhou] (泉州), R. Fortune 31 (Syntype: K).

大叶胡枝子 ***Lespedeza davidi*** [***Lespedeza davidii***] Franch., Nouv. Arch. Mus. Hist. Nat. sér. 2, 5: 246. 1883. et Pl. David. 1: 94. 1884. Kiang-si [Jiangxi] (江西): Kiu-kiang [Jiujiang] (九江), 1868-09, A. David 925 (Holotype: P).

无翅大叶胡枝子 ***Lespedeza davidii*** Franch. var. ***exalata*** L.H. Lou, J. Zhejiang Forest. Coll. 7 (1): 33. 1990. Zhejiang (浙江): Lin'an (临安), Tong Tian-mou-shan [Dongtianmu Shan](东天目山), 1987-09-05, Lou Lu-huan (楼炉焕) 4009 (Holotype: ZJFC).

春花胡枝子 ***Lespedeza dunnii*** Schindl., Bot. Jahrb. Syst. 49 (5): 585. 1913. Fukien [Fujian] (福建), S.T. Dunn HH-2560 (Holotype: A).

江西胡枝子 ***Lespedeza jiangxiensis*** Bo Xu, X.F. Gao et Li Bing Zhang, Syst. Bot. 38 (1): 124. 2013. Jiangxi (江西): Wuning (武宁), Shimenlou (石门楼), Shang'ao Village (上坳村), 2008-09-25, B. Xu (徐波) 198 (Holotype: CDBI).

Lespedeza merrilli [***Lespedeza merrillii***] Ricker, Lingnan Sci. J. 20 (2-4): 202. 1942. Chekiang [Zhejiang] (浙江): Yen Tang Shan [Yandang Shan] (雁荡山), 1927-07-21, C.Y. Chiao (焦启源) 14377 (Holotype: US).

Lespedeza metcalfii Ricker, Amer. J. Bot. 33: 258. 1946. Anhwei [Anhui] (安徽): Chien Shan [Qianshan] (潜山), Tien Chu Shan [Tianzhu Shan] (天柱山), 1936-06-24, C.S. Fan et Y.Y. Li (樊庆笙 , 李养源) 215 (Holotype: A).

短叶胡枝子 ***Lespedeza mucronata*** Ricker, Amer. J. Bot. 33: 257.1946. Fukien [Fujian] (福建): Amoy [Xiamen] (厦门), Nanputo [Nanputuo] (南普陀), 1926-11-21, H.H. Chung (钟心煊) 5384 (Holotype: A).

Lespedeza paradoxa Ricker, Amer. J. Bot. 33: 258. 1946. Anhwei [Anhui] (安徽): Chiuwashan [Jiuhua Shan] (九华山), 1933-08-17, S.C. Sun (孙祥钟) 1174 (Holotype: A).

中华垂花胡枝子 ***Lespedeza penduliflora*** (Oudem.) Nakai subsp. ***cathayana*** L.Chu Li, Y.L. Lu et D.X. Gu ex P.S. Hsu, Acta Phytotax. Sin. 11 (2): 193. 1966. Shanghai (上海): Zu-shan [She Shan] (佘山), 1964-10-19, C.N. Yen (严增南) 2947 (Holotype: FUS).

宽叶胡枝子 ***Lespedeza pseudomaximowiczii*** D.P. Jin, Bo Xu et B.H. Choi, Korean J. Pl. Taxon. 48 (3): 159. 2018. Zhejiang (浙江): Lin'an (临安), Tianmu Mt. [Tianmu Shan] (天目山), 2013-08-18, Bo Xu (徐波) 2013-429 (Holotype: IUI).

Lespedeza swinhoei Hance, Ann. Sci. Nat., Bot. sér. 5, 5: 210. 1866. Fokien [Fujian] (福建): insulis Lam-yet, 1860 年 , R. Swinhoe s.n. (Holotype: BM, Herb. Hance n. 6528).

浙江马鞍树 ***Maackia chekiangensis*** S.S. Chien, Contr. Biol. Lab. Sci. Soc. China, Bot. Ser. 8: 132. 1932. Chekiang [Zhejiang] (浙江): Chu-Chi [Zhuji] (诸暨), 1932-07-15, T.S. Chen [M. Chen] (陈尊三 , 即陈谋) 3684 (Holotype: PE).

马鞍树 *Maackia hupehensis* Takeda, Pl. Wilson. (Sargent) 2 (1): 98.1914. Kiangsi [Jiangxi] (江西): Kuling [Guling] (牯岭), 1907-07-29, E.H. Wilson 1716 (Syntype: A).

江西崖豆藤 *Millettia kiangsiensis* Z. Wei, Acta Phytotax. Sin. 23 (4): 283. 1985. Jiangxi (江西): Wuning (武宁), Y.G. Xiong (熊耀国) 4143 (Holotype: LBG).

紫花江西崖豆藤 *Millettia kiangsiensis* Z. Wei fo. ***purpurea*** Z.H. Cheng [Z.H. Chen], J. Zhejiang Forest. Coll. 4 (1): 70. 1987. Zhejiang (浙江): Tonglu (桐庐), Fenshui (分水), 1986-06-28, Z.H. Cheng [Z.H. Chen] (陈征海) 86081 (Holotype: ZFSD).

网络崖豆藤 *Millettia reticulata* Benth., Pl. Jungh. (Miquel) 2: 249. 1852. China, R. Fortune A95 (Holotype: P).《中国植物志》记载模式标本采自福建 .

闽油麻藤 *Mucuna cyclocarpa* F.P. Metcalf, Lingnan Sci. J. 19: 561. 1940. Fukien [Fujian] (福建)-Kiangsi [Jiangxi] (江西) border: In Monte Dunghwa-schan [Donghua Shan] (东华山) inter Schitscheng [Shicheng] (石城) et Ninghwa [Ninghua] (宁化), Tungtien-schan [Tongtian Zhai] (通天寨), 1921-05-07, Wang-Te-Hui (王德辉) Pl. Sin. 334 (Holotype: A).

Ormosia henryi Hemsl. et E.H. Wilson, Bull. Misc. Inform. Kew 1906 (5): 156. 1906. Chekiang [Zhejiang] (浙江), Hichen s.n. (Syntype: ?).

江阴红豆树 *Ormosia taiana* C.Y. Chiao, Sinensia 3: 349. 1933. Kiangsu [Jiangsu] (江苏): Kiangying [Jiangyin] (江阴), Ku Shan [Gu Shan] (顾山), 1932-08-15, Mrs. F.L. Tai (戴芳澜夫人) 1 (Holotype: N-26997).

Pueraria argyi H. Lév. et Vaniot, Bull. Soc. Bot. France 55: 426. 1908. Kiang-Sou [Jiangsu] (江苏), d'Argy s.n. (Holotype: E).

Pueraria koten H. Lév. et Vaniot, Bull. Soc. Bot. France 55: 426. 1908. Chan-tong [Shandong] (山东): Tche-fou [Yantai] (烟台), 1889-09-10, E. Bodinier s.n. (Holotype: P).

白花葛藤 *Pueraria montana* (Lour.) Merr. var. ***culaishanensis*** D.K. Zang, J. Shandong Agri. Unvi., Nat. Sci. Ed. 47 (1): 30. 2016. Shandong (山东): Tai'an (泰安), Culai Shan (徂徕山), Taipingding (太平顶), 2012-07-07, D.K. Zang (臧德奎) 12990 (Holotype: SDAU).

Rhynchosia argyi H. Lév., Mem. Real Acad. Ci. Barcelona 12 (22): 15. 1916. Kiangsu [Jiangsu] (江苏), P.C. d'Argy 40 (Syntype: E); Chang-Hay [Shanghai] (上海): Zi-Ka-Wei [Xujia hui] (徐家汇),1891-09, E. Bodinier s.n. (Syntype: E).

Rhynchosia volubilis Lour. var. ***leiocarpa*** S.S. Chien, Contr. Biol. Lab. Sci. Soc. China, Bot. Ser. 9 (2): 160. 1934. Kiangsu [Jiangsu] (江苏): Nanking [Nanjing] (南京), Spirit Valley(灵谷寺), 1928-10-03, S.S. Chien (钱崇澍) 379 (Syntype: ?), 1933-10-24, C. Pei (裴鉴) 3365 (Syntype: ?); Chimingsze [Jiming Si] (鸡鸣寺), 1929-10-13, W.C. Chow 203 (Syntype: ?), 1921-10-24, L.F. Tsu 1423 (Syntype:?); Kiangpu [Jiangpu] (江浦), Laushan [Lao Shan] (老山), 1929-09-19, W.C. Cheng (郑万钧) 244 (Syntype: ?); Paohuashan [Baohua Shan] (宝华山), 1926-10, C.N. Chen (陈长年) 2245 (Syntype: ?), 1933-11-06, C. Pei (裴鉴) 3454 (Syntype: ?); Kwanshan

[Kunshan]（昆山）, Ma'an Shan(马鞍山), 1926-08-27, C.L. Tso（左景烈）1651 (Syntype: PE), 1931-08-27, C.C. Chang 1542 (Syntype: ?).

短蕊槐 *Sophora brachygyna* C.Y. Ma, Acta Phytotax. Sin. 20 (4): 472. 1982. Zhejiang（浙江）: Tianmu Shan(天目山), Qiaonong Cun（乔农村）, 1958-08-02, X.Y. Ho（贺贤育）25173 (Holotype: HHBG).

闽槐 *Sophora franchetiana* Dunn, J. Linn. Soc., Bot. 38 (267): 358. 1908. [Fujian]（福建）: banks of the Yuen Fu River [Yongfu Jiang]（永福江，今大樟溪）near Foochow [Fuzhou]（福州）, S.T. Dunn HH-2582 (Holotype: HK).

曲阜槐 *Sophora vestita* Nakai, J. Jap. Bot. 18 (5): 222. 1942. Shantung [Shandong]（山东）: Tchefou [Yantai]（烟台）, Fauvel s.n. (Holotype: P).

霍州油菜 *Thermopsis chinensis* Benth. ex S. Moore, J. Bot. 16: 131.1878. [Fujian]（福建）: [Xiamen]（厦门）, R. Fortune A.54 (Syntype: ?); Shanghai（上海）, Maingay s.n. (Syntype: ?); Chekiang [Zhejiang]（浙江）: Ningpo [Ningbo]（宁波）, C.W. Everard s.n. (Syntype: K).

福建狸尾豆 *Uraria fujianensis* Y.C. Yang et P.H. Huang, Bull. Bot. Res., Harbin 1 (3): 11. 1981. Fujian（福建）: Shaxian（沙县）, Q.L. Chen（陈青莲）109 (Holotype: PE).

长苞狸尾豆 *Uraria longibracteata* Y.C. Yang et P.H. Huang, Bull. Bot. Res., Harbin 1 (3): 14. 1981. Fujian（福建）: Yong'an（永安）, Y. Ling（林镕）2622 (Holotype: PE).

合肥小巢菜 *Vicia hirsuta* (L.) Gray var. ***hefeiana*** J.Q. He, Bull. Bot. Res., Harbin 14 (2): 148. 1994. Anhui（安徽）: Hefei（合肥）, 1979-04-28, J.Q. He（何家庆）0076 (Holotype: ANU).

牯岭野豌豆 *Vicia kulingana* L.H. Bailey, Gentes Herbarum 1 (1): 33. 1920. Kiangsi [Jiangxi]（江西）: Kuling [Guling]（牯岭）, 1917-07-20, L.H. Bailey s.n. (Syntype: ?), E.H. Wilson 1619 (Syntype: ?).

Vicia nipponica Matsum. var. ***normalis*** Matsuda, Bot. Mag. (Tokyo) 27 (322): 208. 1913. Chekiang [Zhejiang]（浙江）: Ningpo [Ningbo]（宁波）, Chang Chih Ming（张之铭）s.n. (Holotype: ?).

Vicia rapunculus Debeaux, Actes Soc. Linn. Bordeaux 31: 144. 1877. Chan-tong [Shandong]（山东）: Tché foû [Yantai]（烟台）, 1860-09-01, J.O. Debeaux s.n. (Holotype: ?).

无卷须巢菜 *Vicia sativa* L. var. ***ecirrhosa*** J.Q. He, Bull. Bot. Res., Harbin 14 (2): 147. 1994. Anhui（安徽）: Hefei（合肥）, 1981-04-23, J.Q. He（何家庆）03257 (Holotype: ANU).

白花长柔毛野豌豆 *Vicia villosa* Roth var. ***alba*** Y.Q. Zhu, Bull. Bot. Res., Harbin 20 (1): 7. 2000. Shandong（山东）: Tai'an（泰安）, Tai Shan（泰山）, 1995-05-27, Y.Q. Zhu（朱英群）95010 (Holotype: SDFS).

142 远志科 Polygalaceae

黄花倒水莲 ***Polygala fallax*** Hemsl. ex F.B. Forbes et Hemsl., J. Linn. Soc., Bot. 23: 59. 1886. Fokien [Fujian] (福建): Amoy [Xiamen] (厦门),1870-06, R. Swinhoe s.n. (Holotype: A).

宜兴远志 ***Polygala kinii*** Courtois, Mem. Hist. Nat. Emp. Chin. 6 (1): 34. 1920. Kiang-Sou [Jiangsu] (江苏): I-hing [Yixing] (宜兴), 1918-10-01, Courtois 22008 (Syntype: NAS); 1918-10-02, Courtois 22100 (Syntype: NAS).

Polygala latouchei Franch., Bull. Soc. Bot. France 46: 206. 1899. Fokien [Fujian] (福建): Kuatun [Guadun] (挂墩), 1896-04, J. de La Touche s.n. (Holotype: P).

狭叶香港远志 ***Polygala stenophylla*** Hayata, Icon. Pl. Formosan. 3: 33. 1913. Fokien [Fujian] (福建): Kosan [Gu Shan] (鼓山), 1910-04, S. Nagasawa (永泽定一) 226 (Holotype: ?).

143 蔷薇科 Rosaceae

Amelanchier racemosa Lindl., Edwards's Bot. Reg. 33: sub pl. 38. 1847. [Zhejiang] (浙江): [Zhoushan] (舟山), 1846 年 , R. Fortune 29 (Isotype: K).

仙居杏 ***Armeniaca xianjuxing*** J.Y. Zhang et X.Z. Wu, Bull. Bot. Res., Harbin 29 (1): 1. 2009. Zhejiang (浙江): Xianju (仙居), Baita (白塔), Mt. Kuocangsan [Kuocang Shan] (括苍山), 2008-05-16, J.Y. Zhang et al. (张加延等) 2008-1 (Holotype: LNIP).

政和杏 ***Armeniaca zhengheensis*** J.Y. Zhang et M.N. Lu, Acta Phytotax. Sin. 37 (1): 105. 1999. Fujian (福建): Zhenghe (政和), Waitun (外屯), Mt. Chouling [Chouling Shan] (稠岭山), 1996-07-17, J.Y. Zhang et al. (张加延等) 96-1 (Holotype: LNIP).

武夷红樱 ***Cerasus campanulata*** (Maxim.) Masam. et S. Suzuki var. ***wuyiensis*** X.R. Wang, X.G. Yi et C.P. Xie, Acta Bot. Yunnan. 29 (6): 616. 2007. Fujian (福建): Wuyi Shan (武夷山), 2006-03-06, X.G. Yi (伊贤贵) 30604 (Holotype: NF).

迎春樱桃 ***Cerasus discoidea*** T.T. Yü et C.L. Li, Acta Phytotax. Sin. 23(3): 211. 1985. Zhejiang (浙江): Xitianmu Shan (西天目山), 1957-05-24, Deng Mao-bin et al. (邓懋彬等) 4073 (Holotype: PE).

白花迎春樱 ***Cerasus discoidea*** T.T. Yü et C.L. Li fo. ***albiflora*** H.Q. Bai et Z.H. Chen, J. Hangzhou Norm. Univ., Nat. Sci. Ed. 16 (5): 520. 2017. Zhejiang (浙 江): Deqing (德 清), Mount. Mogan [Mogan Shan] (莫干山), 2015-03-27, X.F. Jin et Z.H. Chen (金孝锋 , 陈征海) DQ001 (Holotype: HTC).

凤阳山樱桃 ***Cerasus fengyangshanica*** L.X. Ye et X.F. Jin, J. Hangzhou Norm. Univ., Nat.

Sci. Ed. 16 (1): 22. 2017. Zhejiang (浙江): Longquan (龙泉), Mount. Fengyang [Fengyang Shan] (凤阳山), Shangyuqiao (上于桥), 2015-05-14, X.F. Jin (金孝锋) 3502 (Holotype: HTC).

沼生矮樱 ***Cerasus jingningensis*** Z.H. Chen, G.Y. Li et Y.K. Xu, J. Zhejiang Forest. Sci. Tech. 32 (4): 81. 2012. Zhejiang (浙江): Jingning (景宁), Dayang Hu (大仰湖), Y.K. Xu et C.G. Zhao (许元科 , 赵昌高) JN1205001 (Holotype: ZJFC, lost), 2013-03-18, Z.H. Chen (陈征海) 2013002 〔Neotype: ZJFC, designated by Y. Wu et al. in Life Sci. Res. 23 (4): 260. 2019〕.

重瓣矮樱 ***Cerasus jingningensis*** Z.H. Chen, G.Y. Li et Y.K. Xu fo. ***pleiopetala*** Z.H. Chen, H.F. Xu et G.Y. Li, J. Hangzhou Norm. Univ., Nat. Sci. Ed.16 (5): 520. 2017. Zhejiang (浙江): Jingning (景宁), Dayang Hu (大仰湖), 2013-03-16, H.F. Xu et Z.H. Chen (徐洪峰 , 陈征海) JN1303001 (Holotype: HTC).

崂山樱花 ***Cerasus laoshanensis*** D.K. Zang, Ann. Bot. Fenn. 54 (1-3): 135. 2017. Shandong (山东): Qingdao (青岛), Laoshan Mout. [Lao Shan] (崂山), 2014-04-20, D.K. Zang (臧德奎) 14007 (Holotype: SDAU).

景宁晚樱 ***Cerasus paludosa*** R.L. Liu, W.J. Chen et Z.H. Chen, J. Hangzhou Norm. Univ., Nat. Sci. Ed.16 (5): 519. 2017. Zhejiang (浙江): Jingning (景宁), Fengshuiyang (枫水垟), 2015-05-13, W.J. Chen (陈伟杰) 3468 (Holotype: HTC).

泰山野樱花 ***Cerasus serrulata*** (Lindl.) Loudon var. ***taishanensis*** Y. Zhang et C.D. Shi, Acta Phytotax. Sin. 37 (1): 87.1999. Shandong (山东): Tai'an (泰安), Mt. Taishan [Tai Shan] (泰山), 1998-05-29, Y. Zhang et C.D. Shi (张毅 , 史传铎) 98001 (Holotype: SDIP).

重瓣早樱 ***Cerasus subhirtella*** (Miq.) S.Y. Sokolov fo. ***multipetala*** F.Y. Zhang, W.Y. Xie et Z.H. Chen, J. Hangzhou Norm. Univ., Nat. Sci. Ed.16 (5): 519. 2017. Zhejiang (浙江): Anji (安吉), Longwang Cun (龙王村), Hujia (胡家), 2015-04-10, F.Y. Zhang et al. (张芬耀等) AJ20150403 (Holotype: HTC).

山东栒子 ***Cotoneaster schantungensis*** G.Klotz, Wiss. Zeitschr. Friedrich-Schiller-Univ. Jena, Mat. Naturwiss. (Beitr. Phytotax., 3) 21 (5-6): 1018. 1972. Schantung [Shandong] (山东): Tsinan fu [Jinan] (济南), Lung Tung [Longdong] (龙洞), 1930-09-07, C.Y. Chiao (焦启源) 3074 (Holotype: BM).

Crataegus academiae H. Lév., Mem. Real Acad. Ci. Barcelona 12 (22): 19.1916. Shanghai (上海): Souo se, 1859-09, d'Argy s.n. (Holotype: E).

Crataegus argyi H. Lév. et Vaniot, Bull. Soc. Bot. France 55: 57.1908. Kiang-Sou [Jiangsu] (江苏): Chang-li-hong; Chang-sun; Vou-ne, d'Argy s.n. (Holotype: E).

重瓣野山楂 ***Crataegus cuneata*** Siebold et Zucc. fo. ***pleniflora*** S.X. Qian, Bull. Bot. Res., Harbin 11 (1): 57. 1991. Zhejiang (浙江): Tiantai (天台), Tiantai Shan (天台山), 1986-05-20, S.X. Qian (钱士心) 10001 (Holotype: SHRMC).

Crataegus korolkowii Regel ex C.K. Schneid., Ill. Handb. Laubholzk. [C.K. Schneider] 1 (5):

770. 1906. [Shandong] (山东): Tschifu [Yantai] (烟台), Wawra 1289 (Syntype: ?).

牯岭山楂 *Crataegus kulingensis* Sarg., Pl. Wilson. (Sargent) 1(2): 179. 1912. Kiangsi [Jiangxi] (江西): Kuling [Guling] (牯岭), 1907-08-01, E.H. Wilson 1526 (Holotype: A).

山东山楂 *Crataegus shandongensis* F.Z. Li et W.D. Peng, Bull. Bot. Res., Harbin 6 (4): 149. 1986. Shandong (山东): Tai Shan (泰山), 1984-05-15, W.D. Peng (彭卫东) 84001 (Holotype: SDFS).

Crataegus stephanostyla H. Lév. et Vaniot, Bull. Soc. Bot. France 55: 57.1908. Kiang-Sou [Jiangsu] (江苏): Si-tcha-chun; Si-souo-se; Zi-se, d'Argy s.n. (Holotype: E).

唐仲璋山楂 *Crataegus tang-chungchangii* F.P. Metcalf, Lingnan Sci. J. 11: 13.1932. Fukien [Fujian] (福建): Kuliang [Guling] (鼓岭), 1924-07, F.P. Metcalf et T.C. Chang [C.C. Tang] (麦克福，唐仲璋) Fukien Christian Univ. 96 (Holotype: A).

Exochorda grandiflora Lindl., Gard. Chron. 1858 (51): 925. 1858. Chekiang [Zhejiang] (浙江), 1855 年 , R. Fortune s.n. (Holotype: ?).

锐齿毛桂樱 *Laurocerasus phaeosticta* (Hance) Schneid. fo. ***pubescentia*** W.D. Han, Bull. Nanjing Bot. Gard. Mem. Sun Yat Sen 1988-1989: 123. 1990. Fujian (福建): Hua'an (华安), W.D. Han (韩维栋) 20781 (Holotype: NF).

福建假稠李 *Maddenia fujianensis* Y.T. Chang, Guihaia 5 (1): 25. 1985. Fujian (福建): Chong'an (崇安), Huanggang Shan (黄岗山), 1981-04-30, Wuyi Exped. (武夷队) s.n. (Holotype: FJSI-016600).

锐齿亚洲海棠 *Malus asiatica* Nakai var. ***argutiserrata*** Hu et F.H. Chen, Acta Phytotax. Sin. 1 (2): 225. 1951. Kiangsi [Jiangxi] (江西): Hsiushui [Xiushui] (修水), Tapanjien [Dabanjian] (大板尖), 1950-07-27, Y.K. Hsiung (熊耀国) 6669 (Holotype: PE).

平邑甜茶 *Malus hupehensis* (Pamp.) Rehder var. ***mengshanensis*** G.Z. Qian et W.H. Shao, Bull. Bot. Res., Harbin 27 (5): 522. 2007. Shandong (山东): Meng Shan (蒙山), Tianmachang (天麻场), 1959-07-24, T.Y. Zhou et al. (周太炎等) 6312 (Holotype: PE).

泰山湖北海棠 *Malus hupehensis* (Pamp.) Rehder var. ***taiensis*** G.Z. Qian, Bull. Bot. Res., Harbin 27 (5): 522. 2007. Shandong (山东): Tai Shan (泰山), Feyesi [Foye Si] (佛爷寺), 1959-09-13, T.Y. Zhou et al. (周太炎等) 7366 (Holotype: PE).

光萼林檎 *Malus leiocalyca* S.Z. Huang, Guihaia 9 (4): 305. 1989. [Cat. Type Spec. Herb. China (Suppl.): 182. 1999]. Fujian (福建): Chong'an (崇安), from Tongmu to Huanggang Shan (桐木至黄岗山), 1981-05-02, Exped. Wuyi (武考队) 2414 (Holotype: IBSC).

歪把海棠 *Malus prunifolia* (Willd) Borkh. var. ***obliquipedicellata*** X.W. Li et J.W. Sun, Bull. Bot. Res., Harbin 13 (4): 336. 1993. Shandong (山东): Tai'an (泰安), Tai Shan (泰山), 1991-05-11, X.W. Li et J.W. Sun (李兴文，孙居文) 91501 (Holotype: SDFS).

井冈山绣线梅 *Neillia jinggangshanensis* Z.X. Yu, Bull. Bot. Res., Harbin 3 (1): 150. 1983.

Jiangxi (江西): Jinggang Shan (井冈山), 1974-05-19, s.coll. 740013 (Holotype: JXAU).

大别山石楠 *Photinia dabeishanensis* M.P. Deng et K. Yao, Bull. Nanjing Bot. Gard. Mem. Sun Yat Sen 1984-1985: 126. 1986. Anhwei [Anhui] (安徽): Jinzhai (金寨), Baimazhai (白马寨), 1984-05-17, M.P. Deng (邓懋彬) 81741〔Lectotype: NAS-00072798, designated by M. Li et al. in Phytotaxa 311 (1): 95. 2017〕.

火棘 *Photinia fortuneana* Maxim., Bull. Acad. Imp. Sci. Saint-Pétersbourg 19 (2): 179.1873. [Fujian] (福建): [Xiamen] (厦门), 1845 年 , R. Fortune A.69 (Holotype: LE).

福建石楠 *Photinia glabra* Hemsl. var. ***fokienensis*** Finet et Franch., Bull. Soc. Bot. France 46: 207. 1899. Fokien [Fujian] (福建): Kuatun [Guadun] (挂墩),1898-05, J. de La Touche s.n. (Holotype: P).

裂叶褐毛石楠 *Photinia hirsuta* Hand. -Mazz. var. ***lobulata*** Yu, Acta Phytotax. Sin. 8 (3): 231. 1963. Fokien [Fujian] (福建): Lien-cheng [Liancheng] (连城),1932-10-24, Y. Ling (林镕) 4167 (Holotype: PE).

陷脉石楠 *Photinia impressivena* Hayata, Icon. Pl. Formosan. 5: 67. 1915. Fokien [Fujian] (福建): Mt. Kozan [Gu Shan] (鼓山), 1909-11, S. Nagasawa (永泽定一) s.n. (Holotype: ?).

脱毛石楠 *Photinia lasiogyna* (Franch.) Schneid. var. ***glabrescens*** L.T. Lu et C.L. Li, Acta Phytotax. Sin. 38 (3): 278. 2000. Jiangxi (江西): Shangrao (上饶), 1972-05-04, Jiangxi Exped. (江西队) 1071 (Holotype: PE).

玉兰叶石楠*Photinia magnoliifolia* Z.H. Cheng [Z.H. Chen], J. Zhejiang Forest. Coll. 3 (1): 35. 1986. Zhejiang (浙江): Lin'an (临安), Qingshan-Suiku [Qingshan Shuiku] (青山水库), 1984-04-15, Z.H. Chen et L.H. Ren (陈征海 , 任玲华) 84006 (Holotype: HHBG).

水花石楠 *Photinia prunifolia* (Hook. et Arn.) Lindl. var. ***denticulata*** Yu, Acta Phytotax. Sin. 8 (3): 228. 1963. Zhejiang (浙江): Pingyang (平阳), 1959-06-28, S.Y. Chang (章绍尧) 5867 (Holotype: PE).

Photinia subumbellata Rehder et E.H. Wilson var. ***villosa*** Cardot, Notul. Syst. (Paris) 3: 379. 1914. Fokien [Fujian] (福建): Fu-tschan [Gu Shan] (鼓山), 1883年, Popow s.n. (Holotype: ?). 更名为 ***Photinia cardotii*** F.P. Metcalf, J. Arnold Arbor. 20 (4): 440. 1939.

泰顺石楠 *Photinia taishunensis* G.H. Xia, L.H. Lou et S.H. Jin, Nord. J. Bot. 30: 439. 2012. Zhejiang (浙江): Taishun (泰顺), Yangxi (垟溪), 1988-05-07, [C.S. Ding] (丁陈森) Ding 4116 (Holotype: ZJFC).

光萼石楠 *Photinia villosa* (Thunb.) DC. var. ***glabricalycina*** L.T.Lu et C.L. Li, Acta Phytotax. Sin. 38 (3): 279.2000. Jiangxi (江西): Shangrao (上饶), 1972-05-01, Jiangxi Exped.(江西队) 1002 (Holotype: PE).

垂丝毛叶石楠 *Photinia villosa* (Thunb.) DC. var. ***tenuipes*** P.S. Hsu et L.C. Li, Acta Phytotax. Sin. 18 (3): 264. 1980. Zhejiang (浙江): Changhua (昌化), Kuliwan (苦李湾), 1958-05-20, X.Y.

He (贺贤育) 28542 (Holotype: FUS).

武夷山石楠 ***Photinia wuyishanensis*** Z.X. Yu, J. Jiangxi Agri. Univ. 1: 5. 1982. Jiangxi (江西): Qianshan [Yanshan] (铅山), Wuyi Shan (武夷山), Xikeng (西坑), 1975-04-26, Rao-wu Exped. (饶武调查队) 437 (Holotype: JXAU).

浙江石楠 ***Photinia zhejiangensis*** P.L. Chiu, Acta Phytotax. Sin. 18 (1): 97. 1980. Zhejiang (浙 江): [Yunhe] (云 和 , 原 属 景 宁), 1958-11-13, S.Y. Chang (章 绍 尧) 4505 (Holotype: HHBG).

中华三叶委陵菜 ***Potentilla freyniana*** Bornm. var. ***sinica*** Migo, Bull. Shanghai Sci. Inst. 14: 310. 1944. Chekiang [Zhejiang] (浙 江): Hangchow [Hangzhou] (杭 州), Lingyin (灵 隐), 1935-04-17, H. Migo (御江久夫) s.n. (Holotype: NAS-00071265).

长毛委陵菜 ***Potentilla longifolia*** Willd. ex Schlecht. var. ***villosa*** F.Z. Li, Acta Phytotax. Sin. 22 (2): 153. 1984. Shandong (山东): Weihai (威海), 1982-08-19, F.Z. Li (李法曾) 820537 (Holotype: SDFS).

Potentilla tanacetifolia Willd. ex Schlecht. var. ***shantungensis*** Soják, Preslia 64 (3): 221. 1992. Shantung [Shandong] (山东): Chefoo [Yantai] (烟台), Debeaux s.n. (Holotype: P).

无腺橉木 ***Prunus brachypoda*** Batal. var. ***eglandulosa*** W.C. Cheng, Contr. Biol. Lab. Sci. Soc. China, Bot. Ser. 10: 154. 1936. Chekiang [Zhejiang] (浙江): Yutsien [Yuqian] (於潜), W. Tienmushan [Xitianmu Shan] (西 天 目 山), 1929-08-16, S.S. Chien (钱 崇 澍) 884 (Syntype: NAS), 1929-04-20, K.K. Tsoong (钟观光) 81D (Syntype: ?), 1929-05-22, K.K. Tsoong (钟观光) 152 (Syntype: ?), 1932-06-27, W.C. Cheng (郑万钧) 2148 (Syntype: ?), 1931-04-24, W.C. Cheng (郑万钧) 2442 (Syntype: PE), 1932-06-30, W.C. Cheng (郑万钧) 3640 (Syntype: ?), 1933-07-02, M. Chen (陈谋) 750 (Syntype: ?), 1935-05-05, P.C. Tsoong [Pu Chin Tsoong] (钟补勤) 187 (Syntype: ?); Tientai [Tiantai] (天台), Tientaishan [Tiantai Shan] (天台山), 1932-07-03, S. Chen (陈诗) 488 (Syntype: ?).

福建山樱花 ***Prunus campanulata*** Maxim., Bull. Acad. Imp. Sci. Saint-Pétersbourg 29: 103. 1883. Fokien [Fujian] (福建), de Grijs s.n. (Isotype: K, Herb. Hance n.7046).

Prunus daemonifuga H. Lév. et Vaniot, Bull. Soc. Bot. France 55: 58. 1908. Kiang-Sou [Jiangsu] (江苏): Tao-chou,Tao-tze-chou, d'Argy s.n. (Holotype: A).

Prunus glandulosa Thunb. fo. ***faberi*** Koehne, Pl. Wilson. (Sargent) 1 (2): 224.1912. Shantung [Shandong] (山 东): Tientai and Chefoo [Yantai] (烟 台) Mountains, 1889 年 , E. Faber s.n. (Syntype: ?).

Prunus japonica Thunb. var. ***fukienensis*** Rehder, J. Arnold Arbor. 3: 29. 1921. Fokien [Fujian] (福建), 1905-04~06, P.T. Dunn [S.T. Dunn] HH-2654 (Holotype: ?).

浙江郁李 ***Prunus japonica*** Thunb. var. ***zhejiangensis*** Y.B .Chang, Bull. Bot. Res., Harbin 12 (3): 271. 1992. Zhejiang (浙江): Suichang (遂昌), Daxikeng (大西坑), Tieluyang [Teluyang]

(特炉垟), 1986-05-26, F.G. Zhang et Z.Y. Li (张方钢, 李志云) 5309 (Holotype: ZM).

磐安樱 *Prunus pananensis* Zi L. Chen, W.J. Chen et X.F. Jin, PLoS ONE 8 (1): e54030 (4). 2013. Zhejiang (浙江): Pan'an (磐安), Dapan Shan (大盘山), Huaxi Valley (花溪村), Xiaolongtan (小龙潭), 2011-03-30, X.F. Jin et Z.L. Chen (金孝锋, 陈子林) 2651 (Holotype: HTC).

Prunus persica (L.) Batsch var. ***lasiocalyx*** H. Lév. et Vaniot, Bull. Soc. Bot. France 55: 58. 1908. Kiang-Sou [Shanghai] (上海): Song-kiang-fou [Songjiang] (松江), d'Argy s.n. (Holotype: A).

Prunus persica (L.) Batsch var. ***longistyla*** H. Lév. et Vaniot, Bull. Soc. Bot. France 55: 58. 1908. Kiang-Sou [Jiangsu] (江苏), Ch. d'Argy s.n. (Holotype: A).

Prunus pogonostyla Maxim., Bull. Soc. Imp. Naturalistes Moscou liv. I: 11.1879. [Fujian] (福建): Amoy [Xiamen] (厦门), montis Nam-tau-wú [Nantaiwu Shan] (南太武山), 1862-12, de Grijs s.n. (Syntype: LE, Herb. Hance n.10130).

Prunus pogonostyla Maxim. var. ***globosa*** Koehne, Pl. Wilson. (Sargent) 1: 265. 1912. Fokien [Fujian] (福建): Mt. Nam-tai-wú [Nantaiwu Shan] (南太武山) near Amoy [Xiamen] (厦门), 1862-12, de Grijs s.n. (Syntype: BM, Herb. Hance n. 10130).

棕李 *Prunus salicina* L. var. ***cordata*** Y. He et J.Y. Zhang, Bull. Bot. Res., Harbin 9 (3): 71. 1989. Fujian (福建): Shaxian (沙县), 1984-07-01, J.Y. Zhang et al. (张加延等) A10803 (Holotype: LNIP).

浙闽樱 *Prunus schneideriana* Koehne, Pl. Wilson. (Sargent) 1 (2): 242. 1912. Chekiang [Zhejiang] (浙江): mountains of Ningpo [Ningbo] (宁波), 1871 年, E. Faber s.n. (Holotype: ?).

Prunus tenuiflora Koehne fo. ***nebelii*** Koehne, Beih. Bot. Centralbl., Abt. 2. 37 (2): 136. 1919. [Shandong] (山东): Lauschan [Lao Shan] (崂山), Lauting [Laoding] (崂顶), Nebel s.n. (Holotype: ?).

Prunus wallichii Steud. var. ***crenulata*** F.P. Metcalf, J. Arnold Arbor. 21 (1): 112. 1940. Kiangsi [Jiangxi] (江西): Lungnan [Longnan] (龙南), On Chi Shan [Wuzhi Shan] (乌枝山), 1934-10-01~20, Lau (刘心祈) 4642 et 4691 (Syntypes: A).

全缘叶豆梨 *Pyrus calleryana* Decne. var. ***integrifolia*** T.T. Yü, Acta Phytotax. Sin. 8 (3): 232. 1963. Chekiang [Zhejiang] (浙江): [Anji] (安吉), Mei-ki [Meixi] (梅溪), 1924-08-09, W.C. Cheng (郑万钧) 4936 (Holotype: PE).

柳叶豆梨 *Pyrus calleryana* Decne. var. ***lanceata*** Rehder, J. Arnold Arbor. 7: 28. 1926. Anhwei [Anhui] (安徽): Shitai (石台), 1924-08, A.N. Steward N-5486 (Holotype: A).

大果豆梨 *Pyrus calleryana* Decne. var. ***macarocarpa*** W.Q. Li, Shandong Forest. Sci. Tech. 47 (3): 93. 2017. Shandong (山东): Linyi (临沂), Meng Shan (蒙山), Heishizui (黑石嘴), D.K. Zang (臧德奎) 11109 (Holotype: SDAU).

半岛梨 *Pyrus hopeiensis* T.T. Yü var. ***peninsula*** D.K. Zang et W.D. Peng, Bull. Bot. Res.,

Harbin 17 (1): 50. 1997. Shandong (山东): Lao Shan (崂山), Bashuihe (八水河), 1991-08-20, D.K. Zang (臧得奎) 91082 (Holotype: SDAU).

山东梨 *Pyrus hopeiensis* T.T. Yü var. ***shandongensis*** D.K. Zang et P.C. Huang, J. Shandong Agri. Univ. 25 (1): 56. 1994. Shandong (山东): Laoshan mountain [Lao Shan] (崂山), Beijiushui (北九水), 1989-06-01, D.K. Zang (臧得奎) 89158 (Holotype: SDAU).

柯氏梨 (楔叶豆梨) *Pyrus koehnei* Schneid., Ill. Handb. Laubholzk. 1 (5): 665.1906. Tschekiang [Zhejiang] (浙江): Tientai Mt. [Tiantai Shan] (天台山), E. Faber s.n. (Holotype: A-00032497).

海棠叶梨 *Pyrus malifolioides* Z.H. Chen, W.Y. Xie et Zi L. Chen, J. Hangzhou Norm. Univ., Nat. Sci. Ed.18 (3): 262. 2019. Zhejiang (浙江): Pan'an (磐安), Huangtan Forest Farm (黄檀林场), Qingmeijian (青梅尖), 2018-04-16, Z.L. Chen et J. F. Chen (陈子林 , 陈江芳) 张方钢 779 (Holotype: ZM).

崂山梨 *Pyrus trilocularis* D.K. Zang et P.C. Huang, Bull. Bot. Res., Harbin 12 (4): 321. 1992. Shandong (山东): Lao Shan (崂山), Shangqinggong (上清宫), D.K. Zang (臧得奎) 89065 (Holotype: NF).

Raphiolepis cheniana [***Rhaphiolepis cheniana***] F.P. Metcalf, Lingnan Sci. J. 18 (4): 509. 1939. Fukien [Fujian] (福建): Amoy [Xiamen] (厦门), Nanputo [Nanputuo] (南普陀), 1927-01-02, H.H. Chung (钟心煊) 5912 (Holotype: A).

纤细石斑木 *Raphiolepis gracilis* [***Rhaphiolepis gracilis***] Nakai, J. Arnold Arbor. 5 (2): 64. 1924. Chekiang [Zhejiang] (浙江): [Pingyang] (平阳), S. Yentang [Nanyandang] (南雁荡), 1920-08-24, H.H. Hu (胡先骕) 228〔Lectotype: PE, designated by Y. Lin et al. in Bull. Bot. Res., Harbin 35 (6): 809. 2015〕, H.H. Hu (胡先骕) 220 (Syntype: A).

Raphiolepis indica [***Rhaphiolepis indica***] (L.) Lindl. ex Ker Gawl. var. ***grandiflora*** Franch., Bull. Soc. Bot. France 46: 207. 1899. Fokien [Fujian] (福建): Kuatun [Guadun] (挂墩), 1898-05, J. de La Touche s.n. (Holotype: P).

九龙江石斑木 *Raphiolepis jiulongjiangensis* [***Rhaphiolepis jiulongjiangensis***] P.C. Huang et K.M. Li, J. Nanjing Forest. Univ. 13 (4): 85. 1989. Fujian (福建): Hua'an (华安), Jiulongjiang (九龙江), 1987-04-15, K.M. Li (李矿明) 30439 (Holotype: NF).

大叶石斑木 *Raphiolepis major* [***Rhaphiolepis major***] Cardot, Notul. Syst. (Paris) 3: 380. 1918. Fokien [Fujian] (福建): montagnes de Kuantun [Guadun] (挂墩), 1898 年 , J. de La Touche s.n. (Holotype: P).

皱叶石斑木 *Raphiolepis rugosa* [***Rhaphiolepis rugosa***] Nakai, J. Arnold Arbor. 5: 62. 1924. Kiangsi [Jiangxi] (江西): Woo Kung Shan [Wugong Shan] (武功山), 1921-04-20, H.H. Hu (胡先骕) 711 (Isotype: A).

Rosa amoyensis Hance, J. Bot. 6: 297. 1868. Fokien [Fujian] (福建): Amoy [Xiamen] (厦

门), 1857-10, De Grijs et Sampson 5690 (Holotype: BM).

银粉蔷薇 ***Rosa anemoniflora*** Fortune ex Lindl., J. Hort. Soc. London 2: 316. 1847. Shanghai (上海), R. Fortune s.n. (Holotype: ?).

Rosa argyi H. Lév., Bull. Soc. Bot. France 55: 56. 1908. Kiang-Sou [Shanghai] (上 海): Tou-tcha-chan; Tou-zuo-se; Song-kiang-fou [Songjiang] (松江), d'Argy s.n. (Syntype: ?).

硕苞蔷薇 ***Rosa bracteata*** Wendl., Bot. Beob. 50. 1798. 无标本信息 . 1793 年 , G.L. Staunton 或 Lord Macartny 引自浙江 .

重瓣小果蔷薇 ***Rosa cymosa*** Tratt. fo. ***plena*** Z.X. Yu et G.Z. Liu, Bull. Bot. Res., Harbin 11 (1): 53. 1991. Jiangxi (江西): Fuliang (浮梁), Changming (长明), 1989-05-31, G.Z. Liu (刘光正) 890250 (Holotype: JXAU).

大盘山蔷薇 ***Rosa cymosa*** Tratt. var. ***dapanshanensis*** F.G. Zhang, X.F. Jin et F.M. Wei, Acta Bot. Yunnan. 28 (6): 606. 2006. Zhejiang (浙江): Pan'an (磐安), Dapan Shan (大盘山), 2005-06-08, F.G. Zhang (张方钢) 149 (Holotype: ZM).

岱山蔷薇 ***Rosa daishanensis*** T. C. Ku, Bull. Bot. Res., Harbin 10 (1): 11. 1990. Zhejiang (浙江): Daishan (岱山), 1979-05-06, L.C. Chiu et R.L. Lu (邱莲卿 , 陆瑞林) 9603 (Holotype: PE).

大花白木香 ***Rosa fortuniana*** Lindl. et Paxton, Paxt. Fl. Gard. 2: 71. 1851. [Zhejiang] (浙江): [Ningbo] (宁波), 1848 年 , R. Fortune s.n. (Holotype: ?). 《中国植物志》记载福建福州栽培 .

福建蔷薇 ***Rosa fukienensis*** F.P. Metcalf, J. Arnold Arbor. 21: 274. 1940. Fukien [Fujian] (福建), H.H. Chung (钟心煊) 6425 (Holotype: A).

Rosa gentiliana H. Lév. et Vaniot, Bull. Soc. Bot. France 55: 55. 1908. Kiang-Sou [Jiangsu] (江苏), d'Argy s.n. (Holotype: K).

Rosa gentiliana H. Lév. et Vaniot fo. ***puberula*** Hand.-Mazz., Symb. Sin. Pt. 7 (3): 525. 1933. Kiangsi [Jiangxi] (江西): Pinghsiang [Pingxiang] (萍乡), 1920 年 , T.H. Wang (王德辉) Plt. sin. 149 (Holotype: WU).

Rosa gentiliana H. Lév. et Vaniot var. ***australis*** Rehder et E.H. Wilson, Pl. Wilson. (Sargent) 2 (2): 336. 1915. Fokien [Fujian] (福建): Dunn's Exped., 1905 年 , S.T. Dunn HH-2641 (Holotype: A).

密腺湖北蔷薇 ***Rosa henryi*** Boulenger var. ***glandulosa*** Z.M. Wu et Z.L. Cheng, Bull. Bot. Res., Harbin 11 (4): 55. 1991. Anhui (安徽): Mt. Dabieshan [Dabie Shan] (大别山), Jinzhai (金寨), Tiantangzhai (天堂寨), 1990-06-07, Z.M. Wu (吴泽民) 90034 (Holotype: AAUF).

黄山蔷薇 ***Rosa hwangshanensis*** P.S. Hsu, Observ. Fl. Hwangshan. 127.1965. Anhwei [Anhui] (安徽): Hwangshan [Huang Shan] (黄山), Yun Ko Si [Yungu Si] (云谷寺) to Sze Tsi Lin [Shizilin] (狮子林), 1954-07-16, Futan Univ. (复旦大学队) 423 (Holotype: FUS).

粉花广东蔷薇 ***Rosa kwangtungensis*** T. T. Yü et H.T. Tsai fo. ***roseoliflora*** Y.B. Chang et

Y.L. Xu, Guihaia 12 (2): 103.1992. Zhejiang (浙江): Kaihua (开化), Gutian Shan (古田山), 1990-05-31, Y.L. Xu et X.Y. Chen (徐耀良 , 陈新义) 0814 (Holotype: ZM).

毛叶广东蔷薇 ***Rosa kwangtungensis*** T.T. Yü et H.T. Tsai var. ***mollis*** F.P. Metcalf, J. Arnold Arbor. 21 (1): 111. 1940. Fukien [Fujian] (福建): Amoy [Xiamen] (厦门), Nanputo [Nanputuo] (南普陀), Chung (钟心煊) 4894 (Syntype: A) et 4894B (Isosyntype: A).

重瓣金樱子 ***Rosa laevigata*** Michx. fo. ***semiplena*** T.T. Yü et T.C. Ku, Bull. Bot. Res., Harbin 1 (4): 17.1981. Jiangxi (江西): Fuliang (浮梁), 1959-04-30, Q.H. Li (李启和) 611 (Holotype: PE).

琅琊蔷薇 ***Rosa langyashanica*** D.C. Zhang et J.Z. Shao, Acta Phytotax. Sin. 35 (3): 265. 1997. Anhui (安徽): Chu Xian [Chuzhou] (滁州), Langya Shan (琅琊山), Nantianmen (南天门), 1991-05-25, J.Z. Shao (邵建章) 90801 (Holotype: ANUB).

Rosa limprichtii Pax et K. Hoffm. var. ***subumbellata*** Pax et K. Hoffm., Repert. Spec. Nov. Regni Veg. Beih. 12: 413. 1922. Kiangsu [Jiangsu] (江苏): Wusih [Wuxi] (无锡), Lung schan [Long Shan] (龙山), 1912-06-02, H.W. Limpricht 460 (Holotype: ?, Photo of type in A).

白玉堂 ***Rosa multiflora*** Thunb. var. ***albo-plena*** **[*alboplena*]** T.T. Yü et T.C. Ku, Bull. Bot. Res., Harbin 1 (4): 12. 1981. Shandong (山东): Jinan (济南), Cult., 1951-05-11, (谷粹芝 ?) K.7309 (Holotype: PE).

Rosa multiflora Thunb. var. ***praegeri*** Dingl, Beih. Bot. Centralbl., Abt. 2. 37 (2): 135. 1919. Shantung [Shandong] (山东): Litsuner Tal, Praeger s.n. (Holotype: ?).

桃源蔷薇 ***Rosa multiflora*** Thunb. var. ***taoyuanensis*** Z.M. Wu, Guihaia 8 (3): 238. 1988. Anhui (安徽): Huang Shan (黄山), Tangkou (汤口), Taoyuanting (桃源亭), 1984-05-24, Z.M. Wu (吴泽民) 840112 (Holotype: AAUF).

单花合柱蔷薇 ***Rosa uniflora*** T. T. Yü et T. C. Ku, Bull. Bot. Res., Harbin 1 (4): 12. 1981. Zhejiang (浙江): Daishan (岱山), 1979-05-06, L.C. Chiu et R.L. Lu (邱莲卿 , 陆瑞林) 9605 (Holotype: PE). 更名为 ***R. uniflorella*** Buz., Novon 4 (3): 209. 1994.

腺瓣蔷薇 ***Rosa uniflorella*** Buz. subsp. ***adenopetala*** L. Qian et X.F. Jin, Guihaia 28 (4): 455. 2008. Zhejiang (浙江): Changxing (长兴), Meishan (煤山), 1990-05-13, Herb. Hangzhou Bot. Gard. (杭植标) 3628 (Holotype: PE).

单花光叶蔷薇 ***Rosa wichurana*** Crep. fo. ***simpliciflora*** Ku, Bull. Bot. Res., Harbin 10 (1): 12. 1990. Zhejiang (浙江): Shengsi (嵊泗), 1977-07-05, s. coll. 9248 (Holotype: PE).

Rubus adenanthus Franch., Bull. Soc. Bot. France 46: 208. 1899. Fokien [Fujian] (福建): Kuatun [Guadun] (挂墩), 1878-05, J. de La Touche s.n. (Holotype: P).

Rubus althaeoides Hance, Ann. Sci. Nat., Bot. sér. 4, 15: 222. 1861. Fokien [Fujian] (福建), de Grijs s.n. (Holotype: BM, Herb. Hance n. 6698).

圆叶悬钩子 ***Rubus amphidasys*** Focke var. ***suborbiculatus*** Z.H. Chen, W.Y. Xie et F.G. Zhang, J.

Zhejiang Forest. Sci. Tech. 39 (5): 62. 2019. Zhejiang (浙江): Jingning (景宁), Shangshantou (上山头), 2019-05-17, F. Chen et al. (陈锋等) JN19070406 (Holotype: ZM).

Rubus argyi H. Lév., Repert. Spec. Nov. Regni Veg. 4: 333. 1907. Kiang-Sou [Shanghai] (上海): motagnes, Tchu-Chan; Zuo-Se [She Shan] (佘山); Song-Kiang-Fou [Songjiang] (松江), d'Argy s.n. (Holotype: E).

掌叶覆盆子 ***Rubus chungii*** [***Rubus chingii***] Hu, J. Arnold Arbor. 6 (3): 141. 1925. Chekiang [Zhejiang] (浙江): Taichow [Taizhou] (台州), Yun-Fan [Yunfeng] (云峰), 1924-05-01, R.C. Ching (秦仁昌) 1329 (Holotype: A). 更正种加词 in 7(1): 70. 1926.

粉红山莓 ***Rubus corchorifolius*** L. f. fo. ***roseolus*** Z.X. Yu, Bull. Bot. Res., Harbin 11 (1): 53. 1991. Jiangxi (江西): Nanchang (南昌), Meiling Jiaoxia (梅岭脚下), 1990-03-24, Z.X. Yu (俞志雄) 90001 (Holotype: JXAU).

重瓣山莓 ***Rubus corchorifolius*** L. f. fo. ***semiplenus*** Z.X. Yu, Bull. Bot. Res., Harbin 11 (1): 53. 1991. Jiangxi (江西): Nanchang (南昌), Meiling Jiaoxia (梅岭脚下), 1990-03-24, Z.X. Yu (俞志雄) 90003 (Holotype: JXAU).

闽粤悬钩子 ***Rubus dunnii*** F.P. Metcalf, Lingnan Sci. J. 19: 22. 1940. Fukien [Fujian] (福建): Yuen-fu Gorge [Yongfu Jiang] (永福江，今大樟溪), Dunn 261-HH 2616 (Holotype: A).

光叶闽粤悬钩子 ***Rubus dunnii*** F.P. Metcalf var. ***glabrescens*** T.T. Yü et L.T. Lu, Acta Phytotax. Sin. 20 (4): 461. 1982. Fujian (福建): Zhangzhou (漳州), 1977-09, Agri. School (农校), s.coll. s.n. (Holotype: PE).

Rubus excavaticalyx Koidz., Fl. Symb. Orient.-Asiat. 66. 1930. Fokien [Fujian] (福建), 1898年, J. de La Touche s.n. (Holotype: P).

福建悬钩子 ***Rubus fujianensis*** T.T. Yü et L.T. Lu, Acta Phytotax. Sin. 20 (4): 462. 1982. Fujian (福建): Chong'an (崇安), 1963-07-20, L.G. Ling (林来官) 5524 (Holotype: PE).

光果悬钩子 ***Rubus glabricarpus*** W.C. Cheng, Contr. Biol. Lab. Sci. Soc. China, Bot. Ser. 10 (2): 147. 1936. Chekiang [Zhejiang] (浙江): Chuchi [Zhuji] (诸暨), 1932-04-18, S. Chen (陈诗) 103 (Holotype: PE).

无毛光果悬钩子 ***Rubus glabricarpus*** W.C. Cheng var. ***glabratus*** C.Z. Zheng et Y.Y. Fang, J. Hangzhou Univ., Nat. Sci. Ed. 15 (2): 198. 1988. Zhejiang (浙江): Suichang (遂昌), Jiulong Shan (九龙山), 1983-05-21, Q. Lin et al.(林泉等) 3365 (Holotype: HZU).

腺果悬钩子 ***Rubus glandulosocarpus*** M.X. Nie, Bull. Bot. Res., Harbin 9 (3): 43. 1989. Jiangxi (江西): Jinggang Shan (井冈山), Pingshui Shan (坪水山), 1987-07-06, M.X. Nie et D.F. Huang (聂敏祥，黄大府) 10068 (Holotype: LBG).

三裂中南悬钩子 ***Rubus grayanus*** Maxim. var. ***trilobatus*** T.T. Yü et L.T. Lu, Acta Phytotax. Sin. 20 (3): 307. 1982. Fujian (福建): Chong'an (崇安), Wuyi Shan (武夷山), 1955-04-04, M.J. Wang et al. (王名金等) 3351 (Holotype: PE).

江西悬钩子 ***Rubus gressittii*** F.P. Metcalf, Lingnan Sci. J. 19: 25. 1940. Kiangsi [Jiangxi] (江西): Hong San, 1936 年 , J.L. Gressitt 1435 et 1526 (Isosyntypes: A).

展毛悬钩子 ***Rubus hakonensis*** Franch. et Sav. var. ***villosulus*** Z.H. Chen, W.Y. Xie et F.G. Zhang, J. Zhejiang Forest. Sci. Tech. 39 (5): 64. 2019. Zhejiang (浙 江): Chun'an (淳 安), Moxinjian (磨心尖), 2017-10-10, Z.H. Chen et W.Y. Xie (陈征海 , 谢文远) CA17101016 (Holotype: ZM).

重瓣蓬蘽 ***Rubus hirsutus*** Thunb. fo. ***plenus*** Z.H. Chen, G.Y. Li et M.H. Mao, J. Zhejiang Forest. Sci. Tech. 32 (4) : 84. 2012. Zhejiang (浙江): Huzhou (湖州), Wuxing (吴兴), 2011-05-01, G.Y. Li et al. (李根有等) WX20110503 (Holotype: ZJFC).

短梗蓬蘽 ***Rubus hirsutus*** Thunb.var. ***brevipedicellus*** Z.M. Wu, Guihaia 8 (3): 237. 1988. Anhui (安徽): Jixi (绩溪), Qingliangfeng (清凉峰), 1985-05-30, Q. Hong (钱宏) 04861 (Holotype: AAUF).

浅裂锈毛莓 ***Rubus hui*** Diels ex Hu, Science (Sci. Soc. China) 7 (6): 608. 1922. Chekiang [Zhejiang] (浙江): Yentang Shan [Nanyandang] (南雁荡), 1920-08-24, H.H. Hu (胡先骕) 86 (Isotype: A).

陷脉悬钩子 ***Rubus impressinervus*** F.P. Metcalf, Lingnan Sci. J. 11 (1): 12. 1932. S. Chekiang [Zhejiang] (浙江): [Qingyuan] (庆元), 1924-08-08, R.C. Ching (秦仁昌) 2357 (Holotype: A).

白叶莓 ***Rubus innominatus*** S. Moore, J. Bot. 13: 226. 1875. Kiangsi [Jiangxi] (江西): Kiukiang [Jiujiang] (九江), 1873 年 , G. Shearer s.n. (Holotype: K).

宽萼白叶莓 ***Rubus innominatus*** S.Moore var. ***macrosepalus*** F.P. Metcalf, Lingnan Sci. J. 19: 27. 1940. Anhwei [Anhui] (安徽): Chien Shan Hsien [Qianshan] (潜山), Tien Chu Shan [Tianzhu Shan] (天柱山), 1936-06-21, C.S. Fan et Y.Y. Li (樊庆笙 , 李养源) 199 (Syntype: A); Chiu Hao Shan [Jiuhua Shan] (九华山), 1934-08-15, C.S. Fan et Y.Y. Li (樊庆笙 , 李养源) 240 (Syntype: A).

Rubus innominatus S. Moore var. ***quinatus*** L.H. Bailey, Gentes Herbarum 1 (1): 30. 1920. Kiangsi [Jiangxi] (江西): Kuling [Guling] (牯岭), 1917 年 , L.H. Bailey s.n. (Holotype: ?).

Rubus jambosoides Hance, Ann. Sci. Nat., Bot. sér. 4, 15: 222. 1861. Fokien [Fujian] (福建), C.F.M. De Grijs s.n. (Holotype: BM, Herb. Hance n. 6690).

武夷悬钩子 ***Rubus jiangxiensis*** Z.X. Yu, W.T. Ji et H. Zheng, Acta Bot. Yunnan. 13 (3): 254. 1991. Jiangxi (江西): Yanshan (铅山), Wuyi Shan (武夷山), 1988-05-05, Z.X. Yu et al. (俞志雄等) 88106 (Holotype: JXAU).

景宁悬钩子 ***Rubus jingningensis*** Z.H. Chen, F. Chen et F.G. Zhang, J. Hangzhou Norm. Univ., Nat. Sci. Ed. 19 (3): 244. 2020. Zhejiang (浙江): Jingning (景宁), Shangshantou (上山头), 2019-07-04, F. Chen et al. (陈锋等) JN19070403 (Holotype: ZM).

牯岭悬钩子 ***Rubus kulinganus*** L.H. Bailey, Gentes Herbarum 1 (1): 30. 1920. Kiangsi [Jiangxi]

(江西): Kuling [Guling] (牯岭), 1917-07-08, L.H. Bailey s.n. (Holotype: ?).

黎川悬钩子 ***Rubus lichuanensis*** T.T. Yü et L.T. Lu, Acta Phytotax. Sin. 20 (4): 462. 1982. Jiangxi (江西): Lichuan (黎川), 1958-06-02, M.X. Nie et al. (聂敏祥等) 2781 (Holotype: PE).

丽水悬钩子 ***Rubus lishuiensis*** T.T. Yü et L.T. Lu, Acta Phytotax. Sin. 20 (3): 295. 1982. Zhejiang (浙江): Lishui (丽水), 1956-08-16, S.Y. Chang (章绍尧) 6376 (Holotype: PE).

Rubus officinalis Koidz., Bot. Mag. (Tokyo) 44: 105. 1930. Fokien [Fujian] (福建): S.T. Dunn 2626 (Syntype: K), Kuatem mountains [Guadun] (挂墩), 1898-04, M. de Latouche [J. de La Touche] s.n. (Syntype: P); Chekiang [Zhejiang] (浙江): 1889 年 , E. Faber 193 (Syntype: K), Tientai [Tiantai] (天台), 1891 年 , E. Faber s.n. (Syntype: B); [Anhui] (安徽): Hieou-ning [Xiuning] (休宁), 1920-04-13, Zikawei (徐家汇博物院) s.n. (Syntype: P).

太平莓 ***Rubus pacificus*** Hance, J. Bot. 12: 259. 1874. Kiangsi [Jiangxi] (江西): Kiukiang [Jiujiang] (九江), 1873-08-03, O. Moellendorff s.n. (Holotype: BM).

宁波太平莓 ***Rubus pacificus*** Hance var. ***ningpoensis*** Focke, Biblioth. Bot. 17 [Heft 72 (1)]: 117. 1910. Chekiang [Zhejiang] (浙江): Ningpo [Ningbo] (宁波), E. Faber s.n. (Holotype: ?).

掌叶山莓 ***Rubus palmatiformis*** Z.H. Chen, F. Chen et F.G. Zhang, J. Zhejiang Forest. Sci. Tech. 39 (5): 61. 2019. Zhejiang (浙江): Huzhou (湖州), Wuxing (吴兴), Xiamu Shan (霞幕山), 2019-05-15, Z.H. Chen et al. (陈征海等) WX19051505 (Holotype: ZM).

矮空心泡 ***Rubus pararosaefolius*** [***Rubus pararosifolius***] F.P. Metcalf, Lingnan Sci. J. 19: 30. 1940. Fukien [Fujian] (福建): Buong-Kang [Bankan] (半坎), 1925-06-10, H.H. Chung (钟心煊) 3284 (Holotype: A).

白花茅莓 ***Rubus parvifolius*** L. fo. ***alba*** K. Ye, J. Pl. Resour. Envir. 29 (6): 73. 2020. Anhui (安徽): Taihu (太湖), Xiaochi (小池), 2018-05-04, K. Ye (叶康) YK-1819 (Holotype: CSH).

钝齿悬钩子 ***Rubus raopingensis*** T.T. Yü et L.T. Lu var. ***obtusidentatus*** T.T. Yü et L.T. Lu, Acta Phytotax. Sin. 20 (3): 310. 1982. Fujian (福建): Nanjing (南靖), 1963-08-02, Amoy Univ. Exped. (厦大队) 461 (Holotype: PE).

无刺空心泡 ***Rubus rosifolius*** Smith var. ***inermis*** Z.X.Yu, Bull. Bot. Res., Harbin 8 (2): 139. 1988. Jiangxi (江西): Yuanshan [Yanshan] (铅山), Wuyi Shan (武夷山), 1984-05-04, Z.X. Yu (俞志雄) 8408 (Holotype: JXAU).

武夷山空心泡 ***Rubus rosifolius*** Smith var. ***wuyishanensis*** Z.X. Yu, Bull. Bot. Res., Harbin. 6 (1): 152. 1986. Jiangxi (江西): Yanshan (铅山), Wuyi Shan (武夷山), 1983-05-10, Q.G. Zhang et al. (张秋根等) 0079 (Holotype: JXAU).

Rubus schindleri Focke, Bot. Jahrb. Syst. 46 (5, Beibl. 106): 60, in adnot. 1912. Kiangsi [Jiangxi] (江西): Lu Shan (庐山), Kuling-Gebirge [Guling] (牯岭), 1908 年 , A.K. Schindler 367a (Holotype: A).

常绿悬钩子 ***Rubus sempervirens*** T.T. Yü et L.T. Lu, Acta Phytotax. Sin. 20 (4): 455. 1982. Jiangxi (江西): Ji'an (吉安), 1959-06-12, S.S. Lai (赖书绅) 876 (Holotype: PE).

少花悬钩子 ***Rubus spananthus*** Z.M. Wu et Z.L. Cheng, Bull. Bot. Res., Harbin 11 (4): 53. 1991. Anhui (安徽): Mt. Dabieshan [Dabie Shan] (大别山), Jinzhai (金寨), Tiantangzhai (天堂寨), 1990-06-01, Z.M. Wu (吴泽民) 900039 (Holotype: AAUF).

遂昌红腺悬钩子 ***Rubus sumatranus*** Miq. var. ***suichangensis*** P.L. Chiu ex L. Qian et X.F. Jin, Guihaia 28 (4): 457. 2008. Zhejiang (浙江): Suichang (遂昌), Nankeng (南坑), 1959-05-04, Zhejiang Bot. Exped. (浙江植物资源普查队) 25845 (Holotype: PE).

Rubus talaikiaensis H. Lév., Repert. Spec. Nov. Regni Veg. 4: 334. 1907. Kiang-Sou [Jiangsu] (江苏): Souo-Sé; Talai-Kiao; Tse-Ten, d'Argy s.n. (Holotype: E).

Rubus tephrodes Hance, J. Bot. 12: 260. 1874. Kiangsi [Jiangxi] (江西): Kiukiang [Jiujiang] (九江), 1873-08-03, O. Moellendorff s.n. (Holotype: BM).

Rubus tephrodes Hance var. ***eglandulosa*** [***eglandulosus***] W.C. Cheng, Contr. Biol. Lab. Sci. Soc. China, Bot. Ser. 10: 145. 1936. Chekiang [Zhejiang] (浙江): Chuchi [Zhuji] (诸暨), 1933-07-17, M. Chen (陈谋) 863 (Holotype: PE).

宁波三花莓 ***Rubus trianthus*** Focke fo. ***pleiopetalus*** Z.H. Chen, G.Y. Li et D.D. Ma, J. Zhejiang Forest. Sci. Tech. 32 (4): 85. 2012. Zhejiang (浙江): Yuyao (余姚), Siming Mountain [Siming Shan] (四明山), Huanghaitian (黄海田), 2012-5-15, Z.H. Chen et al. (陈征海等) YY201205014 (Holotype: ZJFC).

腺毛三花悬钩子 ***Rubus trianthus*** Focke var. ***glandulosus*** Z.X. Yu, Acta Agri. Univ. Jiangxi. 21 (3): 387. 1999. Jiangxi (江西): Yanshan (铅山), Wuyi Shan (武夷山), 1988-05-05, Z.X. Yu et al. (俞志雄等) 88102 (Holotype: JXAU).

Rubus triphyllus Thunb. var. ***eglandulosus*** L.H. Bailey, Gentes Herbarum 1 (1): 30. 1920. Kiangsi [Jiangxi] (江西): Kuling [Guling] (牯岭), E.H. Wilson 1679 (Isosyntype: A).

东南悬钩子 ***Rubus tsangorum*** [***Rubus tsangiorum***] Hand.-Mazz., Symb. Sin. Pt. 7 (3): 485. 1933. Tschekiang [Zhejiang] (浙江): Hsiadschu [Xianju] (仙居), Seton, 1924-06-01, Ching (秦仁昌) in Wulsin 1723 (Isotype: A).

铅山悬钩子 ***Rubus yanshanensis*** Z.X. Yu et W.T. Ji, Acta Bot. Yunnan. 13 (3): 255.1991. Jiangxi (江西): Yanshan (铅山), Wuyi Shan (武夷山), 1988-05-28, W.T. Ji (纪伟涛) 1889 (Holotype: JXAU).

九仙莓 ***Rubus yanyunii*** Y.T. Chang et L.Y. Chen, Guihaia 15 (1): 1. 1995. Fujian (福建): Dehua (德化), Jiuxian Shan (九仙山), 1994-04-20, Y.Y. Lin (林彦云) 94373 (Holotype: FJSI).

宽蕊地榆 ***Sanguisorba applanata*** T.T. Yü et C.L. Li, Acta Phytotax. Sin. 17 (1): 11. 1979. Shantung [Shandong] (山东): Kung-yu-shan [Kunyu Shan] (昆嵛山), 1957-10-12, K.M. Liou

(刘继孟) 301 (Holotype: PE).

柔毛宽蕊地榆 *Sanguisorba applanata* T.T. Yü et C.L. Li var. ***villosa*** T.T. Yü et C.L. Li, Acta Phytotax. Sin. 17 (1): 11. 1979. Shantung [Shandong] (山 东): Tsing-tau [Qingdao] (青 岛), Lau-shan [Lao Shan] (崂山), T.Y. Chow (周太炎) 1297 (Holotype: NAS).

Sorbaria sorbifolia (L.) A. Br. var. ***kirilowii*** Ito, Bot. Mag.(Tokyo) 14: 116. 1900. Shantung [Shandong] (山东): Colitur in Hort. Tshifu., 1898-07-17, T. Takagaki 773 (Holotype: ?).

棱果水榆花楸 *Sorbus alnifolia* (Siebold et Zucc.) K. Koch. var. ***angulata*** S.B. Liang, Bull. Bot. Res., Harbin 10 (3): 69. 1990. Shandong (山东): Zibo (淄博), Lu Shan (鲁山), 1984-05, S.B. Liang (梁书宾) 84064 (Holotype: SDFS).

黄山花楸 *Sorbus amabilis* W.C. Cheng ex T.T. Yü, Acta Phytotax. Sin. 8 (3): 224. 1963. Anhwei [Anhui] (安徽): Mt. Hwang-shan [Huang Shan] (黄山), 1933-10-04, M. Chen (陈谋) 1240 (Holotype: PE).

武夷山花楸 *Sorbus amabilis* W.C. Cheng ex T.T. Yü var. ***wuyishanensis*** Z.X. Yu, Bull. Bot. Res., Harbin 3 (1): 153. 1983. Jiangxi (江西): Qianshan [Yanshan] (铅山), Wuyi Shan (武夷山), 1978-06-17, s.coll. 780034 (Holotype: JXAU).

少叶花楸 *Sorbus discolor* (Maxim.) Maxim. var. ***paucijuga*** D.K. Zang et P.C. Huang, Bull. Bot. Res., Harbin 12 (4): 322. 1992. Shandong (山东): Laoshan Mt. [Lao Shan] (崂山), Bei jiushui (北九水), D.K. Zang (臧得奎) 89181 (Holotype: NF).

棕脉花楸*Sorbus dunnii* Rehder, Pl. Wilson. (Sargent) 2 (2): 273. 1915. Fokien [Fujian] (福建), Dunn’s Exped., 1905-04~06, S.T. Dunn HH-2597 (Holotype: A).

齿叶石灰花楸 *Sorbus folgneri* (Schneid.) Rehder var. ***duplicatodentata*** T.T. Yü et L.T. Lu, Acta Phytotax. Sin. 13 (1): 103. 1975. [Kew Bull. 64 (3): 574. 2009.] Zhejiang (浙江): Kaihua (开化), 1964 年 , J.X. Wang (王景祥) 2098 (Holotype: PE).

庐山花楸 *Sorbus lushanensis* Xin Chen et Jing Qiu, PhytoKeys 119: 98. 2019. Jiangxi (江西): Lu Shan (庐山), Xianren Cave (仙人洞), 2018-05-05, J. Qiu (邱婧) 1219 (Holotype: NF).

泰山花楸 *Sorbus taishanensis* F.Z. Li et X.D. Chen, Bull. Bot. Res., Harbin 4 (2): 159. 1984. Shandong (山东): Tai Shan (泰山), 1981-10-03, F.Z. Li (李法曾) 81019 (Holotype: SDFS).

天堂花楸 *Sorbus tiantangensis* X.M. Liu et C.L. Wang, Bull. Bot. Res., Harbin 29 (2): 131. 2009. Anhui (安徽): Jinzhai (金寨), Baimazhai (白马寨), 2000-09-09, X.M. Liu et T.L. Chen [Z.L. Cheng] (刘秀梅 , 程增林) 200014 (Holotype: AAUF).

宽瓣绣球绣线菊*Spiraea blumei* G. Don var. ***latipetala*** Hemsl., J. Linn. Soc., Bot. 23 (154): 224. 1887. Chekiang [Zhejiang] (浙江): Ningpo [Ningbo] (宁波), W.M. Cooper s.n. (Holotype: K).

毛果绣球绣线菊 *Spiraea blumei* G. Don var. ***pubicarpa*** W.C. Cheng, Contr. Biol. Lab. Sci.

Soc. China, Bot. Ser. 10: 130.1936. Chekiang [Zhejiang] (浙江): Yutsien [Yuqian] (於潜), W. Tienmushan [Xitianmu Shan] (西天目山), 1929-05-08, K.K. Tsoong (钟观光) 379 (Syntype: NAS); Chuchi [Zhuji] (诸暨), 1932-05-18, S. Chen (陈诗) 298 (Syntype: ?); Fenghua (奉化), 1935-04-23, P.C. Tsoong [Pu Chin Tsoong] (钟补勤) 97 (Syntype: ?).

中华绣线菊 *Spiraea chinensis* Maxim., Trudy Imp. S.-Peterburgsk. Bot. Sada 6 (1): 193. 1879. [Zhejiang] (浙 江): Chusan [Zhoushan] (舟 山), R. Fortune s.n. (Syntype: ?); Ningpo [Ningbo] (宁波), 1877-04-15, W. Hancock s.n.〔Lectotype: LE, designated by V.I. Grubov in Новости систематики высших растений (Novosti Sistematiki Vysshikh Rastenii, News of the taxonomy of higher plants) T. 36. СПб. 235. 2004〕.

直果绣线菊 *Spiraea chinensis* Maxim. var. ***erecticarpa*** Y.Q. Zhu et X.W. Li, Bull. Bot. Res., Harbin 15 (4): 437. 1995. Shandong (山东): Tai'an (泰安), Tai Shan (泰山), 1994-10-23, Y.Q. Zhu et X.W. Li (朱英群 , 李兴文) 94121 (Holotype: SDFS).

Spiraea fortunei Planch., Fl. Serres Jard. Eur. 9: 35. t. 871.1853-1854. Chekiang [Zhejiang] (浙江), R. Fortune s.n. (Holotype: ?).

华北绣线菊 *Spiraea fritschiana* Schneid., Bull. Herb. Boissier Ser. II, 5: 347. 1905. [Shandong] (山东): Tschifu [Yantai] (烟台), Wawra 1190 (Isotype: LE).

长毛华北绣线菊 *Spiraea fritschiana* Schneid. var. ***villosa*** Y.Q. Zhu et D.K. Zang, Bull. Bot. Res., Harbin 18 (1): 9. 1998. Shandong (山东): Lu Shan (鲁山), Y.Q. Zhu (朱英群) 94042 (Holotype: SDAU).

江西绣线菊 *Spiraea jiangxiensis* Z.X. Yu, Bull. Bot. Res., Harbin 3 (1): 151.1983. Jiangxi (江西): Jing'an (靖安), Daqi Shan (大杞山), 1964-04-28, s. coll. 0175 (Holotype: JXAU).

Spiraea prunifolia Siebold et Zucc. var. ***integrifolia*** Dunn, J. Linn. Soc., Bot. 38 (267): 359. 1908. [Fujian] (福建): Banks of Yuen Fu River [Yongfu Jiang] (永福江 , 今大樟溪) near Foochow [Fuzhou] (福州), S.T. Dunn HH-2658 (Syntype: HK); De Grijs s.n. (Syntype: BM, Herb. Hance n. 1218).

华空木 *Stephanandra chinensis* Hance, J. Bot. 20: 210. 1882. An-hwei [Anhui] (安徽): Wuhu (芜湖), 1881-05, T.L. Bullock s.n. (Holotype: BM, Herb. Hance n. 21998).

146 胡颓子科 Elaeagnaceae

浙江胡颓子 *Elaeagnus chekiangensis* Matsuda, Bot. Mag. (Tokyo) 30 (349): 40. 1916. Chekiang [Zhejiang] (浙江): Hu-chow [Huzhou] (湖州), Chang-shwang-shü (张宗绪) 22 (Holotype: TI).

毛木半夏 *Elaeagnus courtoisi* Belval, Bull. Soc. Bot. France 80: 97. 1933. Ngan-hoei [Anhui] (安徽): Che-tai [Shitai] (石台), Tsi-tou [Qidou] (七都), 1917-05-27, Courtois 18950 (Holotype:

NY).

多毛羊奶子 ***Elaeagnus grijsii*** Hance, Ann. Sci. Nat., Bot., ser. 4, 15: 227. 1861. Fokien [Fujian] (福建), De Grijs s.n. (Isotype: P, Herb. Hance n. 6686).

江西羊奶子 ***Elaeagnus jiangxiensis*** C. Y. Chang, Bull. Bot. Lab. N. -E. Forest. Inst., Harbin 1980 (6): 118. 1980. Jiangxi (江西): Suichuan (遂川), Dafen commune (大汾公社), 1970-05-03, 236 Exped. (236 采集队) 491 (Lectotype: PE-0025588, designated by Q. Lin et al. in Acta Bot. Boreal. -Occid. Sin. 29: 177. 2009).

长梗胡颓子 ***Elaeagnus longipedunculata*** N. Li et T.M. Wu, J. Anhui Agri. Coll. 1980 (1): 81. 1980. Anhui (安徽): Yuexi (岳西), Jiluoping (鸡落坪), Z.A. Shen et al.(沈祖安等) 2001 (Holotype: AAUF).

倒果木半夏 ***Elaeagnus multiflora*** Thunb. var. ***obovoidea*** C.Y. Chang, Bull. Bot. Lab. N. -E. Forest. Inst., Harbin 1980 (6): 119. 1980. Jiangsu (江苏): Nanjing (南京), Zijin Shan (紫金山), 1951-04-08, F.S. Liu (刘昉勋) 842a (Holotype: NAS).

卵叶胡颓子 ***Elaeagnus ovata*** Servett., Bull. Herb. Boissier Ser. II. 8 (6): 384. 1908. Shanghaï (上海), 1879 年 , A.A. Fauvet [Fauvel] s.n. (Holotype: P).

Elaeagnus tenuiflora Benth., Hooker's J. Bot. Kew Gard. Misc. 5: 197. 1853. [Fujian](福建): [Xiamen] (厦门), R. Fortune 114 (Holotype: BM).

佘山羊奶子 ***Eleagnus argyi*** [***Elaeagnus argyi***] H. Lév., Repert. Spec. Nov. Regni Veg. 12: 101.1913. Kiang-Sou [Shanghai] (上海): Zuo-Se [She Shan] (佘山), Pou-Si, 1844-66, d'Argy s.n. (Holotype: E).

147 鼠李科 Rhamnaceae

腋毛勾儿茶 ***Berchemia barbigera*** C.Y. Wu ex Y.L. Chen, Bull. Bot. Lab. N.-E. Forest. Inst., Harbin 5: 15. 1979. Chekiang [Zhejiang] (浙江): Sitienmushan [Xitianmu Shan] (西天目山), 1957-06-05, M.B. Teng (邓懋彬) 4247 (Holotype: NAS).

Berchemia congesta S. Moore, J. Bot. 13: 226. 1875. Kiangsi [Jiangxi] (江西): Kiu-kiang [Jiujiang] (九 江), 1873 年 , G. Shearer s.n. (Syntype: K); Shanghai (上 海), 1860 年 , A.C. Maingay 698 (Syntype: K, Herb. Calcutt. 707).

Berchemia floribunda (Wall.) Brongn. var. ***megalophylla*** C.K. Schneid., Pl. Wilson. (Sargent) 2 (1): 213. 1914. Kiangsi [Jiangxi] (江西): near Kuling [Guling] (牯岭), 1909-08, E.H. Wilson 1514 (Syntype: A).

矩叶勾儿茶 ***Berchemia floribunda*** (Wall.) Brongn. var. ***oblongifolia*** Y.L. Chen et P.K. Chou, Bull. Bot. Lab. N.-E. Forest. Inst., Harbin 5: 19. 1979. Chekiang [Zhejiang] (浙江): Taishung [Taishun] (泰顺), 1959-06-13, S.Y. Zhang (章绍尧) 5739 (Holotype: PE).

大叶勾儿茶 *Berchemia huana* Rehder, J. Arnold Arbor. 8: 166. 1927. Anhwei [Anhui] (安徽): Chu hwa shan [Jiuhua Shan] (九华山), 1925-06-27, R.C. Ching (秦仁昌) 2785 (Holotype: A).

脱毛大叶勾儿茶 *Berchemia huana* Rehder var. ***glabrescens*** W.C. Cheng ex Y.L. Chen, Bull. Bot. Lab. N.-E. Forest. Inst., Harbin 5: 14. 1979. Chekiang [Zhejiang] (浙江): Tienmushan [Tianmu Shan] (天目山), X.Y. He (贺贤育) 24581 (Holotype: NF).

牯岭勾儿茶 *Berchemia kulingensis* C.K. Schneid., Pl. Wilson. (Sargent) 2 (1): 216.1914. Kiangsi [Jiangxi] (江西): Kuling [Guling] (牯岭), 1907-07-28, E.H. Wilson 1513 (Holotype: A).

浙江勾儿茶 *Berchemia zhejiangensis* Y.F. Lu et X.F. Jin, J. Hangzhou Norm. Univ., Nat. Sci. Ed. 18 (1): 1. 2019. Zhejiang (浙江): Tonglu (桐庐), Luci (芦茨), Xiaoyuan (小源), 1978-08-20, L. Hong (洪林) s.n. (Holotype: HTC).

毛柄小勾儿茶 *Berchemiella wilsonii* (C.K. Schneid.) Nakai var. ***pubipetiolata*** H. Qian, Fl. China 12: 130. 2007. Anhui (安徽): Huoshan (霍山), L.M. Chen (陈立民) 099 (Holotype: AAUF).

黄毛枳椇 *Hovenia fulvotomentosa* Hu et F.H. Chen, Acta Phytotax. Sin. 1 (2): 227. 1951. Kiangsi [Jiangxi] (江西): Hsiushui [Xiushui] (修水), Liushui An (流水庵), 1947-09-10, Y.K. Hsiung (熊耀国) 05833 (Holotype: PE).

Hovenia robusta Nakai et Y. Kimura, Bot. Mag. (Tokyo) 53: 479. 1939. Anhwei [Anhui] (安徽): Chu Hwa Shan [Jiuhua Shan] (九华山), 1925-06-28, R.C. Ching (秦仁昌) 2802 (Syntype: K); Wangshan [Huang Shan] (黄山), 1933-10, W.C. Cheng (郑万钧) 3984 (Syntype: TI).

山绿柴 *Rhamnus brachypoda* C.Y. Wu ex Y.L. Chen et P.K. Chou, Bull. Bot. Lab. N.-E. Forest. Inst., Harbin 5: 85. 1979. Kiangsi [Jiangxi] (江西): Xinwu [Xunwu] (寻乌), S.T. Yue [T.S. Yue] (岳俊三) 1958 (Holotype: NAS).

浙江鼠李 *Rhamnus chekiangensis* W.C. Cheng, Contr. Biol. Lab. Sci. Soc. China, Bot. Ser. 9: 200. 1934. Chekiang [Zhejiang] (浙江): Chuchi [Zhuji] (诸暨), Liangfengtung [Liangfengdong] (凉风洞), 1932-05-07, S. Chen (陈诗) 210 (Syntype: IBSC), 1933-08-14, S. Chen (陈诗) 1787〔Lectotype: PE, designated by Q. Lin et al. in Acta Bot. Boreal.-Occid. Sin 29 (1): 176. 2009〕.

Rhamnus chlorophorus Decne., Compt. Rend. Acad. Sci. Paris 44: 1141. 1857. 由 M. Montigny 引自 Shanghai (上海).

两色冻绿 *Rhamnus crenata* Siebold et Zucc. var. ***discolor*** Rehder, J. Arnold Arbor. 14 (4): 347. 1933. Chekiang [Zhejiang] (浙江): [Longquan] (龙泉), 1924-08-31, R.C. Ching (秦仁昌) 2536 (Holotype: A).

仙居冻绿 *Rhamnus crenata* Siebold et Zucc. var. ***xianjuensis*** X.F. Jin et Y.F. Lu, J. Hangzhou Norm. Univ., Nat. Sci. Ed. 17 (3): 252. 2018. Zhejiang (浙江): Xianju (仙居), Shenxianju (神仙居), 2016-07-22, X.F. Jin (金孝锋) 3825 (Holotype: HTC).

隐脉鼠李 ***Rhamnus inconspicua*** Grub., Bot. Mater. Gerb. Bot. Inst. Komarova Akad. Nauk S.S.S.R. 12: 129. 1950. Chekiang [Zhejiang]（浙江）: Yen Tang Shan [Yandang Shan]（雁荡山）, 1927-08-09, C.Y. Chiao（焦启源）N-14756 [1345] (Isotype: PE).

崂山鼠李 ***Rhamnus laoshanensis*** D.K. Zang, Bull. Bot. Res., Harbin 19 (4): 371. 1999. Shandong（山东）: Lao Shan（崂山）, Mingxiadong（明霞洞）, D.K. Zang（臧得奎）89068 (Holotype: SDAU).

Rhamnus meyeri C.K.Schneid., Pl. Wilson. (Sargent) 2 (1): 249. 1914. Shantung [Shandong]（山东）: near Lung-Tung [Longdong]（龙洞）, 1907-09-28, F.N. Meyer 249 (Holotype: A).

闽南山鼠李 ***Rhamnus minnanensis*** K.M. Li, J. Nanjing Forest. Univ. 13 (4): 86. 1989. Fujian（福建）: Hua'an（华安）, 1987-10-18, K.M. Li（李矿明）31294 (Holotype: NF).

Rhamnus utilis Decne., Compt. Rend. Acad. Sci. Paris 44: 1141. 1857. M. Montigny 引自 Shanghai（上海）.

多脉鼠李 ***Rhamnus utilis*** Decne var. ***multinervis*** Y.Q. Zhu et D.K. Zang, Bull. Bot. Res., Harbin 18 (1): 9. 1998. Shandong（山东）: Tai Shan（泰山）, Yaoxiang（药乡）, Y.Q. Zhu（朱英群）95102 (Holotype: SDAU).

山鼠李 ***Rhamnus wilsonii*** C.K. Schneid., Pl. Wilson. (Sargent) 2 (1): 240. 1914. Kiangsi [Jiangxi]（江西）: Kuling [Guling]（牯岭）, 1907-07-29, E.H. Wilson 1680 (Holotype: A).

披针叶鼠李 ***Rhamnus wilsonii*** C.K. Schneid. var. ***lancifolius*** [***lancifolia***] S.C. Li et X.M. Liu, J. Anhui Agri. Coll. 14: 10.1987. Anhui（安徽）: Suelin [Xiuning]（休宁）, Qiyun mountain [Qiyun Shan]（齐云山）, 1979-06-08, C.H. Wu（吴诚和）4694 (Holotype: AAUF).

Rhamnus wilsonii C.K. Schneid. var. ***pilosa*** Rehder, J. Arnold Arbor. 8: 167. 1927. Anhui（安徽）: south Chu hwa shan [Jiuhua Shan]（九华山）, Wang si che, 1925-06-29, R.C. Ching（秦仁昌）2841 (Holotype: A).

148 榆科 Ulmaceae

杭州榆 ***Ulmus changii*** W.C. Cheng, Contr. Biol. Lab. Sci. Soc. China, Bot. Ser. 10: 94. 1936. Chekiang [Zhejiang]（浙江）: Hangchow [Hangzhou]（杭州）, Lungching [Longjing]（龙井）, 1935-04, S.C. Chang 158 (Holotype: ?).

琅琊榆 ***Ulmus chenmoui*** W.C. Cheng, J. Nanjing Forest. Coll. 1: 69. 1958. Anhwei [Anhui]（安徽）: Chu-hsien [Chu Xian] [Chuzhou]（滁州）, [Langya Shan]（琅琊山）, Long-ya-Sze [Langya Si]（琅琊寺）, 1948-04, W.C. Cheng（郑万钧）15001 (Holotype: NF).

长序榆 ***Ulmus elongata*** L.K. Fu et C.S. Ding, Acta Phytotax. Sin. 17 (1): 46. 1979. Zhejiang（浙江）: Sui-chang [Songyang]（松阳，原属遂昌）, Heshantou（何山头）, 1977-04-02, 傅立国

77001 (Holotype: PE).

明陵榆 ***Ulmus erythrocarpa*** W.C. Cheng ex Yi F. Duan et X.R.Wang, Phytotaxa 247(2): 151. 2016. Jiangsu (江苏): Nanjing (南京), Mingxiaoling (明孝陵), 1948-04-07, W.C. Cheng (郑万钧) 20047 (Holotype: NF- 05501478).

醉翁榆 ***Ulmus gaussenii*** W.C. Cheng, Trav. Lab. Forest. Toulouse Tome I. iii, Art. III. 1.1939. Ngan-Hoei [Anhui] (安徽): Tchouchou [Chuzhou] (滁州), Tsuiwongting [Zuiwengting] (醉翁亭), 1934-05-01, W.C. Cheng (郑万钧) 5218 (Holotype: P).

光叶黄榆 ***Ulmus macrocarpa*** Hance var. ***glabrata*** D.K. Zang, J. Shandong Agri. Univ. 25 (1): 56. 1994. Shandong (山东): Yiyuan (沂源), Zhiniudong [Zhinüdong] (织女洞), 1989-04-28, D.K. Zang (臧得奎) 89004 (Holotype: SDAU).

149 大麻科 Cannabaceae

披针叶小叶朴 ***Celtis bungeana*** Bl. var. ***lanceolata*** E.W. Ma, Bull. Bot. Lab. N. -E. Forest. Inst., Harbin 7: 125. 1980. Jiangsu (江苏): Jiangpu (江浦), [Dufeng Si] (独峰寺), 1933-11-13 [03], M. Cheng [M. Chen] (陈谋) 1469 (Lectotype: PE-00022974, designated by Q. Lin et al. in Acta Bot. Boreal. -Occid. Sin.27: 1254. 2007).

天目朴 ***Celtis chekiangensis*** W.C. Cheng, Contr. Biol. Lab. Sci. Soc. China, Bot. Ser. 9: 245. 1934. Chekiang [Zhejiang] (浙江): Yutsing [Yuqian] (於潜), Western Tienmushan [Xitianmu Shan] (西天目山), 1932-06-27, W.C. Cheng (郑万钧) 2169 (Holotype: PE).

泉州朴 ***Celtis chuanchowensis*** F.P. Metcalf, Sunyatsenia 3: 113. 1936. Fukien [Fujian] (福建): Chuanchow [Quanzhou] (泉州), H.H. Chung (钟心煊) 3148 (Holotype: AU).

厦门朴 ***Celtis emuyaca*** F.P. Metcalf, Sunyatsenia 3: 112. 1936. Fukien [Fujian] (福建): Amoy [Xiamen] (厦门), Kulangsu Island [Gulang Yu] (鼓浪屿), 1922-03-10, B.K. Lim (林文庆) 100 (Holotype: AU).

Celtis japonica Planch., Prodr. 17: 172. 1873. [Zhejiang] (浙江): Chusan [Zhoushan] (舟山), 1841 年 ?, J.M.M. Callery 5 et 8 (Syntypes: P).

Celtis leveillei var. ***cuspidatophylla*** F.P. Metcalf, Sunyatsenia 3: 114. 1936. Fukien [Fujian] (福建): Amoy [Xiamen] (厦门), Chip-bee, opposite Amoy Island, 1922-04-23, H.H. Chung (钟心煊) 11 (Holotype: AU).

浙江大果朴 ***Celtis neglecta*** Zi L. Chen et X.F. Jin, Phytotaxa 298 (1): 60. 2017. Zhejiang (浙江): Pan'an (磐安), Weixin (维新), Lingjiangyuan (灵江源), 2013-05-17, X.F. Jin et Y.Y. Zhou (金孝锋，周莹莹) 3008 (Holotype: HTC).

垂枝朴 ***Celtis tetrandra*** Roxb. fo. ***pendula*** Y.Q. Zhu, Bull. Bot. Res., Harbin 20 (1): 7. 2000.

Shandong（山东）: Tai'an（泰安）, Tai Shan（泰山）, 1995-06-29, Y.Q. Zhu（朱英群）95014 (Holotype: SDFS).

山油麻 ***Trema dielsiana*** Hand.-Mazz., Symb. Sin. Pt. 7 (1): 106. 1929. Kiangsi [Jiangxi]（江西）: Kiukiang [Jiujiang]（九江）, Kuling [Guling]（牯岭）, 1907-08-01, Wilson, Arnold Arbor. Exp. 1586 (Isosyntype: A); Tschekiang [Zhejiang]（浙江）: Siachu [Xianju]（仙居）, Sze-ton, 1924-06-01, Ching（秦仁昌）in Wulsin 1724 (Syntype: ?); Mokanschan [Mogan Shan]（莫干山）, 1926-07-17, Klautke 115 (Syntype: B).

150 桑科 Moraceae

江西构 ***Broussonetia jiangxiensis*** Z.X. Yu, J. Jiangxi Agri. Univ. 1: 3. 1982. Jiangxi（江西）: Nanchang（南昌）, 1981-04-17, Z.X. Yu（俞志雄）1435 (Holotype: JXAU).

Cudranus triloba Hance, J. Bot. 6: 49. 1868. Shan-tung [Shandong]（山东）, 1866 年, J.R. Graves 13250 (Holotype: BM).

无柄小叶榕 ***Ficus concinna*** (Miq.) Miq. var. ***subsessilis*** Corner, Gard. Bull. Singapore 17 (3): 376. 1959. Chekiang [Zhejiang]（浙江）: South of Pingyung [Pingyang]（平阳）, 1924-06-21, R.C. Ching（秦仁昌）1917 (Holotype: K).

Ficus hanceana Maxim., Bull. Acad. Imp. Sci. Saint-Pétersbourg 27: 553. 1881. Chekiang [Zhejiang]（浙江）: Ningpo [Ningbo]（宁波）, 1861 [1864] 年, R. Oldham s.n. (Syntype: LE); [Jiangxi]（江西）: Kiukiang [Jiujiang]（九江）, s.coll. s.n. (Syntype: ?) .

异叶榕 ***Ficus heteromorpha*** Hemsl., Hooker's Icon. Pl. 26: tt. 2533 et 2534. 1897. Kiangsi [Jiangxi]（江西）, T.L. Bullock 227 et 228 (Syntypes: ?).

景宁榕 ***Ficus jingningensis*** X.D. Mei, Z. H. Chen et G. Y. Li, J. Zhejiang Forest. Sci. Tech. 40 (5): 53. 2020. Zhejiang（浙江）: Jingning（景宁）, Dongkeng（东坑）, Zhangkeng（章坑）, 2019-08-19, X.D. Mei et Z.H. Chen（梅旭东，陈征海）JN19081902 (Holotype: ZM).

条叶榕 ***Ficus pandurata*** Hance var. ***angustifolia*** W.C. Cheng, Contr. Biol. Lab. Sci. Soc. China, Bot. Ser. 9 (3): 256. 1934. Chekiang [Zhejiang]（浙江）: Chenhai [Zhenhai]（镇海）, 1934-10-09, S. Chen（陈诗）4334 (Syntype: NAS); Chungan [Chun'an]（淳安）, 1933-09-18, S. Chen（陈诗）2191 (Syntype: ?); Chiente [Jiande]（建德）, 1933-09-10, S. Chen（陈诗）2076 (Syntype: ?), 1933-09-12, S. Chen（陈诗）2099 (Syntype: PE); Sienchu [Xianju]（仙居）, 1924-05-30, R.C. Ching（秦仁昌）1692 (Syntype: ?); Lungyou [Longyou]（龙游）, 1929-08-11, K. Ling（林刚）2782 (Syntype: ?); Yunhuo [Yunhe]（云和）, 1932-04-02, S. Chen（陈诗）568 (Syntype: ?), 1932-04-22, S. Chen（陈诗）801〔Lectotype: PE, designated by Q. Lin et al. in Bull. Bot. Res., Harbin 28 (5): 535. 2008〕, 1930-08-21, K.K. Tsoong（钟观光）D.187 (Syntype:

?); Taishun (泰顺), 1934-06-28, S. Chen (陈诗) 3455 (Syntype: ?).

Ficus pandurata Hance var. ***linearis*** Migo, J. Shanghai Sci. Inst. 14: 330. 1944. Fukien [Fujian] (福建): Amoy [Xiamen] (厦门), 1938-06-23, H. Migo (御江久夫) s.n. (Holotype: NAS).

爱玉子(椭果薜荔) ***Ficus pumila*** L. var. ***ellipsoidea*** W.C. Cheng, Contr. Biol. Lab. Sci. Soc. China, Bot. Ser. 9 (3): 254. 1934. Chekiang [Zhejiang] (浙江): Pingyang (平阳), 1934-07-15, S. Chen (陈诗) 3564〔Lectotype: PE, designated by Q. Lin et al. in Bull. Bot. Res., Harbin 28 (5): 535. 2008〕, 1932-08-04, Y.Y. Ho (贺贤育) 1528 (Syntype: ?).

Ficus pumila L. var. ***elongata*** Migo, J. Shanghai Sci. Inst., Sect. III, 4: 167.1939. Fukien [Fujian] (福建): Foochow [Fuzhou] (福州), Kuling [Guling] (鼓岭), 1937-04-08, H. Migo (御江久夫) s.n. (Holotype: NAS).

小果薜荔 ***Ficus pumila*** L. var. ***microcarpa*** G.Y. Li et Z.H. Chen, J. Zhejiang Forest. Coll. 27 (6): 909. 2010. Zhejiang (浙江): Putuo Island (普陀), Foding Shan (佛顶山), 2009-09-24, G.Y. Li et al. (李根有等) PT0909082 (Holotype: ZJFC).

山地柘 ***Maclura montana*** Z.P. Lei, G.Y. Li et Z.H. Chen, J. Zhejiang Forest. Sci. Tech. 40 (6): 62. 2020. Zhejiang (浙江): Jingning (景宁), Wangdongyang (望东垟), Baiyun forest area (白云林区), 2020-07-15, Z.H. Chen et al. (陈征海等) JN20071509 (Holotype: ZM).

东部藤柘 ***Maclura orientalis*** G.Y. Li, W.Y. Xie et Z.H. Chen, J. Zhejiang Forest. Sci. Tech. 40 (5): 56. 2020. Zhejiang (浙江): Jingning (景宁), Wangdongyang (望东垟), Yujikeng (渔漈坑), 2020-07-29, Z.P. Lei et al. (雷祖培等) JN20072901 (Holotype: ZM).

151 荨麻科 Urticaceae

Achudemia insignis Migo, J. Shanghai Sci. Inst., Sect. III, 3: 91. 1935. Chekiang [Zhejiang] (浙江): Hangchow [Hangzhou] (杭州), Shang-tienchu [Shangtianzhu] (上天竺), 1934-10-31, H. Migo (御江久夫) s.n. (Holotype: TI).

福州苎麻 ***Boehmeria formosana*** Hayata var. ***fuzhouensis*** W.T. Wang, Acta Bot. Yunnan. 3 (4): 403. 1981. Fujien [Fujian] (福建): Fuzhou (福州), [Beiyuan Shan] (北园山), 1924-07-28, H.H. Chung (钟心煊) 2798 (Holotype: AU).

洞头水苎麻 ***Boehmeria macrophylla*** Hornem. var. ***dongtousensis*** [***dongtouensis***] W.T. Wang, Bull. Bot. Res., Harbin 16: 248. 1996. Zhejiang (浙江): Dongtou Island (洞头), Shuangpu (双朴), 1991-07-27, Z.H. Chen (陈征海) 910339 (Holotype: PE).

Boehmeria platyphylla D.Don var. ***stricta*** C.H. Wright, J. Linn. Soc., Bot. 26 (178): 487. 1899. Chekiang [Zhejiang] (浙江), 1793 年, G.L. Staunton s.n. (Syntype: BM).

悬铃叶苎麻 ***Boehmeria platyphylla*** Buch.-Ham. ex D. Don var. ***tricuspis*** Hance, J. Bot. 12: 261. 1874. Kiangsi [Jiangxi] (江西): Kiukiang [Jiujiang] (九江), 1873-08-03, O. Moellendorff s.n. (Holotype: BM).

Boehmeria spicata (Thunb.) Thunb. var. ***duploserrata*** C.H. Wright, J. Linn. Soc., Bot. 26 (178): 488. 1899. Chekiang [Zhejiang] (浙江), H.J. Hicken s.n. (Holotype: K-000741319).

Elatostema radicans (Siebold et Zucc.) Wedd. var. ***euradicans*** Schröter, Repert. Spec. Nov. Regni Veg. Beih 83 (2): 87. 1936. Tschekiang [Zhejiang] (浙江): Siachu [Xianju] (仙居), 1924-05, R. C. Ching (秦仁昌) 1648 (Syntype: E); Kiangsi [Jiangxi] (江西), 1928-07-22, C. Y. Chiao (焦启源) 18685 (Syntype: NY).

庐山楼梯草 ***Elatostema stewardii*** Merr., Philipp. J. Sci. 27: 161.1925. Kiangsi [Jiangxi] (江西): Lu Shan (庐山), near Kuling [Guling] (牯岭), Emerald Pool, 1922-07-31, A.N. Steward 2628 (Holotype: UC).

短毛楼梯草 ***Elatostema stipulosum*** Hand.-Mazz. var. ***puberulum*** W.T. Wang, Bull. Bot. Lab. N.-E. Forest. Inst., Harbin 7: 48. 1980. Jiangxi (江西): Jinggang Shan (井冈山), [Ciping] (茨坪), 1970-07-23, L.K. Dai et al. (戴伦凯等) 1404 (Holotype: PE).

浙江蝎子草 ***Girardinia chingiana*** S.S. Chien, Contr. Biol. Lab. Sci. Soc. China, Bot. Ser. 9 (3): 259. 1934. Chekiang [Zhejiang] (浙江): Yutsien [Yuqian] (於潜), Tienmushan [Tianmu Shan] (天目山), 1934-11-20, T.H. Chang (张东旭) 121〔Lectotype: PE, designated by Q. Lin et al. in Bull. Bot. Res., Harbin 28(5): 536. 2008〕, 1925-09-30, R.C. Ching (秦仁昌) 4698 (Syntype: ?).

华珠芽艾麻 ***Laportea bulbifera*** (Siebold et Zucc.) Wedd. var. ***sinensis*** S.S. Chien, Bull. Chin. Bot. Soc. 1: 1. 1935. Kiangsi [Jiangxi] (江西): Lu Shan (庐山), Hanpokou (含鄱口), 1934-08-27, W.C. Cheng (郑万钧) 5655 (Syntype: ?); Kuling [Guling] (牯岭), 1934-08-21, H.H. Hu (胡先骕) 2618 (Lectotype: PE-00023232, designated by Q. Lin et al. in Bull. Bot. Res., Harbin 28: 536. 2008).

福建红小麻 ***Laportea fujianensis*** C.J. Chen, Acta Bot. Yunnan. 4 (4): 332. 1982. Fujian (福建): Nanjing (南靖), Hexi (和溪), 1979-08-10, C.J. Chen et Z.Y. Li (陈家瑞 , 李振宇) 109 [103] (Holotype: PE).

靖安艾麻 ***Laportea jinganensis*** W.T. Wang, Bull. Bot. Res., Harbin 36 (4): 481. 2016. Jiangxi (江西): Jing’an (靖安), Shijing (石境), 1997-09-03, J.H. Zhang (张吉华) 97056 (Holotype: PE).

Nanocnide dichotoma S.S. Chien, Contr. Biol. Lab. Sci. Soc. China, Bot. Ser. 9 (2): 142. 1934. Kiangsu [Jiangsu] (江苏): Nanking [Nanjing] (南京), Shih-er-tung [Shi’erdong] (十二洞), 1928-04-13, R.C. Ching (秦仁昌) 5144 (Holotype: ?).

Nanocnide pilosa Migo, Trans. Nat. Hist. Soc. Formosa 24: 386. 1934. Kiangsu [Jiangsu] (江

苏): Kunshan (昆山), 1934-06-10, H. Migo (御江久夫) s.n. (Holotype: TI).

浙江花点草 ***Nanocnide zhejiangensis*** X.F. Jin et Y.F. Lu, Nord. J. Bot. 37(10)-e02339:5. 2019. Zhejiang (浙江): Wencheng (文成), Mt. Tongling [Tongling Shan] (铜铃山), Meichang (梅厂), 2012-04-16, X.F. Jin (金孝锋) 2806 (Holotype: HTC).

少脉南亚赤车 ***Pellionia griffithiana*** Wedd. var. ***paucinervis*** W.T. Wang, Guihaia 36 (1): 23. 2016. Jiangxi (江西): Shangyou (上犹), Lingshui Arbor. (陵水树木园), 2007-11-01, S. Jiangxi Exped. (赣南采集队) 928 (Holotype: PE).

华南赤车 ***Pellionia grijsii*** Hance, J. Bot. 6: 49. 1868. Fokien [Fujian] (福建), 1861 年 , De Grijs 6704 (Holotype: BM).

湿生冷水花 ***Pilea aquarum*** Dunn, J. Linn. Soc., Bot. 38 (267): 366. 1908. Fokien [Fujian] (福建): Yenping [Yanping] (南平市延平区), 3800 Steps Pass (三千八百坎), S.T. Dunn HH-3477 (Holotype: HK).

Pilea henryana C.H.Wright, Gentes Herbarum 20. 1920. Chekiang [Zhejiang] (浙江): Ningpo [Ningbo] (宁波) mountains, E. Faber 312 (Syntype: ?); Kiangsi [Jiangxi] (江西): Kuling [Guling] (牯岭), 1917-09-07, L.H. Bailey s.n.(Isosyntype: K).

冷水花 ***Pilea notata*** C.H. Wright, J. Linn. Soc., Bot. 26 (178): 476. 1899. Chekiang [Zhejiang] (浙江): Ningpo [Ningbo] (宁波) mountains, E. Faber 1749 (Syntype: BM); Kiangsi [Jiangxi] (江西): Kiukiang [Jiujiang] (九江), Lushan mountains [Lu Shan] (庐山), 1891 年 , T.L. Bullock 81 (Syntype: K), 1873 年 , G. Shearer s.n. (Syntype: K).

苔水花极小变种 ***Pilea peploides*** (Gaudich.) Hook. et Arn. var. ***minutissima*** P.S. Hsu, Acta Phytotax. Sin. 11 (2): 190. 1966. Anhwei [Anhui] (安徽): Hwang-shan [Huang Shan] (黄山), near Tin-tao-din [Tingtaoting] (听涛亭), 1955-06-10, Futan Univ. (复旦大学队) 721 (Holotype: FUS).

紫背冷水花 ***Pilea purpruella*** C.J. Chen, Bull. Bot. Res., Harbin 2 (3): 57.1982. Jiangxi (江西): Suichuan (遂川), Dafen (大汾), Wenxi (文溪), 1970-05-08, 236 Unit (236 部队) 614 (Holotype: PE).

闽北冷水花 ***Pilea verrucosa*** Hand. -Mazz. subsp. ***fujianensis*** C.J. Chen, Bull. Bot. Res., Harbin 2 (3): 55. 1982. Fujian (福建): Jianning (建宁), Wangpingdong (王坪栋), 1978-06-03, Z.Y. Li (李振宇) 10880 (Holotype: PE).

153 壳斗科 Fagaceae

Castanea davidii Dode, Bull. Soc. Dendrol. France 8: 153. 1908. Kiang-si [Jiangxi] (江西), 1868-07, A. David 898 [848] (Holotype: P).

金坪矮垂栗 ***Castanea mollissima*** Bl. var. ***pendula*** X.Y. Zhou et Z.D. Zhou, J. Jiangxi Agri. Univ. 1: 7. 1982. Jiangxi (江西): Xiajiang (峡江), Jinping (金坪), 1975-09, B.W. Fan et al. (范邦文等) 75-7 (Holotype: JXAU).

Castanopsis caudata Franch., Nouv. Arch. Mus. Hist. Nat. sér. 2, 7: 87. 1884. et Pl. David. 1: 277. 1884. Kiang-si [Jiangxi] (江西): Kiukiang [Jiujiang] (九江), A. David 859 (Holotype: P).

Castanopsis chingii A. Camus, Bull. Mus. Natl. Hist. Nat., sér. 2, 1 (2): 165. 1929. Chekiang [Zhejiang] (浙江): entre Ping-yung [Pingyang] (平阳) et Tai-suan [Taishun] (泰顺), 1924-07-16, R.C. Ching (秦仁昌) 2170 (Isotype: P).

Castanopsis incana A. Camus, Bull. Mus. Natl. Hist. Nat., sér. 2, 1 (2): 165. 1929. Chekiang [Zhejiang] (浙江): King-huan [Qingyuan] (庆元), 1924-08-01, R.C. Ching (秦仁昌) 2317 (Holotype: P).

上杭锥 ***Castanopsis lamontii*** Hance var. ***shanghangensis*** Q.F. Zheng, Acta Phytotax. Sin. 17 (3): 119. 1979. Fujian (福建): Shanghang (上杭), Buyun (步云), Q.F. Zheng et K.R. Wu (郑清芳, 吴克儒) 77051 (Holotype: FJFC).

黑叶锥 ***Castanopsis nigrescens*** Chun et C.C. Huang, Guihaia 16 (4): 301.1996. Jiangxi (江西): Dingnan (定南), Z.B. Yang et J. Yao [K. Yao] (杨志斌, 姚淦) 2316 (Holotype: IBSC).

钩栗 ***Castanopsis tibetana*** Hance, J. Bot. 13 (156): 367. 1875. Chekiang [Zhejiang] (浙江): Hang chau [Hangzhou] (杭州), monasterium Lin yin [Lingyin Si] (灵隐寺), cult., 1874-11, G.E. Moule s.n. (Holotype: BM-001000554, Herb. Hance n. 18914).

突脉青冈 ***Cyclobalanopsis elevaticostata*** Q.F. Zheng, Acta Phytotax. Sin. 17 (3): 118. 1979. Fujian (福建): Ningde (宁德), Huotong (霍童), K.R. Wu (吴克儒) 771001 (Holotype: FJFC).

景宁青冈 ***Cyclobalanopsis jingningensis*** Z.H. Chen, Ri L. Liu et Y.F. Lu, J. Hangzhou Norm. Univ., Nat. Sci. Ed. 18 (6): 601. 2019. Zhejiang (浙江): Jingning (景宁), Wangdongyang (望东垟), Yujikeng (渔漈坑), 2017-10-19, R.L. Liu et al. (刘日林等) JN2017101901 (Holotype: ZM).

梅花山青冈 ***Cyclobalanopsis meihuashanensis*** Q.F. Zheng, Acta Phytotax. Sin. 17 (3): 119. 1979. Fujian (福建): Shanghang (上杭), Meihua Shan (梅花山), Q.F. Zheng et K.R. Wu (郑清芳, 吴克儒) 77065 (Holotype: FJFC).

闽西青冈 ***Cyclobalanopsis minxiensis*** Q.F. Zheng, S.Q. Zheng et L. Zheng, Fujian Endemic Trees 1. 2014. Fujian (福建): Changting (长汀), Hongshan (红山), Laxi Group (腊溪大队), 1984 年, Q.F. Zheng et M.M. Lin (郑清芳, 林木木) s.n. (Holotype: FJFC).

宁冈青冈 ***Cyclobalanopsis ningangensis*** W.C. Cheng et Y.C. Hsu, Acta Bot. Yunnan. 1 (1): 146. 1979. Jiangxi (江西): Ninggang (宁冈), S.S. Lai (赖书绅) 5242 (Holotype: LBG).

软枝青冈 ***Cyclobalanopsis reclinatocaulis*** M.M. Lin, Bull. Bot. Res., Harbin 40 (1): 11. 2020. Fujian (福建): Longyan (龙岩), Changting (长汀), Sidou (四都), Wantuan Village (万

团村), 2013-10-16, Q.W. Lin et al. (林沁文等) 01-06 (Holotype: AU).

永安青冈 ***Cyclobalanopsis yonganensis*** L.K. Ling et C.C. Huang, Guihaia 11 (1): 9. 1991. Fujian (福建): Yong'an (永安), L.G. Lin (林来官) 6426 (Holotype: FNU).

浙江水青冈 ***Fagus hayatae*** Palib. ex Hayata var. ***zhejiangensis*** M.C. Liu et M.H. Wu ex Y.T. Chang et C.C. Huang, Acta Phytotax. Sin. 26 (2): 115. 1988. Zhejiang (浙江): Yongjia (永嘉), Sihai Shan (四海山), 1980-10, M.X. Wu (吴鸣翔) 619 (Holotype: FJSI).

天台水青冈 ***Fagus tientaiensis*** Liou, Contr. Inst. Bot. Natl. Acad. Peiping 3: 451. 1935. Chekiang [Zhejiang] (浙江): Tientai Shan [Tiantai Shan] (天台山), 1934-08-08, S. Chen (陈诗) 3718 (Holotype: PE).

漳平金毛柯 ***Lithocarpus chrysocomus*** Chun et Tsiang var. ***zhangpingensis*** Q.F. Zheng, Acta Phytotax. Sin. 17 (3): 119. 1979. Fujian (福建): Zhangping (漳平), Yongfu (永福), Q.F. Zheng et Z.Q. Li (郑清芳 , 李振琴) 76253 (Holotype: FJFC).

邓氏柯 ***Lithocarpus dunnii*** F.P. Metcalf, Lingnan Sci. J. 10: 483. 1931. Fukien [Fujian] (福建): Central Fukien Exped., 1905 年 , Dunn-HH 3493 (Syntype: ?); South Chekiang [Zhejiang] (浙江): Northeast of Tai suan [Taishun] (泰顺), 1924-07-18, R.C. Ching (秦仁昌) 2143 (Syntype: SYS); Tientai-Shan [Tiantai Shan] (天台山), 1924-05-08, R.C. Ching (秦仁昌) 1461 (Syntype: A).

卵叶玉盘柯 ***Lithocarpus elliptica*** [***Lithocarpus ellipticus***] F.P. Metcalf, Fl. Fukien Fasc. 1: 64. 1942, sine descr. lat.; Metcalf in Lingnan Sci. J. 20 (2-4): 218. 1942. Fukien [Fujian] (福建): Yenping [Yanping] (南平市延平区), Chaping (茶坪), H.H. Chung (钟心煊) 2905 (Holotype: A).

卷毛柯 ***Lithocarpus floccosus*** C.C. Huang et Y.T. Chang, Guihaia 8 (1): 20. 1988. Fujian (福建): Nan-zheng [Nanjing] (南靖), C.C. Chang (张清其) 391 (Holotype: FNU).

江西石栗 ***Lithocarpus kiangsiensis*** Hu et F.H. Chen, Acta Phytotax. Sin. 1 (2): 222. 1951. Kiangsi [Jiangxi] (江西): Hsiushui [Xiushui] (修水), Mufu Shan (幕阜山), Tienyotang [Tianyuetang] (天岳堂), 1947-09-12, Y.K. Hsiung (熊耀国) 05913 (Holotype: PE).

永福柯 ***Lithocarpus yongfuensis*** Q.F. Zheng, Acta Phytotax. Sin. 23 (2): 149. 1985. Fujian (福建): Zhangping (漳平), Q.F. Zheng et K.R. Wu (郑清芳 , 吴克儒) 77040 (Holotype: FJFC).

麻栎 ***Quercus acutissima*** Carruth., J. Proc. Linn. Soc., Bot. 6: 33. 1862. Kiangsi [Jiangxi] (江西), 1793 年 , G.L. Staunton s.n. (Holotype: P?).

扁果麻栎 ***Quercus acutissima*** Carruth. var. ***depressinucata*** H.W. Jen et R.Q. Gao, Bull. Bot. Res., Harbin 4 (4): 195. 1984. Shandong (山东): Yantai (烟台), Kunyu Mountain [Kunyu Shan] (昆嵛山), 1982-09-22, H.W. Jen et R.Q. Gao (任宪威 , 高润清) 82145 (Holotype: BJFC).

大果麻栎 ***Quercus acutissima*** Carruth. var. ***macrocarpa*** X.W. Li et Y.Q. Zhu, Bull. Bot. Res., Harbin 13 (1): 61. 1993. Shandong (山东): Tai'an (泰安),Tai Shan (泰山), Changshou Qiao (长

寿桥), 1987-04-22, X.W. Li et Y.Q. Zhu (李兴文 , 朱英群) 87105 (Holotype: SDFS).

高壳槲栎 ***Quercus aliena*** Bl. var. ***alticupuliformis*** H.W. Jen et L.M. Wang, Bull. Bot. Res., Harbin 4 (4): 197. 1984. Shandong (山东): Yantai (烟台), Kunyu Mountain [Kunyu Shan] (昆嵛山), 1982-09-21, H.W. Jen et L.M. Wang (任宪威 , 王良民) 82081 (Holotype: BJFC).

米槠 ***Quercus carlesii*** Hemsl., Hooker's Icon. Pl. 26: pl. 2591. 1899. Fokien [Fujian] (福建): Foochow [Fuzhou] (福州), Kushan Temple [Gushan Si] (鼓山寺 , 今涌泉寺), 1897-12-13, W.R. Carles s.n. (Holotype: K).

小叶栎 ***Quercus chenii*** Nakai, J. Arnold Arbor. 5 (2): 74. 1924. Chekiang [Zhejiang] (浙江): Anchi [Anji] (安吉), 1920-10, Y. Chen (陈嵘) s.n. (Holotype: A-00034144).

临安栎 ***Quercus chenii*** Nakai var. ***linanensis*** M.C. Liu et X.L. Shen, Bull. Bot. Res., Harbin 12 (3): 275. 1992. Zhejiang (浙江): Lin'an (临安), 1983-10, M.C. Liu (刘茂春) 83048 (Holotype: ZJFC).

Quercus chinensis C. Abel, Narr. Journey China 165, 363. 1818. Kiang-si [Jiangxi] (江西): lacum Po-yang [Poyang Hu] (鄱阳湖), 1816 年 , C. Abel s.n. (Holotype: ?).

仁昌青冈 ***Quercus chingii*** F.P. Metcalf, Lingnan Sci. J. 10 (4): 482. 1931. North Fukien [Fujian] (福建): Mountains near Chekiang Border, 1924-08-07, R.C. Ching (秦仁昌) 2308 (Syntype: PE); Chekiang [Zhejiang] (浙江): Sinchu [Xianju] (仙居), 1924-06-04, R.C. Ching (秦仁昌) 1786〔Lectotype: PE, designated by Y. Lin et al. in Bull. Bot. Res., Harbin 35 (1): 7. 2015〕; Tai suan [Taishun] (泰顺), 1924-07-21, R.C. Ching (秦仁昌) 2186 (Syntype: SYS), 1926-08-04, Y.L. Keng (耿以礼) 299 (Syntype: PE); Tai Chow [Taizhou] (台州), Yun Fan [Yunfeng] (云峰), 1924-05-01, R.C. Ching (秦仁昌) 1320 (Syntype: SYS).

福建青冈 ***Quercus chungii*** F.P. Metcalf, Lingnan Sci. J. 10: 481.1931. Fukien [Fujian] (福建): Yenping [Yanping] (南平市延平区), Buong-Kang [Bankan] (半坎), 1925-07-01, H.H. Chung (钟心煊) 3634 (Holotype: A).

Quercus densifolia C. Abel, Narr. Journey China 165, 363. 1818. Kiang-si [Jiangxi] (江西): lacum Po-yang [Poyang Hu] (鄱阳湖), 1816 年 , C. Abel s.n. (Holotype: ?).

白栎 ***Quercus fabri*** Hance, J. Linn. Soc., Bot. 10: 202. 1869. Kiang-su [Shanghai] (上海), C. Fabre-Toonerre 10236 (Holotype: BM).

Quercus fokienensis Nakai, J. Arnold Arbor. 5: 75. 1924. Fokien [Fujian] (福建), Dunn's Exped. HH-3482 (Holotype: ?).

Quercus harlandii Hance ex Walp. var. ***integrifolia*** Dunn, J. Linn. Soc., Bot. 38 (267): 366. 1908. Fokien [Fujian] (福建):Yenping [Yanping] (南平市延平区) et Yuen Fu River [Yongfu Jiang] (永福江 , 今大樟溪), Dunn HH-3492 (Holotype: HK).

南方栎 ***Quercus meridionalis*** Liou, Contr. Inst. Bot. Natl. Acad. Peiping 4 (1): 21. 1936. Kiangsu [Jiangsu] (江苏): Shahshu [Xiashu] (下蜀), 1929-09-12,W.C. Cheng (郑万钧) 569

(Lectotype: PE, designated by H.L. Li et al. in Bull. Bot. Res., Harbin 28: 265. 2008); Bauhwa Shan [Baohua Shan] (宝华山), 1931-03-23, C. Pei (裴鉴) 2444 (Syntype: ?), 1933-05-29, M. Chen (陈谋) 457 (Syntype: ?), 1933-09-10, M. Chen (陈谋) 1009 (Syntype: ?). Chekiang [Zhejiang] (浙江): Tienmushan [Tianmu Shan] (天目山), [from Hualong to Chanyuan Si] (化龙至禅源寺), 1930-07-22, T.N. Liou (刘慎谔) 23 (Syntype: ?); Chuchi [Zhuji] (诸暨), 1933-08-18, M. Chen (陈谋) 925 (Syntype: ?), 1933-08-18, S. Chen (陈诗) 1799 (Syntype: PE).

穆氏栎 *Quercus moulei* Hance, J. Bot. 13 (156): 363. 1875. Chekiang [Zhejiang] (浙江): Hang chau [Hangzhou] (杭州), Lin yin [Lingyin] (灵隐), 1874-11, G.E. Moule s.n. (Holotype: BM-000951896, Herb. Hance n. 18579).

毛果青冈 *Quercus pachyloma* Seemen, Bot. Jahrb. 23 (Beibl. 57): 54. 1897. Fokien [Fujian] (福建): Futschau [Fuzhou] (福州), Berg Kushan [Gu Shan] (鼓山), 1887-12, Warburg 5835 (Holotype: A).

苦槠 *Quercus sclerophylla* Lindl. et Paxton, Paxton's Fl. Gard. 1 (4): 59. 1850. 由 R. Fortune 引入欧洲 .《中国植物志》记载模式标本采自福建 .

滑皮柯 *Quercus skaniana* Dunn, J. Linn. Soc., Bot. 38 (267): 366. 1908. Fokien [Fujian] (福建): Yenping [Yanping] (南平市延平区), S.T. Dunn HH-3487 (Holotype: HK).

Quercus spathulata Seemen var. ***oxyphylla*** E.H. Wilson, J. Arnold Arbor. 8 (2): 100. 1927. Anhwei [Anhui] (安徽): Chemen [Qimen] (祁门), Li Shan (里山),1925-08-05, R.C. Ching (秦仁昌) 3116 (Holotype: A).

黄山栎 *Quercus stewardii* Rehder, J. Arnold Arbor. 6: 207.1925. Anwhei [Anhui] (安徽): Wang Shan [Huang Shan] (黄山), 1924-08, A.N. Steward 1317 (Holotype: A, N-7182).

戴云栎 *Quercus taiyunensis* Y. Ling, Res. Bull. Fukien Acad. Biol. Sect. 2: 4. 1947. Fukien [Fujian] (福建): Tehhwa [Dehua] (德化), Taiyunshan [Daiyun Shan] (戴云山), 1941-10-01, P.T. Tsoong (钟补勤) 167 (Holotype: IBSC).

Quercus thalassica Hance var. ***obtusiglans*** Dunn, J. Linn. Soc., Bot. 38(267): 366.1908. Fokien [Fujian] (福建): Fong Kong Tze [Fangguang Si] (方广寺 , 今方广岩寺) near Foochow [Fuzhou] (福州), Dunn HH-3486 (Holotype: HK).

155 胡桃科 Juglandaceae

山核桃 *Carya cathayensis* Sarg., Pl. Wilson. (Sargent) 3 (1): 187. 1916. Chekiang [Zhejiang] (浙江): mountains round Changhua (昌化), near Yi-tsun [Yuqian] (於潜), 1915-07-08, F.N. Meyer 1521 (Holotype: A).

大别山山核桃 *Carya cathayensis* Sarg. var. ***dabeishansis*** Y.Z. Hsu et N.C. Tao, Chin. Bull.

Bot. 3 (5): 35. 1985. Anhui (安徽): Jinzhai (金寨), Y.Z. Hsu et N.C. Tao (徐荣章, 陶银周) 84511 (Holotype: ZJFC).

Carya dabieshanensis M.C. Liu et Z.J. Li, J. Zhejiang Forest. Coll. 1 (1): 41. 1984. [Cat. Type Spec. Herb. China 365. 1994.] Anhui (安徽): Jinzhai (金寨), 1983-09-12, H.L. Tao (陶红雷) 3-A (Holotype: ZJFC).

Fortunaea chinensis Lindl., J. Hort. Soc. London 1: 150. 1846. [Zhejiang] (浙江):From the hills of Chusan [Zhoushan] (舟山) and Ningpo [Ningbo] (宁波), 1845 年, R. Fortune s.n. (Holotype: ?).

沿海胡桃楸 ***Juglans mandshurica*** Maxim. var. ***mauritiana*** D.K. Zang et P.C. Huang, J. Shandong Agri. Univ. 25 (1): 58. 1994. Shandong (山东): Laoshan mountain [Lao Shan] (崂山), Shangqinggong (上清宫), 1991-08-30, D.K. Zang (臧得奎) 91118 (Holotype: SDAU).

小果青钱柳 ***Pterocarya micropaliurus*** P.C. Tsoong, Contr. Inst. Bot. Natl. Acad. Peiping 4: 134. 1936. [Anhui] (安徽): [Huang Shan] (黄山), Between Third and Second Liou Men Ting, Upper Sung Ku An Valley (松谷庵上谷第二、三刘门亭间), 1935-08-21, T.N. Liou et P.C. Tsoong (刘慎谔, 钟补求) 2932 (Holotype: PE).

[青钱柳] ***Pterocarya paliurus*** Batal., Trudy Imp. S.-Peterburgsk. Bot. Sada 13 (1): 101. 1893. [Zhejiang] (浙江): Ning-po [Ningbo] (宁波), E. Faber s.n. (Syntype: LE).

158 桦木科 Betulaceae

桦叶桤木 ***Alnus betulifolia*** G.Y. Li, Z.H. Chen et D.D. Ma, Ann. Bot. Fennici 56: 247. 2019. Zhejiang (浙江): Chun'an (淳安), Fengshuling (枫树岭), Dayuantou (大源头), 2015-05-21, G.Y. Li et al. (李根有等) LC2015521001 (Holotype: ZM).

加氏赤杨 ***Alnus jackii*** Hu, J. Arnold Arbor. 6 (3): 140. 1925. Chekiang [Zhejiang] (浙江): Tien-tai-shan [Tiantai Shan] (天台山), 1924-11-18, R.C. Ching (秦仁昌) 2606 (Holotype: A).

福建桦 ***Betula fujianensis*** J. Zeng, Jian H. Li et Z.D. Chen, Bot. J. Linn. Soc. 156 (4): 524. 2008. Fujian (福建): Shaxian (沙县), Luoboyan (萝卜岩), 2004-05-05, Zeng (曾杰) 2004050501 (Holotype: PE).

胶东桦 ***Betula jiaodongensis*** S.B. Liang, Bull. Bot. Res., Harbin 4 (2): 155. 1984. Shandong (山东): Muping (牟平), Kunyu Shan (昆嵛山), S.B. Liang (梁书宾) 82005 (Holotype: SDFS).

粗穗光皮桦 ***Betula luminifera*** H. Winkl. fo. ***pachystachya*** X.M. Liu, J. Anhui Agri. Coll. 14 (4): 12. 1987. Anhui (安徽): Mt. Huangshan [Huang Shan] (黄山), Hot Spring (温泉), 1986-04-22, M.X. Ho (何明勋) 86085 (Holotype: AAUF).

武夷桦 ***Betula wuyiensis*** J.B. Xiao, J. Nanjing Forest. Univ., Nat. Sci. Ed. 30 (2): 125. 2006.

Fujian (福建): Wuyi Shan (武夷山), 2005-04-20, J.B. Xiao (肖家斌) 003 (Holotype: NF).

天目山鹅耳枥 ***Carpinus huana*** W.C. Cheng, Contr. Biol. Lab. Sci. Soc. China, Bot. Ser. 9: 68. 1933. Chekiang [Zhejiang] (浙江): W. Tienmushan [Xitianmu Shan] (西天目山), 1924-08-21, W.C. Cheng (郑万钧) 5161 (Holotype: PE).

宽叶鹅耳枥 ***Carpinus londoniana*** H. Winkl. var. ***latifolius*** P.C. Li, Acta Phytotax. Sin. 17 (1): 87. 1979. Chekiang [Zhejiang] (浙江): Ning-po [Ningbo] (宁波), s.coll. 1018 (Holotype: PE).

剑苞鹅耳枥 ***Carpinus londoniana*** H. Winkl. var. ***xiphobracteata*** P.C. Li, Acta Phytotax. Sin. 17 (1): 87. 1979. Chekiang [Zhejiang] (浙江): Yin Hsien [Yin Xian] (鄞县 , 今鄞州), 1958 年 , Chen Gun-rung (陈根容) [陈根荣] 2289 (Holotype: PE).

长柄鹅耳枥 ***Carpinus longipes*** Hu, Acta Phytotax. Sin. 9 (3): 291. 1964. Kiangsi [Jiangxi] (江西): [Wuning] (武宁), Taiping Shan (太平山), Shih-Cha-Pu [Shijiapu] (石家铺), 1949 [1947] -07-15, Y.K. Hsiung (熊耀国) 5305 (Lectotype: PE-00021917, designated by Q. Lin et al. in Acta Bot. Boreal. -Occid. Sin 27: 1248. 2007).

蒙山鹅耳枥 ***Carpinus mengshanensis*** S.B. Liang et F.Z. Zhao, Bull. Bot. Res., Harbin 11 (2): 33. 1991. Shandong (山东): Pingyi (平邑), Meng Shan (蒙山), 1984-10, F.Z. Zhao (赵法珠) 84001 (Holotype: SDFS).

普陀鹅耳枥 ***Carpinus putoensis*** W.C. Cheng, Contr. Biol. Lab. Sci. Soc. China, Bot.Ser. 8: 72. 1932. Cheking [Zhejiang] (浙江): Puto Island [Putuo] (普陀), Futinshan [Foding Shan] (佛顶山), 1930-05-15, K.K. Tchoong [K.K. Tsoong] (钟观光) 94 (Lectotype: PE-00021950, designated by N. Holstein et M. Weigend in Euro. J. Tax. 375: 25. 2017).

天台鹅耳枥 ***Carpinus tientaiensis*** W.C. Cheng, Contr. Biol. Lab. Sci. Soc. China, Bot. Ser. 8: 135. 1932. Chekiang [Zhejiang] (浙江): [Tiantai] (天台), Tientai-Shan [Tiantai Shan] (天台山), 1927-08-12, Y.L. Keng (耿以礼) 1065〔Lectotype: PE, designated by Q. Lin et Q. Sun in Acta Bot. Boreal.-Occid. Sin. 27 (1): 178. 2007〕, 1924-05-10, R.C. Ching (秦仁昌) 1547 (Syntype: PE).

宝华鹅耳枥 ***Carpinus turczaninowii*** Hance var. ***oblongifolia*** Hu, Sunyatsenia 1 (2-3): 115. 1933. Kiangsu [Jiangsu] (江苏): Nanking [Nanjing] (南京), Pao-Hua Shan [Baohua Shan] (宝华山), 1925-07-23, A.N. Steward 1476 (Holotype: PE).

短柄川榛 ***Corylus kweichowensis*** Hu var. ***brevipes*** W.J. Liang, Bull. Bot. Res., Harbin 8 (4): 117. 1988. Jiangxi (江西): Lu Shan (庐山), 1984-09-18, W.J. Liang (梁维坚) 103 (Holotype: LEF).

天目铁木 ***Ostrya rehderiana*** Chun, J. Arnold Arbor. 8 (1): 19. 1927. Western Chekiang [Zhejiang] (浙江): Tien Moh Shan [Tianmu Shan] (天目山), 1925-10-02, R.C. Ching (秦仁昌) 3385 (Lectotype: A-00033790, designated by N. Holstein et M. Weigend in Euro. J. Tax. 375: 35.

2017).

163 葫芦科 Cucurbitaceae

盒子草 ***Actinostemma tenerum*** Griff., Account Bot. Coll. Cantor 25, PL. III. 1845. [Zhejiang] (浙江): Chusan [Zhoushan] (舟山), T. Cantor s.n. (Syntype: ?).

Cucumis argyi H. Lév., Mem. Real Acad. Ci. Barcelona 12 (22): 8. 1916. Kiang-Sou [Jiangsu] (江苏), d'Argy s.n. (Holotype: E).

小马泡 ***Cucumis bisexualis*** A.M. Lu et G.C. Wang, Bull. Bot. Res., Harbin 4 (2): 126. 1984. Shandong (山东): Ningyang (宁阳), 1979-06, G.C. Wang (王贵臣) 01 (Holotype: PE).

Cucumis courtoisii H. Lév., Mem. Real Acad. Ci. Barcelona 12 (22): 8. 1916. Kiang-Sou [Jiangsu] (江苏): Vou Sié [Wuxi] (无锡), d'Argy s.n. (Holotype: E).

疏花绞股蓝 ***Gynostemma laxiflorum*** C.Y. Wu et S.K. Chen, Acta Phytotax. Sin. 21 (4): 366. 1983. Anhui (安徽): Xuancheng (宣城), Chaotiandong (朝天洞), 1959-11-11, s.coll. 396 (Holotype: NAS).

白脉绞股蓝 ***Gynostemma pallidinerve*** Z. Zhang, Acta Phytotax. Sin. 29 (4): 370.1991. Anhui (安徽): She Xian (歙县), Mons Qingliangfeng (清凉峰), Laokadui (老卡堆), 1986-10-02, Z. Zhang (张智) 140 (Holotype: PE).

歙县绞股蓝 ***Gynostemma shexianense*** Z. Zhang, J. Anhui Agri. Univ. 22 (2): 177. 1995. Anhui (安徽): She Xian (歙县), Qingliangfeng (清凉峰), 1986-10-02, Z. Zhang (张智) 0134 (Holotype: AAUB).

毛果喙果藤 ***Gynostemma yixingense*** (Z.P. Wang et Q.Z. Xie) C.Y. Wu et S.K. Chen var. ***trichocarpum*** J.N. Ding, Bull. Bot. Res., Harbin 10 (3): 71. 1990. Anhui (安徽): Tongling (铜陵), Tianmen Shan (天门山), 1986-11-10, J.N. Ding (丁建南) 86077 (Holotype: N).

小果绞股蓝 ***Gynostemma zhejiangense*** X.J. Xue, Bull. Bot. Res., Harbin 15 (4): 447. 1995. Zhejiang (浙江): Hangzhou (杭州), Yuhuang Shan (玉皇山), 1994-11-10, X.J. Xue et S.L. Zhang (薛祥骥 , 张水利) 9411107 (Holotype: PE).

天目雪胆 ***Hemsleya graciliflora*** (Harms) Cogn. var. ***tianmuensis*** X.J. Xue et H. Yao, Acta Phytotax. Sin. 33 (2): 208. 1995. Zhejiang (浙江): Xitianmu Mt. [Xitianmu Shan] (西天目山), 1987-09, X.J. Xue et S.T. Fang (薛祥骥 , 方尚土) 8705 (Holotype: HHBG).

浙江雪胆 ***Hemsleya zhejiangensis*** C.Z. Zheng, Acta Phytotax. Sin. 23 (1): 67. 1985. Zhejiang (浙江): Taishun (泰顺), Wuyanling (乌岩岭), Yanglingkeng (垟岭坑), 1982-08-12, C.Z. Zheng (郑朝宗) 2633 (Holotype: HZU).

Melothria argyi H. Lév., Mem. Real Acad. Ci. Barcelona 12 (22): 8. 1916. Kiang-Sou

[Jiangsu] (江苏), d'Argy s.n. (Holotype: E).

大果赤瓟 ***Thladiantha nudiflora*** Hemsl. var. ***macrocarpa*** Z. Zhang, Bull. Bot. Res., Harbin 9 (4): 45. 1989. Anhui (安徽): Jinzhai (金寨), Baimazhai (白马寨), 1985-11-01, Z. Zhang (张智) 080 (Holotype: AAUB).

绵赤瓟 ***Thladiantha nudiflora*** Hemsl. var. ***membranacea*** Z. Zhang, Bull. Bot. Res., Harbin 9 (4): 45. 1989. Anhui (安徽): Huoshan (霍山), 1982-08-26, Z. Zhang (张智) 003 (Holotype: AAUB).

腺栝楼 ***Trichosanthes glandulosa*** G.Q. Zhu , H.Z. Peng et X.H. Liu, J. Zhejiang Forest. Sci. Tech. 40 (3): 91. 2020. Zhejiang (浙江): Hangzhou (杭州), Xiaohe Shan (小和山), Zhejiang Academy of Forestry (浙江省林业科学研究院), Bamboo Garden (竹种园), 2018-07-03, G.Q. Zhu (朱光权) ZFAZGQ 2018070301 (Holotype: ZM).

井冈山栝楼 ***Trichosanthes jinggangshanica*** C.H. Yueh, Acta Phytotax. Sin. 18 (3): 341. 1980. Jiangxi (江西): Jinggang Shan (井冈山), X.S. Gao et al. (高晓山等) 77-370 (Holotype: CMMI).

小花栝楼 ***Trichosanthes parviflora*** C.Y. Wu ex S.K. Chen, Bull. Bot. Res., Harbin 5 (2): 117. 1985. Zhejiang (浙江): Lishui (丽水), Dagangtou (大港头), Xiaojing (小井), S.Y. Chang (章绍尧) 6072 (Holotype: KUN). 重命名为 ***T. zhejiangensis*** Yueh et Lu Q. Huang, Trichosanthes 43. 2009.

展毛栝楼 ***Trichosanthes rosthornii*** Harms subsp. ***patentivillosa*** Z.H. Chen, W.Y. Xie et F. Chen, J. Hangzhou Norm. Univ., Nat. Sci. Ed. 18 (4): 420. 2019. Zhejiang (浙江): Wuyi (武义), Xilian (西联), Shizhuyuan (石柱源), 2018-08, Y.R. Zhu (朱遗荣) WY18080101 (Holotype: ZM).

黄山栝楼 ***Trichosanthes rosthornii*** Harms var. ***huangshanensis*** S.K. Chen, Bull. Bot. Res., Harbin 5 (2): 116. 1985. Anhui (安徽): She Xian (歙县), Huang Shan (黄山), 1975-07-14, K.C. Kuan (关克俭) 75268 (Holotype: PE).

喙果藤 ***Trirostellum yixingense*** Z.P. Wang et Q.Z. Xie, Acta Phytotax. Sin. 19 (4): 483. 1981. Jiangsu (江苏): Yixing (宜兴), Li Shan (砺山), 1979-09-13, Z.P. Wang et Q.Z. Xie (王正平 , 谢权中) 7991 (Holotype: N).

166 秋海棠科 Begoniaceae

Begonia calophylla Irmsch., Mitt. Inst. Allg. Bot. Hamburg 6: 351. 1927. Kianghsi [Jiangxi] (江西): Ningdu(宁都) und Tjingan (Ki-an) [Ji'an] (吉安), Hangaodsu, 1921-08, Wang-Te-Hui (王德辉) Handel-Mazzetti Nr. 490 (Lectotype: WU-0038791, designated here, by C.Y. Wu in Herb. sched. 1992). 更名为美丽秋海棠 ***Begonia algaia*** L.B. Sm. et Wassh., Phytologia 52 (7): 441.1983.

槭叶秋海棠 ***Begonia digyna*** Irmsch., Mitt. Inst. Allg. Bot. Hamburg 6: 352. 1927. Fukien [Fujian] (福建): Dingdschou (Tingchow) [Tingzhou] (汀州), Tienhwa-schan [Tianhua Shan] (天华山), 1921 年, Wang-Te-Hui (王德辉) Handel-Mazzetti Nr. 412 (Lectotype: WU-0038793, designated here, by C.Y. Wu in Herb. sched.).

168 卫矛科 Celastraceae

Celastrus chungii Merr., Sunyatsenia 3: 253. 1937. Fukien [Fujian] (福建): Kutien [Gutian] (古田), half way between Foochow [Fuzhou] (福州) and Yenping [Yanping] (南平市延平区), 1928-05-29, H.H. Chung (钟心煊) 4018 (Holotype: A).

Celastrus geminiflorus Hayata, Icon. Pl. Formosan. 5: 25. 1915. Fokien [Fujian] (福建): Mt. Useki [Wushi Shan] (乌石山), 1910-12, S. Nagasawa (永泽定一) s.n. (Holotype: TI).

毛脉显柱南蛇藤 ***Celastrus glaucophyllus*** Rehder et E.H. Wilson var. ***puberulus*** P.S. Hsu, Observ. Fl. Hwangshan. 141. 1965. Anhwei [Anhui] (安徽): Hwangshan [Huang Shan] (黄山), near Cheng Tou Chu [Zhengdaoju] (正道居), 1954-06-05, Futan Univ. (复旦大学队) 166 (Holotype: FUS).

拟粉背南蛇藤 ***Celastrus hypoleucoides*** P.L. Chiu, J. Hangzhou Univ., Nat. Sci. Ed. 8 (1): 114. 1981. Zhejiang (浙江): Chun'an (淳安), [Zhayuanwu] (榨源坞), 1958-08-23, Zhejiang Bot. Exped. (浙江植物资源普查队) 30113 (Holotype: HHBG).

窄叶南蛇藤 ***Celastrus oblanceifolius*** Chen H. Wang et P.C. Tsoong, Chin. J. Bot. 1 (1): 65. 1936. Anhwei [Anhui] (安徽): Hwangshan [Huang Shan] (黄山), Ku-chu-hsi [Kuzhuxi] (苦竹溪), 1935-08-10, T.N. Liou et P.C. Tsoong (刘慎谔, 钟补求) 2443 (Isotype: WUK).

Celastrus reticulatus Chen H. Wang, Contr. Bot. Surv. Northwest. China 1 (1): 68. 1939. Kiangsi [Jiangxi] (江西): Lu Shan (庐山), 1931-08-03, C. Leu 223 (Holotype: PE).

浙江南蛇藤 ***Celastrus zhejiangensis*** P.L. Chiu, G.Y. Li et Z.H. Chen, J. Zhejiang Forest. Sci. Tech. 5: 101. 2013. Zhejiang (浙江): Pan'an (磐安), Dapan Shan (大盘山), Panshanjian (盘山尖), 2009-10-28, Z.L. Chen et Y.F. Yu (陈子林, 俞叶飞) PA20091001 (Holotype: ZJFC).

扶芳藤 ***Elaeodendrum fortunei*** [***Elaeodendron fortunei***] Turcz., Bull. Soc. Imp. Naturalistes Moscou 36 (2): 603. 1863. China Borealis (应为浙江), 1845 年, R. Fortune 46 A〔Lectotype: W, designated by W. Cao et J.S. Ma in Taxon 55 (1): 227. 2006〕.

Euonymus alatus (Thunb.) Siebold var. ***microphylla*** [***microphyllus***] Chen H. Wang, Contr. Bot. Surv. Northwest. China 1 (1): 18. 1939. Kiangsi [Jiangxi] (江西), 1929-11, S.H. Hsiung

577 (Holotype: PE).

圆叶丝棉木 ***Euonymus bungeanus*** Maxim. var. ***ovata*** [***ovatus***] F.H. Chen et M.C. Wang, Acta Phytotax. Sin. 3 (2): 237. 1954. Jiangxi (江西): Lu Shan (庐山), Zhangjia Shan (张家山), 1951-10-20, Y.K. Hsiung (熊耀国) 7014 (Holotype: ?).

陈谋卫矛 ***Euonymus chenmoui*** W.C. Cheng, Contr. Biol. Lab. Sci. Soc. China, Bot. Ser. 10: 75. 1935. Anhwei [Anhui] (安徽): Wangshan [Huang shan] (黄山), 1933-10-24, W.C. Cheng (郑万钧) 4603 (Syntype: PE), 1935-05-14, C. Pei (裴鉴) 3871 (Syntype: ?).

垂丝卫矛 ***Euonymus euscaphioides*** F.H. Chen et M.C. Wang, Acta Phytotax. Sin. 3 (2): 235. 1954. Jiangxi (江西): Lu Shan (庐山), Wuru Si (五乳寺), 1951-06-06, M.C. Wang (王名金) 710 (Holotype: LBG).

细齿垂丝卫矛 ***Euonymus euscaphioides*** F.H. Chen et M.C. Wang var. ***serrulatus*** F.H. Chen et M.C. Wang, Acta Phytotax. Sin. 3 (2): 236. 1954. Jiangxi (江西): Yifeng (宜丰), Huanggang Shan (黄岗山), Daxikeng (大西坑), 1947-10-15, Y.K. Hsiung (熊耀国) 6397 (Isotype: PE).

纤细鸦椿卫矛 ***Euonymus euscaphis*** Hand.-Mazz. var. ***gracilipes*** Rehder, J. Arnold Arbor. 8 (3): 158. 1927. [Jiangxi] (江西): Wuyuan (婺源), Chang gon shan [Zhanggong Shan] (鄣公山), 1925-08-17, R.C. Ching (秦仁昌) 3249 (Holotype: A).

Euonymus forbesii Hance, J. Bot. 18: 259. 1880. Shanghai (上 海): Feng-wang-shan [Fenghuang Shan] (凤凰山), 1877-03, F.B. Forbes 20762 (Holotype: BM).

青棉藤 ***Euonymus fortunei*** (Turcz.) Hand.-Mazz. var. ***acuminata*** [***acuminatus***] F.H. Chen et M.C. Wang, Acta Phytotax. Sin. 3 (2): 238. 1954. Jiangxi (江西): Yifeng (宜丰), Huanggang Shan (黄岗山), Dayuankeng (大源坑), 1947-10-15, Y.K. Hsiung (熊耀国) 6330 (Holotype: ?).

中华海绵卫矛 ***Euonymus fungosus*** Ohwi subsp. ***chinensis*** P.S. Hsu, Acta Phytotax. Sin. 11 (2): 195. 1966. Fukien [Fujian] (福建): Changting (长汀), An-gi [Anjie] (庵杰), Ox-nose Peak [Niubifeng] (牛鼻峰), 1958-09-13, Futan Univ. Exped. (复旦大学队) 94774 (Holotype: FUS).

井冈山卫矛 ***Euonymus jinggangshanensis*** M.X. Nie, Bull. Bot. Res., Harbin 10 (4): 24. 1990. Jiangxi (江西): Jinggang Shan (井冈山), 1989-06-03, M.X. Nie et al. (聂敏祥等) 10072 (Holotype: LBG).

胶州卫矛 ***Euonymus kiautschovica*** [***Euonymus kiautschovicus***] Loes., Bot. Jahrb. Syst. 30 (5): 453. 1902. [Shandong] (山东): Tsingtau [Qingdao] (青岛), Huitshieu [Huiquanjiao] (汇泉角), O. Nagel s.n. (Holotype: ?).

庐山刺果卫矛 ***Euonymus lushanensis*** F.H. Chen et M.C. Wang, Acta Phytotax. Sin. 3 (2): 239. 1954. Jiangxi (江西): Lu Shan (庐山), Biyun Si (碧云寺), 1946-09-20, Y.K. Hsiung (熊耀国) 4921 et 852 (Syntypes: LBG), R.C. Ching (秦仁昌) 11962 (Isosyntype: NAS), R.C. Ching (秦仁昌) 11854 (Syntype: LBG); Wuning (武宁), Zhujia Shan (朱家山), Y.K. Hsiung (熊耀国)

1214 (Syntype: ?); Xiushui (修水), Yubiao Shan (余表山), Longdong (龙洞), Y.K. Hsiung (熊耀国) 6529 (Syntype: ?); I-feng [Yifeng] (宜丰), Hwang-kan-shan [Huanggang Shan] (黄岗山), Dayuankeng (大源坑), 1947-10-15, Y.K. Hsiung (熊耀国) 6354 (Isosyntype: A).

短梗左氏卫矛 *Euonymus tsoi* Merr. subsp. ***brevipes*** P.S. Hsu, Acta Phytotax. Sin. 11 (2): 195. 1966. Fukien [Fujian] (福建): Shanghang (上杭), 1958-09-08, Futan Univ. Exped. (复旦大学综合调查队) s.n. (Holotype: FUS).

Euonymus verrucosus Scop. var. ***tchefouensis*** Debeaux, Actes Soc. Linn. Bordeaux 31: 133. 1876. et Fl. du Tché-foû 38. Shantung [Shandong] (山东): Yantai (烟台) et Ki-tsen-sôo [Qishansuo] (奇山所), 1860-09-26, J.O. Debeaux s.n (Holotype: ?).

德化假卫矛 *Microtropis dehuaensis* Z.S. Huang et Y.Y. Lin, Guihaia 28 (4): 458. 2008. Fujian (福建): Dehua (德化), Jiuxian Shan (九仙山), 2007-08-14, Z.S. Huang et Y.Y. Lin (黄志森 , 林彦云) 0778 (Holotype: IBK).

福建假卫矛 *Microtropis fokienensis* Dunn, J. Linn. Soc., Bot. 38 (267): 357. 1908. Fokien [Fujian] (福建): Yenping [Yanping] (南平市延平区), S.T. Dunn HH-2394 (Holotype: HK).

永瓣藤 *Monimopetalum chinense* Rehder, J. Arnold Arbor. 7: 234. 1926. Anhwei [Anhui] (安徽): Cheman [Qimen] (祁门), 1925-08-02, R.C. Ching (秦仁昌) 3096 (Holotype: A).

171 酢浆草科 Oxalidaceae

珠芽酢浆草 *Oxalis bulbillifera* X.S. Shen et Hao Sun, Acta Bot. Yunnan. 25 (1): 39. 2003. Anhui (安徽): Jinzhai (金寨), Tiantangzhai (天堂寨), 2000-10-21, X.S. Shen (沈显生) 20088 (Holotype: KUN).

173 杜英科 Elaeocarpaceae

Elaeocarpus glabripetalus Merr., Philipp. J. Sci. 21: 501. 1922. Fukien [Fujian] (福建): Taai Yeung Shaan [Daiyun Shan] (戴云山), 1921-07-20, F.A. McClure 6505 (Holotype: A).

Elaeocarpus yentangensis Hu, J. Arnold Arbor. 5 (4): 229. 1924. Chekiang [Zhejiang] (浙江): Pingyang (平阳), South Yeng-tang Shan [Nanyandang] (南雁荡), 1920-08-24, H.H. Hu (胡先骕) 237 (Holotype: A).

180 古柯科 Erythroxylaceae

东方古柯 ***Erythroxylum sinense*** Y.C. Wu, Bot. Jahrb. Syst. 71 (2): 189. 1940. Kiangsi [Jiangxi]

(江西): Yung-shing [Yongxin] (永新), 1921-05-05, Hu (胡先骕) 800 (Syntype: ?).

185 川苔草科 Podostemaceae

中国川苔草 *Lawiella chinensis* H.C. Chao, Contr. Inst. Bot. Natl. Acad. Peiping 6 (1): 9. 1948. Fukien [Fujian] (福建): Changting (长汀), Hukou (胡口), Ting River (汀江), 1945-01-21, H.C. Chao (赵修谦) 2289 (Syntype: ?), 1945-11-15, H.C. Chao (赵修谦) 2294 (Isosyntype: JXU); Lipifeng [Libifeng] (犁壁峰), Ting River (汀江), 1945-11-15, H.C. Chao (赵修谦) 2295 (Syntype: ?); Shihlipu [Shilipu] (十里铺), Ting River (汀江), 1944-10-25, H.C. Chao (赵修谦) 2284 (Syntype: ?), 1944-11-20, H.C. Chao (赵修谦) 2287 (Syntype: ?), 1946-01-27, H.C. Chao (赵修谦) 2301 (Syntype: ?); Changantein [Chang'anting] (长安亭), Ting River (汀江), 1944-11-19, H.C. Chao (赵修谦) 2286 (Syntype: ?); Chotien [Zhuotian] (濯田), Cho-shui [Zhuoshui] (濯水), 1945-12-13, H.C. Chao (赵修谦) 2297 (Syntype: ?).

福建川苔草 *Lawiella fukienensis* H.C. Chao, Contr. Inst. Bot. Natl. Acad. Peiping 6 (1): 6. 1948. Fukien [Fujian] (福建): Changting (长汀), Lungmen [Longmen] (龙门), Ting River (汀江), 1944-02-06, H.C. Chao (赵修谦) 2281 (Syntype: ?), 1944-07-18, H.C. Chao (赵修谦) 2282 (Syntype: ?), 1944-09-25, H.C. Chao (赵修谦) 2283 (Syntype: ?), 1945-10-30, H.C. Chao (赵修谦) 2292 (Syntype: ?); Shihjenshia [Shirenxia] (石人下), Ting River (汀江), 1945-10-30, H.C. Chao (赵修谦) 2293 (Syntype: ?).

石蔓（川藻）*Terniopsis sessilis* H.C. Chao, Contr. Inst. Bot. Natl. Acad. Peiping 6 (1): 4. 1948. Fukien [Fujian] (福建): Changting (长汀), Shihlipu [Shilipu] (十里铺), Ting River (汀江), 1944-11-19, H.C. Chao (赵修谦) 2285 (Syntype: ?); Chotien [Zhuotian] (濯田), Cho-shui [Zhuoshui] (濯水), 1945-12-13, H.C. Chao (赵修谦) 2298 (Isosyntype: JXU).

186 金丝桃科 Hypericaceae

Hypericum argyi H. Lév. et Vaniot, Bull. Soc. Bot. France 54: 591. 1907. Kiang-Sou [Jiangsu] (江苏), d'Argy s.n. (Holotype: A).

Hypericum hemsleyanum H. Lév. et Vaniot, Bull. Soc. Bot. France 54: 592. 1907. Kiang-Sou [Shanghai] (上海): Zuo-se [She Shan] (佘山), d'Argy s.n. (Holotype: E).

密腺小连翘 *Hypericum seniawini* Maxim., Bull. Acad. Imp. Sci. Saint-Pétersbourg, ser. 3, 27 (4): 434. 1881. E China australiore [Fujian] (福建), Seniawin s.n. (Holotype: LE).

200 堇菜科 Violaceae

安徽堇菜 ***Viola anhuiensis*** M.E. Cheng, D.Q. Wang et K. Zhang, J. West Anhui Univ. 35 (5): 67. 2019. Anhui (安徽): Huang Shan (黄山), Tangkou (汤口), Fuxi (浮溪), 2014-07-08, D.Q. Wang (王德群) W140708 (Holotype: PE).

齐鲁堇菜 ***Viola cheelooi*** Jacot, N. China Branch Roy. Asiat. Soc. 61: 155. 1930. Shantung [Shandong] (山东): Tsinan [Jinan] (济南), Hsinglung Shan [Xinglong Shan] (兴隆山), 1923-04-21, s.coll. 653 et 654 (Syntypes: ?).

光果球果堇菜 ***Viola collina*** Bess. var. ***glabricarpa*** K. Sun, Bull. Bot. Res., Harbin 14 (3): 236. 1994. Shandong (山东): Tai Shan (泰山), Nantianmen (南天门), 1989-06, F.Z. Li (李法曾) s.n. (Holotype: NWTC).

毛梗心叶堇菜 ***Viola concordifolia*** C.J. Wang var. ***hirtipedicellata*** C.J. Wang, Acta Bot. Yunnan. 14 (4): 382. 1992. Zhejiang (浙江): Xitianmu Shan (西天目山), 1935-05-15, H. Migo (御江久夫) s.n. (Holotype: NAS).

粗距堇菜 ***Viola crassicalcarata*** C.J. Wang, Acta Bot. Yunnan. 14 (4): 379. 1992. Sichuan [Jiangsu] (江苏): [Nanjing] (南京), Yanziji (燕子矶), 1963-03-20, Nanjing Bot. Gard. (南京植物园) 141 (Holotype: SZ).

Viola diffusa Ging. var. ***brevisepala*** W. Becker, Bull. Misc. Inform. Kew 1928 (6): 251. 1928. [Kiangsi] (江西): Kiukiang [Jiujiang] (九江), Lu Shan (庐山), 1889 年 , W. Hancock 8 et 9 (Syntypes: K).

Viola fukienensis W. Becker, Repert. Spec. Nov. Regni Veg. 22: 337.1926. Fukien [Fujian] (福建): Inghok [Yongtai] (永泰) Giang, 1925-05-01, F.P. Metcalf [et J. C. Chang] 804 (Holotype: UC).

井冈山堇菜 ***Viola jinggangshanensis*** Z.L. Ning et J.P. Liao, Ann. Bot. Fenn. 49 (5-6): 383. 2012. Jiangxi (江西): Jinggang Shan (井冈山), Ciping (茨坪), Changgulin Forest farm (长古岭林场), 2010-05-15, Z.L. Ning (宁祖林) 142 (Holotype: IBSC).

江西堇菜 ***Viola kiangsiensis*** W. Becker, Repert. Spec. Nov. Regni Veg. 21: 321.1925. Kiangsi [Jiangxi] (江西): Anfu (安福), Woo Kung Shan [Wugong Shan] (武功山), 1921-04-21, H.H. Hu (胡先骕) 700 (Holotype: B-destr.).

福建堇菜 ***Viola kosanensis*** Hayata, Icon. Pl. Formosan. 3: 28. 1913. Fokien [Fujian] (福建): Kosan [Gu Shan] (鼓山), 1910-04-17, S. Nagasawa (永泽定一) 227 (Holotype: TI).

白花堇菜 ***Viola lactiflora*** Nakai, Bot. Mag. (Tokyo) 28 (336): 329. 1914. [Jiangsu] (江苏): Soochow [Suzhou] (苏州), 1908 年 , K. Ono s.n. (Syntype: TI).

Viola limprichtiana W. Becker, Bot. Jahrb. Syst. 54 (5, Beibl. 120): 184. 1917. Kiang-su

[Jiangsu] (江苏): Tai Hu (太湖), Schiang schan [Xiang Shan] (象山), H.W. Limpricht 361 (Isosyntype: WU); Sutschou [Suzhou] (苏州), Hsi dung ding [Xidongting] (西洞庭) im Tai hu (太湖), H.W. Limpricht 357 (Syntype: WRSL).

东北堇菜 *Viola mandshurica* W. Becker, Bot. Jahrb. Syst. 54 (5, Beibl. 120): 179. 1917. [Shandong] (山东): Tsingtau [Qingdao] (青岛), Nebel s.n. (Syntype: ?).

细齿堇菜 *Viola microdonta* C.C. Chang, Bull. Fan Mem. Inst. Biol., Bot. New Ser. 1 (3): 263. 1949. Kiangsu [Jiangsu] (江苏): Nanking [Nanjing] (南京), 1927-03-19, C.Y. Chiao (焦启源) N-11814 [14814] (Holotype: PE) .

Viola patrinii Ging. var. ***chinensis*** Ging., Prodr. (A. P. de Candolle) 1: 293. 1824. Kianang [Jiangsu] (江苏), 1793 年 , G.L. Staunton s.n. (Holotype: BM).

Viola philippica Cav. subsp. ***malesica*** W. Becker, Bot. Jahrb. Syst. 54 (5, Beibl. 120): 178. 1917. Kiangsu [Jiangsu] (江苏): [Suzhou] (苏州), Tai Hu (太湖), Limpricht 337 et 338 (Syntypes: ?); Tschekiang [Zhejiang] (浙江): Tschusan-Archipel [Zhoushan] (舟山), Insel Putu [Putuo] (普陀), 1912-02-29, Limpricht 313 (Syntype: ?); Ningpo [Ningbo] (宁波), Limpricht 38 (Syntype: ?); Insel Tschusan [Zhoushan] (舟山), Ting hai ting [Dinghai] (定海), Limpricht 310 (Syntype: ?); Fokien [Fujian] (福建): Yen ping fu [Yanping] (南平市延平区), 1913-01-26, Limpricht 731 (Syntype: WRSL).

Viola philippica Cav. subsp. ***munda*** W. Becker, Bot. Jahrb. Syst. 54 (5, Beibl. 120): 175. 1917. Schantung [Shandong] (山东), Maingay 168 (Syntype: CAL); Tsingtau [Qingdao] (青岛), 1899-04-20, Nebel und Praeger s.n. (Syntype: B); Schanghai [Shanghai] (上海), E. Faber s.n. (Syntype: B), Maingay 277 (Syntype: CAL).

辽宁堇菜 *Viola rossii* Hemsl. ex F.B. Forbes et Hemsl., J. Linn. Soc., Bot. 23: 54.1886. Kiangsu [Jiangsu] (江苏): Chinkiang [Zhenjiang] (镇江), Maries s.n. (Syntype: K); Kiangsi [Jiangxi] (江西): Kiukiang [Jiujiang] (九江), Lushan mountains [Lu Shan] (庐山), Maries s.n. (Syntype: K).

庐山堇菜 *Viola stewardiana* W. Becker, Repert. Spec. Nov. Regni Veg. 21: 237.1925. Kiangsi [Jiangxi] (江西): Lu Shan (庐山), 1923-07-23, A.N. Steward 4693 (Holotype: BHUPM).

泰山堇菜 *Viola taishanensis* C.J. Wang, Acta Bot. Yunnan. 13 (3): 262. 1991. Shandong (山东): Tai Shan (泰山), 1942-04-24, H. Migo (御江久夫) s.n. (Holotype: NAS).

三角叶堇菜 *Viola triangulifolia* W. Becker, Bull. Misc. Inform. Kew 1929 (6): 202. 1929. Kiangsi [Jiangxi] (江西), 1921 年 , Hu (胡先骕) 816 (Holotype: K).

204 杨柳科 Salicaceae

福建山桐子 *Idesia fujianensis* G.S. Fan, J. Southwest Forest. Coll. 15 (3): 30. 1995. Fujian

(福建): Huaan (华安), Nanxi (南溪), 1987-05-14, W.D. Han (韩维栋) 20989 (Holotype: NF).

长果山桐子 ***Idesia polycarpa*** Maxim. var. ***longicarpa*** S.S. Lai, Bull. Bot. Res., Harbin 14 (3): 227. 1994. [Cat. Type Spec. Herb. China (Suppl.): 88. 1999.] Guangxi [Jiangxi] (江西): Yifeng (宜丰), Guan Shan (官山), 1982-08-13, S.S. Lai et al. (赖书绅等) 20 (Holotype: IBSC).

南方山拐枣 ***Poliothyrsis sinensis*** Oliv. fo. ***subglabra*** S.S. Lai, Bull. Bot. Res., Harbin 14 (3): 228. 1994. [Cat. Type Spec. Herb. China (Suppl.): 88. 1999.] Jiangxi (江西): Xingzi (星子县 , 今庐山星子镇), Lushanlong (庐山垅), Shanglong (上垅), 1970-10-15, S.S. Lai (赖书绅) 7001 (Holotype: LBG).

响毛杨 ***Populus pseudo-tomentosa*** **[*Populus pseudotomentosa*]** Z. Wang et S.L. Tung, Bull. Bot. Lab. N.-E. Forest. Inst., Harbin 4: 22. 1979. Shandong (山东): Tai'an (泰安), Z. Wang et al. (王战等) 2074 (Holotype: IFP).

抱头毛白杨 ***Populus tomentosa*** Carr. fo. ***fastigiata*** Y.X. Wang, Bull. Bot. Res., Harbin 2 (4): 159. 1982. Shandong (山东): Cangshan Xian (苍山县), N.Y. Song (宋凝玉) 0037 (Holotype: SDFS).

五莲杨 ***Populus wulianensis*** S.B. Liang et X.W. Li, Bull. Bot. Res., Harbin 6 (2): 135. 1986. Shandong (山东): Wulian (五莲), Wulian Shan (五莲山), 1984-04-10, S.B. Liang et X.W. Li (梁书宾 , 李兴文) 84077 (Holotype: SDFS).

Salix argyi H. Lév., Repert. Spec. Nov. Regni Veg. 10: 437. 1912. Kiang-Sou [Jiangsu] (江苏): Se Me Jam Zu, d'Argy s.n. (Holotype: E).

Salix atopantha C.K. Schneider var. ***glabra*** K.S. Hao ex C.F. Fang et A.K. Skvortsov, Novon 8 (4): 467. 1998. Zhejiang (浙江): Tien mu shan [Dongtianmu Shan] (东天目山), 1929-04-04, K.K. Troong [K.K. Tsoong] (钟观光) 63〔Lectotype: PE-00720399, designated by Li He et Wendy L. Applequist in Novon 28 (3): 181. 2020〕.

曲枝垂柳 ***Salix babylonica*** L. fo. ***tortuosa*** Y.L. Chou, Bull. Bot. Res., Harbin 1(1-2): 159. 1981. Zhejiang (浙江): Xiaoshan (萧山), 1927-08-17, Zhangling (张岭) 1 (Holotype: NF).

漳州柳***Salix changchowensis*** F.P. Metcalf, Lingnan Sci. J. 15: 11. 1936. Fukien [Fujian] (福建): Changchow [Zhangzhou] (漳州), White Cloud Hill (白云山), 1923-03-27, H.H. Chung (钟心煊) 1181 (Syntype: A); Yuan Shan (元山), 1934-03-28, H.H. Chung (钟心煊) 1207 (Syntype: A).

浙江柳 ***Salix chekiangensis*** W.C. Cheng, Contr. Biol. Lab. Sci. Soc. China, Bot. Ser. 9 (1): 62. 1933. Chekiang [Zhejiang] (浙江): Chinhua [Jinhua] (金华), 1933-04-01, S. Chen (陈诗) 925 (Holotype: PE).

银叶柳 ***Salix chienii*** W.C. Cheng, Contr. Biol. Lab. Sci. Soc. China, Bot. Ser. 9 (1): 59. 1933. Chekiang [Zhejiang] (浙江): E. Tienmushan [Dongtianmu Shan](东天目山), 1929-04-04, K.K. Tsoong (钟观光) 63 (Syntype: NAS); W. Tienmushan [Xitianmu Shan] (西天目山), 1931-04-14, W.C. Cheng (郑万钧) 2255〔Lectotype : PE, designated by Q. Lin et al. in Bull. Bot. Res.,

Harbin 28 (5): 535. 2008〕.

长梗柳*Salix dunnii* C.K. Schneid., Pl. Wilson. (Sargent) 3 (1): 97. 1916. Fokien [Fujian] (福建), 1905 年, S.T. Dunn HH-3509 (Holotype: A).

山东柳 *Salix koreensis* Anderss. var. ***shandongensis*** C.F. Fang, Bull. Bot. Lab. N. -E. Forest. Inst., Harbin 9: 11.1980. Shandong (山东): Muping (牟平), Kunyu Shan (昆嵛山), C.J. Ge (葛传吉)1500117 (Holotype: PE).

鲁中柳 *Salix luzhongensis* X.W. Li et Y.Q. Zhu, Bull. Bot. Res., Harbin 13 (1): 57. 1993. Shandong (山东): Zibo (淄博), Lu Shan (鲁山), 1990-04-21, X.W. Li et Y.Q. Zhu (李兴文, 朱英群) 90091 (Holotype: SDFS).

绦柳*Salix matsudana* Koidz. fo. ***pendula*** Schneid., Gentes Herb. 1: 18. 1920. Shanghai (上海), on grounds of St. John's Univ.

南京柳 *Salix nankingensis* C.Wang et S.L. Tung, Bull. Bot. Lab. N.-E. Forest. Inst., Harbin 9: 12. 1980. Jiangsu (江苏): Nanjing (南京), Zijin Shan (紫金山), 1974-06-07, Z.H. Pan (潘泽惠) 51 (Holotype: NAS).

簸箕柳 *Salix suchowensis* W.C. Cheng, Sci. Silvae Sin. 8 (1): 4. 1963. [Cat. Type Spec. Herb. China 599. 1994.] Kiangsu [Jiangsu] (江苏): Nanjing (南京), C.T. Yang (杨家才) 20641 (Holotype: NF).

泰山柳 *Salix taishanensis* C.Wang et C.F. Fang, Bull. Bot. Lab. N.-E. Forest. Inst., Harbin 9: 18. 1980. Shandong (山东): Tai Shan (泰山),1965-05-21, Chiu Lee-ching (邱莲卿) 4015 (Holotype: WUK).

蒙山柳 *Salix triandra* L. var. ***mengshanensis*** S.B. Liang, Bull. Bot. Res., Harbin 8 (2): 63. 1988. Shandong (山东): Mengyin (蒙阴), Meng Shan (蒙山), 1986-04-12, S.B. Liang (梁书宾) 86005 (Holotype: SDFS).

钟氏柳 *Salix tsoongii* W.C. Cheng, Contr. Biol. Lab. Sci. Soc. China, Bot. Ser. 10 (1): 68. 1935. Chekiang [Zhejiang] (浙江): Fenghwa [Fenghua] (奉化), Szemungshan [Siming Shan] (四明山), 1935-04-20, P.C. Tsoong [Pu Chin Tsoong] (钟补勤) 142 (Holotype: PE).

207 大戟科 Euphorbiaceae

Alchornea trewioides (Benth.) Müll. Arg. var. ***genuina*** Pax et K. Hoffm., Pflanzenr. (Engler) IV. 147 VII (Heft 63): 248. 1914. [Zhejiang] (浙江): Ningpo [Ningbo] (宁波)-Berge, E. Faber 188 (Syntype: ?).

[油桐] *Aleurites fordii* Hemsl., Hooker's Icon. Pl. 29 (1): tt. 2801-2802. 1906. Chekiang [Zhejiang] (浙江): Ningpo [Ningbo] (宁波), C.W. Everard s.n. (Syntype: K), W. Hancock s.n.

(Syntype: K); Kiangsi [Jiangxi] (江西): Lu Shan (庐山), Maries s.n. (Syntype: ?), 1873 年 , G. Shearer s.n. (Syntype: ?), Bullock s.n. (Syntype: ?); Fokien [Fujian] (福建): Amoy [Xiamen] (厦门), R. Fortune 33 (Syntype: ?).

光假奓包叶 ***Discocleidion glabrum*** Merr., J. Arnold Arbor. 8 (1): 8. 1927. Anhwei [Jiangxi] (江西): Wu Yuen [Wuyuan] (婺源), 1924-08-24, K. Ling (林刚) 7866 (Holotype: UC).

毛果假奓包叶 ***Discocleidion glabrum*** Merr. var. ***trichocarpum*** G.Y. Li, P.L. Chiu et Z.H. Chen, J. Zhejiang Forest. Coll. 8 (3): 368. 1991. Zhejiang (浙江): Rui'an(瑞安), Hongshuang Forestry Farm (红双林场), Dayangkeng (大洋坑), 1988-08-11, G.Y. Li et al. (李根有等) 0708A (Holotype: ZJFC).

江苏大戟 ***Euphorbia formosana*** Hayata var. ***kiangsuensis*** Hurus., J. Jap. Bot.16: 579. 1940. Kiangsu [Jiangsu] (江苏): Souchou [Suzhou] (苏州),1905-06, S. Oka 444 (Holotype: TI).

披针叶大戟 ***Euphorbia lanceolata*** Liou, Contr. Lab. Bot. Nat. Acad. Peiping 1 (1): 5. 1931. Chekiang [Zhejiang] (浙江): [Tiantai] (天台), [Tiantai Shan] (天台山), 1930-09-27, K.K. Chung (钟观光) s.n. (Syntype: PEY); Kiangsu [Jiangsu] (江苏), [Suzhou] (苏州), [Hu Shan] (虎山), 1920 [1930]-07-17, T.N. Liou (刘慎谔) [529] (Syntype: PE).

苏州大戟 ***Euphorbia lunulata*** Bunge var. ***souchouensis*** Hurus., J. Jap. Bot. 16: 398. 1940. Kiangsu [Jiangsu] (江苏): Souchou [Suzhou] (苏州), Shang-phong-shan [Shangfang Shan] (上方山), K. Ono (小野孝太郎) s.n. (Lectotype: TI-01659, designated by T. Kurosawa et A. Shimizu in Cata. Type Spec. preserv. Herb. Depart. Bot., Univ. Mus., Univ. Tokyo, Part 7:16. 2000), K. Ono (小野孝太郎) s.n. (Syntype: TI-01660).

Euphorbia pekinensis Rupr. fo. ***ensifolia*** Hurus., J. Jap. Bot.16: 642. 1940. Kiangsi [Jiangxi] (江西): Kiukiang [Jiujiang] (九江), Lu Shan (庐山), 1908 年 , s. coll. s.n. (Holotype: TI).

Euphorbia pekinensis Rupr. var. ***attenuata*** Hurus., J. Jap. Bot.16: 642. 1940. Chekiang [Zhejiang] (浙江): Hang-cheu [Hangzhou] (杭州), Cheuyao-shan [Jiuyao Shan] (九曜山), 1910-06-18, Atuzi Honda 1365〔Lectotype: TI-01686, designated by Kuros. et Ohashi in J. Jap. Bot. 69 (5): 273. 1994〕.

仙霞岭大戟 ***Euphorbia xianxialingensis*** F.Y. Zhang, W.Y. Xie et Z.H. Chen, J. Zhejiang Forest. Sci. Tech. 40 (1): 82. 2020. Zhejiang (浙江): Jiangshan (江山), Xianxialing (仙霞岭), Nianbadu (廿八都), Zhou Cun (周村), 2015-07-14, Z.H. Chen et al. (陈征海等) JS20150714022 (Holotype: ZM).

Galarhoeus ebracteolatus (Hayata) H. Hara var. ***anwheiensis*** Hurus., J. Fac. Sci. Univ. Tokyo, Sect. 3, Bot. 6: 251.1954. Anhwei [Anhui] (安徽): Wuhu (芜湖), 1940-03-17, F. Maekawa (前川文夫) 287 (Lectotype: TI-01755, designated by T. Kurosawa et A. Shimizu in Cata. Type Spec. preserv. Herb. Depart. Bot., Univ. Mus., Univ. Tokyo, Part 7:28. 2000). F. Maekawa (前川文夫) 1639, 1641 et 1642 (Syntypes: TI).

南平野桐 ***Mallotus dunnii*** F.P. Metcalf, J. Arnold Arbor. 22 (2): 205. 1941. Fukien [Fujian] (福建): Yenping [Yanping] (南平市延平区), Buong-kang Village [Bankan] (半坎), 1905-06, Dunn 1136-HH- 3437 [3427] (Holotype: A).

网脉野桐 ***Mallotus reticulatus*** Dunn, J. Linn. Soc., Bot. 38 (267): 365. 1908. Fokien [Fujian] (福建): Wong Ka Chi, Dunn 164-HH-3429 (Holotype: HK).

Mallotus roxburghianus Müll. Arg. var. ***glabra*** [***glabrus***] Dunn, J. Linn. Soc., Bot. 38 (267): 365. 1908. Fukien [Fujian] (福建): Yenping [Yanping] (南平市延平区), Buong Kang [Bankan] (半坎), 1905 年, S.T. Dunn HH-3427 (Holotype: HK).

庐山野桐 ***Mallotus stewardii*** Merr. ex F.P. Metcalf, Lingnan Sci. J. 10: 488. 1931. Fukien [Fujian] (福建): Foochow [Fuzhou] (福州), Kwai-Ang [Gui'an] (贵安), 1926-11-08, Tang FCU 5561 (Syntype: ?); Kiangsi [Jiangxi] (江西): Lu Shan (庐山), 1922-09-10, A.N. Steward 2704 (Syntype: MO).

黄背野桐 ***Mallotus tenuifolius*** Pax var. ***subjaponicus*** Croizat, J. Arnold Arbor. 19 (2): 138. 1938. Fukien [Fujian] (福建): Dingdschou [Tingzhou] (汀州), Tienhwa-schan [Tianhua Shan] (天华山), Wang-Te-Hui (王德辉) 391 (Holotype: A).

宜丰山桐 ***Mallotus yifengensis*** Hu et F.H. Chen, Acta Phytotax. Sin. 1 (2): 226. 1951. Kiangsi [Jiangxi] (江西): Yifeng (宜丰), Shipeh [Shipi] (石陂), Hwangkuling [Huangguling] (黄牯岭), 1950-06-15, Y.K. Hsiung (熊耀国) 6613 (Holotype: PE).

斑子乌桕 ***Sapium atrobadiomaculatum*** F.P. Metcalf, Lingnan Sci. J. 10: 490. 1931. Fukien [Fujian] (福建): Near Chekiang Border, 1924-08-03, Ching (秦仁昌) 2224 (Syntype: A); Kiangsi [Jiangxi] (江西): Swe-chuen [Suichuan] (遂川), 1921-06-05 [1921-05-06], Hu (胡先骕) 819 (Syntype: A).

211 叶下珠科 Phyllanthaceae

Bischofia racemosa W.C. Cheng et C.D. Chu ex Yi F. Duan et X.R. Wang, Phytotaxa 247 (2): 151. 2016. Jiangsu (江苏): Nanjing (南京), Xuanwuhu (玄武湖), 1951-10-28, C.T. Yang (杨家才) 20578 (Holotype: NF-08300375).

Glochidion fortuni [***Glochidion fortunei***] Hance, Ann. Sci. Nat., Bot., sér. 4, 18: 228. 1862. [Fujian] (福建): Amoy [Xiamen] (厦门), 1857-10, R. Fortune s.n. (Holotype: BM, Herb. Hance n.1474).

湖北算盘子 ***Glochidion wilsonii*** Hutch., Pl. Wilson. (Sargent) 2 (3): 518. 1916. Kiangsi [Jiangxi] (江西): Kuling [Guling] (牯岭), 1907-08, E.H. Wilson 1600 (Syntype: A).

Phyllanthus argyi H. Lév., Mem. Real Acad. Ci. Barcelona 12 (22): 10. 1916. [Shanghai] (上

海）: Suo-se, d'Argy 78 (Holotype: E).

浙江叶下珠 ***Phyllanthus chekiangensis*** Croiz. et F.P. Metcalf, Lingnan Sci. J. 20 (2-4): 194. 1942. Chekiang [Zhejiang]（浙江）: Tsing-tien [Qingtian]（青田）, 1926-07-25, G.L. Keng [Y.L. Keng]（耿以礼）121 (Holotype: A).

Phyllanthus glabrocapsulus F.P. Metcalf, Lingnan Sci. J. 10: 483. 1931. Fukien [Fujian]（福建）: Amoy Island [Xiamen]（厦门）, Nanputo [Nanputuo]（南普陀）, 1923-05-15, Chung（钟心煊）1585 (Syntype: ?), 1923-04-22, Chung（钟心煊）1513 (Syntype: A); Garden of Univ. of Amoy（厦门大学花园）, 1923-05-19, Chung（钟心煊）1627 (Syntype: ?).

毛枝叶下珠 ***Phyllanthus glaucus*** Wall. ex Müll. Arg. var. ***trichocladus*** P.L. Chiu ex Z.H. Chen, J. Zhejiang Univ., Sci. Ed. 47 (6): 747. 2020. Zhejiang（浙江）, Chun'an（淳安）, Linqi（临岐）, Houkeng（后坑）, 1959-05-24, Zhej. Bot. Exped.（浙江植物资源普查队）27410 (Holotype: HHBG).

江西叶下珠 ***Phyllanthus kiangsiensis*** Croizat et F.P. Metcalf, Lingnan Sci. J. 20: 195. 1942. Kiangsi [Jiangxi]（江西）: Lungnan [Longnan]（龙南）, On[Oo]- Chi-Shan [Wuzhi Shan]（乌枝山）, near Lam Uk Village [Linwu Cun]（林屋村）, 1934-10, S.K. Lau（刘心祈）4694 (Holotype: A).

毛果细枝叶下珠 ***Phyllanthus leptocladus* [*Phyllanthus leptoclados*]** Benth. var. ***pubescens*** P.T. Li et D.Y. Liu, Bull. Bot. Res., Harbin 6 (1): 181. 1986. Anhui（安徽）: Liugujian（六股尖）, D.Y. Liu（刘登义）0998 (Holotype: ANUB).

多花一叶萩 ***Securinega multiflora*** S.B. Liang, Bull. Bot. Res., Harbin 8 (4): 89. 1988. Shandong（山东）: Tai Shan（泰山）, 1985-07-03, S.B. Liang（梁书宾）85260 (Holotype: SDFS).

212 牻牛儿苗科 Geraniaceae

Geranium chinense Migo, J. Shanghai Sci. Inst., Sect. III, 3: 95. 1935. Kiangsu [Shanghai]（上海）: Sungkiang [Songjiang]（松江）, 1933-10-17, H. Migo（御江久夫）s.n. (Holotype: TI).

青岛老鹳草 ***Geranium tsingtauense*** Y. Yabe, Prelim. Rep. Fl. Tsing-tau reg. 70. 1919. Shandong（山东）: Lao Shan（崂山）, Laoting [Laoding]（崂顶）, 1918-09, Y. Yabe（矢部吉祯）s.n. (Holotype: ?).

蒙山老鹳草 ***Geranium tsingtauense*** Y. Yabe fo. ***album*** F.Z. Li, Acta Phytotax. Sin. 22 (2): 152. 1984. Shandong（山东）: Meng Shan（蒙山）, 1981-08-14, F.Z. Li（李法曾）81050 (Holotype: SDFS).

裂瓣老鹳草 ***Geranium wilfordii*** Maxim. var. ***schizopetalum*** F.Z. Li, Acta Phytotax. Sin. 22 (2): 152. 1984. Shandong（山东）: Zaozhuang（枣庄）, Baodugu（抱犊固）, 1981-08-27, F.Z. Li（李法曾）81206 (Holotype: SDFS).

215 千屈菜科 Lythraceae

安徽紫薇 ***Lagerstroemia anhuiensis*** X.H. Guo et S.B. Zhou, Bull. Bot. Res., Harbin 24 (4): 392. 2004. Anhui (安徽): Guichi (贵池), Tangxi (棠溪), 1989-08-09, X.F. Zhou (周秀芳) 89054 (Holotype: ANUB).

浙江紫薇 ***Lagerstroemia chekiangensis*** W.C. Cheng, Contr. Biol. Lab. Sci. Soc. China, Bot. Ser. 8: 73. 1932. Cheking [Zhejiang] (浙江): Chuchi [Zhuji] (诸暨), Kai-ting [Jieting] (街亭), 1932-07-31, M. Chen (陈谋) 3685 (Isotype: PE).

福建紫薇 ***Lagerstroemia limii*** Merr., Philipp. J. Sci. 27: 165. 1925. Fukien [Fujian] (福建): Amoy [Xiamen] (厦门), 1923-05, H.H. Chung (钟心煊) 1644 (Holotype: UC).

白花福建紫薇 ***Lagerstroemia limii*** Merr. fo. ***albiflora*** G.Y. Li et Z.H. Chen, J. Zhejiang Forest. Sci. Tech. 40 (4): 76. 2020. Zhejiang (浙江): Lin'an (临安), on the campus of Zhejiang A & F Univ. (浙江农林大学), Xidamen (西大门), Cult., the source of young trees is unclear, 2009-06-21, D.D. Ma et al. (马丹丹等) LA09062101 (Holotype: ZJFC).

Lythrum argyi H. Lév., Repert. Spec. Nov. Regni Veg. 4: 330. 1907. Kiang-Sou [Jiangsu] (江苏), d'Argy s.n. (Holotype: E).

南湖菱 ***Trapa acornis*** Nakano, Bot. Mag. (Tokyo) 77: 165. 1964. [Zhejiang] (浙江): Cult., nuts of Trapa collected by H. Migo (御江久夫) in 1944 from Lake Chia-Shing Nauhu [Jiaxing Nanhu] (嘉兴南湖), near Shanghai (上海), Nakano s.n. (Holotype: Nakano).

二型菱 ***Trapa dimorphocarpa*** Z.S. Diao, J. South W. Agri. Univ. 12 (1): 68. 1990. [Guihaia 40 (1): 9. 2020.] Fujian (福建): Putian (莆田), 1985-06, L. Su (苏辚) 1989〔Lectotype: YZU, designated by B.Y. Ding et X.F. Jin in Guihaia 40 (1): 9. 2020〕.

Trapa incisa Siebold et Zucc. var. ***pubescens*** Z.F. Yin, L.Yong Sun et Z. Jiang, Phytotaxa 397 (1): 121. 2019. Jiangsu (江苏): Suzhou (苏州), Lake Tai (太湖), 2018-08-01, Li-Yong Sun et Zeng-Fang Yin (孙李勇 , 尹增芳) 080101 (Holotype: NF).

赤湖冠菱 ***Trapa litwinowii*** V.N. Vassil. var. ***chihuensis*** S.F. Guan et Q. Lang, Bull. Bot. Res., Harbin 7 (1): 77. 1987. Jiangxi (江西): Chihu (赤湖), 1984-09-20, Y.D. Chen et al. (陈耀东等) 779 (Holotype: PE).

南昌格菱 ***Trapa pseudoincisa*** Nakai var. ***nanchangensis*** W.H. Wan, J. Jiangxi Univ., Nat. Sci. Ed. 15 (2): 75. 1991. Jiangxi (江西): Nanchang (南昌), Tangshan (塘山), 1978-09-11, W.H. Wan (万文豪) 780012 (Holotype: JXU).

短四角菱 ***Trapa quadrispinosa*** Roxb. var. ***yongxiuensis*** W.H. Wan, J. Jiangxi Univ., Nat. Sci. Ed. 15 (2): 76. 1991. Jiangxi (江西): Yongxiu (永修), Jiangyi (江溢), 1978-09-06, W.H. Wan (万文豪) 780008 (Holotype: JXU).

218 桃金娘科 Myrtaceae

Eugenia grijsii Hance, J. Bot. 9: 5. 1871. Fokien [Fujian]（福 建）, C.F.M. De Grijs s.n. (Holotype: BM, Herb. Hance n. 391).

白果蒲桃*Syzygium alubm* Q.F. Zheng, Fl. Fujian. 4: 633. 1990. Fujian（福建）: Yunxiao（云霄）, 1985-04-12, G.D. Ye（叶国栋）2526 (Holotype: FJSI).

219 野牡丹科 Melastomataceae

秀丽野海棠 *Bredia amoena* Diels, Notizbl. Bot. Gart. Berlin-Dahlem 9 (83): 197. 1924. Chekiang [Zhejiang]（浙 江）: Wenchow [Wenzhou]（温 州）, [Yueqing]（乐 清）, N. Yentang [Yandang Shan]（雁荡山）, 1920-08-16, H.H. Hu（胡先骕）30 (Lectotype: A- 00071979, designated by Q.J. Zhou et al. in PhytoKeys 127: 136. 2019).

无腺野海棠 *Bredia amoena* Diels var. ***eglandulata*** B.Y. Ding, Guihaia 8 (4): 318. 1988. Zhejiang（浙江）: Taishun（泰顺）, Wuyanling（乌岩岭）, 1972-10-22, H.S. Guo（郭汉身）Te 401 (Holotype: ZMU).

Bredia amoena Diels var. ***serrata*** H.L. Li, J. Arnold Arbor. 25 (1): 21. 1944. Chekiang [Zhejiang]（浙江）: Ts'ing Tien [Qingtian]（青田）, 1926-07-28, Y.L. Keng（耿以礼）187 (Holotype: A).

张氏野海棠 *Bredia changii* W.Y. Zhao, X.H. Zhan et W.B. Liao, Phytotaxa 307 (1): 36. 2017. Jiangxi（江西）: Chongyi（崇义）, Niedu（聂都）, Huangnikeng（黄泥坑）, 2016-08-01, W.Y. Zhao et al.（赵万义等）LXP-13-22114 (Holotype: SYS).

Bredia chinensis Merr., J. Arnold Arbor. 8 (1): 11. 1927. Chekiang [Zhejiang]（浙江）: [Yueqing]（乐清）, [Yandang Shan]（雁荡山）, 1920-08-16, H.H. Hu（胡先骕）30 (Holotype: UC).

Bredia glabra Merr., J. Arnold Arbor. 8 (1): 12. 1927. Chekiang [Zhejiang]（浙 江）: Pinyung [Pingyang]（平阳）, 1924-07-11, Ling Kan（林刚）7333 (Holotype: UC).

Bredia pricei F.P. Metcalf, Lingnan Sci. J. 12 (Suppl.): 153. 1933. Fukien [Fujian]（福建）: between Ho-khe and Chih-a-na, West River（西江）, 1912-09-18, W.R. Price 1200A (Holotype: K).

长萼野海棠 *Fordiophyton gracile* Hand.-Mazz. var. ***longilobum*** Hand.-Mazz., Anz. Akad. Wiss. Wien, Math.-Naturwiss. Kl. 63: 3, 10. 1926. Kianghsi [Jiangxi]（江西）: In monte Hangaodsu inter Ningdu（宁都）et Tjingan (Ki-an) [Ji'an]（吉安）, 1921-08, Wang-Te-Hui（王德辉）Plt. sin. 493 (Holotype: WU).

斑叶异药花 *Fordiophyton maculatum* C.Y. Wu ex Z. Wei, Y.B. Chang, Bull. Bot. Res., Harbin 9 (2): 35. 1989. Zhejiang (浙江): Suichang (遂昌), Zuobieyuan (左别源), Taoshuba (桃树坝), 1985-08-13, F.G. Zhang et M.X. Wu (张方钢 , 吴鸣翔) 4375 (Holotype: ZM).

细叶野牡丹 *Melastoma intermedia* [***Melastoma intermedium***] Dunn, J. Linn. Soc., Bot. 38 (267): 360. 1908. Fokien [Fujian] (福建): Yenping [Yanping] (南平市延平区), S.T. Dunn HH-2706 (Holotype: HK).

朝天罐 *Osbeckia opipara* C.Y. Wu et C. Chen, Guihaia 2 (4): 184. 1982. Jiangxi (江西): Xunwu (寻乌), 1962-08-16, T.S. Yueh et al. (岳俊三等) 1969 (Holotype: KUN).

Phyllagathis chinensis Dunn, J. Linn. Soc., Bot. 38 (267): 360. 1908. Fokien [Fujian] (福建): Yenping [Yanping] (南平市延平区), S.T. Dunn HH-2711 (Holotype: ?).

短毛熊巴掌 *Phyllagathis tankahkeei* Merr., Lingnan. Sci. J. 7: 316. 1929. Fukien [Fujian] (福建): Yenping [Yanping] (南平市延平区), Buong Kang [Bankan] (半坎), 1926 [1925]-06-[27], H.H. Chung (钟心煊) 3596 (Isotype: PE).

三脉蜂斗草 *Sonerila trinervis* Q.W. Lin, Bull. Bot. Res., Harbin 35 (6): 804. 2015. Fujian (福建): Changting (长汀), Anjie (庵杰), Yanbeikeng [Yangbeikeng] (杨背坑), 2012-09-28, Q.W. Lin (林沁文) 01 (Holotype: FJFC).

鸭脚茶 *Tashiroea sinensis* Diels, Notizbl. Bot. Gart. Berlin-Dahlem 9: 198. 1924. Fokien [Fujian] (福建): Chung An [Chong'an] (崇安), 1921-07-27, H.H. Hu (胡先骕) 1343 (Lectotype: A- 00073233, designated by Q.J. Zhou et al. in PhytoKeys 127: 138. 2019).

Tashiroea villosa X.X. Su, PhytoKeys 127: 138. 2019. Fujian (福建): Pingnan (屏南), Lingxia (岭下), 2017-07-16, Y. Liu (刘莹) 568 (Holotype: A).

226 省沽油科 Staphyleaceae

福建野鸦椿 *Euscaphis fukienensis* P.S. Hsu, Acta Phytotax. Sin. 11 (2): 196. 1966. Fukien [Fujian] (福建): Pingho (平和), Sung-lu Stream [Songlu Xi] (松卢溪), 1958-08-22, Amoy Univ. Exped. (厦门大学综合调查队) 10266 (Holotype: FUS).

建宁野鸦椿 *Euscaphis japonica* (Thunb.) Kanitz var. ***jianningensis*** Q.J. Wang, Acta Phytotax. Sin. 20 (1): 118. 1982. Fujian (福建): Jianning (建宁), Kefang (客坊), 1973-05-26, S.S. Liou et Q.J. Wang (刘秀熙 , 王清江) 115 (Holotype: AU).

毛野鸦椿 *Euscaphis japonica* (Thunb.) Kanitz var. ***pubescens*** P.L. Chiu et G.R. Zhong, Bull. Bot. Res., Harbin 8 (4): 106. 1988. Zhejiang (浙江): Jiande (建德), Baisha (白沙), 1981-05-31, L. Hong (洪林) 1128 (Holotype: HHBG).

Euscaphis japonica (Thunb.) Kanitz var. ***ternata*** Rehder, J. Arnold Arbor. 3: 215. 1922.

Chekiang [Zhejiang] (浙江): [Pingyang] (平阳), South Yentang [Nanyandang] (南雁荡), 1920-08-24, H.H. Hu (胡先骕) 129 (Holotype: ?).

黄果野鸦椿 ***Euscaphis japonica*** (Thunb.) Kanitz var. ***wupingensis*** B.P. Cai et Z.R. Chen, Phytotaxa 334 (1): 56. 2018. Fujian (福建): Wuping (武平), Wan'an town (万安乡), Jiewen Village (捷文村), Huangtu Hill (黄土岭), 2014-05-19, B.P. Cai et H. Z. Guo (蔡邦平 , 郭惠珠) 3621 (Holotype: XMBG).

毛省沽油 ***Staphylea bumalda*** DC. var. ***pubescens*** N. Li et Y.H. He, Bull. Bot. Res., Harbin 14 (3): 246. 1994. Anhui (安徽): Huang Shan (黄山), Tangkou (汤口), 1984-05, N. Li (李秾) 25049 (Holotype: AAUF).

239 漆树科 Anacardiaceae

Pistacia chinensis Bunge fo. ***latifoliolata*** Loes., Bot. Jahrb. Syst. 34 (Beibl. 75): 49. 1904. [Shandong] (山东): Lauschan [Lao Shan] (崂山), Lauting [Laoding] (崂顶), Da ching gong, Nebel s.n. (Syntype: ?); Kap Yatau (亚岛角 , 今崂山头), Tai tsching Kung [Taiqinggong] (太清宫), Zimmermann 451 (Syntype: ?).

Rhus argyi H. Lév., Mem. Real Acad. Ci. Barcelona 12 (22): 22. 1916. Kiang-Sou [Jiangsu] (江苏), d'Argy s.n. (Holotype: E).

Rhus bofillii H. Lév., Mem. Real Acad. Ci. Barcelona 12 (22): 22. 1916. [Shanghai] (上海): Suo-Se; Tcha-Tchan, d'Argy s.n. (Holotype: E).

光枝盐肤木 ***Rhus chinensis*** Mill. var. ***glabra*** S.B. Liang, Bull. Bot. Res., Harbin 2 (4): 156. 1982. Shandong (山东): Lao Shan (崂山), S.B. Liang (梁书宾) 80012 (Holotype: PE).

髯毛白背麸杨 ***Rhus hypoleuca*** Champ. ex Benth. var. ***barbata*** Z.X. Yu et Q.G. Zhang, Bull. Bot. Res., Harbin 3 (2): 156. 1983. Jiangxi (江西): Dexing (德兴), Huaiyu Shan (怀玉山), 1977-09-29, Huaiyushan Exped. Pl. For. (怀玉山森植调查队) 339 (Holotype: JXAU).

泰山盐肤木 ***Rhus taishanensis*** S.B. Liang, Bull. Bot. Res., Harbin 2 (4): 155. 1982. Shandong (山东): Tai'an (泰安), Tai Shan (泰山), 1980-10, S.B. Liang (梁书宾) 80107 (Holotype: PE).

江西野漆 ***Toxicodendron succedaneum*** (L.) O. Kuntze var. ***kiangsiense*** C.Y. Wu, Fl. Reipubl. Popularis Sin. 45 (1): 140. 1980. Kiangsi [Jiangxi] (江西): Anyuen [Anyuan] (安远), C.M. Hu (胡启明) 2444 (Holotype: KUN).

240 无患子科 Sapindaceae

锐角槭 ***Acer acutum*** W.P. Fang, Contr. Biol. Lab. Sci. Soc. China, Bot. Ser. 8: 164. 1932.

Chekiang [Zhejiang] (浙江): W. Tien-mu-shan [Xitianmu Shan] (西天目山), 1929-08-11, S.S. Chien (钱崇澍) 718〔Lectotype: PE, designated by Q. Lin et al. in Type Spec. China Nat. Herb. (PE) 11: 106. 2017〕, 1931-04-23, W.C. Cheng (郑万钧) 2418 (Syntype: PE).

五裂锐角槭 ***Acer acutum*** W.P. Fang var. ***quinquefidum*** W.P. Fang et P.L. Chiu, Acta Phytotax. Sin. 17 (1): 67. 1979. Chekiang [Zhejiang] (浙江): Changhua (昌化), 1954-10-15, Y.Y. Ho (贺贤育) 1314 (Holotype: IBSC).

天童锐角槭 ***Acer acutum*** W.P. Fang var. ***tientungense*** W.P. Fang et M.Y. Fang, Acta Phytotax. Sin. 11 (2): 146. 1966. Chekiang [Zhejiang] (浙江): Ching Hsien [Yin Xian] (鄞县 , 今鄞州), Tien-tung [Tiantong] (天童), 1957-07-20, Y.Y. Ho (贺贤育) 27067 (Holotype: PE).

安徽槭 ***Acer anhweiense*** W.P. Fang et M.Y. Fang, Acta Phytotax. Sin. 11 (2): 150. 1966. Anhwei [Anhui] (安徽): Hwang Shan [Huang Shan] (黄山), 1936-08-17, P.C. Tsoong (钟补求) 4540 (Holotype: PE).

短翅安徽槭 ***Acer anhweiense*** W.P. Fang et M.Y. Fang var. ***brachypterum*** W.P. Fang et P.L. Chiu, Acta Phytotax. Sin. 17 (1): 71. 1979 . Chekiang [Zhejiang] (浙 江): Lin'an (临 安), Mount. Xitianmu [Xitianmu Shan] (西天目山), Hengtang(横塘), 1958-09-17, [Zhejiang Bot. Exped.] (浙江植物资源普查队 , 应为贺贤育) 30989〔Lectotype: HHBG, designated by P.L. Chiu et al. in J. Hangzhou Norm. Univ., Nat. Sci. Ed. 20 (1): 37. 2021〕. 原 Changhua (昌化), Lungtang Shan [Longtang Shan] (龙塘山), 1957-0815, Y.Y. Ho (贺贤育) 26414 (Holotype: IBSC) 据 P.L. Chiu et al. 核对 , 实际不符合种的描述特征 .

平翅三角槭 ***Acer buergerianum*** Miq. var. ***horizontalis*** [***horizontale***] F.P. Metcalf, Lingnan Sci. J. 20: 219. 1942. Chekiang [Zhejiang] (浙江): Siachu [Xianju] (仙居), Chu Ka Ping [Zhujia ping] (朱家坪), 1924-05-23, R.C. Ching (秦仁昌) 1620 (Holotype: A).

九江三角槭 ***Acer buergerianum*** Miq. var. ***jiujiangense*** Z.X. Yu, Acta Phytotax. Sin. 21 (4): 368. 1983. Jiangxi (江西): Jiujiang (九江), 1982-08-10, Z.X. Yu (俞志雄) 8234 (Holotype: JXAU).

雁荡三角槭 ***Acer buergerianum*** Miq. var. ***yentangense*** W.P. Fang et M.Y. Fang, Acta Phytotax. Sin. 11 (2): 164. 1966. Chekiang [Zhejiang] (浙江): Tien-tai [Yueqing] (乐清), Yentang Shan [Yandang Shan] (雁荡山), [Lingyan] (灵岩), 1935-05, P.J. Tsoong (钟补勤) 251 (Holotype: PE).

樟叶槭 ***Acer cinnamomifolium*** Hayata, Icon. Pl. Formosan. 3: 65. 1913. Fokien [Fujian] (福建): Kosan [Gu Shan] (鼓山), S. Nagasawa (永泽定一) 204 (Holotype: TI).

井冈山紫果槭 ***Acer cordatum*** Pax var. ***jinggangshanense*** Z.X. Yu, Bull. Bot. Res., Harbin 6 (1): 151. 1986. Jiangxi (江西): Jinggang Shan (井冈山), Longtan (龙潭), 1983-09-22, Z.X. Yu (俞志雄) 8361 (Holotype: JXAU).

小紫果槭 ***Acer cordatum*** Pax var. ***microcordatum*** F.P. Metcalf, Lingnan Sci. J.11(2): 199.

1932. Fukien [Fujian] (福建): Yenping [Yanping] (南平市延平区), Chaping (茶坪), 1924-08-04, Chung (钟心煊) 2894 (Syntype: A); Buong-Kang [Bankan] (半坎), 1925-05-09, Chung (钟心煊) 3263 (Syntype: A). Chekiang [Zhejiang] (浙江): S. of Pang Yung [Pingyang] (平阳) and Tai Suan [Taishun] (泰顺), 1924-07-16, Ching (秦仁昌) 2093 (Syntype: A); Taishun (泰顺), 1926-08-05, Keng (耿以礼) 308 (Syntype: A).

两型叶网脉槭 ***Acer dimorphifolium*** F.P. Metcalf, Lingnan Sci. J. 11 (2): 201. 1932. Fukien [Fujian] (福建), 1905-06, Dunn Exped. HH-2543 (Holotype: A).

中华重齿槭 ***Acer duplicatoserratum*** Hayata var. ***chinense*** Chin S. Chang, J. Arnold Arbor. 71 (4): 557. 1990. Anhui [Jiangxi] (江西): Wuyuan (婺源), Mt. Chang-gon-shan [Zhanggong Shan] (鄣公山), 1925-08-17, R.C. Ching (秦仁昌) 3243 (Holotype: A).

秀丽槭 ***Acer elegantulum*** W.P. Fang et P.L. Chiu, Acta Phytotax. Sin. 17 (1): 76. 1979. Chekiang [Zhejiang] (浙江): Changhua (昌化), [Longtang Shan] (龙塘山), 1957-05-16, Y.Y. Ho (贺贤育) 23101 (Holotype: IBSC).

长尾秀丽槭 ***Acer elegantulum*** W.P. Fang et P.L. Chiu var. ***macrurum*** W.P. Fang et P.L. Chiu, Acta Phytotax. Sin. 17 (1): 77. 1979. Chekiang [Zhejiang] (浙江): Changhua (昌化), 1954-10-15, Y.Y. Ho (贺贤育) 1317 (Holotype: HHBG).

Acer fabri Hance var. ***rubrocarpum*** F.P. Metcalf, Lingnan Sci. J. 11 (2): 206. 1932. Kiangsi [Jiangxi] (江西): Swe-chuen [Suichuan] (遂川), Hu (胡先骕) 843 (Syntype: A).

铜鼓槭 ***Acer fabri*** Hance var. ***tongguense*** Z.X. Yu, Bull. Bot. Res., Harbin 6 (1): 152. 1986. Jiangxi (江西): Tonggu (铜鼓), 1983-08-31, Z.X. Yu (俞志雄) 8335 (Holotype: JXAU).

中间型建始槭 ***Acer henryi*** Pax fo. ***intermedium*** W.P. Fang, Contr. Biol. Lab. Sci. Soc. China, Bot. Ser. 7 (6): 187. 1932. Chekiang [Zhejiang] (浙江): Chang-hwa [Changhua] (昌化), west of Tsar Peo Ling, 1925-09-22, R.C. Ching (秦仁昌) 3366 (Syntype: A); Kiangsu [Jiangsu] (江苏): Bau-hwa-shan [Baohua Shan] (宝华山), 1922-05-13, s.coll. N-548 et N-549 (Syntypes: ?), 1923-10, K. Ling (林刚) N-546 (Syntype: ?), 1928-10-02, Shih Tse s.n. (Syntype: ?), 1931-04-18, Chun (陈长年) et Teng 194 (Syntype: IBSC); Anhwei [Jiangxi] (江西): Wuyuan (婺源), 1935 [1925]-08-18, R.C. Ching (秦仁昌) 3255 (Syntype: A).

永泰槭 ***Acer johnedwardianum*** F.P. Metcalf, Lingnan Sci. J. 20: 221. 1942. Fokien [Fujian] (福建): Inghok [Yongtai] (永泰), Tributary Gorge of Yuen Fu River, 1905 年 , Dunn 291-HH 2545 (Holotype: A).

江西槭 ***Acer kiangsiense*** W.P. Fang et M.Y. Fang, Acta Phytotax. Sin. 11 (2): 176. 1966. Kiangsi [Jiangxi] (江西): Chun-fung Shan [Junfeng Shan] (军峰山), Pan-shan-kuan [Banshanguan] (半山馆), 1935-07, P.J. Tsoong (钟补勤) 450 (Holotype: PE).

将乐槭 ***Acer laikuanii*** Y. Ling, Acta Phytotax. Sin. 1 (2): 201. 1951. Fukien [Fujian] (福建): Tsiangloh [Jiangle] (将乐), Kiusienshan [Jiuxian Shan] (九仙山), 1944-06, L.K. Ling (林来官)

917 [517] (Holotype: PE).

Acer laxiflorum Pax var. ***ningpoense*** Pax, Pflanzenr. (Engler) IV 163 (Heft 8): 36. 1902. Chekiang [Zhejiang] (浙江): Ningpo-Berge [Ningbo] (宁波), 1886 年 , E. Faber s.n. (Holotype: B).

细叶槭 ***Acer leptophyllum*** W.P. Fang, Acta Phytotax. Sin. 17 (1): 61. 1979. Kiangsi [Jiangxi] (江西): Yunshiu [Yongxiu] (永修), Yunchu Shan[Yunju Shan] (云居山), 1963-05-21, S.S. Lei (赖书绅) 2250 (Holotype: PE).

临安槭 ***Acer linganense*** W.P. Fang et P.L. Chiu, Acta Phytotax. Sin. 17 (1): 70. 1979. Chekiang [Zhejiang] (浙江): Lingan [Lin'an] (临安), Tienmu Shan [Tianmu Shan] (天目山), 1957-04, Y.Y. Ho (贺贤育) 20991 (Holotype: HHBG).

君范槭 ***Acer lingii*** W.P. Fang, Acta Phytotax. Sin. 11 (2): 165. 1966. Fukien [Fujian] (福建): Fu Chow [Fuzhou] (福州), Chang-Chien Shan [Cangqian Shan] (仓前山), 1942-05-19, P.J. Tsoong (钟补勤) 687 (Holotype: PE).

天台阔叶槭 ***Acer longipes*** Franch. var. ***tientaiense*** Schneid., Ill. Handb. Laubholzk. 2: 224. 1907. Tschekiang [Zhejiang] (浙江): Tientai Mt. [Tiantai Shan] (天台山), 1889 年 , E. Faber 202b (Holotype: ?).

蒙山槭 ***Acer mengshanensis*** Y.Q. Zhu, Shandong Forest. Sci. Tech. 5: 37. 2008. Shandong (山东): Pingyi (平邑), Meng Shan (蒙山), 1990-09-24, Y.Q. Zhu et X.W. Li (朱英群 , 李兴文) 90501 (Holotype: SDFS).

弯翅色木槭 ***Acer mono*** Maxim. var. ***incurvatum*** W.P. Fang et P.L. Chiu, Acta Phytotax. Sin. 17 (1): 62. 1979. Chekiang [Zhejiang] (浙江): Lingan [Lin'an] (临安), Tienmu Shan [Tianmu Shan] (天目山), 1951-10-24, Y.Y. Ho (贺贤育) 317 (Holotype: HHBG).

厚叶飞蛾槭 ***Acer oblongum*** Wall. ex DC. var. ***pachyphyllum*** W.P. Fang, Acta Phytotax. Sin. 17(1): 81. 1979. Kiangsi [Jiangxi] (江西): Chienshan [Yanshan] (铅山), Wuyi Shan (武夷山), 1958-08-16, M.C. Yeh [M.X. Nie] (聂敏祥) 4162 (Holotype: LBG).

橄榄槭 ***Acer olivaceum*** W.P. Fang et P.L. Chiu, Acta Phytotax. Sin. 17 (1): 75. 1979. Chekiang [Zhejiang] (浙江): Lingan [Lin'an] (临安), Tienmu Shan [Tianmu Shan] (天目山), 1957-04-26, Y.Y. Ho (贺贤育) 21116 (Holotype: HHBG).

稀花槭 ***Acer pauciflorum*** W.P. Fang, Contr. Biol. Lab. Sci. Soc. China, Bot. Ser. 7 (6): 166. 1932. Chekiang [Zhejiang] (浙江): Siachu [Xianju] (仙居), Chen-chion [Chenzhuang] (陈庄), 1924-06-04, R.C. Ching (秦仁昌) 1790 (Isotype: A).

昌化槭 ***Acer pauciflorum*** W.P. Fang var. ***changhwaense*** W.P. Fang et M.Y. Fang, Acta Phytotax. Sin. 11 (2): 149. 1966. Chekiang [Zhejiang] (浙江): Chang-hwa [Changhua] (昌化), [Longtang Shan] (龙塘山), 1958-06-13, Y.Y. Ho (贺贤育) 29119 (Holotype: PE).

卷毛长柄槭 ***Acer pictum*** Thunb. var. ***pubigerum*** W.P. Fang, Contr. Biol. Lab. Sci. Soc. China 8: 163. 1932. Chekiang [Zhejiang] (浙江): W. Tien-mu-shan[Xitianmu Shan] (西天目山),

1931-04-18, K.K. Tsoong (钟观光) 150 (Syntype: ?), 1931-04-20, K.K. Tsoong (钟观光) 154 (Syntype: SZ); Tien-tai-shan [Tiantai Shan] (天台山), 1932-07-04, S. Chen (陈诗) 509 (Syntype: SZ).

毛脉槭 *Acer pubinerve* Rehder, Trees and Shrubs 2 (1): 26. 1907. Chekiang [Zhejiang] (浙江): Tien-tai Mountains [Tiantai Shan] (天台山), 1889 年 , E. Faber 203 (Holotype: K).

细果毛脉槭 *Acer pubinerve* Rehder var. ***apiferum*** W.P. Fang et P.L. Chiu, Acta Phytotax. Sin. 17 (1): 74. 1979. Chekiang [Zhejiang] (浙江): Chenhai [Zhenhai] (镇海), Shuiaisze [Ruiyan Si] (瑞岩寺), 1957-07-29, Y.Y. Ho (贺贤育) 27537 (Holotype: HHBG).

武义毛脉槭 *Acer pubinerve* Rehder var. ***wuyiense*** X.Y. Zhang, Z.H. Chen et W.J. Chen, J. Hangzhou Norm. Univ., Nat. Sci. Ed. 16 (1): 28. 2017. Zhejiang (浙江): Wuyi (武义), Mt. Niutou [Niutou Shan] (牛头山), 2014-05-22, X.F. Jin (金孝锋) 3271 (Holotype: HTC).

毛鸡爪槭 *Acer pubipalmatum* W.P. Fang, Contr. Biol. Lab. Sci. Soc. China, Bot. Ser. 8: 169. 1932. Chekiang [Zhejiang] (浙江): W. Tien-mu-shan [Xitianmu Shan] (西天目山), 1929-05-10, K.K. Tsoong (钟观光) 392 (Syntype: NAS); Tien-tai-shan [Tiantai Shan] (天台山), 1932-07-03, S. Chen (陈诗) 493 (Syntype: NAS).

美丽毛鸡爪槭 *Acer pubipalmatum* W.P. Fang var. ***pulcherrimum*** W.P. Fang et P.L. Chiu, Acta Phytotax. Sin. 17 (1): 70. 1979. Chekiang [Zhejiang] (浙江): Tientai Shan [Tiantai Shan] (天台山), 1958-07, K.Y. Chen (陈根容) [陈根荣] 2429 (Holotype: PE).

安福槭 *Acer shangszeense* W.P. Fang et Soong var. ***anfuense*** W.P. Fang et Soong , Acta Phytotax. Sin. 17 (1): 73. 1979. Kiangsi [Jiangxi] (江西): Anfu (安福), WuKung Shan [Wugong Shan] (武功山), 1954-10-02, Y.K. Hsiung (熊耀国) 9189 (1659) (Holotype: LBG).

天目槭 *Acer sinopurpurascens* W.C. Cheng, Contr. Biol. Lab. Sci. Soc. China, Bot. Ser. 6 (7): 62. 1931. Chekiang [Zhejiang] (浙江): Western Tien-mu-shan [Xitianmu Shan](西天目山), 1929-08-16, S.S. Chien (钱崇澍) 845 (Syntype: PE), 1931-04-23, W.C. Cheng (郑万钧) 2424〔Lectotype: PE, designated by Q. Lin et al., in Acta Bot. Boreal.-Occid. Sin 29 (1):176. 2009〕, W.C. Cheng (郑万钧) 2429 (Syntype: PE).

长柄紫果槭 *Acer subtrinervium* F.P. Metcalf, Lingnan Sci. J. 11: 200. 1932. Fukien [Fujian] (福建): Yenping [Yanping] (南平市延平区), 1905-06, S.T. Dunn HH-2541 (Holotype: A).

茶条槭 *Acer theiferum* W.P. Fang, Acta Phytotax. Sin. 17 (1): 72. 1979. [Jiangsu] (江苏): Nanjing (南京), Niushou Shan (牛首山), 1933-05-08, W.P. Fang (方文培) 10413 (Holotype: PE).

Acer trifidum Thunb. var. ***ningpoense*** Hance, J. Bot. 11: 168. 1873. Chekiang [Zhejiang] (浙江): Ningpo [Ningbo] (宁波), 1872 年 , R. Swinhoe s.n. (Holotype: BM, Herb. Hance n. 17693).

Acer wilsonii Rehder var. ***chekiangense*** W.P. Fang, Contr. Biol. Lab. Sci. Soc. China, Bot.

Ser. 7: 154. 1932. Chekiang [Zhejiang] (浙江): Tien-tai-shan [Tiantai Shan] (天台山), 1924-05-05, R.C. Ching (秦仁昌) 1411 (Syntype: A), 1924-05-08, R.C. Ching (秦仁昌) 1444 (Syntype: A).

钝角三峡槭 *Acer wilsonii* Rehder var. ***obtusum*** W.P. Fang et Y.T. Wu, Acta Phytotax. Sin. 17 (1): 77. 1979. Kiangsi [Jiangxi] (江西): Siushui [Xiushui] (修水), 1956-07-13, Y.K. Hsiung et al. (熊耀国等) 5064 (Holotype: LBG).

Acer wilsonii Rehder var. ***serrulata*** Dunn, J. Linn. Soc., Bot. 38 (267): 358. 1908. Fokien [Fujian] (福建): Yuen Fu River [Yongfu Jiang] (永福江, 今大樟溪) near Foochow [Fuzhou] (福州), 1905 年 , S.T. Dunn 291- HH-2545 (Holotype: HK).

武夷槭 *Acer wuyishanicum* W.P. Fang et C.M. Tan, Acta Phytotax. Sin. 17 (1): 80. 1979. Fukien [Fujian] (福建): Shaowu (邵武), Hweilin [Huilin] (蕙林), 1947-10-11, H.C. Chow (周鹤昌) 6431 (Holotype: SZ).

婺源槭 *Acer wuyuanense* W.P. Fang et Y.T. Wu, Acta Phytotax. Sin. 17 (1): 76. 1979. Kiangsi [Jiangxi] (江西): Wuyuan (婺源), 1959-04-06, C.H. Li et C. Chen (李启和，陈策) 163 (Holotype: LBG).

毛柄婺源槭 *Acer wuyuanense* W.P. Fang et Y.T. Wu var. ***trichopodum*** W.P. Fang et Y.T. Wu, Acta Phytotax. Sin. 17 (1): 76. 1979. Kiangsi [Jiangxi] (江西): Lichuan (黎川), 1958-06-24, M.C. Yeh [M.X. Nie] (聂敏祥) 2989 (Holotype: LBG).

羊角槭 *Acer yangjuechi* Fang et P.L. Chiu, Acta Phytotax. Sin. 17 (1): 61. 1979. Chekiang [Zhejiang] (浙江): Lingan [Lin'an] (临安), Tienmu Shan [Tianmu Shan] (天目山), [Liquwan] (里曲湾), 1973-04-22, Forestry Stat., Dept. Forestry, Chekiang Agri. Univ. (浙江农业大学林学系林场) 1529 [1527] (Holotype: HHBG).

浙江七叶树 *Aesculus chekiangensis* Hu et W.P. Fang, J. Sichuan Univ., Nat. Sci. Ed. 3: 86. 1960. Chekiang [Zhejiang] (浙江): Hang Chow [Hangzhou] (杭州), Fu-pao-sze [Hupao Si] (虎跑寺), 1957-05-19, S.Y. Chang (章绍尧) 695 (Holotype: PE).

Liquidambar edentata Merr., (Altingiaceae), J. Arnold Arbor. 8: 6. 1927. Fukien [Fujian] (福建): probably from near Foochow (福州), F.P. Metcalf et T.C. Chang [C.C. Tang] 877 (Holotype: A).

241 芸香科 Rutaceae

常山胡柚 *Citrus changshan-huyou* Y.B. Chang, Bull. Bot. Res., Harbin 11 (2): 5. 1991. Zhejiang (浙江): Changshan (常山), Cult., 1990-05-06, W.D. Hu (胡文丁) s.n. (Holotype: ZM).

Evodia compacta [***Euodia compacta***] Hand. -Mazz. var. ***meionocarpa*** Hand. -Mazz., Symb. Sin. Pt. 7: 627. 1933. Nganhui [Anhui] (安徽): Hwang-schan [Huang Shan] (黄山), 1926-07-

25, Chien (钱崇澍) 1029 (Holotype: ?).

软毛吴茱萸 *Evodia mollicoma* [*Euodia mollicoma*] Hu et F.H. Chen, Acta Phytotax. Sin. 1 (2): 225. 1951. Kiangsi [Jiangxi] (江西): Hsiushui [Xiushui] (修水), Peishachiao [Baishaqiao] (白沙桥), Hwanglungsze [Huanglong Si] (黄龙寺), 1947-08-05, Y.K. Hsiung(熊耀国) 05502 (Holotype: PE).

Fagara schinifolia (Siebold et Zucc.) Engl. fo. ***macrocarpa*** Loes. Bot. Jahrb. Syst. 34 (1, Beibl. 75): 47. 1904. [Shandong] (山东): Tsingtau [Qingdao] (青岛), Nebel s.n. (Holotype: ?).

[茵芋] *Ilex reevesiana* Fortune (Aquifoliaceae), Gard. Chron. 1851: 5. 1851. Anhwei [Anhui] (安徽): Hwuy-chow [Huizhou] (徽州), Wang-San [Huang Shan] (黄山), R. Fortune s.n. (Holotype: ?).

Zanthoxylum argyi H. Lév., Mem. Real Acad. Ci. Barcelona 12 (22): 20. 1916. Kiang-Sou [Jiangsu] (江苏), d'Argy s.n. (Holotype: E).

狭叶岭南花椒 *Zanthoxylum austrosinensis* C.C. Huang var. ***stenophyllum*** C.C. Huang, Acta Phytotax. Sin. 6 (1): 54. 1957. Fukien [Fujian] (福建): Yongtai (永泰), Fangguang (方广), 1931-05-24 [1935-05-31], P.C.Tsoong (钟补勤) 722 (Holotype: PE).

Zanthoxylum bungei Planch. ex Hance, Ann. Sci. Nat., Bot. sér. 5, 5: 209. 1866. Fokien [Fujian] (福建): Amoy [Xiamen] (厦门), 1857-10, s.coll. s.n. (Holotype: BM, Herb. Hance n.1460).

Zanthoxylum bungei Planch. ex Hance var. ***imperforatum*** Franch., Mém. Soc. Sci. Nat. Math. Cherbourg 24: 205. 1884. Shan-tung [Shandong] (山东): Tché-foû [Yantai] (烟台), R.P. Guillon s.n. (Holotype: P).

Zanthoxylum bungei Planch. ex Hance var. ***zimmermannii*** Rehder et E.H. Wilson, Pl. Wilson. (Sargent) 2 (1): 122.1914. Shantung [Shandong] (山东): Tsingtau [Qingdao] (青岛), 1901 年 , Zimmermann 460 (Holotype: A).

朵花椒 *Zanthoxylum molle* Rehder, J. Arnold Arbor. 8: 150. 1927. Anhwei [Anhui] (安徽): Chemen [Qimen] (祁门), 1925-08-08, R.C. Ching (秦仁昌) 3182 (Holotype: A).

Zanthoxylum podocarpum Hemsl., J. Linn. Soc., Bot. 23: 107. 1886. Kiangsi [Jiangxi] (江西): Kiukiang [Jiujiang] (九江), 1873 年 , G. Shearer s.n. (Holotype: K).

Zanthoxylum setosum Hemsl. ex F.B. Forbes et Hemsl., J. Linn. Soc., Bot. 23: 107.1886. Kiangsi [Jiangxi] (江西): Kiukiang [Jiujiang] (九江), 1873 年 , G. Shearer s.n. (Holotype: K).

野花椒 *Zanthoxylum simulans* Hance, Ann. Sci. Nat., Bot. sér. 5, 5: 208. 1866. Fokien [Fujian] (福建), 1862 年 , C.F.M. de Grijs s.n. (Holotype: BM, Herb. Hance n.10698).

毛野花椒 *Zanthoxylum simulans* Hance subsp. ***calcareum*** Z.H. Chen, F. Chen et W. Zhu, J. Hangzhou Norm. Univ., Nat. Sci. Ed. 19 (6): 100. 2020. Zhejiang (浙江): Changxing (长兴), Meishan (煤山), 2017-06-09, Z.H. Chen et al. (陈征海等) CX17060901 (Holotype: ZM).

247 锦葵科 Malvaceae

光果田麻 ***Corchoropsis psilocarpa*** Harms et Loes. Bot. Jahrb. Syst. 34 (1, Beibl. 75): 51. 1904. [Shandong] (山东): Tsingtau [Qingdao] (青岛), Nebel s.n. (Holotype: ?).

小花田麻 ***Corchoropsis tomentosa*** (Thunb.) Makino var. ***micropetala*** Y.T. Chang, Acta Phytotax. Sin. 24 (1): 23. 1986. Fujian (福建): Chong'an (崇安), Pikeng (皮坑), 1979-09-19, Exped. Bot. Wuyi. (武夷山植物资源考察队) 790548 (Holotype: FJSI).

绒果田麻 ***Corchoropsis tomentosa*** (Thunb.) Makino var. ***tomentosicarpa*** P.L. Chiu et G.R. Zhong, Bull. Bot. Res., Harbin 8 (4): 106. 1988. Zhejiang (浙江): Hangzhou (杭州), Feilaifeng (飞来峰), 1958-09-26, S.Y. Chang (章绍尧) 1228 (Holotype: HHBG).

海岸扁担杆 ***Grewia piscatorum*** Hance, Ann. Sci. Nat., Bot. ser. 5, 5: 208. 1866. Fokien [Fujian] (福建): insulis Lam yet, 1860 年 , R. Swinhoe s.n. (Holotype: BM, Herb. Hance n. 6527).

红金麻 ***Hibiscus × hongjinma*** Y.T. Chang, Guihaia 11 (2): 119. 1991. Fujian (福建): Zhangzhou (漳州), Cult. 1987-12-01, F.S. Chen et M.Z. Li (陈福寿 , 李美珍) 87-369 (Holotype: FJSI).

庐山芙蓉 ***Hibiscus paramutabilis*** L.H. Bailey, Gentes Herbarum 109. 1922. Kiangsi [Jiangxi] (江西): Kuling [Guling] (牯岭), 1917 年 , L.H. Bailey s.n. (Holotype: ?).

华木槿 ***Hibiscus sinosyriacus*** L.H. Bailey, Gentes Herbarum 109. 1922. Kiangsi [Jiangxi] (江西): Kuling [Guling] (牯岭), 1917 年 , L.H. Bailey s.n. (Holotype: ?).

密花梭罗 ***Reevesia pycnantha*** Y. Ling, Acta Phytotax. Sin. 1 (2): 205. 1951. Fukien [Fujian] (福建): Tsiangloh [Jiangle] (将乐), 1945-06 [1944-07-10], L.K. Ling (林来官) 594 (Holotype: PE).

短毛椴 ***Tilia chingiana*** Hu et W.C. Cheng, Contr. Biol. Lab. Sci. Soc. China, Bot. Ser. 10: 79. 1935. Kiangsi [Jiangxi] (江西): Lu Shan (庐山), Kuling [Guling] (牯岭), 1934-08-29, W.C. Cheng (郑万钧) 5756 (Lectotype: PE, designated by Q. Lin et al. in Acta Bot. Boreal.-Occid. Sin. 29:176. 2009), 1935-06-20, R.C. Ching (秦仁昌) 10637 (Syntype: PE).

Tilia concinna Pigott, Lime-trees Basswoods 193. 2012. England: Royal Botanic Garden, Kew, 2007-07-16, Donald Pigott et Tony Hall Pigott 07-12 (Holotype: K). Almost certainly this tree was originally from seed (1068) collected by Joseph Hers in 1919 from China, Kiangsu [Jiangsu] (江苏), Süchowfu [Xuzhoufu] (徐州府), Huang Tsang Yü [Huangzangyu] (皇藏峪 , 今属安徽宿州).

Tilia eurosinica Croizat, Sinensia 6: 661. 1935. Anhui [Jiangxi] (江西): Wuyuan (婺源), Chang-Gong Shan [Zhanggong Shan] (鄣公山), 1925-08-16, R.C. Ching (秦仁昌) 3232 (Holotype:

NY).

Tilia henryana Szysz. var. ***carlesii*** C. Marquand, Bull. Misc. Inform. Kew 3: 112. 1924. Kiang-su [Jiangsu]（江苏）: inter Nanking [Nanjing]（南京）et Chinkiang [Zhenjiang]（镇江）, Huashan [Hua Shan]（华山）, Hui-ch'u ssu [Huiju Si]（慧居寺，今隆昌寺）, 1895-12, W.R. Carles 559 (Lectotype: K); Nanking [Nanjing]（南京）, 1915-06-06, F.N. Meyer 1451 (Syntype: ?).

Tilia hypoglauca Rehder, J. Arnold Arbor. 8 (3): 172. 1927. Chekiang [Zhejiang]（浙江）: Siachu [Xianju]（仙居）, 1924-06-04, R.C. Ching（秦仁昌）1813 (Holotype: A).

胶东椴 ***Tilia jiaodongensis*** S.B. Liang, Bull. Bot. Res., Harbin 5 (1): 145. 1985. Shandong（山东）: Muping（牟平）, Kunyu Shan（昆嵛山）, S.B. Liang（梁书宾）83004 (Holotype: SDFS).

Tilia lepidota Rehder, J. Arnold Arbor. 8 (3): 172. 1927. Chekiang [Zhejiang]（浙江）: [Qingyuan]（庆元）, 1924-08-10, R.C. Ching（秦仁昌）2385 (Holotype: A).

Tilia leptocarya Rehder, J. Arnold Arbor. 8 (3): 171. 1927. Anhwei [Anhui]（安徽）: Chemen [Qimen]（祁门）, 1925-08-08, R.C. Ching（秦仁昌）3177 (Lectotype: GH).

Tilia leptocarya Rehder var. ***triloba*** Rehder, J. Arnold Arbor. 8 (3): 172. 1927. Anhwei [Anhui] (安徽): Kien te [Dongzhi] (东至),1923-08-18, N.K. Ip (叶雅各) N- 6331 (Holotype: A).

长柄南京椴 ***Tilia miqueliana*** Maxim. var. ***longipes*** P.L. Chiu, Bull. Bot. Res., Harbin 8 (4): 105. 1988. Zhejiang（浙江）: Anji（安吉）, Xiaofeng（孝丰）, 1957-06-07, Y.Y. Ho（贺贤育）24348 (Holotype: HHBG).

矩圆叶椴 ***Tilia oblongifolia*** Rehder, J. Arnold Arbor. 8 (3): 170. 1927. Anhwei [Anhui]（安徽）: Wangshan [Huang Shan]（黄山）, 1925-07-21, R.C. Ching（秦仁昌）3078 (Holotype: GH).

Tilia orocryptica Croizat, Sinensia 6: 659. 1935. [Jiangxi]（江西）: Lu-shan Mts. [Lu Shan]（庐山）, 1933-06-07, H.H. Chung et S.C. Sun（钟心煊，孙祥钟）158 (Holotype: NY).

建宁椴（歪叶基椴） ***Tilia scalenophulla*** Y. Ling, Acta Phytotax. Sin. 1 (2): 203. 1951. Fukien [Fujian]（福建）: Kienning [Jianning]（建宁）, inter pagos Huachiaocheng [Huaqiao Cun]（花桥村）et Chenlingcheng [Chenling Cun]（陈岭村）, 1934-06 [1945-06-19], L.K. Ling（林来官）770 (Holotype: PE).

泰山椴 ***Tilia taishanensis*** S.B. Liang, Bull. Bot. Res., Harbin 5 (1): 146. 1985. Shandong（山东）: Tai'an（泰安）, Tai Shan（泰山）, S.B. Liang（梁书宾）83027 (Holotype: SDFS).

短毛椴 ***Tilia tuan*** Szysz. var. ***breviradiata*** Rehder, J. Arnold Arbor. 8 (3): 170.1927. Anhwei [Anhui]（安徽）: Ma cha, 1925-08-15, R.C. Ching（秦仁昌）3209 (Holotype: GH).

葡萄叶椴树 ***Tilia vitifolia*** Hu et F.H. Chen, Acta Phytotax. Sin. 1 (2): 228. 1951. Kiangsi [Jiangxi] (江西): Hsiushui [Xiushui] (修水), Yuyuan Shan (余袁山), Kwanyingtang [Guanyintang]（观音堂）, 1939 年，Y.K. Hsiung（熊耀国）1491 (Holotype: PE).

白花肖梵天花 ***Urena lobata*** L. var. ***alba*** X.Q. Li, J. Fujian Norm. Univ., Nat. Sci. Ed. 10 (1): 124. 1994. Fujian（福建）: Longyan（龙岩）, Hongfang（红坊）, Zijin Shan（紫金山）, 1990-09-

25, X.Q. Li (李晓青) 729 (Holotype: FNU).

小叶梵天花 ***Urena procumbens*** L. var. ***microphylla*** K.M. Feng, Acta Bot. Yunnan. 4 (1): 28. 1982. Zhejiang (浙江): Pingyang [Cangnan] (苍南), [Juxi] (莒溪), 1958-11, Botanical Garden of Hangchow (杭植标 , 应为浙江植物资源普查队) 24741 (Holotype: HHBG).

249 瑞香科 Thymelaeaceae

Daphne argyi H. Lév., Mem. Real Acad. Ci. Barcelona 12 (22): 22. 1916. [Jiangsu] (江苏): Vou-Sie [Wuxi] (无锡), Chan-Muen, bords du Tai-Hou [Taihu] (太湖), d'Argy s.n. (Holotype: E).

Daphne fortunei Lindl., J. Hort. Soc. London 1: 147. 1846. [Zhejiang] (浙江): from the Chusan [Zhoushan] (舟山) hills, Ningpo [Ningbo] (宁波) and Shanghai (上海), 1844 年 , R. Fortune 8 (Syntype: BM), R. Fortune 161 (Syntype: BM), R. Fortune A15 (Syntype: BM).

高姥山瑞香 ***Daphne gaomushanensis*** Zi L. Chen, P. Wang et Y.F. Lu, J. Hangzhou Norm. Univ., Nat. Sci. Ed. 17 (1): 5. 2018. Zhejiang (浙江): Pan'an (磐安), Mt. Gaomu [Gaomu Shan] (高姥山), 2017-05-06, Zi L. Chen et P. Wang (陈子林 , 王盼) 2017050601 (Holotype: HTC).

倒卵叶瑞香 ***Daphne grueningiana*** H. Winkl., Repert. Spec. Nov. Regni Veg. Beih. 12: 443. 1922. Tschekiang [Zhejiang] (浙江): Hangtschou [Hangzhou] (杭州), Hsi tienmu schan [Xitianmu Shan] (西天目山), 1913-03-28, H.W. Limpricht 795 (Holotype: WRSL).

金寨瑞香 ***Daphne jinzhaiensis*** D.C. Zhang et J.Z. Shao, Bull. Bot. Res., Harbin 9 (3): 37. 1989. Anhui (安徽): Jinzhai (金寨), Quanjun (全军), 1983-07-25, C.H. Zhang (张传海) 033 (Holotype: ANUB).

红花毛瑞香 ***Daphne kiusiana*** Miq. var. ***atrocaulis*** (Rehder) Maek. fo. ***purpurea*** X.F. Jin, Z.H. Chen et Y.F. Lu, J. Zhejiang Forest. Sci. Tech. 40 (6): 54. 2020. Zhejiang (浙江): Jingning (景宁), Dayanghu (大仰湖), 2018-03-03 [08], H.F. Xu (徐洪峰) JN18030807 (Holotype: HTC).

结香 ***Edgeworthia chrysantha*** Lindl., J. Hort. Soc. London 1 (2): 148. 1846. [Zhejiang] (浙江): Chusan [Zhoushan] (舟山), 1844-07, R. Fortune 159 (Holotype: NY).

安徽荛花 ***Wikstroemia anhuiensis*** D.C. Zhang et X.P. Zhang, Acta Phytotax. Sin. 28 (2): 159. 1990. Anhui (安徽): She Xian (歙县), Qingliangfeng (清凉峰), 1983-05-14, X.P. Zhang (张小平) 0136 (Holotype: ANUB).

光叶荛花 ***Wikstroemia glabra*** W.C. Cheng, Contr. Biol. Lab. Sci. Soc. China, Bot. Ser. 6 (7): 69. 1931. Chekiang [Zhejiang] (浙江): Eastern Tien-mu-shan [Dongtianmu Shan] (东天目山), 1931-04-15, W.C. Cheng (郑万钧) 2278 (Holotype: NAS).

紫无毛荛花 ***Wikstroemia glabra*** W.C. Cheng var. ***purpurea*** W.C. Cheng, Contr. Biol. Lab.

Sci. Soc. China, Bot. Ser. 9: 203. 1934. Anhwei [Anhui] (安徽): Wangshan [Huang Shan] (黄山), P.C. Yieh (叶培忠) 340 (Holotype: NAS).

休宁荛花 ***Wikstroemia monnula*** Hance var. ***xiuningensis*** D.C. Zhang et J.Z. Shao, Acta Phytotax. Sin. 28 (2): 162. 1990. Anhui (安徽): Xiuning (休宁), Lingnan (岭南), 1985-05-17, J.Z. Shao (邵建章) 82167 (Holotype: ANUB).

多毛荛花 ***Wikstroemia pilosa*** W.C. Cheng, Contr. Biol. Lab. Sci. Soc. China, Bot. Ser. 8 (2): 140. 1932. Chekiang [Zhejiang] (浙江): Chuchi [Zhuji] (诸暨), near Hweichen Village [Wai chen] (外陈), 1932-07-12, W.C. Cheng (郑万钧) 2479 (Holotype: A).

绢毛荛花 ***Wikstroemia sericea*** Domke, Notizbl. Bot. Gart. Berlin-Dahlem 11: 356. 1932. Kiangsi [Jiangxi] (江西): Kuling [Guling] (牯岭), 1928-08-03, P. Klautke 83 (Isotype: A). 更名为 ***Wikstroemia kulingensis*** Domke.

270 十字花科 Brassicaceae

大叶葱芥 ***Alliaria grandifolia*** Z.X. An, Acta Phytotax. Sin. 23 (5): 396. 1985. Zhejiang (浙江): Changhua (昌化), Yunxiwu (云溪坞), 1957-06-02, He Xian-yu (贺贤育) 23442 (Holotype: NAS).

Arabis oxyota DC. var. ***glabra*** T.Y. Cheo, Bot. Bull. Acad. Sin. 3: 20. 1949. Kiangsu [Jiangsu] (江苏): Haichow [Lianyungang] (连云港), 1926-04-20, The Heude Museum (徐家汇博物院) 38560 (Holotype: ?).

Brassica antiquorum H. Lév., Repert. Spec. Nov. Regni Veg. 4: 227. 1907. Kiang-Sou [Shanghai] (上海): Song-Kiang [Songjiang] (松江), d'Argy s.n. (Holotype: E).

Brassica argyi H. Lév., Repert. Spec. Nov. Regni Veg. 4: 227. 1907. Kiang-Sou [Jiangsu] (江苏): Tou-Deu-Tse; Talaikiao, d'Argy s.n. (Holotype: ?).

乌塌菜 ***Brassica chinensis*** (L.) var. ***rosularis*** Tsen et S.H. Lee, Hortus Sinicus 2: 8. 1942. Kiangsu [Jiangsu] (江苏): Wuchin [Wujin] (武进), Cult., 1936-01-06, T.V. Hwang 812 (Syntype:?); Cult. on Univ. Farm. 503 (Syntype: ?).

雪里蕻 ***Brassica juncea*** (L.) Czern. var. ***multiceps*** Tsen et S.H. Lee, Hortus Sinicus 2: 20. 1942. Chekiang [Zhejiang] (浙江): Ningpo [Ningbo] (宁波), Wang Tou, Cult. (栽培), 1935-01-20, C.F. Liu 147 (Syntype: ?); Cult. on University Farm 1931 (Syntype: ?).

Brassica oleracea L. var. ***tsiekentsiensis*** H. Lév., Mem. Real Acad. Ci. Barcelona 12 (22): 7. 1916. [Jiangsu] (江苏), d'Argy s.n. (Holotype: ?).

抱头白菜 ***Brassica pekinensis*** (Lour.) Rupr. var. ***cephalata*** Tsen et S.H. Lee, Hortus Sinicus 2: 14. 1942. Cult. in the Hort. Exper. Station of the Univ. (no. 601) from seeds received from

Hangchow [Hangzhou] (杭州).

Brassica pekinensis (Lour.) Rupr. var. ***cylindrica*** Tsen et S.H. Lee, Hortus Sinicus 2: 15. 1942. Shantung [Shandong] (山东): Tsinan [Jinan] (济南), Cult., Herb. of the Hort. Depart. 3780 (Holotype: ?); specimen purchased at Shakwan [Xiaguan] (下关), Nanking [Nanjing] (南京).

Brassica pekinensis (Lour.) Rupr. var. ***laxa*** Tsen et S.H. Lee, Hortus Sinicus 2: 16. 1942. Cult. on the Univ. Farm at Nanking [Nanjing] (南京) 603 (Holotype: ?).

安徽碎米荠 ***Cardamine anhuiensis*** D.C. Zhang et J.Z. Shao, Bull. Bot. Res., Harbin 6 (2): 127.1986. Anhui (安徽): Tongling (铜陵), Langkeng (郎坑), 1985-04-14, J.Z. Shao (邵建章) 84050 (Holotype: ANUB).

Cardamine argyi H. Lév., Mem. Real Acad. Ci. Barcelona 12 (22): 7. 1916. Kiang-Sou [Jiangsu] (江苏), d'Argy s.n. (Holotype: E).

中华碎米荠 ***Cardamine cathayensis*** Migo, J. Shanghai Sci. Inst., Sect. III, 3: 223. 1937. Chekiang [Zhejiang] (浙江): Hangchow [Hangzhou] (杭州), Shang-tienchu [Shangtianzhu] (上天竺), 1935-04-17, H. Migo (御江久夫) s.n. (Holotype: TI).

黄山碎米荠 ***Cardamine chejiangensis*** [***Cardamine zhejiangensis***] T.Y. Cheo et R.C. Fang var. ***huangshanensis*** D.C. Zhang, Bull. Bot. Res., Harbin 11 (1): 41. 1991. Anhui (安徽): Huang Shan (黄山), Tanglingguan (汤岭关), 1989-05-14, J.Z. Shao (邵建章) 89008 (Holotype: ANUB).

卵叶弯曲碎米荠 ***Cardamine flexuosa*** With. var. ***ovatifolia*** T.Y. Cheo et R.C. Fang, Bull. Bot. Lab. N.-E. Forest. Inst., Harbin 6: 24. 1980. Zhejiang (浙江): Hangchow [Hangzhou] (杭州), Longjing (龙井), 1957-03-21, S.Y. Chang (章绍尧) 186 (Holotype: NAS).

Cardamine hickinii O.E. Schulz, Repert. Spec. Nov. Regni Veg. 17 (492-503): 289. 1921. Chekiang [Zhejiang] (浙江): Hangchou [Hangzhou] (杭州), H.J. Hickin s.n. (Holotype: K-000077283).

圆齿白花碎米荠 ***Cardamine leucantha*** (Tausch) O.E. Schulz var. ***crenata*** D.C. Zhang, Bull. Bot. Res., Harbin 11 (1): 42. 1991. Anhui (安徽): Jingde (旌德), Yu Cun (俞村), Wulonggou (乌龙沟), 1985-05-07, J.Z. Shao (邵建章) 82143 (Holotype: ANUB).

心叶碎米荠 ***Cardamine limprichtiana*** Pax, Jahresber. Schles. Ges. Vaterl. Cult. 89 (Abt. 2): 27. 1911. Chekiang [Zhejiang] (浙江): Ningpo [Ningbo] (宁波), 1911-04-18, H.W. Limpricht 18 (Holotype: WRSL).

Cardamine potentillifolia H. Lév., Mem. Real Acad. Ci. Barcelona 12 (22): 8. 1916. [Shanghai] (上海): Ton-Zouo-Ze, 1863-03-12, d'Argy s.n. (Holotype: E).

浙江碎米荠 ***Cardamine zhejiangensis*** T.Y. Cheo et R.C. Fang, Bull. Bot. Lab. N.-E. Forest. Inst., Harbin 6: 24. 1980. Zhejiang (浙江): Xitianmu Shan (西天目山), 1957-05-04, Hse-yu

Ho (贺贤育) 20927 (Holotype: HHBG).

Cochlearia fumarioides Dunn, J. Linn. Soc., Bot. 38 (267): 355. 1908. [Fujian](福建): Buong Kang [Bankan] (半坎), S.T. Dunn HH-2360 (Holotype: HK).

Cochlearia hui O.E. Schulz, Notizbl. Bot. Gart. Berlin-Dahlem 8: 546. 1923. Kiangsi [Jiangxi] (江西): Anfu (安福), Wookungshan [Wugong Shan] (武功山),1921 年 , H.H. Hu (胡先骕) 731 et 752 (Syntypes: B-destr.).

石生岩荠 *Cochlearia rupicola* D.C. Zhang et J.Z. Shao, Acta Phytotax. Sin. 24 (5): 404 1986. Anhui (安徽): Shitai (石台), Guniujiang (牯牛降), Qimencha (祁门叉), 1983-06-29, J.Z. Shao (邵建章) 835008 (Holotype: ANUB).

弯缺岩荠 *Cochlearia sinuata* K.C. Kuan, Bull. Bot. Lab. N.-E. Forest. Inst., Harbin 8: 39. 1980. Jiangxi (江西): Suichuan (遂川), 1970-03-31, L.K. Dai (戴伦凯) 150 (Holotype: PE).

浙江岩荠 *Cochlearia warburgii* O.E. Schulz, Notizbl. Bot. Gart. Berlin-Dahlem 8 (77): 545. 1923. Tschekiang [Zhejiang] (浙江): Ningpo [Ningbo] (宁波), 1887-05, O. Warburg 6340 (Holotype: B).

棒毛荠 *Cochleariopsis zhejiangensis* Y.H. Zhang, Acta Bot. Yunnan. 7 (2): 144. 1985. Zhejiang (浙江): Suichang (遂昌), Jiulong Shan (九龙山), 1983-05-17, C. Ling (林泉) 3154 (Holotype: ZDC).

反折山萮菜 *Eutrema reflexum* T.Y. Cheo, Bot. Bull. Acad. Sin 2 (5): 23. 1948. Chekiang [Zhejiang] (浙江): Hsi-tien-mu-shan [Xitianmu Shan] (西天目山), 1936-04-23, H. Migo (御江久夫) s.n. (Isotype: NAS-00370841).

岳西山萮菜 *Eutrema yunnanense* Franch. var. ***yexinicum*** Z.X. An, Bull. Bot. Res., Harbin 1 (1-2): 99. 1981. Anhui (安徽): Yuexi (岳西), 1958 年 , 安徽野生植物综合利用委员会 80 (Holotype: NAS).

昌化泡果荠 *Hilliella changhuaensis* Y.H. Zhang, Acta Bot. Yunnan. 9 (2): 155. 1987. Zhejiang (浙江): Lin'an (临安), Changhua (昌化), [Jiufu Cun] (鸠甫村), [Hengkeng] (横坑), 1957-06-17, X.Y. He (贺贤育) 23624 (Holotype: NAS).

挂墩泡果荠 *Hilliella guadunensis* Y.T. Chang et G.S. Ho, Wuyi Sci. J. 8: 168. 1991. Fujian (福建): Chong'an (崇安), Xing Cun (星村), Sangang (三港), 1987-05-28, G.S. Ho (何国生) 3501 (Holotype: FJSI).

黎川泡果荠 *Hilliella lichuanensis* Y.H. Zhang, Acta Bot. Yunnan. 9 (2): 158. 1987. Jiangxi (江西): Lichuan (黎川), 1958-06-07, M.X. Nie et S.S. Lai (聂敏祥 , 赖书绅) 2831 (Holotype: PE).

长柱泡果荠 *Hilliella longistyla* Y.H. Zhang, Acta Bot. Yunnan. 9 (2): 153. 1987. Zhejiang (浙江): Longquan (龙泉), 1919 [1930] -06-03, H.H. Hu (胡先骕) [K.K.Tsoong (钟观光)] s.n. (Holotype: ZM).

菱果泡果荠 ***Hilliella rhombea*** D.D. Ma et W.Y. Xie, Phytotaxa 357 (2): 150. 2018. Zhejiang (浙江): Fuyang (富阳), Longmen Forest Farm (龙门林场), 2015-05-24, W.Y. Xie et D.D. Ma (谢文远 , 马丹丹) FY20150510 (Holotype: ZJFC).

寻乌弯缺泡果荠 ***Hilliella sinuata*** (K.C. Kuan) Y.H. Zhang et H.W. Li var. ***qianwuensis*** Y.H. Zhang, Acta Bot. Yunnan. 8 (4): 405.1986. Jiangxi (江西): Qianwu [Xunwu] (寻乌), 1958-05-08, Q.M. Hu et Q.H. Li (胡启明 , 李启和) 1761 (Holotype: LBG).

白花浙江泡果荠 ***Hilliella warburgii*** (O.E. Schulz) Y.H. Zhang et H.W. Li var. ***albiflora*** S.X. Qian, Bull. Bot. Res., Harbin 10 (4): 63. 1990. Zhejiang (浙江): Tiantai (天台), Tiantai Shan (天台山), Huading (华顶), 1987-05-24, Qian Shi-xin (钱士心) 10002 (Holotype: SHRMC).

黟县泡果荠 ***Hilliella yixianensis*** Y.H. Zhang, Acta Phytotax. Sin. 33 (1): 94. 1995. Anhui (安徽): Yi Xian(黟县), Hedong Cun (河东村), 1991-07, seeds coll. by S.X. Qian (钱士心); 1993-05-18, Y.H. Zhang (张渝华) 93012 (Holotype: PE).

菘蓝 ***Isatis indigotica*** Fortune, J. Hort. Soc. London 1: 270. 1846. Shanghae [Shanghai] (上海), R. Fortune s.n. (Holotype: ?).

Lepidium chitungense Jacot, Rhodora 32: 29. 1930. Shantung [Shandong] (山东): Tsinan [Jinan] (济南), 1929-05-15, A. P. Jacot s.n. (Holotype: GH).

[羽裂叶诸葛菜] ***Moricandia sonchifolia*** (Bunge) Hook. f. var. ***homaeophylla*** Hance, J. Bot. 18: 259. 1880. Kiangsu [Shanghai] (上海): Feng-wang-shan [Fenghuang Shan] (凤凰山), 1879 [1877] -04, F.B. Forbes s.n. (Holotype: BM, Herb. Hance n. 20736).

Nasturtium microspermum DC., Syst. Nat. [Candolle] 2: 199. 1821. Shantong [Shandong] (山东), 1793 年 , G.L. Staunton s.n. (Holotype: BM).

[河岸泡果荠] ***Nasturtium rivulorum*** Dunn, J. Linn. Soc., Bot. 38 (267): 354. 1908. Fokien [Fujian] (福建): Fong Kong Tze [Fangguang Si] (方广寺 , 今方广岩寺) near Foochow [Fuzhou] (福州), S.T. Dunn HH-2354 (Holotype: HK).

Nasturtium sikokianum Franch. et Sav. var. ***axillare*** Hayata, Icon. Pl. Formosan. 3: 17. 1913. Fokien [Fujian] (福建): Kosan [Gu Shan] (鼓山), 1910-04, S. Nagasawa (永泽定一) 258 (Holotype: TI).

铺散诸葛菜 ***Orychophragmus diffusus*** Z.M. Tan et J.M. Xu, Acta Phytotax. Sin. 36 (6): 547. 1998. Zhejiang (浙江): Yuhang (余杭), 1995-06-01, Z.M. Tan et al. (谭仲明等) 95-16 (Holotype: SZ).

毛果诸葛菜 ***Orychophragmus violaceus*** (L.) O.E. Schulz var. ***lasiocarpus*** Migo, J. Shanghai Sci. Inst., Sect. III, 4: 149. 1939. Kiangsu [Jiangsu] (江 苏): Chinkiang [Zhenjiang] (镇 江), Chulinssu [Zhulin Si] (竹林寺), 1935-04-24, H. Migo (御江久夫) s.n. (Holotype: TI).

Raphanus courtoisii H. Lév., Mem. Real Acad. Ci. Barcelona 12 (22): 8. 1916. Kiang-Sou [Jiangsu] (江苏): Sa-Keu-Se, 1863-04-15, d'Argy s.n. (Holotype: E).

福建大蒜芥 ***Sisymbrium fujianensis*** L.K. Ling, Fl. Fujian. 2: 393. 1985. Fujian (福建): Quanzhou (泉州), Qingyuan Shan (清源山), 1980-06-15, Z.S. Chen (陈占寿) 203 (Holotype: FNU).

无毛全叶大蒜芥 ***Sisymbrium luteum*** (Maxim.) O.E. Schulz var. ***glabrum*** F.Z. Li et Z.Y. Sun, Bull. Bot. Res., Harbin 25 (1): 8. 2005. Shandong (山东): Lao Shan (崂山), Weizhu'an (蔚竹庵), 2003-07-17, F.Z. Li et Z.Y. Sun (李法曾 , 孙稚颖) 03036 (Holotype: SDNU).

Thlaspi arvense L. var. ***sinuatum*** H. Lév., Mem. Real Acad. Ci. Barcelona 12 (22): 8. 1916. Kiang-Sou [Jiangsu] (江苏), d'Argy s.n. (Holotype: E).

276 檀香科 Santalaceae

棱果米面蓊 ***Buckleya angulosa*** S.B. Zhou et X.H. Guo, Guihaia 24 (4): 332. 2004. Anhui (安徽): Tianzhu Shan (天柱山), 2003-09-25, S.B. Zhou (周守标) 20018 (Holotype: ANUB).

279 桑寄生科 Loranthaceae

[木兰寄生] ***Loranthus limprichtii*** Grüning, Repert. Spec. Nov. Regni Veg. 12: 500. 1913. Fokien [Fujian] (福建): Kien ning [Jianning] (建宁), Kien yang [Jianyang] (建阳), 1913-01-28, H.W. Limpricht 735 (Holotype: WRSL).

大苞寄生 ***Loranthus maclurei*** Merr., Philipp. J. Sci. 21: 494. 1922. Fukien [Fujian] (福建): Taai Yeung Shaan [Daiyun Shan] (戴云山), 1921-07-21, F.A. McClure 6801(Isotype: US).

狭叶钝果寄生 ***Taxillus liquidambaricola*** (Hayata) Hosok. var. ***neriifolius*** H.S. Kiu, Guihaia 17 (4): 308. 1997. Fujian (福建): Fuzhou (福州), Gu Shan (鼓山), 1975-10-25 , H.X. Qiu (丘华兴) 144 (Holotype: IBSC).

282 白花丹科 Plumbaginaceae

刺突补血草 ***Limonium sinense*** (Girard) Kuntze var. ***spinulosum*** Y. Huang, Bull. Bot. Res., Harbin 17 (4): 361. 1997. Shandong (山东): Liaocheng (聊城), 1994-06-29, Y. Huang (黄勇) 94002 (Holotype: SDNU).

Statice fortunei Lindl., Edwards's Bot. Reg. 31: pl. 63. 1845. Fokien [Fujian] (福建): Chin Chin [Quanzhou] (泉州), R. Fortune 1844 年采集种子 .

[烟台补血草] ***Statice franchetii*** Debeaux, Actes Soc. Linn. Bordeaux 31: 348. 1876. et Fl. du Tché-foû 115. Chan-tong [Shandong] (山东): Tché-foû [Yantai] (烟台), Ki-tsen-sôo (奇山所),

N'gin-hai-tchéoû, 1860-07-10, J.O. Debeaux s.n. (Holotype: P).

Statice tchefouensis Gand., Bull. Soc. Bot. France 66: 221, in clavi. 1919. [Shandong] (山东): Tche-Fou [Yantai] (烟台), J.O. Debeaux s.n. (Holotype: ?).

283 蓼科 Polygonaceae

Bistorta vulgaris Hill fo. ***cuspidata*** H. Gross, Beih. Bot. Centralbl., Abt. 2. 37 (2): 111. 1919. [Shandong] (山东): Lauschan [Lao Shan] (崂山), M. du Bois-Reymond 205 (Holotype: ?).

Persicaria agrestis Migo, J. Shanghai Sci. Inst., Sect. III, 4: 167. 1939. Kiangsu [Jiangsu] (江苏): Soochow [Suzhou] (苏州), Shangfang Shan (上方山), 1908-06-06, K. Ono. s.n. (Holotype: TI).

昌化蓼 ***Persicaria changhuaensis*** H.W. Zhang et X.F. Jin, Nord. J. Bot. 35 (3): 339. 2017. Zhejiang (浙江): Lin'an (临安), Changhua (昌化), Maxiao (马啸), Zhechuan Village (浙川村), 2009-09-26, H.W. Zhang (张宏伟) 2009-0001 (Holotype: HTC).

Persicaria divaricata (L.) H. Gross var. ***hirtella*** H. Gross, Beih. Bot. Centralbl., Abt. 2. 37 (2): 112. 1919. [Shandong] (山东): Kap Yatau (亚岛角 , 今崂山头), Taitschingkung [Taiqinggong] (太清宫), Krug 113 (Holotype: ?).

Persicaria krugii H. Gross et Loes., Beih. Bot. Centralbl., Abt. 2. 37 (2): 112.1919. [Shandong] (山东): Tsingtau [Qingdao] (青岛), Zimmermann 242 (Syntype:?), Huitschuenhuek [Huiquan jiao] (汇泉角), Krug 30 (Syntype: ?), Lauschan [Lao Shan] (崂山), M. du Bios-Reymond 144a (Syntype: ?).

中华蓼 ***Persicaria sinica*** Migo, J. Shanghai Sci. Inst., Sect. III, 4: 143. 1939. Chekiang [Zhejiang] (浙江): Hangchow [Hangzhou] (杭州), Lingyin (灵隐), 1934-10-20, H. Migo (御江久夫) s.n. (Holotype: NAS-00070504).

武功山蓼 ***Persicaria wugongshanensis*** Bo Li, Phytotaxa 156 (3): 134. 2014. Jiangxi (江西): Luxi (芦溪), Wugongshan Mountain [Wugong Shan] (武功山), Longwangtan Village (龙王潭村), 2009-10-07, Bo Li (李波) LB-0093 (Holotype: IBSC).

直立萹蓄 ***Polygonum aviculare*** L. fo. ***erectum*** Jian X. Li et Y.M. Zhang, Bull. Bot. Res., Harbin 21 (4): 512. 2001.Shandong (山东): Huanghe Sanjiaozhou (黄河三角洲), 1989-09-20, J.X. Li et F.Q. Zhou (李建秀 , 周凤琴) 0892 (Holotype: SDCM).

稀花蓼 ***Polygonum dissitiflorum*** Hemsl., J. Linn. Soc., Bot. 26 (176): 338. 1891. Chekiang [Zhejiang] (浙江): Ningpo [Ningbo] (宁波) mountains, E. Faber 1731〔Lectotype: K, designated by C.W. Park in Brittonia 38 (4): 402. 1986〕.

Polygonum forbesii Hance, J. Bot. 21: 100. 1883. [Shandong] (山东): Chi-fu [Yantai] (烟

台), 1880-09-17, F.B. Forbes et W.R. Carles 22092 (Holotype: BM).

杭州蓼 *Polygonum hangchouense* Matsuda, Bot. Mag. (Tokyo) 27 (313): 9. 1913. Cheh-kiang [Zhejiang] (浙江): Hang-chou [Hangzhou] (杭州), Tai-pin-mun [Taipingmen] (太平门), 1909-10, K. Honda (本多厚二) 684 (Holotype: TI).

圆基愉悦蓼 *Polygonum jucundum* Meisn. var. ***rotundum*** Z.Z. Zhou et Q.Y. Sun, Acta Phytotax. Sin. 45 (5): 714. 2007. Anhui (安徽): Dongzhi (东至), Shengjin Lake (升金湖), 2006-10-04, Z.Z. Zhou (周忠泽) 0602 (Holotype: PE).

圆基长鬃蓼 *Polygonum longisetum* Bruijn var. ***rotundatum*** A.J. Li, Bull. Bot. Res., Harbin 15 (4): 418. 1995. Jiangsu (江苏): Baoying (宝应), Huajiatan (华家滩), 1961-05-31, S.L. Liu (刘守炉) 104 (Holotype: PE).

微叶蓼 *Polygonum minutissimum* Z. Wei et Y.B. Chang, Bull. Bot. Res., Harbin 12 (3): 271. 1992. Zhejiang (浙江): Suichang (遂昌), Daxikengkou (大西坑口), 1985-08-10, L.X. Hong et al. (洪利兴等) 2221 (Holotype: ZM).

暗果春蓼 *Polygonum opacum* Sam., Lingnan Sci. J. 14 (2): 299. 1935. Fukien [Fujian] (福建): Inghok [Yongtai] (永泰), H.H. Chung (钟心煊) 2662 (Holotype: K).

掌叶蓼 *Polygonum pseudopalmatum* G. Hoo, Acta Phytotax. Sin. 1 (2): 194. 1951. Fukien [Fujian] (福建): Chung-an [Chong'an] (崇安), Hwa-kwang-muo [Huaguang Miao] (华光庙), 1948-04-16, G. Hoo (何景) 2983 (Holotype: PE).

舒城蓼 *Polygonum shuchengense* Z.Z. Zhou, Acta Phytotax. Sin. 39 (1): 81. 2001. Anhui (安徽): Shucheng (舒城), 1995-09-09, Z.Z. Zhou (周忠泽) s.n. (Holotype: PE).

毛叶支柱蓼 *Polygonum suffultum* Maxim. var. ***tomentosum*** Bo Li et Shao F. Chen, J. Wuhan Bot. Res. 26 (1): 38. 2008. Jiangxi (江西): Lu Shan (庐山), B. Li (李波) 庐 -090201 (Holotype: JXU).

Polygonum typhoniifolium Hance, Ann. Sci. Nat., Bot. sér. 5, 5: 239. 1866. Fokien [Fujian] (福建), 1857 年 , W. Gregory s.n. (Holotype: BM, Herb. Hance n. 1269).

Polygonum virginianum L. fo. ***glabratum*** Matsuda, Bot. Mag. (Tokyo) 27 (313): 11. 1913. Cheh-kiang [Zhejiang] (浙江): Hang-chou [Hangzhou] (杭州), Ku-shan [Gu Shan] (孤山), K. Honda (本多厚二) 406 (Holotype: TI).

Reynoutria henryi Nakai ex Migo, J. Shanghai Sci. Inst., Sect. III, 3: 92. 1935. Chekiang [Zhejiang] (浙江): Ningpo [Ningbo] (宁波), E. Faber s.n. (Syntype: P); Kiangsi [Jiangxi] (江西), A. David 739 (Syntype: P).

284 茅膏菜科 Droseraceae

光萼茅膏菜 *Drosera peltata* Smith var. ***glabrata*** Y.Z. Ruan, Acta Phytotax. Sin. 19 (3): 343. 1981. Zhejiang (浙江): Suichang (遂昌), 1960-05, R.H. Shan (单人骅) 6228 (Holotype: NAS).

叉梗茅膏菜 *Drosera rotundifolia* L. var. ***furcata*** Y.Z. Ruan, Acta Phytotax. Sin. 19 (3): 340. 1981. Fujian (福建): Dehua (德化), D.C. Ye (叶德炽) 398 (Holotype: AU).

295 石竹科 Caryophyllaceae

清凉峰卷耳 *Cerastium qingliangfengicum* H.W. Zhang et X.F. Jin, Ann. Bot. Fenn. 45: 307. 2008. Zhejiang (浙江): Lin'an (临安), Changhua (昌化), Maxiao (马啸), Zhechuan Village (浙川村), 2006-04-28, H.W. Zhang (张宏伟) 003 (Holotype: HTC).

山东石竹 *Dianthus chinensis* L. var. ***shandongensis*** Jian X. Li et F.Q. Zhou, Bull. Bot. Res., Harbin 21 (4): 511. 2001. Shandong (山东): Meng Shan (蒙山), 1990-08-10, J.X. Li et al. (李建秀等) 102 (Holotype: SDCM).

三脉石竹 *Dianthus chinensis* L. var. ***trinervis*** D.Q. Lu, Bull. Bot. Res., Harbin 15 (2): 185. 1995. Shandong (山东): Tai Shan (泰山), 1931-07-13, K.S. Hao (郝景盛) 1790 (Holotype: WUK)

Gypsophila ellipticifolia Barkoudah, Wentia 9: 76. 1962. Ngan-Hwei [Jiangsu] (江苏): Po-hua-shan [Baohua Shan] (宝华山), 1905-07, A.K. Schindler 75 (Holotype: E).

假卷耳 *Pseudocerastium stellarioides* X.H. Guo et X.P. Zhang, Acta Bot. Yunnan. 20 (4): 396. 1998. Anhui (安徽): Jiuhua Shan (九华山), 1995-07-29, X.H. Guo (郭新弧) 951054 (Holotype: ANUB).

天目山孩儿参 *Pseudostellaria tianmushanensis* G.H. Xia et G.Y. Li, Nord. J. Bot. 29: 204. 2011. Zhejiang (浙江): Lin'an (临安), Tianmu Mountain [Tianmu Shan] (天目山), 2010-05-01, Xia et al. (夏国华等) TM092 (Holotype: ZJFC).

浙江孩儿参 *Pseudostellaria zhejiangensis* X.F. Jin et B.Y. Ding, Acta Bot. Yunnan. 25 (6): 639. 2003. Zhejiang (浙江): Chun'an (淳安), Qiuyuan (秋源), Dayuan (大源), 1988-05-06, B.Y. Ding et M.Z. Shi (丁炳扬 , 史美中) 4645 (Holotype: HZU).

Sagina sinensis Hance, J. Bot. 6: 46. 1868. Fukien [Fujian] (福建): Amoy [Xiamen] (厦门), Ku-lang-su [Gulang Yu] (鼓浪屿), 1866-05, Sampson s.n. (Holotype: K, Herb. Hance n. 13060).

Silene argyi H. Lév., Bull. Géogr. Bot. 24: 292. 1914. Kiang-Sou [Jiangsu] (江苏): Vou-Tse-Hien, Long-Chan, d'Argy s.n. (Holotype: E).

Silene fissipetala Turcz., Bull. Soc. Imp. Naturalistes Moscou 27 (2): 371. 1854. China borealis. [Zhejiang] (浙江): [Zhoushan] (舟山), 1845 年 , R. Fortune 36 (Holotype: KW).

鹤草 *Silene fortunei* Vis., Linnaea 24: 181. 1851. [Zhejiang] (浙江): [Zhoushan] (舟山), 1845 年 , R. Fortune 36 (Holotype: W, lost). 《中国植物志》记载模式标本采自浙江舟山 .

齐云山蝇子草 *Silene qiyunshanensis* X.H. Guo et X.L. Liu, Acta Bot. Yunnan. 13 (1): 24. 1991. Anhui (安徽): Xiuning (休宁), Qiyun Shan (齐云山), 1987-07-03, X.H. Guo (郭新弧) 87092 (Holotype: ANUB).

闭花拟漆姑草 *Spergularia marina* (L.) Besser var. ***cleistogama*** Y.X. Ma et D.L. Cui, Pl. Diver. Resour. 34 (2): 155. 2012. Zhejiang (浙江): Zhoushan (舟山), Dinghai (定海), Lincheng (临城), 2009-07-15, Y.X. Ma (马玉心) 2009002 (Holotype: KUN).

Stellaria alsine Grimm var. ***phaenopetala*** Hand.-Mazz., Symb. Sin. Pt. 7 (1): 192. 1929. Tschekiang [Zhejiang] (浙江): Ningpo [Ningbo] (宁波), E. Faber 1644 (Syntype: ?).

安徽繁缕 *Stellaria anhweiensis* Migo, J. Shanghai Sci. Inst., Sect. III, 4: 145. 2171939. Anhwei [Anhui] (安徽): Hsi-hsien [She Xian] (歙县), 1935-06-03, H. Migo (御江久夫) s.n. (Holotype: TI).

Stellaria hassiana Loes., Beih. Bot. Centralbl., Abt. 2. 37 (2): 119. 1919. [Shandong] (山东): Tsingtau [Qingdao] (青岛), Kuntzel 74 (Syntype: ?); Tungliuschui [Dongliushui] (东流水), 1906 年 , K. Forstamt TS. 39, Krug 161 (Syntype: ?); Lauschan [Lao Shan] (崂山), Peitschiuschuimiau [Beijiushui Miao] (北九水庙), Nebel s.n. (Syntype: ?), Engler 6963 (Syntype: ?); Kap Yatau (亚岛角 , 今崂山头), Taitschingkung [Taiqinggong] (太清宫), K. Forstamt TS. 684, Zimmermann 468 (Syntype: ?), Engler 7085 (Syntype: ?).

297 苋科 Amaranthaceae

Achyranthes aspera L. var. ***indica*** Moq., Prodr. 13 (2): 315. 1849. Kianong [Jiangsu] (江苏), 1793 年 , G.L. Staunton s.n. (Syntype: P).

泰山苋 *Amaranthus taishanensis* F.Z. Li et C.K. Ni, Acta Phytotax. Sin. 19 (1): 116. 1981. Shantung [Shandong] (山东): Tai'an (泰安), 1979-06-26 [27], F.Z. Li (李法曾) 0116 (Holotype: SDFS).

细穗藜 *Chenopodium gracilispicum* H.W. Kung, Acta Phytotax. Sin. 16 (1): 120. 1978. Zhejiang (浙江): [Lin'an] (临安), [Tianmu Shan] (天目山), 1930-07-31, T.N. Liou (刘慎谔) 322 (Holotype: PE).

软毛虫实 *Corispermum puberulum* Iljin, Izv. Glavn. Bot. Sada S.S.S.R. 28: 645. 1929. [Shandong] (山东): Tschi-fu [Yantai] (烟台), 1885-09, herb. Le Jolis No. 69 (Syntype: ?);

Tschi-fu [Yantai] (烟台), Wawra 1365 (Syntype: ?).

305 商陆科 Phytolaccaceae

华东商陆 ***Phytolacca americana*** L. var. ***huadongensis*** X.H. Li, Phytotaxa 475 (2): 112. 2020. Jiangsu (江苏): Jurong (句容), Guozhuang (郭庄), Chishan Hill [Chi Shan] (赤山), 2018-10-29, X.H. Li (李新华) 181007 (Holotype: NAU).

浙江商陆 ***Phytolacca zhejiangensis*** W.T. Fan, J. Zhejiang Forest. Coll. 4 (2): 72. 1987. Zhejiang (浙江): Lin'an (临安), Xitianmu Shan (西天目山), ab Qiliting ad Laodian (七里亭至老殿), 1986-08-22, W.T. Fan (范文涛) 8612 (Holotype: HZU).

320 绣球科 Hydrangeaceae

Cardiandra sinensis Hemsl., Gard. Chron. Ser. 3, 33: 82. 1903. [Zhejiang] (浙江): Ningpo [Ningbo] (宁波) Mountains, 1888 年 , E. Faber s.n. (Syntype: K).

杂毛溲疏 ***Deutzia chunii*** Hu, J. Arnold Arbor. 6 (3): 140. 1925. Chekiang [Zhejiang] (浙江), 1924 年 , R.C. Ching (秦仁昌) 4750 (Holotype: PE).

天台溲疏 ***Deutzia faberi*** Rehder, Pl. Wilson. (Sargent) 1: 18. 1911. Chekiang [Zhejiang] (浙江): Tientai [Tiantai] (天台), Kiangsu Hills, E. Faber 210 (Holotype: A).

Deutzia glaberrima Koehne, Bot. Jahrb. Syst. 34 (1, Beibl. 75): 38. 1904. [Shandong] (山东): Lauschan [Lao Shan] (崂山), Lauting [Laoding] (崂顶), bei Dongerow, 1901-05, Zimmermann 349 (Holotype: ?).

黄山溲疏 ***Deutzia glauca*** W.C. Cheng, Contr. Biol. Lab. Sci. Soc. China, Bot. Ser. 10: 71. 1935. Anhwei [Anhui] (安徽): Wangshan [Huang Shan] (黄山), near Sungkoo An [Songgu An] (松谷庵), 1933-10-16, W.C. Cheng (郑万钧) 3986 (Syntype: PE), 1935-05-11, C. Pei (裴鉴) 3723 (Syntype: ?).

斑萼溲疏 ***Deutzia glauca*** W.C. Cheng var. ***decalvata*** S.M. Hwang, Acta Bot. Austro Sin. 8: 22. 1992. Zhejiang (浙江): Anji (安吉), 1957-07-01 [06-01] , X.Y. He (贺贤育) 24260 (Holotype: IBSC).

钩齿溲疏 ***Deutzia hamata*** Koehne ex Gilg et Loes. , Bot. Jahrb. Syst. 34 (1, Beibl. 75): 37. 1904. [Shandong] (山东): Lauschan [Lao Shan] (崂山), Lauting [Laoding] (崂顶), bei Dongerow, 1901-05, Zimmermann 348 (Syntype: K); bei Ta ho tung [Dahe Dong] (大河东), 1901-04, Zimmermann 335 (Syntype: ?).

宁波溲疏 ***Deutzia ningpoensis*** Rehder, Pl. Wilson. (Sargent) 1: 17. 1911. Chekiang [Zhejiang]

(浙江): Ningpo [Ningbo] (宁波) Mts., E. Faber s.n. (Holotype: A-00042687).

全缘宁波溲疏 *Deutzia ningpoensis* Rehder fo. ***integrifolias*** D.Y. Liu et J. Han, Bull. Bot. Res., Harbin 8 (2): 141. 1988. Anhui (安徽): Xiuning (休宁), Lingnan (岭南), D.Y. Liu (刘登义) 840108 (Holotype: ANUB).

三柱常山 *Dichroa tristyla* W.T. Wang et M.X. Nie, Bull. Bot. Res., Harbin 1 (1-2): 55. 1981. Jiangxi (江西): Xiunwu [Xunwu] (寻乌), [Guizhu] (桂竹), 1958-08-01, C.M. Hu et C.H. Li (胡启明，李启和) 1425 (Holotype: LBG).

大叶伞形绣球 *Hydrangea angustipetala* Hayata var. ***major*** W.T. Wang et M.X. Nie, Bull. Bot. Res., Harbin 1 (1-2): 51. 1981. Jiangxi (江西): Jinggang Shan (井冈山), [Zizhuba] (紫竹坝), 1965-06-07, S.S. Lai (赖书绅) 4174 (Holotype: LBG).

尾叶绣球 *Hydrangea caudatifolia* W.T. Wang et M.X. Nie, Bull. Bot. Res., Harbin 1 (1-2): 54. 1981. Jiangxi (江西): Lichuan (黎川), Wuyi Shan (武夷山), 1958-06-08, M.X. Nie et S.S. Lai (聂敏祥，赖书绅) 2868 (Holotype: LBG).

中国绣球 *Hydrangea chinensis* Maxim., Mem. Acad. Sci. St. Petersb. ser. 7, 10 (16): 7. 1867. [Zhejiang] (浙江): [Zhoushan] (舟山), 1845 年, R. Fortune A. 42 (Syntype: LE); China australi [Fujian] (福建), Senjawin s.n. (Syntype: LE).

展毛中国绣球 *Hydrangea chinensis* Maxim. var. ***patentihirsuta*** Z.H. Chen, W.Y. Xie et X.X. Chen, J. Zhejiang Forest. Sci. Tech. 40 (4): 70. 2020. Zhejiang (浙江): Jingning (景宁), Shangshantou (上山头), Z.H. Chen et al. (陈征海等) JN19051705 (Holotype: ZM).

Hydrangea chloroleuca Diels, Notizbl. Bot. Gart. Berlin-Dahlem 9: 1027. 1926. Kiang si [Jiangxi] (江西): Yung shing [Yongxin] (永新), 1921-05-05, H.H. Hu (胡先骕) 799 (Isotype: A).

福建绣球 *Hydrangea chungii* Rehder, J. Arnold Arbor. 12: 69. 1931. Fukien [Fujian] (福建): Yenping [Yanping] (南平市延平区), Fort north of Steps 3800 (三千八百坎), 1924-08-21, H.H. Chung (钟心煊) 3043 (Holotype: A).

细枝绣球 *Hydrangea gracilis* W.T. Wang et M.X. Nie, Bull. Bot. Res., Harbin 1(1-2): 49. 1981. Jiangxi (江西): Sueichuan [Suichuan] (遂川), [Qiling] (七岭), 1959-04-26, S.S. Lai et X.H. Hu (赖书绅，户相恒) 256 (Holotype: LBG).

江西绣球 *Hydrangea jiangxiensis* W.T. Wang et M.X. Nie, Bull. Bot. Res., Harbin 1 (1-2): 52. 1981. Jiangxi (江西): Lueping [Leping] (乐平), Wenfeng Shan (文峰山), 1959-06-23, Q.H. Li et C. Chen (李启和，陈策) 1385 (Holotype: LBG).

林氏八仙花 *Hydrangea lingii* G. Hoo, Acta Phytotax. Sin. 1 (2): 195. 1951. Fukien [Fujian] (福建): Nanping (南平), Pao-tsao-kan [Baochikeng] (保赤坑), 1947-05-21, G. Hoo (何景) 2071 (Syntype: PE); Mou-ti [Maodi] (茂地), 1942-04-20, Y. Ling (林镕) 2307 (Syntype: PE); Shia-va [Xiawa] (下瓦), 1942-04-19, Y. Ling (林镕) 2272 (Syntype: IBSC); Sun-Chang [Shunchang] (顺昌), Tai-kan-shan [Dagan Shan] (大干山), 1945-05-21, Y.K. Liu (刘业经)

288 (Syntype: IBSC); Yung-An [Yong'an] (永安), Tung-pan [Tongpan] (铜盘), 1942[1932]-07-23, Y. Ling (林镕) 3008〔Lectotype: PE, designated by Q. Lin et al. in Type Spec. China Nat. Herb. (PE) 9: 282. 2017〕; Hwa-shan [Huangcuo] (黄厝), 1945-05-12, Y.K. Liu (刘业经) 585 (Syntype: PE); San-Yuan [Sanyuan] (三元): Sin-kou [Xinkou] (莘口), 1942-04-30, P.C. Tsoong [Pu Chin Tsoong] (钟补勤) 646 (Syntype: PE); Ki-shan [Jikou] (吉口), 1945-05-23, L.K. Ling (林来官) 274 (Syntype: PE).

闽南绣球 *Hydrangea minnanica* W.D. Han, Bull. Nanjing Bot. Gard. Mem. Sun Yat Sen 1988-1989: 122. 1990. Fujian (福建): Hua'an (华安), W.D. Han (韩维栋) 20801 (Holotype: NF).

草绣球 *Hydrangea moellendorffi* Hance, J. Bot. 12: 177. 1874. Kiangsi [Jiangxi] (江西): Kiu kiang [Jiujiang] (九江), 1873-10-03, O.F. von Moellendorff s.n. (Holotype: BM, Herb. Hance n.18061).

Hydrangea schindleri Engl., Nat. Pflanzenfam., ed. 2 (Engler & Prantl) 18a: 203. 1930. Kiangsi [Jiangxi] (江西): Kuling [Guling] (牯岭), 1908 年 , A.K. Schindler 324 (Lectotype: E, designated by Rehder in J. Arnold Arbor. 14: 202. 1933).

Hydrangea umbellata Rehder, Pl. Wilson. (Sargent) 1 (1): 25. 1911. Kiangsi [Jiangxi] (江西): Kuling [Guling] (牯岭), 1907-07-29, E.H. Wilson 1605 (Holotype: A).

浙皖绣球 *Hydrangea zhewanensis* P.S. Hsu et X.P. Zhang, Invest. Stud. Nat., Mus. Hist. Nat. Shanghaiense 7: 12. 1987. Anhui (安徽): She Xian (歙县), Qinglingfen [Qingliangfeng] (清凉峰), 1983-09-06, X.P. Zhang (张小平) 0995 (Holotype: ANUB).

牯岭山梅花 *Philadelphus incanus* Koehne fo. ***kulingensis*** Koehne, Repert. Spec. Nov. Regni Veg. 10 (239-242): 127.1911. Kiang-si [Jiangxi] (江西): Kuling [Guling] (牯岭), 1907-07-23, E.H. Wilson 1669 (Holotype: ?).

疏花太平花 *Philadelphus pekinensis* Rupr. var. ***laxiflorus*** W.C. Cheng, Contr. Biol. Lab. Sci. Soc. China, Bot. Ser. 10: 113. 1936. Chekiang [Zhejiang] (浙江): Hangchow [Hangzhou] (杭州), 1927-06-12, H.H. Hu (胡先骕) 1497 (Syntype: A), 1927-06-22, H.H. Hu (胡先骕) 1653 (Syntype: NAS); Lingan [Lin'an] (临安), E. Tienmushan [Dongtianmu Shan] (东天目山), 1929-08, S.S. Chien (钱崇澍) 430 (Syntype: ?), S.S. Chien (钱崇澍) 539 (Syntype: ?), S.S. Chien (钱崇澍) 549 (Syntype: ?),1927-06-18, H.H. Hu (胡先骕) 1551 (Syntype: ?), 1932-06-28, W.C. Cheng (郑万钧) 2128 (Syntype: ?), 1927-07-26, T. Tang et W.Y. Hsia (唐进 , 夏纬瑛) 383〔Lectotype: A, designated by S.Y. Hu in J. Arnold Arbor. 36 (1): 96. 1955〕; Yutsien [Yuqian] (於潜), W. Tienmushan [Xitianmu Shan] (西天目山), 1924-08-18, W.C. Cheng (郑万钧) 5051 (Syntype: ?), 1929-08-09, S.S. Chien (钱崇澍) 688 (Syntype: ?), 1934-04, C.C. Tsoong (钟稼勤) 162 (Syntype: ?), 1929-04-18, K.K. Tsoong (钟观光) 100 (Syntype: ?); Chungan [Chun'an] (淳安), 1933-09-28, S. Chen (陈诗) 2167 (Syntype: ?); Suian (遂安 , 今属淳安), 1933-10-

09, S. Chen (陈诗) 2335 (Syntype: ?); Chiente [Jiande] (建德), 1933-09-17, S. Chen (陈诗) 2109 (Syntype: ?); Sienchu [Xianju] (仙居), 1924-05-23, R.C. Ching (秦仁昌) 1613 (Syntype: ?); Fenghua (奉化), 1932-07-10, Y.Y. Ho (贺贤育) 1383 (Syntype: ?); Yunhuo [Yunhe] (云和), 1933-05-31, S. Chen (陈诗) 1457 (Syntype: ?), 1933-06-03, S. Chen (陈诗) 1526 (Syntype: ?); Lungtsuan [Longquan] (龙泉), 1933-05-17, S. Chen (陈诗) 1416 (Syntype: ?), 1934-05-20, S. Chen (陈诗) 3194 (Syntype: ?), 1934 年 , Y.Y. Ho (贺贤育) 3258 (Syntype: ?), R.C. Ching (秦仁昌) 2463 (Syntype: ?).

Philadelphus sericanthus Koehne var. ***leiocalyx*** Migo, Bull. Shanghai Sci. Inst. 14: 296. 1944. Chekiang [Zhejiang] (浙江): Kinhwa [Jinhua] (金华), Mt. Pei-shan [Bei Shan] (北山), 1935-05-05, H. Migo (御江久夫) s.n. (Holotype: ?).

Platycrater arguta Siebold et Zucc. var. ***sinensis*** H. Hara, J. Jap. Bot. 61 (3): 70. 1986. Chekiang [Zhejiang] (浙 江): Yunhwo [Yunhe] (云 和), 1932-09-13, S. Chen (陈 诗) 705 (Holotype: E).

秦榛钻地风 ***Schizophragma corylifolium*** Chun, Acta Phytotax. Sin. 3 (2): 170. 1954. Anhwei [Anhui] (安徽): Chu Hwa Shan [Jiuhua Shan] (九华山), 1925-06-29, R.C. Ching (秦仁昌) 2850 (Holotype: IBSC).

Schizophragma integrifolium Oliv. var. ***denticulatum*** Rehder, Pl. Wilson. (Sargent) 1 (1): 42. 1911. Kiangsi [Jiangxi] (江西): Kuling [Guling] (牯岭), 1907-08, E.H. Wilson 1727 (Syntype: A).

324 山茱萸科 Cornaceae

Alangium begoniifolium (Roxb.) Baill. subsp. ***eubegoniifolium*** Wangerin, Pflanzenr. (Engler) 41 (IV. 220b): 21. 1910. Shanghai (上海), Forbes 137B (Syntype: ?).

枣庄八角枫 ***Alangium chinense*** (Lour.) Harms fo. ***bracteatum*** B.Q. Tong, Shandong Forest. Sci. Tech. 47 (3): 94. 2017. Shandong (山东): Zaozhuang (枣庄), Baodugu (抱犊崮), Caozhuang (曹庄), 2011-06-24, D.K. Zang (臧德奎) 11002 (Holotype: SDAU).

伞形八角枫 ***Alangium umbellatum*** Y.C. Yang, Contr. Biol. Lab. Sci. Soc. China, Bot. Ser. 12: 135. 1941. Fukien [Fujian] (福建): Kien-yang [Jianyang] (建阳), 1935-06-19, P.G. Tsoong (钟补勤) 381 (Holotype: PE).

Cornus crispula Hance, J. Bot. 19: 216. 1881. Kiang-su [Jiangsu] (江苏): Chin-Kiang [Zhenjiang] (镇江), 1880-04, T.L. Bullock s.n. (Holotype: BM, Herb. Hance n. 21132).

秀丽四照花 ***Dendrobenthamia elegans*** W.P. Fang et C.C. Hsieh, J. Sichuan Univ., Nat. Sci. Ed. 3: 162. 1980. Zhejiang (浙江): Suichang (遂昌), Baima Shan (白马山), 1930-06-20, K.K.

Tsoong (钟观光) D119 (Holotype: IBSC).

江西褐毛四照花 ***Dendrobenthamia ferruginea*** (Y.C. Wu) W.P. Fang var. ***jiangxiensis*** W.P. Fang et C.C. Hsieh, J. Sichuan Univ., Nat. Sci. Ed. 3: 164. 1980. Jiangxi (江西): Xinwu [Xunwu] (寻乌), 1951-08-10, Ying Ling (林英) 14160 (Holotype: PE).

圆叶四照花 ***Dendrobenthamia rotundifolia*** W.P. Fang et C.C. Hsieh, J. Sichuan Univ., Nat. Sci. Ed. 3: 162. 1980. Fujian (福 建): Xianyou (仙 游), 1942-07-10, P.C. Tsoong [Pu Chin Tsoong] (钟补勤) 952 (Holotype: PE).

武夷四照花 ***Dendrobenthamia wuyishanica*** W.P. Fang et C.C. Hsieh, J. Sichuan Univ., Nat. Sci. Ed. 3: 161. 1980. Jiangxi (江西): Zhici [Zixi] (资溪), 1957-11-09, M.C. Wang et al. (王名金等) 2471 (Holotype: NAS).

325 凤仙花科 Balsaminaceae

安徽凤仙花 ***Impatiens anhuiensis*** Y.L. Chen, Acta Phytotax. Sin. 37 (1): 90. 1999. Anhui (安徽): Yuexi (岳西), Baojiahe (包家河), Taipingxiang (太平乡), Chuanling (川岭), 1953-09-22, S.Z. Yang et Z. Deng (杨世基 , 邓智) 7006 (Holotype: NAS).

浙江凤仙花 ***Impatiens chekiangensis*** Y.L. Chen, Bull. Bot. Res., Harbin 8 (2): 4. 1988. Chekiang [Zhejiang] (浙 江): Lungquan (龙 泉), 1958-07-20, Shan Jen-hua (单 人 骅) 5510 (Holotype: NAS).

苍南凤仙花 ***Impatiens chekiangensis*** Y.L. Chen var. ***cangnanensis*** Y.L. Xu et X.F. Jin, J. Hangzhou Norm. Univ., Nat. Sci. Ed. 1: 8. 2018. Zhejiang (浙江): Cangnan (苍南), Lanling (蓝岭), Fuyuan Village (富源村), 2017-09-16, Y.L. Xu (徐跃良) Xu318 (Holotype: ZM).

多花凤仙花 ***Impatiens chekiangensis*** Y.L. Chen var. ***multiflora*** Y.L. Xu et X.F. Jin, J. Hangzhou Norm. Univ., Nat. Sci. Ed. 1: 8. 2018. Anhui (安徽): Jixi (绩溪), Fuling (伏岭), Jiangnan Village (江 南 村), 2017-07-02, Y.L. Xu et B.Y. Ding (徐 跃 良 , 丁 炳 扬) Xu313 (Holotype: ZM).

淡黄绿凤仙花 ***Impatiens chloroxantha*** Y.L. Chen, Bull. Bot. Res., Harbin 8 (2): 8. 1988. Chekiang [Zhejiang] (浙江): Sui-chan [Suichang] (遂昌), Jiulong Shan (九龙山), 1983-05-25, Ling Quan et Jin Lien-cheng (林泉 , 金联城) 3438 (Holotype: ZDC).

鸭跖草状凤仙花 ***Impatiens commelinoides*** Hand.-Mazz., Symb. Sin. Pt. 7 (3): 651. 1933. Kiangsi [Jiangxi] (江西): Ningdu (宁都), Wuhwa-schan [Wuhua Shan] (五华山), 1921-07, Wang-Te-Hui (王德辉) Plt. sin. 450 (Holotype: WU).

Impatiens cosmia Hook. f., Icon. Pl. 30, t. 2915. 1910. Chekiang [Zhejiang] (浙江), Capt. Jacobs s.n. (Syntype: K).

牯岭凤仙花 ***Impatiens davidii*** Franch., Nouv. Arch. Mus. Hist. Nat. sér. 2, 5: 217. 1883. et Pl. David. 1: 65. 1884. Kiang-si [Jiangxi] (江西): Kiu-kiang [Jiujiang] (九江), A. David 870 (Holotype: P).

封怀凤仙花 ***Impatiens fenghwaiana*** Y.L. Chen, Acta Phytotax. Sin. 27 (5): 395. 1989. Jiangxi (江西): Lu Shan (庐山), 1984-08-21, Y.L. Chen et C.M. Hu (陈艺林 , 胡启明) 84-24 (Holotype: PE).

黄岩凤仙花 ***Impatiens huangyanensis*** X.F. Jin et B.Y. Ding, Acta Phytotax. Sin. 40 (2): 167. 2002. Zhejiang (浙江): Huangyan (黄岩), Shabu (沙埠), 2000-08-02, X.F. Jin (金孝锋) 6929 (Holotype: HZU).

渐尖距凤仙花 ***Impatiens huangyanensis*** X.F. Jin et B.Y. Ding subsp. ***attenuata*** X.F. Jin et Z.H. Chen, Nord. J. Bot. 26 (3-4): 208. 2008. Zhejiang (浙江): Sanmen (三门), Hengdu (横渡), Mount. Shanhuangling (山黄岭), 2007-09-09, X.M. Yang et C.D. Zheng (杨信猛 , 郑从都) 201 (Holotype: HTC).

湖南凤仙花 ***Impatiens hunanensis*** Y.L. Chen, Acta Phytotax. Sin. 27 (5): 402. 1989. Jiangxi (江西): Quannan(全南), Jiulian Shan (九连山), 1958-06-26, Lushan Bot. Gard. (庐山植物园) 1177 (Holotype: LBG).

井冈凤仙花 ***Impatiens jinggangensis*** Y.L. Chen, Acta Phytotax. Sin. 27 (5): 399. 1989. Jiangxi (江西): Ninggan [Ninggang] (宁冈), Jinggang Shan (井冈山), 1965-10-08, S.S. Lai et R.J. Yang (赖书绅 , 杨如菊) 5253 (Holotype: LBG).

九龙山凤仙花 ***Impatiens jiulongshanica*** Y.L. Xu et Y.L. Chen, Acta Phytotax. Sin. 37 (2): 194. 1999. Zhejiang (浙江): Suichang (遂昌), Jiulong Shan (九龙山), 1992-10-10, Y.L. Xu (徐耀良) 157 (Holotype: ZM).

浙皖凤仙花 ***Impatiens neglecta*** Y.L. Xu et Y.L. Chen, Acta Phytotax. Sin. 37 (2): 196. 1999. Zhejiang (浙江): Lin'an (临安), Changhua (昌化), Longtang Shan (龙塘山), 1957-08-24, H.Y. Ho (贺贤育) 26381 (Holotype: HHBG).

阔萼凤仙花 ***Impatiens platysepala*** Y.L. Chen, Bull. Bot. Res., Harbin 8 (2): 6. 1988. Jiangxi (江西): Guangfeng (广丰), M.S. Nie (聂敏祥) 980 (Holotype: LBG).

括苍山凤仙花 ***Impatiens platysepala*** Y.L. Chen var. ***kuocangshanica*** X.F. Jin et F.G. Zhang, Bull. Bot. Res., Harbin 23 (2): 141. 2003. Zhejiang (浙江): Linhai (临海), Kuocang Shan (括苍山), Huangshitan (黄石坦), 1964-06-28, Zhejiang Med. Bot. Exped. (浙江药用植物普查队) 2305 (Holotype: ZM).

遂昌凤仙花 ***Impatiens suichangensis*** Y.L. Xu et Y.L. Chen, Acta Phytotax. Sin. 37 (2): 198. 1999. Zhejiang (浙江): Suichang (遂昌), Mt. Jiulong [Jiulong Shan] (九龙山), 1992-10-10, Y.L. Xu (徐耀良) 1570 (Holotype: ZM).

泰顺凤仙花 ***Impatiens taishunensis*** Y.L. Chen et Y.L. Xu, Bull. Bot. Res., Harbin 13 (1):

11. 1993. Zhejiang (浙江): Taishun (泰顺), Jiaoxi (交溪), 1991-04-21, Xu Yao-liang (徐耀良) 0367 (Holotype: ZM).

天目山凤仙花 ***Impatiens tienmushanica*** Y.L. Chen, Bull. Bot. Res., Harbin 8 (2): 9. 1988. Chekiang [Zhejiang] (浙江): Lien An [Lin'an] (临安), [Xitianmu Shan] (西天目山), Q. Ling et F.G. Lai (林泉 , 来复根) 3371 (Holotype: ZDC).

长距天目山凤仙花 ***Impatiens tienmushanica*** Y.L.Chen var. ***longicalcarata*** Y.L. Xu et Y.L. Chen, Acta Phytotax. Sin. 37 (2): 200. 1999. Zhejiang (浙江): Suichang (遂昌), Mt. Jiulong [Jiulong Shan] (九龙山), 1992-10-13, Y.L. Xu (徐耀良) 1540 (Holotype: ZM).

管茎凤仙花 ***Impatiens tubulosa*** Hemsl. ex F.B.Forbes et Hemsl., J. Linn. Soc., Bot. 23: 102. 1886. Fokien [Fujian] (福建): Amoy [Xiamen] (厦门), R. Swinhoe s.n. (Holotype: K).

武夷凤仙花 ***Impatiens wuyiensis*** J.S.Wang, Y.F. Lu et X.F. Jin, Bot. Stud. 61: 29-3.2020. Fujian (福建): Wuyishan City, Mt. Wuyi [Wuyi Shan] (武夷山), Dawangfeng (大王峰), 2018-05-23, X.F. Jin et al. (金孝锋等) 4158 (Holotype: ZM).

婺源凤仙花 ***Impatiens wuyuanensis*** Y.L. Chen, Acta Phytotax. Sin. 27 (5): 397.1989. Jiangxi (江西): Wuyuan (婺源), Zhan Jeshan [Zhangjie Shan] (章阶山), 1980-06-10, J.L. Wang et al. (王江林等) 81093 (Holotype: LBG).

艺林凤仙花 ***Impatiens yilingiana*** X.F. Jin, S.Z. Yang et L. Qian, Nord. J. Bot. 26(3-4): 207. 2008. Zhejiang (浙江): Lin'an (临安), Mount. Tianmushan [Xitianmu Shan] (西天目山), 2007-09-02, X.F. Jin (金孝锋) 1901 (Holotype: HTC).

332 五列木科 Pentaphylacaceae

Adinandra chingii F.P. Metcalf, Lingnan Sci. J. 11 (1): 19. 1932. Chekiang [Zhejiang] (浙江): Siachu [Xianju] (仙居), Chen Chiong [Chenzhuang] (陈庄), 1924-06-04, R.C. Ching (秦仁昌) 1787 (Syntype: A), R.C. Ching (秦仁昌) 4810 (Syntype: A).

Adinandra drakeana Franch., Nouv. Arch. Mus. Hist. Nat. sér. 2, 5: 208. 1883. Kiang-si [Jiangxi] (江西), 1873 年 , A. David s.n. (Holotype: P).

Adinandra macrosepala F.P. Metcalf, Lingnan Sci. J. 11 (1): 18. 1932. Fukien [Fujian] (福建): Yenping [Yanping] (南平市延平区), Buong-Kang [Bankan] (半坎), Chung (钟心煊) 3384 (Syntype: A); Chung an [Chong'an] (崇安), Hu (胡先骕) 1322 (Syntype: A).

多瓣杨桐 ***Cleyera japonica*** Thunb. subsp. ***pleiopetala*** Z.H. Chen, P.L. Chiu et G.Y. Li, J. Hangzhou Norm. Univ., Nat. Sci. Ed. 19 (3): 250. 2020. Zhejiang (浙江): Songyang (松阳), Yuyan (玉岩), Heshantou (何山头), 2017-05-28, Z.H. Chen et al. (陈征海等) SY17052803 (Holotype: ZM).

Eurya chinensis R. Br., Narr. Journey China 379. 1818. Kiang-si [Jiangxi] (江西), 1816年, C. Abel s.n. (Syntype: BM).

二列叶柃 ***Eurya distichophylla*** Hemsl. ex F.B. Forbes et Hemsl., J. Linn. Soc., Bot. 23: 77. 1886. Fokien [Fujian] (福建): Amoy [Xiamen] (厦门), R. Swinhoe s.n. (Holotype: K).

矩圆叶腺柃 ***Eurya glandulosa*** Merr. var. ***oblongifolia*** W.D. Han, Bull. Nanjing Bot. Gard. Mem. Sun Yat Sen 1988-1989: 123. 1990. Fujian (福建): Hua'an (华安), W.D. Han (韩维栋) 20846 (Holotype: NF).

微毛柃 ***Eurya hebeclados*** Y. Ling, Acta Phytotax. Sin. 1 (2): 208. 1951. Fukien [Fujian] (福建): Changting (长汀), Pantientung [Bantiandong] (半天崠), 1946-05, Y. Ling (林镕) 5014 (Lectotype: PE-00024406, designated by Q. Lin et al. in Acta Bot. Boreal. -Occid. Sin. 28: 1698. 2008); Peishan [Bei Shan] (北山), 1944-09, Y.Y. Tung (董以有) 315 (Syntype: PE).

黄山柃 ***Eurya hwangshanensis*** P.S. Hsu, Acta Phytotax. Sin. 9 (1): 88. 1964. Anhwei [Anhui] (安徽): Hwang-shan [Huang Shan] (黄山), below Four-Hundred Steps (四百台下), 1954-08-18, Fudan Univ. (复旦大学队) 629 (Holotype: FUS).

细枝柃 ***Eurya loquaiana*** Dunn, J. Linn. Soc., Bot. 38 (267): 355. 1908. Fokien [Fujian] (福建): Yenping [Yanping] (南平市延平区), 1905-05-25, Lo Quai HH-2395 (Holotype: HK).

小叶厚皮香 ***Ternstroemia microphylla*** Merr., Sunyatsenia 3 (4): 254. 1937. Fukien [Fujian] (福建): Amoy [Xiamen] (厦门), Chicken Island (鸡屿), 1926-11-07, H.H. Chung (钟心煊) 4002 (Holotype: A).

厚叶厚皮香 ***Ternstroemia pachyphylla*** Y. Ling, Acta Phytotax. Sin. 1 (2): 211. 1951. Fukien [Fujian] (福建): Tsiangloh [Jiangle] (将乐), Kiusienshan [Jiuxian Shan] (九仙山), 1945-06, L.K. Ling (林来官) 535 (Holotype: PE).

334 柿树科 Ebenaceae

Diospyros argyi H. Lév., Mem. Real Acad. Ci. Barcelona 12 (22): 10. 1916. [Jiangsu] (江苏): Sou-Tcheou-Fou;Ve-Ven; Tchong-Tcheou-Fou; Veu-Sie; iles du Se-Men;Ta-Hou [Taihu] (太湖), d'Argy s.n. (Holotype: E).

福州柿 ***Diospyros foochowensis*** F.P. Metcalf et H.Y. Chen, Lingnan Sci. J. 14: 617.1935. Fukien [Fujian] (福建): Foochow [Fuzhou] (福州), Black Rock Hill (乌石山), 1927-06-29, Chung Chang Tang (唐仲璋) FCU4021b (Holotype: ?).

浙江柿 ***Diospyros glaucifolia*** F.P. Metcalf, Lingnan Sci. J. 11: 22. 1932. Chekiang [Zhejiang] (浙江): [Xianju] (仙居), [Chenzhuang] (陈庄), [Gefengkeng] (隔风坑), 1924-06-04, R.C. Ching (秦仁昌) 1814 (Syntype: A); Tai Suan [Taishun] (泰顺), 1924-07-21, R.C. Ching (秦仁

昌) 2195 (Syntype: A).

Diospyros glaucifolia F.P. Metcalf var. ***pubescens*** Y. Ling, Acta Phytotax. Sin. 1 (2): 215. 1951. Fukien [Fujian] (福建): Liencheng [Liancheng] (连城), Paimeishan [Baimei Shan] (白眉山), 1943-10, T.S. Wang (王大顺) 1012 (Syntype: PE); Yungan [Yong'an] (永安), Shiukiangshan [Xiujiang Shan] (秀降山), 1943-07, Y. Ling (林镕) 3137 (Syntype: PE); Taining (泰宁), Tiaocheng [Diao Cun] (调村), 1945-06, L.K. Ling (林来官) 658 (Syntype: PE).

华东油柿*Diospyros oleifera* W.C. Cheng, Contr. Biol. Lab. Sci. Soc. China, Bot. Ser. 10 (1): 80. 1935. Chekiang [Zhejiang] (浙江): Chuchi [Zhuji] (诸暨), near Fengchiao [Fengqiao] (枫桥), 1932-07-13, W.C. Cheng (郑万钧) 2474 (Holotype: PE).

老鸦柿 *Diospyros rhombifolia* Hemsl., J. Linn. Soc., Bot. 26 (173): 70. 1889. Chekiang [Zhejiang] (浙江): Ningpo [Ningbo] (宁波) hills, 1885 年 , E. Faber 259 (Holotype: K).

浙江光叶柿 *Diospyros zhejiangensis* G.Y. Li, Z.H. Chen et P.L. Chiu, J. Zhejiang Forest.Coll. 23 (4): 378. 2006. Zhejiang (浙 江): Wencheng (文 成), Shiyang (石 垟), Shijiao (石 角), 1986-10-11, Z.H. Chen (陈征海) S047 (Holotype: ZJFC).

335 报春花科 Primulaceae

黄果朱砂根 *Ardisia crenata* Sims fo. ***xanthocarpa*** F.Y. Zhang et G.Y. Li, Acta Bot. Boreal.-Occid. Sin. 30 (2): 420. 2010. Zhejiang (浙江): Cangnan (苍南), Tengyang (腾垟), Bei Shan (北山), 2009-01-22, F.Y. Zhang (张芬耀) CN090101 (Holotype: ZJFC).

Bladhia lentiginosa (Ker Gawl.) Nakai fo. ***hortensis*** Migo, J. Shanghai Sci. Inst., Sect. III, 3: 225. 1937. Cult. in Shanghai (上海), H. Migo (御江久夫) s.n. (Holotype: TI), from monte prope Shaoshin [Shaoxing] (绍兴), Prov. Chekiang [Zhejiang] (浙江).

Chloranthus kiangsiensis F.P. Metcalf, (Chloranthaceae), Lingnan Sci. J. 20: 215. 1942. Kiangsi [Jiangxi] (江西): Kiennan [Quannan] (全南), [near Tung Lei Village] [Dongli] (东里乡), Sai Heng [Hang] Cheumg [Xikengzhang] (西坑障), 1934-08-01~29, S.K. Lau (刘心祈) 4193 (Holotype: A).

Embelia rudis Hand.-Mazz., Anz. Akad. Wiss. Wien, Math.-Naturwiss. Kl. 59 (12): 108. 1922. Djianghsi (Kiangsi) [Jiangxi] (江 西): Pinghsiang [Pingxiang] (萍 乡), 1920 年 , T.H. Wang (王德辉) Plt. sin. 157 (Lectotype: WU).

广西过路黄 *Lysimachia alfredi* Hance, J. Bot. 15: 356. 1877. [Fujian] (福建): Fuchau [Fuzhou] (福州), 1873-05, Alfred C. B. Hance s.n. (Holotype: BM, Herb. Hance n. 17884).

浙江过路黄 *Lysimachia chekiangensis* C.C. Wu, Acta Phytotax. Sin. 9 (4): 313. 1964. Zhejiang (浙江): Lungchuan [Longquan] (龙泉), Yutsang [Yucang] (鱼仓), 1958-10-26, Chekiang Prov.

Econom. Bot. Exped.（浙江植物资源普查队）22963 (Holotype: HHBG).

过路黄 ***Lysimachia christinae*** Hance, J. Bot. 11 (126): 167. 1873. Chekiang [Zhejiang]（浙江）: montosis ditionis Ningpoensis [Ningbo]（宁波）, 1872 年, R. Swinhoe s.n.（Holotype: BM, Herb. Hance n.17673).

紫脉簇花过路黄 ***Lysimachia congestiflora*** Hemsl. var. ***atronervata*** C.C. Wu, Acta Phytotax. Sin. 9: 314. 1964. Zhejiang（浙江）: Hangchow [Hangzhou]（杭州）, Chi-pan-shan [Qipan Shan]（棋盘山）, 1963-05-23, Hangchow Univ. Sect. Phytotax.（杭大分类组）2197 (Holotype: HZU).

大别山过路黄 ***Lysimachia dabieshanensis*** Kun Liu et S.B. Zhou, Phytotaxa 174 (2): 119. 2014. Anhui（安徽）: Jinzhai（金寨）, Qianping Village（千坪村）, 2009-06-02, K. Liu（刘坤）2009030 (Holotype: ANU [ANUB]).

右旋过路黄 ***Lysimachia dextrorsiflora*** X.P. Zhang, X.H. Guo et J.W. Shao, Acta Phytotax. Sin. 44 (5): 592. 2006. Anhui (安徽): Qimen (祁门), Zhawan (查湾), 1987-04-20, X.H. Guo (郭新弧) 87034 (Holotype: ANUB).

Lysimachia fortunei Maxim., Bull. Acad. Imp. Sci. Saint-Pétersbourg ser. 3, 12 (1): 68. 1868. Fokien [Fujian]（福建）: Amoy [Xiamen]（厦门）, R. Fortune A.7〔Lectotype: LE, designated by N.N. Imkhanitzkaya in Новости систематики высших растений (Novosti Sistematiki Vysshikh Rastenii, News of the taxonomy of higher plants) T. 34. СПб. 267. 2002〕.

福建过路黄 ***Lysimachia fukienensis*** Hand. -Mazz., Anz. Akad. Wiss. Wien. Math.-Naturwiss. Kl. 62: 25. 1925. Fukien [Fujian]（福建）: Dingdschou (Tingchow) [Tingzhou]（汀州）, Tienhwa-schan [Tianhua Shan]（天华山）, 1921 年, T.H. Wang（王德辉）Plt. sin. 415 (Holotype: WU).

金爪儿 ***Lysimachia grammica*** Hance, Ann. Sci. Nat., Bot. sér. 5, 5: 225.1866. [Jiangsu]（江苏）: Chinkiang [Zhenjiang] (镇江), Silver Island [Jiao Shan] (焦山), 1863-05, J. Hay s.n. (Holotype: BM, Herb. Hance n. 10122).

Lysimachia hui Diels ex Hand.-Mazz., Anz. Akad. Wiss. Wien, Math.-Naturwiss. Kl. 62: 145. 1925. Kianghsi [Jiangxi] (江西): Yungsching [Yongxin] (永新), Hu (胡先骕) 778 (Syntype: B); Pinghsiang [Pingxiang]（萍乡）, 1920 年, Wang-Te- Hui（王德辉）Plt. Sin. 172 (Syntype: ?).

白花过路黄 ***Lysimachia huitsunae*** S.S. Chien, Contr. Biol. Lab. Sci. Soc. China, Bot. Ser. 9: 28. 1933. Anhwei [Anhui]（安徽）: Huang Shan（黄山）, 1925-07-15, R.C. Ching（秦仁昌）4199 (Holotype: ?).

江西珍珠菜 ***Lysimachia jiangxiensis*** C.M. Hu, Acta Bot. Austro Sin. 2: 200.1986. Jiangxi（江西）: Yushan（玉山）, 1977-09, S.S. Lai et al.（赖书绅等）369 (Holotype: LBG).

金寨过路黄 ***Lysimachia jinzhaiensis*** S.B. Zhou et Kun Liu, Pl. Syst. Evol. 300 (7): 1617. 2014. Anhui（安徽）: Jinzhai（金寨）, Dabie Shan（大别山）, Mazongling（马宗岭）, near Qianping Village（千坪村）, 2009-05-30, K. Liu（刘坤）09012 (Holotype: ANU [ANUB]).

轮叶过路黄 ***Lysimachia klattiana*** Hance, J. Bot. London, 16: 236. 1878. 源自鉴定 J. Bot.

London, 15: 357. 1877: 11. L. (Cilicina) cuspidata, Bl. - Chi fu (Swinhoe, Stuhlmann), 即 [Shandong] (山东): Chi fu [Yantai] (烟台), Swinhoe s.n. (Syntype: ?); Stuhlmann s.n. (Syntype: ?). 《中国植物志》记载模式采自江苏 .

单茎过路黄 ***Lysimachia longipes*** Hemsl. fo. ***simplicicaulis*** S.S. Chien, Contr. Biol. Lab. Sci. Soc. China, Bot. Ser. 6 (7): 71.1931. Chekiang [Zhejiang] (浙江): W. Tien-mu-shan [Xitianmu Shan] (西天目山), 1929-05-20, K.K. Tsoong (钟观光) 426 (Holotype: PE).

长梗过路黄 ***Lysimachia longipes*** Hemsl., J. Linn. Soc., Bot. 29 (202): 316. 1892. [Zhejiang] (浙江): Ningpo [Ningbo] (宁波) mountains, E. Faber 1638 (Holotype: K).

南平过路黄 ***Lysimachia nanpingensis*** F.H. Chen et C.M. Hu, Acta Phytotax. Sin. 17 (4): 37. 1979. Fujian (福建): Nanping (南平), C. Ho (何景) 1945 (Holotype: PE).

Lysimachia nebeliana Gilg ex Gilg et Loes., Bot. Jahrb. Syst. 34 (1, Beibl. 75): 57. 1904. [Shandong] (山东): Tsingtau [Qingdao] (青岛), Nebel s.n. (Holotype: ?).

Lysimachia nigrolineata Hemsl., J. Linn. Soc., Bot. 29: 315. 1893. [Jiangsu] (江苏): Nanking [Nanjing] (南京), C. Schmidt, comm. Rev. E. Faber, n. 1602 (Holotype: NY).

小叶珍珠菜 ***Lysimachia parvifolia*** Franch., J. Linn. Soc., Bot. 26 (173): 55. 1889. Chekiang [Zhejiang] (浙江): Ningpo [Ningbo] (宁波), 1863 年 , Savatier ex Franchet s.n. (Holotype: P-00649732).

贯叶过路黄 ***Lysimachia perfoliata*** Hand.-Mazz., Oesterr. Bot. Z. 88 (4): 305. 1939. Anhwei [Anhui] (安徽): Chienshan [Qianshan] (潜山), Tienchu-shan [Tianzhu Shan] (天柱山), 1936-06-21, C.S. Fan et Y.Y. Li (樊庆笙 , 李养源) 194 (Isotype: GH).

祁门过路黄 ***Lysimachia qimenensis*** X.H. Guo, X.P. Zhang et J.W. Shao, Bull. Bot. Res., Harbin 24 (4): 389. 2004. Anhui (安徽): Qimen (祁门), Zhawan (查湾), 1989-05-20, X.H. Guo (郭新弧) 89014 (Holotype: ANUB).

疏节过路黄 ***Lysimachia remota*** Petitm., Monde de Plantes 2, ser. 9: 30. 1907. Kiang-Sou [Jiangsu] (江苏), d'Argy s.n. (Holotype: E).

庐山疏节过路黄 ***Lysimachia remota*** Petitm. var. ***lushanensis*** F.H. Chen et C.M. Hu, Acta Phytotax. Sin. 17 (4): 33. 1979. Jiangxi (江西): Lu Shan (庐山), M.K. Wang (王名金) 682 (Holotype: LBG).

Lysimachia rosthorniana Hand. -Mazz., Anz. Akad. Wiss. Wien. Math.-Naturwiss. Kl. 62: 25. 1925. In confinibus prov. Kiangsi [Jiangxi] (江西) et Fukien [Fujian] (福建): Schitscheng [Shicheng] (石城) et Ninghwa [Ninghua] (宁化), montis Schehsing-schan, 1921-05-07, T.H. Wang (王德辉) Plt. sin. 328 (Holotype: WU).

紫脉过路黄 ***Lysimachia rubinervis*** F.H. Chen et C.M. Hu, Acta Phytotax. Sin. 17 (4): 32. 1979. Zhejiang (浙江): Rui'an (瑞安), 1959-06-29, S.Y. Chang (章绍尧) 6554 (Holotype: PE).

红毛过路黄 ***Lysimachia rufipilosa*** [***Lysimachia rufopilosa***] Y.Y. Fang et C.Z. Zheng, J. Hangzhou Univ., Nat. Sci. Ed. 15 (1): 95. 1988. Zhejiang (浙 江): Suichang (遂 昌), Luohanyuan (罗汉源), 1959-05-03, Zhejiang Econom. Bot. Exped. (浙江植物资源普查队) 25916 (Holotype: HHBG).

大叶珍珠菜 ***Lysimachia stigmatosa*** F.H. Chen et C.M. Hu, Acta Phytotax. Sin. 17 (4): 41. 1979. Jiangxi (江西): Jingdezhen (景德镇), C.H. Li et C. Chen (李启和，陈策) 873 (Holotype: LBG).

Lysimachia stolonifera Migo, Trans. Nat. Hist. Soc. Formosa 24: 387. 1934. [Shanghai] (上海): Sungkiang [Songjiang] (松江), 1933-05-23, H. Migo (御江久夫) s.n. (Syntype: TI), 1934-06-05, H. Migo (御江久夫) s.n. (Syntype: TI).

天马过路黄 ***Lysimachia tianmaensis*** Kun Liu, S.B. Zhou et Ying Wang, PhytoKeys 98: 118. 2018. Anhui (安徽): Jinzhai (金寨), 2009-06-01, Kun Liu (刘坤) 2009042 (Holotype: ANUB).

天目珍珠菜 ***Lysimachia tienmushanensis*** Migo, J. Shanghai Sci. Inst., Sect. III, 4: 153. 1939. Chekiang [Zhejiang] (浙江): Mt. Hsi-tienmu-shan [Xitianmu Shan] (西天目山), 1935-05-15, H. Migo (御江久夫) s.n. (Holotype: TI).

Myrsine buxifolia Hance, Ann. Sci. Nat., Bot. sér. 4, 15: 225. 1861. Fokien [Fujian] (福建), C.F.M. De Grijs s.n. (Holotype: BM).

Myrsine marginata Mez, Pflanzenr. (Engler) 236 (Heft. 9): 339. 1902. Kwang-Tung [Zhejiang] (浙江): Ningpoo-Bergen [Ningbo] (宁波), E. Faber 96 (Syntype: K), E. Faber 657 (Isosyntype: US).

堇叶报春 ***Primula cicutariifolia*** Pax, Jahresber. Schles. Ges. Vaterl. Cult. 93: Abt. 2, 1. 1915. Tschekiang [Zhejiang] (浙江): Hangtschou [Hangzhou] (杭州): Tempel Ling ying [Lingyin Si] (灵隐寺) am Hsi hu [Xihu] (西湖), 1913-04-07, H.W. Limpricht 822 (Holotype: ?).

牻牛儿叶报春 ***Primula erodioides*** Schltr., Repert. Spec. Nov. Regni Veg. 19: 384. 1924. Anhwei [Anhui] (安徽), 1910 [1921] -03, K.K.Tsoong (钟观光) 3285 (Isotype: E).

丽水报春 ***Primula lishuiensis*** D.H. Wu, X.D. Mei et X.B. Chen, J. Lishui Univ. 40 (5): 28. 2018. Zhejiang (浙江): Lishui (丽水), Jingning (景宁), Shawan (沙湾), Daohua Village (道化村), Xinzhuang (新庄), 2018-03-17, D.H. Wu et X.D. Mei (吴东浩，梅旭东) JN20180317021 (Holotype: LSXY).

安徽羽叶报春 ***Primula merrilliana*** Schltr., Repert. Spec. Nov. Regni Veg. 19: 384. 1924. Anhwei [Anhui] (安徽): [Yi Xian] (黟县), [Yangzhanling] (羊栈岭), 1910 [1921]-03- [16], K.K.Tsoong (钟观光) 3290 (Holotype: B).

福建报春 ***Primula obconica*** Hance subsp. ***fujianensis*** C.M. Hu et G.S. He, Acta Phytotax. Sin. 40 (6): 551. 2002. Fujian (福建): Nanping (南平), Yanping (延平), Mangdang Mt. [Mangdang Shan] (茫荡山), 2000-05-02, G.S. He (何国生) 20001 (Holotype: IBSC).

肾叶报春 ***Primula paxiana*** Gilg, Bot. Jahrb. Syst. 34 (1, Beibl. 75): 56. 1904. [Shandong] (山东): Lauschan [Lao Shan] (崂山), Lauting [Laoding] (崂顶), Zimmermann 346 (Holotype: ?). 改名为 ***Primula loeseneri*** Kitag.

秋浦羽叶报春 ***Primula qiupuensis*** J.W. Shao, Phytotaxa 441 (2): 177. 2020. Anhui (安徽): Shitai (石台), Gongxi (贡溪), Lixin Village (立新村), 2015-03-16, J.W. Shao et Jing Liu (邵剑文 , 刘金) 20150316-2 (Holotype: ANUB).

毛茛叶报春 ***Primula ranunculoides*** F.H. Chen, Notes Roy. Bot. Gard. Edinburgh 20: 120. 1948. Kiangsi [Jiangxi] (江西): Wuling [Wuning] (武宁), Ying Nu [Yinlu] (银炉), Tang Tung Tze temple [Tandong Si] (潭洞寺), 1946-03-27, Hsiung (熊耀国) 1000 (Holotype: LBG).

小毛茛叶报春 ***Primula ranunculoides*** F.H. Chen var. ***minor*** F.H. Chen, Acta Phytotax. Sin. 1 (2): 178. 1951. Zhejiang (浙江): [Hang Xian] (杭县 , 今属杭州), [Xiaohe Shan] (小和山), 1949-04, C.X. Zhong (仲崇信) s.n.〔Lectotype: LBG, designated by J.W. Shao et al. in Bot. J. Linn. Soc.169 (2): 347. 2012〕.

红花假婆婆纳 ***Stimpsonia chamaedryoides*** Wright fo. ***rubriflora*** J.Z. Shao, Bull. Bot. Res., Harbin 9 (3): 73. 1989. Anhui (安徽): Xiuning (休宁), Jiulong (九龙), Lianhuatang (莲花塘), 1985-05-17, J.Z. Shao (邵建章) 82160 (Holotype: ANUB).

336 山茶科 Theaceae

红花短柱茶 ***Camellia brevistyla*** (Hayata) Cohen-Staurt fo. ***rubida*** P.L. Chiu, J. Nanjing Forest. Univ. 2: 22. 1987. Zhejiang (浙江): Longquan (龙泉), Jinxi (锦溪), 1959-11-04, S.Y. Chang (章绍尧) 7058 (Holotype: HHBG).

浙江红山茶 ***Camellia chekiangoleosa*** Hu, Acta Phytotax. Sin. 10 (2): 131.1965. Chekiang [Zhejiang] (浙江): Kaihwa [Kaihua] (开化), [Gutian Shan] (古田山), 1955-04-04 [04-12], Wang Chin-hsiang (王景祥) 0001 (Holotype: PE).

遂昌大果油茶 ***Camellia chekiangoleosa*** Hu fo. ***tanglii*** P.L. Chiu, J. Nanjing Forest. Univ. 2: 24. 1987. Zhejiang (浙江): Suichang (遂昌), Daxikeng (大西坑), 1979 年 , Suichang Forest. Inst. (遂昌林科所) 375 (Holotype: HHBG).

厚叶红山茶 ***Camellia crassissima*** Hung T. Chang et W.T. Shi, Acta Sci. Nat. Univ. Sunyatseni 23 (2): 75. 1984. Jiangxi (江西): Ningang [Ninggang] (宁冈), Dongshan Commune (东山公社), Caijiatian (蔡家田), Shi wen-tsun (史文俊) 0005 (Holotype: SYS).

浙江连蕊茶 ***Camellia cuspidata*** (Kochs) Wright var. ***chekiangensis*** Sealy, Rev. Gen. Camellia 58. 1958. Chekiang [Zhejiang] (浙江): Tientai Mt. [Tiantai Shan] (天台山), 1924-05-08, R.C. Ching (秦仁昌) 1479 (Holotype: K).

尖萼红山茶 ***Camellia edithae*** Hance, Ann. Sci. Nat., Bot. sér. 4, 15: 221. 1861. Fokien [Fujian] (福建): Ankoe [Anxi] (安溪), 1861 年 , De Grijs s.n. (Holotype: BM).

毛柄连蕊茶 ***Camellia fraterna*** Hance, Ann. Sci. Nat., Bot. sér. 4, 18: 218. 1862. [Fujian] (福建): Fouchow [Fuzhou] (福州), 1862 年 , R. Swinhoe 1 (Holotype: BM, Herb. Hance n. 8566).

长瓣短柱茶 ***Camellia grijsii*** Hance, J. Bot. 17: 9. 1879. Tokien [Fokien] [Fujian] (福建), 1861 年 , C.F.M. de Grijs s.n. (Holotype: BM, Herb. Hance n. 7308).

冬红山茶 ***Camellia hiemalis*** Nakai, J. Jap. Bot. 16: 695. 1940. 1925 年从上海引入日本 .

披针萼连蕊茶 ***Camellia lanceisepala*** L.K. Ling, Fl. Fujian. 3: 525. 1988. Fujian (福建): Taining (泰宁), Longhu (龙湖), Guantian (官田), 1981-03-13, Z.S. Chen (陈占寿) 132 (Holotype: FNU).

离蕊红山茶 ***Camellia liberistamina*** Hung T. Chang et J.S. Kiu, Acta Sci. Nat. Univ. Sunyatseni 29 (2): 88. 1990. Jiangxi (江西): Nanchang (南昌), H.T. Chang (张宏达) 89001 (Holotype: SYS).

闪光红山茶 ***Camellia lucidissima*** Hung T. Chang, Tax. Gen. Camellia: 79.1981. Jiangxi (江西): Nanfeng (南丰), Junfeng Shan (军峰山), X.X. Yang (杨祥学) 650455 (Holotype: PE).

景宁白山茶 ***Camellia lucidissima*** Hung T. Chang subsp. ***jingningensis*** Z.H. Chen, P.L. Chiu et W.Y. Xie, J. Hangzhou Norm. Univ., Nat. Sci. Ed.19 (3): 250. 2020. Zhejiang (浙江): Jingning (景宁), Wangdongyang (望东垟), 2018-03-22, Y.F. Wang et S.Z. Hu (王聿凡 , 胡绍柱) JN18032201 (Holotype: ZM).

钝叶短柱茶 ***Camellia obtusifolia*** Hung T. Chang, Tax. Gen. Camellia 38. 1981. Fukien [Fujian] (福建), R.R. Tang (唐瑞荣) 375 (Holotype: SYS).

粉红钝叶短柱茶 ***Camellia obtusifolia*** Hung T. Chang fo. ***rubella*** Z.H. Cheng [Z.H. Chen], J. Zhejiang Forest. Coll. 4 (1): 71.1987. Zhejiang (浙江): Wengchen [Wencheng] (文成), Yeshen [Yesheng] (叶胜), 1986-10-13, Z.H. Cheng [Z.H. Chen] et X.D. Wang (陈征海 , 王小德) S090 (Holotype: ZFSD).

茶梨油茶 ***Camellia octopetala*** Hu, Acta Phytotax. Sin. 10 (2): 134. 1965. Chekiang [Zhejiang] (浙江): Lungchuan [Qingyuan] (庆元), [Longgong] (隆宫), 1959-11-11 [11-17], Hangchow Bot. Gard. (杭州植物园 , 应为章绍尧) 7002 (Holotype: PE).

短柄细叶连蕊茶 ***Camellia parvilimba*** Merr. et F.P. Metcalf var. ***brevipes*** Hung T. Chang, Tax. Gen. Camellia 151.1981. Jiangxi (江西): Wugong Shan (武功山), S.S. Lai (赖书绅) 1699 (Holotype: LBG).

粉红短柱茶 ***Camellia puniceiflora*** Hung T. Chang, Tax. Gen. Camellia 40. 1981. Zhejiang (浙江): Longquan (龙泉), Jinxi (锦溪 , 锦旗为误记), 1959-11-10, S.Y. Chang (章绍尧) 7150 (Holotype: HHBG).

全缘红山茶 ***Camellia subintegra*** P.C. Huang ex Hung T. Chang, Tax. Gen. Camellia 83.

1981. Jiangxi (江西): Yichun (宜春), [Mingyue Shan] (明月山), 1963-11-08, P.C. Huang (黄鹏成) 226 [229] (Holotype: NF).

Camellia theiformis Hance, Ann. Sci. Nat., Bot. sér. 4, 15: 221.1861. Fokien [Fujian] (福建), 1861 年 , De Grijs s.n. (Holotype: BM).

白花细叶茶 ***Camellia trichoclada*** (Rehder) S.S. Chien fo. ***leucantha*** P.L. Chiu, J. Nanjing Forest. Univ. 2: 26. 1987. Zhejiang (浙江): Pingyang [Cangnan] (苍南), Juxi (莒溪), 1959-11-25, S.Y. Zhang (章绍尧) 7412 (Holotype: HHBG).

毛籽红山茶 ***Camellia trichosperma*** Hung T. Chang, Tax. Gen. Camellia 64. 1981. Jiangxi (江西): Xunwu (寻乌), Waqiao (瓦桥), Depart. Forest., Univ. Communism Kiangsi (江西共大林学系) 744011 (Holotype: JXAU).

厚叶舟柄茶 ***Hartia crassifolia*** S.Z. Yan, Acta Phytotax. Sin. 19 (4): 468. 1981. Kiangsi [Jiangxi] (江西): Lu Shan [Shangyou] (上犹), [Huangsha Keng] (黄沙坑), [Yingpan Shan] (营盘山), M.X. Nie et al. (聂敏祥等) 08288 (Holotype: KUN).

短梗木荷 ***Schima brevipedicellata*** Hung T. Chang, Acta Sci. Nat. Univ. Sunyatseni 1983 (3): 58. 1983. Jiangxi (江西): Taihe (泰和), X.H. Shi (施兴华) 730137 (Holotype: SYS).

尖萼紫茎 ***Stewartia acutisepala*** P.L. Chiu et G.R. Zhong, Nord. J. Bot. 27 (5): 370. 2009. Zhejiang (浙江): Suichang (遂昌), 1979 年 , Suichang For. Inst. Exped. (遂昌林科所) 495 (Holotype: HHBG).

短萼紫茎 ***Stewartia brevicalyx*** S.Z. Yan, Acta Phytotax. Sin. 19 (4): 466. 1981. Chekiang [Zhejiang] (浙江): Sitienmu Shan [Xitianmu Shan] (西天目山), 1972-05-28, Chekiang Natural Museum (浙江博物馆) 3172 (Holotype: ZM).

天目紫茎 ***Stewartia gemmata*** S.S. Chien et W.C. Cheng, Contr. Biol. Lab. Sci. Soc. China, Bot. Ser. 6: 66. 1931. Chekiang [Zhejiang] (浙江): Western Tien-mu-shan [Xitianmu Shan] (西天目山), 1929-08-11, S.S. Chien (钱崇澍) 737〔Lectotype: PE-00024565, designated by Q. Lin et al. in Acta Bot. Boreal.-Occid. Sin. 28 (8):1702. 2008〕; Anhwei [Anhui] (安徽): Hwangshan [Huang Shan] (黄山), 1925-07-15, R.C. Ching (秦仁昌) 3006 (Isosyntype: A).

光紫茎 ***Stewartia glabra*** S.Z. Yan, Acta Phytotax. Sin. 19 (4): 466. 1981. Chekiang [Zhejiang] (浙江): Hangchow [Hangzhou] (杭州), Z.R. Li (李增瑞) 086 (Holotype: FUS).

细叶短柱茶 ***Thea microphylla*** Merr., J. Arnold Arbor. 8 (1): 9. 1927. Anhwei [Anhui] (安徽): Wuyuen [Wuyuan] (婺源 , 今属江西) and Shu Ling [Xiuning] (休宁), 1924-08, N.K. Ip (叶雅各) 7686 (Syntype: UC); K. Ling (林刚) 7830 (Syntype: UC).

Thea rosaeflora (Hook.) Kuntze var. ***pilosa*** Kochs, Bot. Jahrb. Syst. 27: 585. 1900. Fo-kien [Fujian] (福建): Futschou [Fuzhou] (福州), Berg Kussan [Gu Shan] (鼓山), Warburg 6034 (Holotype: K).

毛枝连蕊茶 ***Thea trichoclada*** Rehder, J. Arnold Arbor. 8 (3): 176. 1927. Chekiang [Zhejiang]

(浙江): Taishun (泰顺), 1926-08-10, Y.L. Keng (耿以礼) 324 (Holotype: A).

龙岩山茶 ***Theopsis lungyaiensis*** Hu, Acta Phytotax. Sin. 10 (2): 141.1965. Fukien [Fujian] (福 建): Lungysi [Longyan] (龙 岩), Boping Shan (博 平 山), 1943-11-13, Tsoong Pu-Chun [Tsoong Pu-chin] (钟补勤) 4418 (Holotype: PE).

337 山矾科 Symplocaceae

Symplocos acutangula Brand, Pflanzenr. (Engler) Symploc. 65. 1901. [Fujian] (福建): Futschau [Fuzhou] (福州), Warburg 5855 et 5857 (Syntypes: B).

Symplocos argentea Brand, Pflanzenr. (Engler) Symploc. 67.1901. [Fujian] (福建): Futschau [Fuzhou] (福州), Warburg 5852 (Syntype: B).

Symplocos argyi H. Lév., Repert. Spec. Nov. Regni Veg. 10: 431. 1912. Kiang-Sou [Jiangsu] (江苏): Y-Hien-Hien, Long-ze pres Tsang-fou, d'Argy s.n. (Holotype: E).

福建山矾 ***Symplocos fukienensis*** Y. Ling, Acta Phytotax. Sin. 1 (2): 218. 1951. Fukien [Fujian] (福建): Tsingliu [Qingliu] (清流), Taling [Daling] (大岭), 1945-07, L.K. Ling (林来官) 939 (Holotype: PE).

Symplocos sonoharae Koidz. var. ***oblonga*** Nagam., Contr. Biol. Lab. Kyoto Univ. 26: 194. 1993. Chekiang [Zhejiang] (浙江): between Ping Yung [Pingyang] (平阳) and Tai Suan [Taishun] (泰顺), 1924-07-16, R.C. Ching (秦仁昌) 2088 (Holotype: W).

老鼠矢 ***Symplocos stellaris*** Brand, Bot. Jahrb. Syst. 29 (3-4): 528. 1900. [Zhejiang] (浙江): Tien tai [Tiantai] (天台) und Ningpo [Ningbo] (宁波), E. Faber s.n. (Syntype: ?).

Symplocos swinhoeana Hance, Ann. Sci. Nat., Bot. sér. 4, 15: 226. 1861. Fokien [Fujian] (福建), De Grijs s.n. (Holotype: ?).

棱角山矾 ***Symplocos tetragona*** F.H. Chen ex Y.F. Wu, Acta Phytotax. Sin. 24 (3) : 194. 1986. Zhejiang (浙江): Hangzhou Botanic Garden (杭州植物园), from Lu Shan (庐山), Jiangxi (江西), 1978-04, Y.Y. Ho (贺贤育) 30344 (Holotype : IBSC).

卷毛山矾 ***Symplocos ulotricha*** Y. Ling, Acta Phytotax. Sin. 1 (2): 216. 1951. Fukien [Fujian] (福 建): Lungyien [Longyan] (龙 岩), Taoling [Douling] (兜 岭), 1943-11 [1934-11-16], Y. Ling (林镕) 4423 (Holotype: PE).

339 安息香科 Styracaceae

[赤杨叶] ***Halesia fortunei*** Hemsl., J. Linn. Soc., Bot. 26: 75. 1890. Fokien [Fujian] (福建): Amoy [Xiamen] (厦门), R. Fortune A 27 (Syntype: K).

银钟花 ***Halesia macgregorii*** Chun, J. Arnold Arbor. 6 (3): 144. 1925. Chekiang [Zhejiang] (浙江): Taishun (泰顺), Diping (地坪), 1924-07-18, R.C. Ching (秦仁昌) 2132 (Holotype: A).

宜丰陀螺果 ***Melliodendron jifungense*** Hu, Acta Phytotax. Sin. 8 (3): 201.1963. Kiangsi [Jiangxi] (江西): Jifung [Yifeng] (宜丰), [Huanggang Shan] (黄岗山), 1959-07 [06] -10, C. Hsiung (熊杰) 4368 (Holotype: PE).

粉花陀螺果 ***Melliodendron xylocarpum*** Hand.-Mazz. var. ***roseolum*** Z.X. Yu, Acta Agri. Univ. Jiangxi. 21 (3): 387. 1999. Jiangxi (江西): Yifeng (宜丰), Guan Shan (官山), 1998-03-09, Z.X. Yu (俞志雄) 98002 (Lectotype: JXAU, designated by X.H. Wu et al. in Kew Bull. 75-53: 3. 2020).

细果秤锤树 ***Sinojackia microcarpa*** C.T. Chen et G.Y. Li, Novon 7 (4): 350. 1997. Zhejiang (浙江): Jiangde [Jiande] (建德), Meicheng (梅城), Wushitan (乌石滩), 1995-11-06, C.T. Chen (陈涛) 9511041 (Holotype: IBSC).

狭果秤锤树 ***Sinojackia rehderiana*** Hu, J. Arnold Arbor. 11: 227.1930. Kiangsi [Jiangxi] (江西): Nanchang (南昌), 1930-04-20, H.H. Hsiung (熊式辉) 578b (Holotype: A).

秤锤树 ***Sinojackia xylocarpa*** Hu, Contr. Biol. Lab. Sci. Soc. China 4 (1): 1. 1928. Kiangsu [Jiangsu] (江苏): Nanking [Nanjing] (南京), 1928-04-22, Y.L. Keng (耿以礼) 1376 (Isotype: A).

Styrax argyi H. Lév., Repert. Spec. Nov. Regni Veg. 11: 64.1912. Kiang-Sou [Jiangsu] (江苏), d'Argy s.n.〔Lectotype: E-00105262, designated by G. Li et Peter W. Fritsch in J. Bot. Res. Inst. Texas 12 (2): 599. 2018〕.

白花龙 ***Styrax faberi*** Perkins, Pflanzenr. (Engler) 30 (IV. 241): 33. 1907. Chekiang [Zhejiang] (浙江), Tien tai Mt. [Tiantai Shan] (天台山), E. Faber s.n. (Syntype: ?).

Styrax fortunei Hance, J. Bot. 20: 36. 1882. Kiang-su [Jiangsu] (江苏): Chin-kiang [Zhenjiang] (镇江),1880-05, T.L. Bullock 21229〔Lectotype: BM, designated by G. Li et Peter W. Fritsch in J. Bot. Res. Inst. Texas 12 (2): 616. 2018〕.

Styrax fukienensis W.W. Sm. et Jeffrey, Notes Roy. Bot. Gard. Edinburgh 9: 130. 1916. Fukien [Fujian] (福建), J. de La Touche 149〔Lectotype: E, designated by G. Li et Peter W. Fritsch in J. Bot. Res. Inst. Texas 12 (2): 592. 2018〕.

Styrax iopilina [***Styrax iopilinus***] Diels, Notizbl. Bot. Gart. Berlin-Dahlem 9: 1028. 1926. Kiang si [Jiangxi] (江西): Swe chuen [Suichuan] (遂川), 1921-05-11, H.H. Hu (胡先骕) 861〔Lectotype: A-00018432, designated by G. Li et Peter W. Fritsch in J. Bot. Res. Inst. Texas 12 (2): 599. 2018〕.

毛萼野茉莉 ***Styrax japonicus*** Siebold et Zucc. var. ***calycothrix*** Gilg, Bot. Jahrb. Syst. 34 (Beibl. 75): 58. 1904. Shantung [Shandong] (山东): Laushan-Gebirge [Lao Shan] (崂山), Thal bei Da ching gong miau, Nebel s.n. (Holotype:?).

Styrax jucunda [***Styrax juncudus***] Diels, Notizbl. Bot. Gart. Berlin-Dahlem 9 (83): 198.

1924. Chekiang [Zhejiang] (浙江): Hu chow [Huzhou] (湖州), Chang Tung Sü (张宗绪) 68 (Holotype: B-destr.).

Styrax philadelphoides Perkins, Pflanzenr. (Engler) 30 (IV. 241): 32. 1907. [Zhejiang] (浙江): Ning-Po [Ningbo] (宁波), 1887 年 , O. Warburg 6634 (Isosyntype: A), 1844-05, R. Fortune A.32〔Lectotype: P-00597864, designated by G. Li et Peter W. Fritsch in J. Bot. Res. Inst. Texas 12 (2): 592. 2018〕.

婺源安息香 *Styrax wuyuanensis* S.M. Hwang, Acta Phytotax. Sin. 18 (2): 159.1980. Jiangxi (江西): Wuyuan (婺源), Chetian Cun (车田村), 1959-04-06, Q.H. Li et C. Chen (李启和 , 陈策) 183 (Holotype: LBG).

浙江安息香 *Styrax zhejiangensis* S.M. Hwang et L.L. Yu ex S.M. Hwang, Acta Bot. Austro Sin. 1: 75. 1983. Zhejiang (浙江): Jiande (建德), Longjiang (龙江) [泷江], 1958-06-27, Y.Y. Ho (贺贤育) 29344 (Lectotype: IBSC-0002732, designated by Y-Q Ruan et al. in PhytoKeys 133: 111. 2019).

342 猕猴桃科 Actinidiaceae

凸脉猕猴桃 *Actinidia arguta* (Siebold et Zucc.) Planch. ex Miq. var. ***nervosa*** C.F. Liang, Fl. Reipubl. Popularis Sin. 49 (2): 309. 1984. Zhejiang (浙江): [Tiantai] (天台), Tiantai Shan (天台山), 1959-07-20, Zhejiang Exp. (浙江植物资源普查队) 28283 (Holotype: PE).

章氏猕猴桃 *Actinidia changii* P.S. Hsu, Acta Phytotax. Sin. 11 (2): 197. 1966. Chekiang [Zhejiang] (浙江): Suichang (遂昌), 1959-05-03, Chekiang Prov. Econ. Bot. Exped. (浙江植物资源普查队 , 应为章绍尧) 2583 (Holotype: HHBG).

中华猕猴桃 *Actinidia chinensis* Planch., London J. Bot. 6: 303. 1847. China [Ningbo] (宁波), 1845 年 , R. Fortune 39 (Holotype: K).

井冈山猕猴桃 *Actinidia chinensis* Planch. fo. ***jinggangshanensis*** C.F. Liang, Acta Phytotax. Sin. 20 (1): 101. 1982. Jiangxi (江西): Yongxin (永新), 1959-06-17, S.S. Lai (赖书绅) 928 (Holotype: LBG).

Actinidia davidii Franch., Nouv. Arch. Mus. Hist. Nat. sér. 2, 5: 209. 1883. Kiang-si [Jiangxi] (江西), 1873-09, A. David s.n. (Holotype: P).

毛花猕猴桃 *Actinidia eriantha* Benth., J. Proc. Linn. Soc., Bot. 5: 55. 1861. S. China [Fujian] (福建), 1836 年 , Comm. by J. Lindley s.n. (Holotype: K-000196700).

白花毛花猕猴桃 *Actinidia eriantha* Benth. fo. ***alba*** C.F. Gan, Guihaia 3 (1): 18.1983. Zhejiang (浙江): Qingyuan (庆元), 1982-05-22, C.F. Gan (甘长飞) 101 (Holotype: IBK).

长叶猕猴桃 *Actinidia hemsleyana* Dunn, J. Linn. Soc., Bot. 38 (267): 355. 1908. [Fujian]

（福建）: Yenping Mt. [Yanping]（南平市延平区）, 1905-05-27, S.T. Dunn HH-2400 (Holotype: HK).

Actinidia kengiana F.P. Metcalf, Lingnan Sci. J. 11 (1): 16. 1932. Chekiang [Zhejiang]（浙江）: Ching-ning [Jingning]（景宁）, 1926-08-16, Y.L. Keng（耿以礼）394 (Holotype: A).

小叶猕猴桃 ***Actinidia lanceolata*** Dunn, J. Linn. Soc., Bot. 38 (267): 356. 1908. W. Fokien [Fujian]（福建）: Yenping [Yanping]（南平市延平区）et Wong Ka Chi, S.T. Dunn HH-2399 (Holotype: HK).

大籽猕猴桃 ***Actinidia macrosperma*** C.F. Liang, Fl. Reipubl. Popularis Sin. 49 (2): 311. 1984. Zhejiang（浙江）: Tianmu Shan（天目山）, 1958-10-18, Hort. Bot. Hangzhou（杭州植物园，应为贺贤育）31236 (Holotype: PE).

梅叶猕猴桃 ***Actinidia macrosperma*** C.F. Liang var. ***mumoides*** C.F. Liang, Fl. Reipubl. Popularis Sin. 49 (2): 312. 1984. Zhejiang（浙江）: Hangzhou（杭州）, 1958-05-09, S.Y. Zhang（章绍尧）2159 (Holotype: PE).

褪粉猕猴桃 ***Actinidia melanandra*** Franch. var. ***subconcolor*** C.F. Liang, Fl. Reipubl. Popularis Sin. 49 (2): 310. 1984. Zhejiang（浙江）: Tiantai Shan（天台山）, 1958-06-19, Hort. Bot. Hangzhou（杭州植物园）0281 (Holotype: IBK).

繁花猕猴桃 ***Actinidia persicina*** R.H. Huang et S.M. Wang, J. Wuhan Bot. Res. 13 (2): 113. 1995 [Cata. Type Spec. (Corm.) Herb. China (Suppl.) 29. 1999]. Fujian（福建）: Jianning（建宁）, 1991-09-17, R. H. Huang（黄仁煌）9113 (Holotype: HIB).

清风藤猕猴桃 ***Actinidia sabiaefolia*** [***Actinidia sabiifolia***] Dunn, J. Linn. Soc., Bot. 38 (267): 357. 1908. Fokien [Fujian]（福建）: Yenping [Yanping]（南平市延平区）, S.T. Dunn HH-2402 (Holotype: HK).

近粉绿叶猕猴桃 ***Actinidia subglaucifolia*** F. P. Metcalf, Lingnan Sci. J. 11: 15. 1932. Fukien [Fujian]（福建）: Shouning（寿宁）, 1926-08-12, Y.L. Keng（耿以礼）339 (Holotype: A).

对萼猕猴桃 ***Actinidia valvata*** Dunn, J. Linn. Soc., Bot. 39: 404. 1911. Kiangsi [Jiangxi]（江西）: Kewkiang [Jiujiang]（九江）, Lu Shan（庐山）, T.L. Bullock 121 (Holotype: K).

麻叶猕猴桃 ***Actinidia valvata*** Dunn var. ***boehmeriaefolia*** C.F. Liang, Fl. Reipubl. Popularis Sin. 49 (2): 311. 1984. Jiangxi（江西）: Lu Shan（庐山）, 1963-09-08, M.X. Nie et S.L. Chen（聂敏祥，陈世隆）7927 (Holotype: PE).

长柄对萼猕猴桃 ***Actinidia valvata*** Dunn var. ***longipedicellata*** L.L. Yu, Guihaia 8 (2) : 132. 1988. Zhejiang（浙江）: Ningbo（宁波）, 1960-05-31, L.L. Yu（於玲珑）8163 (Holotype: IBK).

黄绿猕猴桃 ***Actinidia viridiflava*** P.S. Hsu, Acta Phytotax. Sin. 11 (2): 198. 1966. Chekiang [Zhejiang]（浙江）: Tien-mu-shan [Tianmu Shan]（天目山）, Chi-li-wan [Qiliwan]（七里湾）, 1957-05-26, Y.Y. Ho（贺贤育）21869 (Holotype: HHBG).

浙江猕猴桃 ***Actinidia zhejiangensis*** C.F. Liang, Guihaia 2 (1): 2. 1982. Zhejiang（浙江）:

Qingyuan (庆元), 1981-10, C.F. Gan (甘长飞) 3 (Holotype: IBK).

343 桤叶树科 Clethraceae

短穗桤叶树 ***Clethra brachystachya*** W.P. Fang et L.C. Hu, J. Sichuan Univ., Nat. Sci. Ed. 3: 116. 1979. Jiangxi (江西), Y.K. Hsiung (熊耀国) 1188 (Holotype: SZ).

Clethra brammeriana Hand.-Mazz., Anz. Akad. Wiss. Wien, Math.-Naturwiss. Kl. 58: 151. 1921. Kiangsi [Jiangxi] (江西): Pinghsiang [Pingxiang] (萍乡), 1920 年 , Wang-Te-Hui (王德辉) Plt. sin. 247 (Holotype: WU).

薄叶桤叶树 ***Clethra cavaleriei*** H.Lév. var. ***leptophylla*** L.C. Hu, J. Sichuan Univ., Nat. Sci. Ed. 3: 114. 1979. Jiangxi (江西): Jinggang Shan (井冈山), S.K. Lai et al. (赖书绅等) 4351 (Holotype: LBG).

全缘桤叶树 ***Clethra cavaleriei*** H. Lév. var. ***subintegrifolia*** Ching ex L.C. Hu, J. Sichuan Univ., Nat. Sci. Ed. 3: 114. 1979. Zhejiang (浙江): Qingyuan (庆元), 1958-08-12, S.Y. Chang (章绍尧) 3444 (Holotype: PE).

Clethra longebracteata Sleumer, Repert. Spec. Nov. Regni Veg. 38 (993-1005): 205. 1935. Chekiang [Zhejiang] (浙江): Tsing-tien [Qingtian] (青田), 1926-07-26, Y.L. Keng (耿以礼) 175 (Holotype: B).

小果桤叶树 ***Clethra purpurea*** W.P. Fang et L.C. Hu var. ***microcarpa*** W.P. Fang et L.C. Hu, J. Sichuan Univ., Nat. Sci. Ed. 3: 115. 1979. Fujian (福建): Tongmu (桐木), Sangang (三港), Shi-ming-keng, 1958-08-08, P.S. Chiu (裘佩熹) 1741 (Holotype: PE).

Clethra sinica K.S. Hao, Repert. Spec. Nov. Regni Veg. 42: 85. 1937. Kiangsi [Jiangxi] (江西): Yuanshan [Yanshan] (铅山), H.H. Hu (胡先骕) 1320 (Syntype: ?); Chekiang [Zhejiang] (浙江): Tsing tien [Qingtian] (青田), 1926-07-26, Y.L. Keng (耿以礼) 164 (Syntype: ?).

武夷桤叶树 ***Clethra wuyishanica*** Ching ex L.C. Hu, J. Sichuan Univ., Nat. Sci. Ed. 3: 118.1979. Fujian (福建): Chong'an (崇安), 1974 [1964]-07-29, Z.P. Jien et al. (简焯坡等) 400566 (Holotype: PE).

蚀瓣桤叶树 ***Clethra wuyishanica*** Ching ex L.C. Hu var. ***erosa*** L.C. Hu, J. Sichuan Univ., Nat. Sci. Ed. 3: 118. 1979. Jiangxi (江西): Wulin [Wuning] (武宁), 1963-06-29, S.K. Lai (赖书绅) 2842 (Holotype: PE).

345 杜鹃花科 Ericaceae

Azalea amoena Lindl., Paxt. Flow. Gard. iii. t. 89. 1852. near Shanghae [Shanghai] (上海),

R. Fortune s.n. (Holotype: ?).

Azalea obtusa Lindl., J. Hort. Soc. London 1: 152. 1846. from Shanghai (上海), R. Fortune s.n. (Holotype: ?).

马银花 ***Azalea ovata*** Lindl., J. Hort. Soc. London 1: 149. 1846. [Zhejiang] (浙江): Chusan [Zhoushan] (舟山), 1845 年 , R. Fortune 52 (Holotype: K). 《中国植物志》记载模式标本采自福建厦门 .

福建岩须 ***Cassiope fujianensis*** L.K. Ling et G.S. Hoo, Fl. Fujian. 4: 633.1990. Fujian (福建): Nanping (南平), Tongkang [Tongkeng] (童坑), Dayang Shan (大洋山), 1987-08-20, G.S. Hoo (何国生) 870345 (Holotype: FNU).

美叶吊钟花 ***Enkianthus calophyllus*** T.Z. Hsu, Acta Bot. Yunnan. 7 (2): 151. 1985. Zhejiang (浙江): Yunhe [Jingning] (景宁 , 原属云和), 1959-05-16, S.Y. Chang (章绍尧) 5286 (Holotype: PE).

毛齿吊钟花 ***Enkianthus quinqueflorus*** Lour. var. ***ciliatoserrulatus*** P.C. Huang et K.M. Li, J. Nanjing Forest. Univ. 13 (4): 88. 1989. Fujian (福建): Hua'an (华安), 1987-10-18, K.M. Li (李矿明) 31189 (Holotype: NF).

霍山水晶兰 ***Monotropa uniflora*** L. var. ***huoshanensis*** X.L. Zhao, Subtrop. Pl. Sci. 45 (2): 153. 2016. Anhui (安徽): Huoshan (霍山), Majiahe Village (马家河村), Mahuangzui Mountain (蚂蝗嘴山), 2013-05-01, ZHAO Xin-lei (赵鑫磊) 2466 (Holotype: BZCM).

浙江假水晶兰 ***Monotropastrum lungchuanense*** K.F. Wu, Acta Phytotax. Sin. 16 (1): 73. 1978. Zhejiang (浙江): Qingyuan (庆元), Baishanzu (百山祖), 1964-05-13, M.Z. Liu et W.L. Ma (刘民壮 , 马炜梁) 33671 (Holotype: HSNU).

毛花假水晶兰 ***Monotropastrum pubescens*** K.F. Wu, Acta Phytotax. Sin. 16 (1): 73. 1978. Zhejiang (浙江): Longquan (龙泉), Fengyang Shan (凤阳山), Longjingkeng (龙井坑), 1964-06-08, J.N. Wang et S.H. Ou (王金诺 , 欧善华) 698 (Holotype: HSNU).

毛果南烛 ***Pieris ovalifolia*** D. Don var. ***hebecarpa*** Franch. ex Forb. et Hemsl., J. Linn. Soc., Bot. 26 (173): 17.1889. Chekiang [Zhejiang] (浙江): [Anji] (安吉), Meichi [Meixi] (梅溪), Poli ex Franchet s.n. (Holotype: ?).

Pieris polita W.W. Sm. et Jeffrey, Notes Roy. Bot. Gard. Edinburgh 9: 117. 1916. Fukien [Fujian] (福建), 1914 年 , J. de La Touche 68 (Holotype: E).

Pieris popowi Palib., Bull. Herb. Boissier Ser. II, 6: 20. 1906. Fokien [Fujian] (福建): Foochow [Fuzhou] (福州), 1884 年 , P. Popow s.n. (Holotype: ?).

长萼马醉木 ***Pieris swinhoei*** Hemsl., J. Linn. Soc., Bot. 26 (173): 17. 1889. Fokien [Fujian] (福建): Amoy [Xiamen] (厦门), R. Swinhoe s.n. (Holotype: K).

江西长叶鹿蹄草 ***Pyrola elegantula*** H. Andr. var. ***jiangxiensis*** Y.L. Chou et R.C. Zhou, Bull. Bot. Res., Harbin 1 (4): 114. 1981. Jiangxi (江西): Lu Shan (庐山), Huanglong An (黄龙庵),

1955-08-13, Lu Yan-qi [T.Q. Lu] (陆廷琦) 430 (Holotype: HZU).

安徽杜鹃 ***Rhododendron anwheiense*** [***Rhododendron anhweiense***] E.H. Wilson, J. Arnold Arbor. 6 (3): 163. 1925. Anhwei [Anhui] (安徽): Wang-shan [Huang Shan] (黄山), 1923-08-28, H.K. Ip (叶雅各) N-4784 (Holotype: A).

上杭杜鹃 ***Rhododendron apricum*** P.C. Tam, Bull. Bot. Res., Harbin 2 (4): 79. 1982. Fujian (福建): Shanghang (上杭), Comm. Wenyang (蚊洋大队), 1974-05-13, L.K. Lee(李良官) 740740 (Holotype: FMP).

镰叶杜鹃 ***Rhododendron apricum*** P.C. Tam var. ***falcinellum*** P.C. Tam, Bull. Bot. Res., Harbin 2 (4): 80. 1982. Fujian (福建): Anxi (安溪), 1974-04-20, L.K. Lee (李良官) 740125 (Holotype: FMP).

Rhododendron argyi H. Lév., Repert. Spec. Nov. Regni Veg. 12: 102. 1913. Kiang-Sou [Jiangsu] (江苏): Long-Se; Long-Chien; Vou-Sié, 1863-04-20, d'Argy s.n. (Syntype: E).

Rhododendron ciliatopedicellatum Hayata, Icon. Pl. Formosan. 3: 131. 1913. Fokien [Fujian] (福建): Mt. Isan, 1910-04, S. Nagasawa (永泽定一) s.n. (Holotype: TI).

灰齿杜鹃 ***Rhododendron cinereoserratum*** P.C. Tam, Bull. Bot. Res., Harbin 2 (4): 77. 1982. Fujian (福建): Nanjing (南靖), Huxi [Hexi] (和溪), Linhai (林海), Amoy Univ. (厦门大学队) 20 (Holotype: AU).

棒柱杜鹃 ***Rhododendron crassimedium*** P.C.Tam, Bull. Bot. Res., Harbin 2 (1): 96. 1982. Jiangxi (江西): Suichuan (遂川), 1959-04-27, S.S. Lai (赖书绅) 279 (Holotype: IBSC).

粗柱杜鹃 ***Rhododendron crassistylum*** M.Y. He, J. Sichuan Univ., Nat. Sci. Ed. 24 (1): 83. 1987. Jiangxi (江西): Suichuan (遂川), Zuo'an (左安), 1970-04-20, 236-ren-wu Exped. (236 任务组) 306 (Holotype: PE).

戴云山杜鹃 ***Rhododendron daiyunicum*** P.C. Tam, Bull. Bot. Res., Harbin 2 (4): 78.1982. Fujian (福建): Dehua (德化), proe Catervam Daiyun (戴云大队), 1975-04-20, L.K. Ling (林来官) 3140 (Holotype: FNU) . 更名？为 ***Rhododendron daiyuenshanicum*** P.C. Tam, Survey Gen. Rhododendron S. China: 28, 96. 1983.

繁花杜鹃（龙岩杜鹃） ***Rhododendron florulentum*** P.C. Tam, Bull. Bot. Res., Harbin 2 (4): 80. 1982. Fujian (福建): Longyan (龙岩), Yanzhong (颜中), 1974-05-10, L.K. Lee (李良官) 740501 (Holotype: FMP).

福建杜鹃 ***Rhododendron fokienense*** Franch., Bull. Soc. Bot. France 46: 210. 1899. Fokien [Fujian] (福建): Kuatun [Guadun] (挂墩), 1898-04, J. de La Touche s.n. (Holotype: P).

云锦杜鹃 ***Rhododendron fortunei*** Lindl., Gard. Chron. 1859: 868.1859. Chekiang [Zhejiang] (浙江): Ningpo [Ningbo] (宁波), 1855 年 , R. Fortune s.n. (Holotype: ?).

Rhododendron gnaphalocarpum Hayata, Icon. Pl. Formosan. 3: 132.1913. Fokien [Fujian] (福建): Isan, 1910-04, S. Nagasawa (永泽定一) 239 (Holotype: TI).

杭州杜鹃 ***Rhododendron hangzhouense*** W.P. Fang et M.Y. He, Bull. Bot. Res., Harbin 2 (2): 81. 1982. Zhejiang (浙江): Hangzhou (杭州), Yunqihoushan (云栖后山), 1957-04-20, S.Y. Chang (章绍尧) 211 (Holotype: PE).

华顶杜鹃 ***Rhododendron huadingense*** B.Y. Ding et Y.Y. Fang, Taxon 54 (3): 804. 2005. Zhejiang (浙江): Tiantai (天台), Huading Shan (华顶山), 1988-04-24, B.Y. Ding (丁炳扬) 4540 (Holotype: HZU).

背绒杜鹃 ***Rhododendron hypoblematosum*** P.C. Tam, Bull. Bot. Res., Harbin 2 (1): 90. 1982. Jiangxi (江西): Suichuan (遂川), Jingangshan [Jinggang Shan](井冈山), S.S. Lei (赖书绅) 660055 (Holotype: LBG).

井冈山杜鹃 ***Rhododendron jingangshanicum*** P.C. Tam, Bull. Bot. Res., Harbin 2 (1): 89. 1982. Jiangxi (江西): Suichuan (遂川), Jingangshan [Jinggang Shan] (井冈山), 1959-09-10, S.S. Lai (赖书绅) 139 (Holotype: LBG).

江西杜鹃 ***Rhododendron kiangsiense*** W.P. Fang, Acta Phytotax. Sin. 7 (2): 191.1958. Kiangsi [Jiangxi] (江西): Ping-hsiang [Pingxiang] (萍乡), Wu-kung-shan [Wugong Shan] (武功山), Tze-chi-kung [Zijigong] (紫极宫), 1954-04-30, Inst. Bot. Kiangsi Exped. (植物所江西调查队) 100 (Holotype: PE).

鹿角杜鹃 ***Rhododendron latoucheae*** Franch., Bull. Soc. Bot. France 46: 210.1899. Fokien [Fujian] (福建): Kuatun [Guadun] (挂墩), 1898 年 , J. de La Touche s.n. (Holotype: P).

忍冬杜鹃 ***Rhododendron loniceraeflorum*** P.C. Tam, Bull. Bot. Res., Harbin 2 (4): 81.1982. Fujian (福建): Anxi (安溪), 1974-04, L.K. Lee (李良官) 740123 (Holotype: FMP).

白花满山红 ***Rhododendron mariesii*** Hemsl. et E.H. Wilson fo. ***albescens*** B.Y. Ding et G.R. Chen, J. Hangzhou Univ., Nat. Sci. Ed. 16 (2): 198. 1989. Zhejiang (浙江): Qingyuan (庆元), Zuoxi (左溪), 1984-04-23, B.Y. Ding et C.M. Cai (丁炳扬 , 蔡昌明) 3825 (Holotype: HZU).

绿晕满山红 ***Rhododendron mariesii*** Hemsl. et E.H. Wilson fo. ***viridia*** K. Chen, Y.P. Li et F.X. Luo, Chin. Wild Pl. Resour. 32 (2): 41. 2013. introduced from Jiulong Shan (九龙山), Suichang (遂昌), s.coll. 01204 (Holotype: JIT).

小果马银花 ***Rhododendron microcarpum*** R.L. Liu et L.M. Gao, Phytotaxa 356 (4): 271. 2018. Jiangxi (江西): Ganzhou (赣州), Yingpan Mountain (鹰盘山), 2017-07-06, R.L. Liu (刘仁林) L-003 (Holotype: KUN).

南平杜鹃 ***Rhododendron nanpingense*** P.C. Tam, Bull. Bot. Res., Harbin 2 (4): 82. 1982. Fujian (福建): Nanping (南平), 1931-03-18, Y. Ling (林镕) 2300 (Holotype: IBSC).

Rhododendron ovatum (Lindl.) Planch. ex Maxim. var. ***leucanthum*** Migo, J. Shanghai Sci. Inst., Sect. III, 4: 153. 1939. Fukien [Fujian] (福建): Foochow [Fuzhou] (福州), Mt. Ku-shan [Gu Shan] (鼓山), 1937-04-04, H. Migo (御江久夫) s.n. (Holotype: NAS).

刚毛马银花 ***Rhododendron ovatum*** (Lindl.) Planch. ex Maxim. var. ***setuliferum*** M.Y. He,

J. Sichuan Univ., Nat. Sci. Ed. 1: 96. 1984. Zhejiang (浙江): Hangzhou (杭州), s.coll. 1163 (Holotype: ZM).

尖萼杜鹃 ***Rhododendron ovatum*** Planch. var. ***prismatum*** P.C. Tam, Bull. Bot. Res., Harbin 2 (1): 99. 1982. Jiangxi (江西): Lu Shan (庐山), 1957-04-14, S.K. Shun (沈绍金) 175 (Holotype: LBG).

长条杜鹃 ***Rhododendron petilum*** P.C. Tam, Survey Rhodod. South China: 101. 1983. Fujian (福建): Nanping (南平), Wenlan (文蓝), 1973-03-09, L.K. Lee (李良官) 73009 (Holotype: FMP).

黑叶杜鹃 ***Rhododendron piceum*** P.C. Tam, Bull. Bot. Res., Harbin 2 (4): 83. 1982. Fujian (福建): Sanming (三明), Xiaohu (小湖), 1964-04-20, Coll. Silvicul. Fujian (福建林学院) 86 (Holotype: AU).

千针叶杜鹃 ***Rhododendron polyraphidoideum*** P.C. Tam, Bull. Bot. Res., Harbin 2 (4): 84. 1982. Fujian (福建): Chong'an (崇安), Singchun [Xing Cun] (星村), 1975-04-03, L.K. Lee (李良官) 75103 (Holotype: FMP)

茶绒杜鹃 ***Rhododendron rufescens*** P.C. Tam, Bull. Bot. Res., Harbin 2 (4): 86. 1982. Fujian (福建): Sanming (三明), Zhikouling [Xinkouling] (莘口岭), 1931-04-27, Ling Ying (林英) 216 (Holotype: IBSC). 更名？为 ***Rhododendron rufulum*** P.C. Tam, Survey Gen. Rhododendron S. China: 38, 100. 1983.

崖壁杜鹃 ***Rhododendron saxatile*** B.Y. Ding et Y.Y. Fang, Bull. Bot. Res., Harbin 7 (2): 29. 1987. Zhejiang (浙江): Pingyang (平阳), Nanyandang (南雁荡), 1985-05-11, B.Y. Ding (丁炳扬) 4082 (Holotype: HZU).

毛果杜鹃 ***Rhododendron seniavinii*** Maxim., Mem. Acad. Imp. Sci. St.-Pétersbourg, Sér. 7, 16 (9): 33. 1871. China australiori [Fujian] (福建), Seniavin [Seniawin] s.n.〔Lectotype: LE, designated by T.V. Krestovskaya in Cat. type spec. East-Asian vascular plants Herb. Komarov Bot. Inst. (LE). Pt. 2 (China). 2010〕.

厚叶照山白 ***Rhododendron seniavinii*** Maxim. var. ***crassifolium*** P.C. Tam, Survey Rhodod. South China 111. 1983. Jiangxi (江西): Suichuan (遂川), S.S. Lai (赖书绅) 5361 (Holotype: IBSC).

上犹杜鹃 ***Rhododendron seniavinii*** Maxim. var. ***shangyounicum*** R.L. Liu et L.M. Cao, Guihaia 28 (5): 574. 2008. Jiangxi (江西): Shangyou (上犹), Yingpan Shan (营盘山), 2005-05-12, R.L. Liu (刘仁林) 050034 (Holotype: IBK).

都支杜鹃 ***Rhododendron shanii*** W.P. Fang, Bull. Bot. Res., Harbin 3 (4): 38. 1983. Anhui (安徽): Huoshan (霍山), Majiahe (马家河), [Baimajian] (白马尖), 1983-05-05, M.B. Deng et G.Yao (邓懋彬，姚淦) 81640 (Holotype: NAS).

白花映山红 ***Rhododendron simsii*** Planch. var. ***albiflorum*** R.L. Liu, Acta Bot. Yunnan. 15

(2): 190. 1993. Jiangxi (江西): Jinggang Mt. [Jinggang Shan] (井冈山), 1992-04-10, X.L. Wang (王小林) 9202 (Holotype: JN).

普陀杜鹃 ***Rhododendron simsii*** Planch. var. ***putoense*** G.Y. Li et Z.H. Chen, J. Zhejiang Forest. Coll. 27 (6): 909. 2010. Zhejiang (浙江): Putuo Island (普陀), Baihua Shan (白华山), 2008-03-30, G.Y. Li et al. (李根有等) PT08071 (Holotype: ZJFC).

蔗黄杜鹃 ***Rhododendron spadiceum*** P.C. Tam, Bull. Bot. Res., Harbin 2 (4): 87. 1982. Fujian (福建): Shanghang (上杭), 1974-05-08, Y.C. Jiang (江英志) 740703 (Holotype: FMP).

伏毛杜鹃 ***Rhododendron strigosum*** R.L. Liu, Acta Phytotax. Sin. 39 (3): 272. 2001. Jiangxi (江西): Jinggang Shan (井冈山), 1989-05-05, R.L. Liu (刘仁林) 89023 (Holotype: PE).

泰顺杜鹃 ***Rhododendron taishunense*** B.Y. Ding et Y.Y. Fang, Bull. Bot. Res., Harbin 7 (2): 27. 1987. Zhejiang (浙江):Taishun (泰顺), Liguang (里光), 1985-05-15, B.Y. Ding (丁炳扬) 4119 (Holotype: HZU).

武夷山杜鹃 ***Rhododendron wuyishanicum*** L.K. Ling, Fl. Fujian. 4: 633. 1990. Fujian (福建): Chong'an (崇安), Pikang [Pikeng] (皮坑), Shuangfeng Shan (双峰山), 1988-03-20, L.K. Ling (林来官) 10322 (Holotype: FNU).

湘赣杜鹃 ***Rhododendron xiangganense*** X.F. Jin et B.Y. Ding, Taxon. Study Rhododendron subgen. Tsutsusi 169. 2009. Jiangxi (江西): Shangyou (上犹), Mt. Wuzhishan [Wuzhi Shan] (五指山), 1965-05-18, M.X. Nie (聂敏祥) 8267 (Holotype: KUN).

小溪洞杜鹃 ***Rhododendron xiaoxidongense*** W.K. Hu, J. Sichuan Univ., Nat. Sci. Ed. 27 (4): 492. 1990. Jiangxi (江西): Jingonshan [Jinggang Shan] (井冈山), Xiaoxidong (小溪洞), 1988-05-01, R.L. Liu (刘仁林) 88015 (Holotype: JN).

云亿杜鹃 ***Rhododendron yunyianum*** X.F. Jin et B.Y. Ding, Ann. Bot. Fenn. 46 (3): 231. 2009, et Taxon. Study Rhododendron subgen. Tsutsusi 125. 2009. Fujian (福建): Anxi (安溪), Lutian (芦田), Kutiankeng (苦田坑), 2005-04-21, B.Y. Ding et H.S. Zhang (丁炳扬，张红双) 8052 (Holotype: HTC).

淡红南烛 ***Vaccinium bracteatum*** Thunb. var. ***rubellum*** P.S. Hsu, J.X. Qiu, S.F. Huang et Y. Zhang, Acta Bot. Yunnan. 11 (3): 319. 1989. Jiangxi (江西): Fenyi (分宜), 1984-06-17, P.S. Hsu (徐炳声) 1706 (Holotype: FUS).

短尾越橘 ***Vaccinium carlesii*** Dunn, J. Linn. Soc., Bot. 38 (267): 361.1908. Fokien [Fujian] (福建): Foochow [Fuzhou] (福州), Carles 630 (Syntype: K); Yenping [Yanping] (南平市延平区), S.T. Dunn HH-2871 (Syntype: HK), 1905-05-13, S.T. Dunn HH-2872 (Syntype: HK).

有梗越橘 ***Vaccinium chingii*** Sleumer, Bot. Jahrb. Syst. 71 (4): 482. 1941. Anhwei [Anhui] (安徽): Wang Shan [Huang Shan] (黄山), 1925-07-17, R.C. Ching (秦仁昌) 3039 (Holotype: A).

Vaccinium donianum Wight var. ***austrosinense*** Hand.-Mazz.,Anz. Akad. Wiss. Wien, Math.-Naturwiss. Kl. 58: 177. 1921. Kiangsi [Jiangxi] (江西): Pinghsiang [Pingxiang] (萍乡),

1920 年 , T.H. Wang (王德辉) Pl. sin. 163 (Syntype: WU).

杭州越橘 ***Vaccinium donianum*** Wight var. ***hangchouense*** Matsuda, Bot. Mag. (Tokyo) 26 (310): 319. 1912. Chekiang [Zhejiang] (浙江): [Hangzhou] (杭州), Po-kau-fung [Beigaofeng] (北高峰), K. Honda (本多厚二) 1266 (Syntype: TI)； Han-chou [Hangzhou] (杭州), K. Suzuki (铃木珪寿) s.n. (Syntype: ?).

黄背越橘 ***Vaccinium iteophyllum*** Hance, Ann. Sci. Nat., Bot. sér. 4, 18: 223. 1862. Fokien [Fujian] (福建), 1861 年 , C.F. M. De Grijs s.n. (Holotype: BM, Herb. Hance n. 6787).

Vaccinium parvibracteum Hayata, Icon. Pl. Formosan. 3: 128. 1913. Fokien [Fujian] (福建): Mt. Kosan [Gu Shan] (鼓山), 1910-04, S. Nagasawa (永泽定一) 234 (Holotype: TI).

光序刺毛越橘 ***Vaccinium trichocladum*** Merr. et F.P. Metcalf var. ***glabriracemosum*** C.Y. Wu ex R.C. Fang et C.Y. Wu, Acta Bot. Yunnan. 9 (4): 387. 1987. Zhejiang (浙江): Lishui (丽水), K.K. Tsoong (钟观光) 225 (Holotype: SZ).

351 丝缨花科 Garryaceae

少花桃叶珊瑚 ***Aucuba filicauda*** Chun et F.C. How var. ***pauciflora*** W.P. Fang et Soong, J. Sichuan Univ., Nat. Sci. Ed. 1: 69. 1982. Jiangxi (江西): Lichuan (黎川), 1965-03-24, X.X. Yang (杨祥学) 65055 (Holotype: PE).

352 茜草科 Rubiaceae

金毛耳草 ***Anotis chrysotricha*** Palib., Bull. Herb. Boissier Ser. II, 6: 20. 1906. Fokien [Fujian] (福建): Foochow [Fuzhou] (福州), 1889 年 , M. Melnikoff s.n. (Holotype: LE).

山东丰花草 ***Borreria shandongensis*** F.Z. Li et X.D. Chen, Acta Bot. Yunnan. 7 (4): 419. 1985. Shandong (山东): Qingdao (青岛), Lao Shan (崂山), Li Cun (李村), 1982-08-15, F.Z. Li (李法曾) 820701 (Holotype: SDFS).

浙江虎刺 ***Damnacanthus shanii*** K. Yao et M.B. Deng, Bull. Bot. Res., Harbin 10 (4): 1. 1990. Zhejiang (浙江): Hangzhou (杭州), Heijilong shan [Lijilong Shan] (里鸡笼山), 1957-11-14, S.Y. Chang (章绍尧) 1801 (Holotype: NAS).

[东南茜草] ***Galium argyi*** H. Lév. et Vaniot, Bull. Soc. Bot. France 55: 58.1908. Kiang-Sou [Shanghai] (上海): Song-kiang-fou [Songjiang] (松江), Tchén-chéou, d'Argy (Holotype: E).

Galium chekiangense Ehrend., Novon 20 (3): 27. 2010. Chekiang [Zhejiang] (浙江): Ximingshan [Siming Shan] (四明山), s. coll. 0830 (Holotype: PE).

狭叶四叶葎 ***Galium gracile*** Bunge fo. ***angustifolia*** [***angustifolium***] Loes., Beih. Bot.

Centralbl., Abt. 2. 37 (2): 182. 1919. [Shandong] (山东): Tsingtau [Qingdao] (青岛), Engler 6887 (Syntype: ?); Kap Yatau (亚岛角 , 今崂山头), Tempel Minghsiatung [Mingxiadong] (明霞洞), Engler 7050 (Syntype: ?).

硬毛四叶葎 *Galium gracile* Bunge fo. ***hispidum*** Matsuda, Bot. Mag. (Tokyo) 26: 130. 1912. [Jiangsu] (江苏): [Suzhou] (苏州), Shangfang Shan (上方山), 1908 年 , J. Matsumura et K. Ono s.n. (Holotype: TI).

Galium miltorrhizum Hance, J. Bot. 6: 114. 1868. [Fujian] (福建): Amoy [Xiamen] (厦门), 1857-10, G.T. Sampson s.n. (Holotype: K, Herb. Hance n.1455).

Galium miltorrhizum Hance fo. ***angustata*** Migo, Bot. Mag. (Tokyo) 667: 299. 1942. Chekiang [Zhejiang] (浙江): Kinhwa [Jinhua] (金华), 1935-05-04, H. Migo (御江久夫) s.n. (Holotype: ?).

Galium remotiflorum H.Lév. et Vaniot, Bull. Soc. Bot. France 55: 58. 1908. Montagnes du Kiang-sou [Jiangsu] (江苏), d'Argy s.n. (Holotype: E).

Galium verum L. var. ***asiaticum*** Nakai, J. Jap. Bot. 15: 344. 1939. Shantung [Shandong] (山东), 1914 年 , Y. Nagai 11 (Syntype: ?).

Hedyotis hui Diels, Notizbl. Bot. Gart. Berlin-Dahlem 9: 1032.1926. Kiang si [Jiangxi] (江西): Ki an [Ji'an] (吉安), Chin yuen shan [Qingyuan Shan] (青原山), 1921-04-15, H.H. Hu (胡先骕) 664 (Holotype: ?).

Hedyotis tenuipes Hemsl. ex F.B. Forbes et Hemsl., J. Linn. Soc., Bot. 23: 375. 1888. Fokien [Fujian] (福建): Amoy [Xiamen] (厦门), R. Swinhoe s.n. (Syntype: K).

Lasianthus areolatus Dunn, J. Bot. 47: 376. 1909. Fokien [Fujian] (福建): Yenping [Yanping] (南平市延平区) Mountains, Dunn HH-2806 (Holotype: HK).

木万错 *Lasianthus hartii* Franch., Bull. Soc. Bot. France 46: 209. 1899. Fokien [Fujian] (福建): Kuatun [Guadun] (挂墩),1898-05, J. de La Touche s.n. (Holotype: P).

白蕊巴戟 *Morinda citrina* Y.Z. Ruan var. ***chlorina*** Y.Z. Ruan, Fl. Reipubl. Popularis Sin. 71 (2): 332. 1999. Zhejiang (浙江): Changhua (昌化), [Jiufu Cun] (鸠甫村), [Yangjia Shan] (阳家山), 1957-06-24, M.P. Teng et al. (邓懋彬等) 4794 (Holotype: IBSC).

木姜叶巴戟 *Morinda litseifolia* Y.Z. Ruan, Fl. Reipubl. Popularis Sin. 71 (2): 335. 1999. Jiangxi (江西): Jinggang-mountain [Jinggang Shan] (井冈山), 1965-07-09, S.S. Lai (赖书绅) 3488 (Holotype: IBSC).

少花鸡眼藤 *Morinda nanlingensis* Y.Z. Ruan var. ***pauciflora*** Y.Z. Ruan, Fl. China 19: 226. 2011. Zhejiang (浙江): Hangzhou (杭州), [Taoguang] (韬光), 1956-10-19, X.Y. He (贺贤育) 20528 (Holotype: IBSC).

Mussaenda kuliangensis F.P. Metcalf, Lingnan Sci. J. 11: 527. 1932. Fukien [Fujian] (福建): Kuliang [Guling] (鼓岭) Hills near Foochow [Fuzhou] (福州), 1919-07~09, J.B. Norton 1474

(Holotype: A).

Oldenlandia speciosa Hand.-Mazz., Anz. Akad. Wiss. Wien, Math.-Naturwiss. Kl. 58: 93. 1921. Kiangsi [Jiangxi] (江西): Pinghsiang [Pingxiang] (萍乡), 1920 年 , T.H. Wang (王德辉) Pl. sin. 211 (Syntype: WU).

Ourouparia enormis Yamam., Trans. Nat. Hist. Soc. Formosa 28: 332. 1938. Fukien [Fujian] (福建): Amoi [Xiamen] (厦门), Kokei [Huxi] (虎溪), 1938-07-24, H. Migo (御江久夫) s.n. (Holotype: ?).

疏花鸡矢藤 ***Paederia laxiflora*** Merr. ex H.L. Li, J. Arnold Arbor. 25: 429. 1944. Fukien [Fujian] (福建): Shanghang (上杭), Lung Chou San, 1936-07-21, J.L. Gressitt 1663 (Holotype: A).

白毛鸡矢藤 ***Paederia pertomentosa*** Merr. ex H.L. Li, J. Arnold Arbor. 24: 458. 1943. Kiangsi [Jiangxi] (江西): Hong San, 1936-06-23, J.L. Gressitt 1471 (Holotype: A).

胀节假盖果草 ***Pseudopyxis monilirhizoma*** T. Chen, Edinburgh J. Bot. 64 (3): 304. 2007. Zhejiang (浙江): Longquan (龙泉), Fengyang Shan (凤阳山), Shuikou (水口), 1972-07-21, Zhejiang Med. Fl. Exp. (浙江药用植物志队) 2634 (Holotype: A).

毛花茜草 ***Rubia akane*** Nakai var. ***molliflora*** P.S. Hsu, Observ. Fl. Hwangshan. 175. 1965. Shantung [Shandong] (山东): Mt. Kunyushan [Kunyu Shan] (昆嵛山), Inst. Chin. Medic. Shantung Prov. (山东中医药研究所) 291 (Holotype: FUS).

浙南茜草 ***Rubia austrozhejiangensis*** Z.P. Lei, Y.Y. Zhou et R.W. Wang, Nord. J. Bot. 31 (3): 305. 2013. Zhejiang (浙江): Taishun (泰顺), Mount. Wuyanling (乌岩岭), 2011-09-08, Zu-Pei Lei (雷祖培) 001 (Holotype: HTC).

浙江茜草 ***Rubia chekiangensis*** Deb, Bull. Bot. Soc. Bengal 24 (1-2): 166. 1970. Chekiang [Zhejiang] (浙江), s.coll. s.n. (Holotype: K).

山东茜草 ***Rubia truppeliana*** Loes., Beih. Bot. Centralbl., Abt. 2. 37 (2): 183. 1919. [Shandong] (山东): Tsingtau [Qingdao] (青岛), Krug 9 (Syntype:?); Lau-schan [Lao Shan] (崂山), 1910-08, K.Forstamt TS. n. 459, Krug 205 (Syntype: HBG), M. du Bois-Reymond 186 (Syntype: ?).

小叶螺序草 ***Spiradiclis microphylla*** H.S. Lo, Acta Bot. Austro Sin. 1: 34. 1983. Jiangxi (江西): Longnan (龙南), Chenglong (程龙), Linwudong (林屋洞), Qishanpai (企山排), 1942-10-09, X.M. Mo (莫熙穆) 21172 (Holotype: IBSC).

Tarenna incana Diels, Notizbl. Bot. Gart. Berlin-Dahlem 9 (89): 1032. 1926. Chekiang [Zhejiang] (浙江): Chii chow [Quzhou] (衢州), Chii hsien [Qu Xian] (衢县 , 今衢江区), 1920-10-16, Hu (胡先骕) 538 (Isotype: A).

353 龙胆科 Gentianaceae

双蝴蝶 ***Crawfurdia chinensis*** Migo, J. Shanghai Sci. Inst., Sect. III, 4: 154. 1939. Chekiang [Zhejiang] (浙 江): Changhwa [Changhua] (昌 化), 1935-10-24, H. Migo (御 江 久 夫) s.n. (Holotype: TI).

五岭龙胆 ***Gentiana davidii*** Franch., Pl. David. 1: 211. 1884. Fokien [Fujian] (福建), 1873 年 , A. David s.n. (Holotype: P).

黄山龙胆 ***Gentiana delicata*** Hance, J. Bot. 21 (11): 324. 1883. An-hwei [Anhui] (安徽): Wuhu (芜湖), 1881-05, T.L. Bullock s.n.(Holotype: BM, Herb. Hance n. 22040).

Gentiana fortuni [***Gentiana fortunei***] Hook., Bot. Mag. 80: pl. 4776. 1854. North of China [Zhejiang] (浙 江): [Ningbo] (宁 波), [Xuedou Shan] (雪 窦 山), R. Fortune s.n. (Holotype: K-000843553).

福建龙胆 ***Gentiana fukienensis*** Y. Ling, Contr. Inst. Bot. Natl. Acad. Peiping 6 (4): 217. 1949. Fukien [Fujian] (福建): Shanghang (上杭), Tiehchang (贴长), Chutsaotung [Chucaodong] (出草崠), 1945-10-20, Y. Ling (林镕) 4604 (Lectotype: PE-00029391, designated by Y. Lin et al. in Acta Bot. Boreal. -Occid. Sin. 37: 395. 2017).

建德龙胆 ***Gentiana manshurica*** Kitag. subsp. ***jiandeensis*** J.P. Luo et Z.C. Lou, Acta Pharm. Sin. 22 (6): 456. 1987. Zhejiang (浙江): Chun'an (淳安), Jinfeng (金峰), Shanhou (山后), S.K. Jiang et S.T. Fang (蒋善坤 , 方尚土) 2406 (Holotype: PEM).

Gentiana pedicellata Griseb. var. ***chingii*** C. Marquand, Bull. Misc. Inform. Kew 1931 (2): 85. 1931. Anhwei [Anhui] (安徽), 1925-07-12, R.C. Ching (秦仁昌) 4157 (Holotype: K).

福建蔓龙胆 ***Gentiana pricei*** C. Marquand, Bull. Misc. Inform. Kew 1931 (2): 75. 1931. Fukien [Fujian] (福建): Between Lung-yen [Longyan] (龙岩) and Eng Hok, 1912-09-22, W.R. Price 1169 (Holotype: K).

南方龙胆 ***Gentiana scabra*** Bunge subsp. ***australis*** M.Y. Liou, Bull. Bot. Res., Harbin 1 (3): 68. 1981. Jiangsu (江苏): Qinglong Shan (青龙山), M.Y. Liou (刘鸣远) 7932 (Holotype: HANU).

灰绿龙胆 ***Gentiana yokusai*** Burk., J. Proc. Asiat. Soc. Bengal new ser. 2: 316. 1906. Shanghai (上海), Maingay s. n. (Syntype: ?); Kiangsi [Jiangxi] (江西): Kewkiang [Jiujiang] (九江), Shearer s. n. (Syntype: ?).

匙叶草 ***Latouchea fokienensis*** Franch., Bull. Soc. Bot. France 46: 212. 1899. Fokien [Fujian] (福建): Kuatun [Guadun] (挂墩), 1898-05, J. de La Touche s.n. (Holotype: P).

浙江獐牙菜 ***Swertia hickinii*** Burk., J. Proc. Asiat. Soc. Bengal. 2 (7): 320. 1906. Chekiang

[Zhejiang] (浙江), H.J. Hickin 09481 (Holotype: K).

建德獐牙菜 ***Swertia jiendeensis*** Y.Y. Fang, Bull. Bot. Res., Harbin 7 (1): 90. 1987. Zhejiang (浙江): Jiande (建德), Lian Hua Xiang (莲花乡), 1980-10-20, Hong Lin (洪林) 723 (Holotype: HZU).

单花獐牙菜 ***Swertia subuniflora*** B. Hua Chen et Shi L.Chen, Phytotaxa 280 (1): 38. 2016. Fujian (福建): Jianning(建宁), Mount. Jinrao [Jinnao Shan] (金铙山), 2014-09-22, B.H. Chen (陈炳华) 092201 (Holotype: FNU).

条叶双蝴蝶 ***Tripterospermum chinense*** (Migo) H. Smith var. ***linearifolium*** X.F. Jin, Novon 19 (2): 278. 2009. Zhejiang (浙江): Longquan (龙泉), Mt. Fengyang [Fengyang Shan] (凤阳山), 2004-08-26, X.F. Jin (金孝锋) 808A (Holotype: HTC).

356 夹竹桃科 Apocynaceae

浙江乳突果 ***Adelostemma microcentrum*** Tsiang, Sunyatsenia 2 (2): 184. 1934. Chekiang [Zhejiang] (浙江): Tien-mo Shan [Tianmu Shan] (天目山), west of Tien-mo Temple, 1907-05-18 [1929-05-22], K.K. Tsoong (钟观光) 351 (Holotype: PE).

水甘草 ***Amsonia sinensis*** Tsiang et P. T. Li, Acta Phytotax. Sin. 11 (4): 368. 1973. Kiangsu [Anhui] (安徽): Ta-Tong [Datong] (大通), 1910-06-14 [1921-04-14], K.K. Tsoong (钟观光) 3373 (Holotype: IBSC).

长轴青龙藤 ***Biondia henryi*** Tsiang et P.T. Li var. ***longipedunculata*** M. Cheng et Z.J. Feng, Bull. Bot. Lab. N.-E. Forest. Inst., Harbin 8: 2. 1980. Chekiang [Zhejiang] (浙 江): W. Tienmushan [Xitianmu Shan] (西天目山), 1955-05, M. Cheng (郑勉) 19645 (Holotype: HSNU).

小花秦岭藤 ***Biondia parviurnula*** M.G. Gilbert et P.T. Li, Novon 5 (1): 2. 1995. Anhui (安徽): Jinzhai (金寨), Guancaigou (棺材沟), Baimazhai (白马寨), 1984-03-04, K. Yao (姚淦) 8956 (Holotype: A).

Cynanchum linearifolium Hemsl., J. Linn. Soc., Bot. 26: 107. 1889. Shanghai (上海), E. Faber s.n. (Holotype: K).

毛白前 ***Cynanchum mooreanum*** Hemsl., J. Linn. Soc., Bot. 26 (173): 108. 1889. Chekiang [Zhejiang] (浙江): Ningpo [Ningbo] (宁波) mountains, E. Faber s.n. (Syntype: K); Kiangsi [Jiangxi] (江西): Kiukiang [Jiujiang] (九江), G. Shearer s.n. (Syntype: K).

彩叶球兰 ***Hoya carnosa*** (L. f.) R. Br. var. ***gushanica*** W. Xu, Guihaia 9 (3): 199. 1989. Fujian (福建): Fuzhou (福州), Gu Shan (鼓山), 1988-07-11, W. Xu (徐炜) 426 (Holotype: FZIL).

团花牛奶菜 ***Marsdenia glomerata*** Tsiang, Sunyatsenia 3 (2-3): 203. 1936. Chekiang [Zhejiang] (浙江), K.K. Tsoong (钟观光) 1313 (Holotype: IBSC).

Parechites adnascens Hance, J. Bot. 6: 299. 1868. Fokien [Fujian] (福建): Amoy [Xiamen] (厦门), ins. Tai-tan, 1866-05, T. Sampson s.n. (Syntype: BM); De Grijs s.n. (Syntype: BM, Herb. Hance n. 11071).

[柳叶白前] ***Pentasachme stauntonii*** Decne., DC. Prodr. 8: 627. 1844. China, G. Staunton. 《中国植物志》记载模式标本采自上海，《上海植物志》"上海植物研究简史"一节记载模式标本采自上海 .

Pottsia grandiflora Markgr., Notizbl. Bot. Gart. Berlin-Dahlem 9: 1029. 1926. Kiangsi [Jiangxi] (江西): [Dingnan] (定南), 1921-06-05, Hu (胡先骕) 1067 (Holotype: A).

[络石] ***Rhynchospermum jasminoides*** Lindl., J. Hort. Soc. London 1: 74. 1846. Shanghai (上海), R. Fortune s.n. (Holotype: K).

小叶毛药藤 ***Sindechites henryi*** Oliv. var. ***parvifolia*** Tsiang, Sinensia 3 (5): 159. 1932. Chekiang [Zhejiang] (浙江): Lung-chuan [Longquan] (龙泉), [Mao Shan] (昴山), 1917-06-06 [1930-06-07], K.K. Tsoong (钟观光) 551 (Holotype: PE).

石血 ***Trachelospermum jasminoides*** (Lindl.) Lem. var. ***heterophyllum*** Tsiang, Sunyatsenia 2: 146. 1934. Kiangsu [Jiangsu] (江苏): Nanking [Nanjing] (南京), Purple Mt. [Zijin Shan] (紫金山), 1931-05-31, Luh et Teng (邓世纬) 9637 (Syntype: ?), 1932-12-29, Luh et Teng (邓世纬) 10855 (Syntype: IBSC).

温州络石 ***Trachelospermum wenchowense*** Tsiang, Sunyatsenia 2 (2): 138. 1934. Chekiang [Zhejiang] (浙江): Wenchow [Wenzhou] (温州), Tse-tser, 1924-06-07, R.C. Ching (秦仁昌) 1869 (Holotype: IBSC).

Tylophora chungii Merr. ex F.P. Metcalf, Lingnan Sci. J. 11: 264. 1932. Fukien [Fujian] (福建): [Fuzhou] (福州), Pehling [Beiling] (北岭), Chung (钟心煊) 2159 (Isosyntype: A); Baek-liang [Beiling] (北岭), 1925-08-23, Chen FCU 1997 (Syntype: UC).

Vincetoxicum chinense S. Moore, J. Bot. 13: 228.1875. Kiangsi [Jiangxi] (江西): Kiu-kiang [Jiujiang] (九江), 1873 年 , G. Shearer s.n. (Holotype: K). 更名为 ***Cynanchum mooreanum*** Hemsl.

357 紫草科 Boraginaceae

Ehretia argyi H. Lév., Repert. Spec. Nov. Regni Veg. 11: 67. 1912. Kiang-Sou [Jiangsu] (江苏), d'Argy s.n. (Holotype: E).

Ehretia taiwaniana Nakai, J. Arnold Arbor. 5: 38. 1924. Kwangsi [Jiangxi] (江西): Ta Yu [Dayu] (大余), 1921-05-22, H.H. Hu (胡先骕) 964 (Syntype: A).

Omphalodes aquatica Brand var. ***sinica*** Brand, Repert. Spec. Nov. Regni Veg.13: 545. 1915. [Shandong] (山东): Tsingtau [Qingdao] (青岛), Lauschan [Lao Shan] (崂山), Küntzel

93 (Syntype: ?), Zimmermann 341 (Syntype: ?); Kiautschau [Jiaozhou] (胶州), Paischaho [Baisha He] (白沙河), Hass 90 (Syntype: ?).

浙江琉璃草 ***Omphalodes chekiangensis*** Migo, Bot. Mag. (Tokyo) 56 (666): 265. 1942. Chekiang [Zhejiang] (浙江): Mt. Hsi-tienmu-shan [Xitianmu shan] (西天目山), 1935-05-15, H. Migo (御江久夫) s.n. (Syntype: NAS-00073442), 1936-04-23, H. Migo (御江久夫) s.n. 〔Lectotype: NAS-00072347, designated by Y.F. Duan et L.B. Zhang in Phytotaxa 170 (4): 279. 2014〕.

泰顺皿果草 ***Omphalotrigonotis taishunensis*** Shao Z. Yang, W.W. Pan et J.P. Zhong, J. Hangzhou Norm. Univ., Nat. Sci. Ed.19 (3): 258. 2020. Zhejiang (浙江): Taishun (泰顺), Siqian (司前), Wenyang (榅垟), Longjing Tunnel (龙井隧道), 2017-05-25, W.W. Pan et J.P. Zhong (潘温文 , 钟建平) WYL 2017052501 (Holotype: ZJFI).

具鞘皿果草 ***Omphalotrigonotis vaginata*** Y.Y. Fang, Bull. Bot. Res., Harbin 7 (1): 89. 1987. Zhejiang (浙江): Chun'an (淳安), Qiuyuan (秋源), Da-kang [Dakeng] (大坑), Luofeng Shan (落凤山), Hong Lin (洪林) 898 (Holotype: HZU).

汝槐车前紫草 ***Sinojohnstonia ruhuaii*** W.B. Liao et Lei Wang, Novon 23 (2): 250. 2014. Jiangxi (江西): Mt. Sanqing [Sanqing Shan] (三清山), Jinsha (金沙), Yulian waterfall (玉帘瀑布), 2007-04-02, Team of Mt. Sanqingshan of Sun Yat-sen Univ. (中山大学三清山队) 19117 (Holotype: SYS).

皿果草 ***Trigonotis cupulifera*** I.M. Johnst., J. Arnold Arbor. 33: 69. 1952. Kiangsi [Jiangxi] (江西): Linchuan (临川), 1932-06-20, Y. Tsiang (蒋英) 9931 (Holotype: GH).

蒙山附地菜 ***Trigonotis tenera*** I.M. Johnst., J. Arnold Arbor. 21: 56. 1940. Shantung [Shandong] (山东): Fei Hsien [Fei Xian] (费县), Meng Shan (蒙山), 1936-08-04, T.Y. Cheo et L. Yen 312 (Holotype: GH).

359 旋花科 Convolvulaceae

大花心萼薯 ***Aniseia stenantha*** (Dunn) Y. Ling ex R. C. Fang et S. H. Huang var. ***macrostephana*** Y.H. Zhang, Acta Phytotax. Sin. 24 (2): 155. 1986. Zhejiang (浙江): Longquan [Qingyuan] (庆元), Jushui (菊水), 1965-10-14, P.L. Chiu (裘宝林) 1078 (Holotype: HHBG).

缠枝牡丹 ***Calystegia pubescens*** Lindl., J. Hort. Soc. London 1: 70. 1846. Shanghai (上海), R. Fortune s.n. (Holotype: ?).

Convolvulus argyi H. Lév., Repert. Spec. Nov. Regni Veg. 12: 99. 1913. Kiang-Sou [Jiangsu] (江苏), d'Argy s.n. (Holotype: E).

裂叶鳞蕊藤 ***Lepistemon lobatus*** [***Lepistemon lobatum***] Pilger, Notizbl. Bot. Gart. Berlin-

Dahlem 9 (89): 1029. 1926. Chekiang [Zhejiang] (浙 江): Lung chiung [Longquan] (龙 泉), 1920-09-24, Hu (胡先骕) 451 (Isotype: A).

九华鱼黄草 ***Merremia sibirica*** (L.) Hall. f. var. ***jiuhuaensis*** B.A. Shen et X.L. Liu, Bull. Bot. Res., Harbin 7 (3): 83. 1987. Anhui (安徽): Jiuhua Shan (九华山), 1985-10-20, B.A. Shen (沈保安) 85808 (Holotype: WHDC).

360 茄科 Solanaceae

隐果散血丹 ***Physaliastrum japonicum*** (Franch. et Sav.) Honda var. ***occultibaccum*** X.H. Guo et S.B. Zhou, Acta Bot. Yunnan. 15 (4): 331. 1993. Anhui (安 徽): Qingyang (青 阳), Jiuhua Shan (九华山), 1991-08-05, S.B. Zhou et X.H. Guo (周守标 , 郭新弧) 91074 (Holotype: ANU [ANUB]).

Solanum heudesii H. Lév., Repert. Spec. Nov. Regni Veg. 11: 295. 1912. Chang-Hai [Shanghai] (上海): Zi-Ka-Wei [Xujiahui] (徐家汇), 1891-08, E. Bodinier s.n. (Holotype: A).

多裂水茄 ***Solanum torvum*** Sw. var. ***pleiotomum*** C.Y. Wu et S.C. Huang, Acta Phytotax. Sin. 16 (2): 73. 1978. Fujian (福建): Fuzhou (福州), Tsang Tsien Shan [Cangqian Shan] (仓前山), 1937-03-28, H. Migo (御江久夫) s.n. (Holotype: PE).

366 木犀科 Oleaceae

流苏树 ***Chionanthus retusus*** Lindl. et Paxton, Paxton's Fl. Gard. 3: 85. 1852. Fokien [Fujian] (福建): Foo-chow-foo [Fuzhou] (福州), R. Fortune 37 (Holotype: K).

Fontanesia argyi H. Lév., Mem. Real Acad. Ci. Barcelona 12 (22): 17. 1916. [Shanghai] (上海): Chang-Hin; Siao-Tse-Jang, d'Argy s.n. (Holotype: E).

Fontanesia chinensis Hance, J. Bot. 17: 136.1879. Kiang-su [Shanghai] (上海): Feng-wang-shan [Fenghuang Shan] (凤凰山), 1878 年 , F.B. Forbes 20725 (Holotype: BM).

雪柳 ***Fontanesia fortunei*** Carrière, Revue Horticole (Paris) 31: 43. 1859. 1854 年由 M. Montigny 从 Shang-Hai (上海) 引入 .

Fontanesia longicarpa K.J. Kim, J. Pl. Biol. 41 (2): 142. 1998. Zhejiang (浙 江): Shaoahing [Shaoxing] (绍兴), 1927-09-03, Y.L. Keng (耿以礼) 1184 (Holotype: GH).

Fontanesia phillyreoides Labill. var. ***sinensis*** Debeaux, Actes Soc. Linn. Bordeaux 30: 93. 1875. [Shanghai] (上海): Woo-song [Wusong] (吴淞), Debeaux s.n. (Holotype: ?).

Forsythia suspensa (Thunb.) Vahl var. ***latifolia*** Rehder, Pl. Wilson. (Sargent) 1 (2): 302. 1912. Shantung [Shandong] (山东): Po-shan [Boshan] (博山), 1907-09, F.N. Meyer 263 (Holotype: A).

金钟花 ***Forsythia viridissima*** Lindl., J. Hort. Soc. London 1: 226. 1846. Chekiang [Zhejiang]（浙江）, R. Fortune 44 (Holotype: MO).

黄山梣 ***Fraxinus huangshanensis*** S.S. Sun, Bull. Bot. Res., Harbin 5 (1): 42. 1985. Anhui（安徽）: Mt. Huangshan [Huang Shan]（黄山）, Shizilin to West Sea（狮子林至西海）, Z.N. Yan（严增南）2639 (Holotype: FUS).

庐山梣 ***Fraxinus mariesii*** Hook. f., Bot. Mag. 109: t. 6678. 1883. Kiangsi [Jiangxi]（江西）: Kiu Kiang [Jiujiang]（九江）, 1882-05-26, Maries s.n. (Holotype: K).

Jasminum argyi H. Lév., Mem. Real Acad. Ci. Barcelona 12 (22): 17. 1916. [Shanghai]（上海）: Le Kien, d' Argy s.n. (Holotype: E).

迎春花 ***Jasminum nudiflorum*** Lindl., J. Hort. Soc. London 1: 153. 1846. Ninkin [Shanghai]（上海）, R. Fortune 1 (Holotype: K).

Ligustrum argyi H. Lév., Mem. Real Acad. Ci. Barcelona 12 (22): 17. 1916. [Shanghai]（上海）, d'Argy s.n. (Holotype: E).

Ligustrum compactum (Wall.) Hook f. et Thoms var. ***latifolium*** W.C. Cheng ex C. Pei, Contr. Biol. Lab. Sci. Soc. China, Bot. Ser. 10 (1): 44. 1935. Kiangsu [Jiangsu]（江苏）: Nanking [Nanjing]（南京）, Linku-sze [Linggu Si]（灵谷寺）, 1929-09-15, W.C. Cheng（郑万钧）144 (Syntype: NAS), 1935-06-14, W.C. Cheng（郑万钧）5928 (Syntype: ?).

长筒女贞 ***Ligustrum henryi*** Hemsl. var. ***longitubum*** P.S. Hsu, Observ. Fl. Hwangshan. 162. 1965. Anhwei [Anhui]（安徽）: Hwangshan [Huang Shan]（黄山）, near Teh Hsing Tin [Dexinting]（德心亭）, 1954-07-07, Futan Univ.（复旦大学队）286 (Holotype: FUS).

Ligustrum ibota Sieb. var. ***subcoriaceum*** Koeh. et Lingelsh., Repert. Spec. Nov. Regni Veg. Beih. 12: 462. 1922. Kiangsu [Jiangsu]（江苏）: Nanking [Nanjing]（南京）, Bao hoa schan [Baohua Shan]（宝华山）, Lung tan [Longtan]（龙潭）, Limpricht 833 (Holotype: ?).

蜡子树 ***Ligustrum molliculum*** Hance, J. Bot. 20 (229): 291. 1882. An-hwei [Anhui]（安徽）: Wuhu（芜湖）, 1881-05, T.L. Bullock s.n. (Holotype: BM, Herb. Hance n. 22003).

Ligustrum quihoui Carr. var. ***trichopodum*** Y.C. Yang, Contr. Biol. Lab. Sci. Soc. China, Bot. Ser. 12: 112. 1939. [Jiangsu]（江苏）: Nanking [Nanjing]（南京）, Ox-head-mountain [Niutou Shan]（牛头山）, 1926-06-28, C.L. Tso（左景烈）1290 (Holotype: NAS).

Ligustrum subsessile S.Y. Hu, J. Arnold Arbor. 35: 199.1954. Kiangsi [Jiangxi]（江 西）: Hsiu-shiu [Xiushui]（修水）, Hwang-lung shan [Huanglong Shan]（黄龙山）, Nung-lung temple [Huanglong Si]（黄龙寺）, Y.K. Hsiung（熊耀国）5629 (Holotype: A).

宁波木犀 ***Osmanthus cooperi*** Hemsl., Bull. Misc. Inform. Kew 109: 18. 1896. Chekiang [Zhejiang]（浙江）: Ningpo [Ningbo]（宁波）, 1895 年 , G.M.H. Playfair s.n. (Holotype: K-000978699).

长叶木犀 ***Osmanthus longissimus*** Hung T. Chang, Acta Sci. Nat. Univ. Sunyatseni 1982 (2):

6. 1982. Kiangsi [Jiangxi] (江西): Wugong Shan (武功山), Kiangsi Exped. Bot. Inst. Acad. Sin. (中科院植物所江西队) 436 (Holotype: PE).

厚叶木犀*Osmanthus marginatus* (Champ. ex Benth.) Hemsl. var. ***pachyphyllus*** Hung T. Chang ex B.Q. Xu, Y.F. Deng et G. Hao, J. Trop. Subtrop. Bot. 13 (5): 451. 2005. Fujian (福建): Wuyi Shan (武夷山), M.J. Wang (王名金) 3464 (Holotype: PE).

Phlyarodoxa leucantha S. Moore, J. Bot. 13 (152): 229. 1875. Kiangsi [Jiangxi] (江西): Kiu-kiang [Jiujiang] (九江), 1873 年 , G. Shearer s.n. (Holotype: K).

Syringa oblata Lindl., Gard. Chron. 1859: 868. 1859. Shanghae [Shanghai] (上海), R. Fortune s.n. (Holotype: ?).

369 苦苣苔科 Gesneriaceae

保连横蒴苣苔 *Beccarinda baolianis* Q.W. Lin, Bull. Bot. Res., Harbin 36 (5): 651. 2016. Fujian (福建): Changting (长汀), Sidou (四都), Xiaojin (小金), 2015-03-27, Q.W. Lin et al. (林沁文等) 0016 (Holotype: FJFC).

安徽旋蒴苣苔 *Boea densihispidula* S.B. Zhou et X.H. Guo, Acta Phytotax. Sin. 29 (5): 477. 1991. Anhui (安徽): Guichi (贵池), Tanxi [Tangxi] (棠溪), 1989-08-09, X.F. Zhou (周秀芳) 89053〔Holotype: ANU [ANUB]〕.

浙皖粗筒苣苔 *Briggsia chienii* Chun, Sunyatsenia 6 (3-4): 300. 1946. Chekiang [Zhejiang] (浙江): Lungtsuan [Longquan] (龙泉), Ang-Shan [Mao Shan] (昴山), below Wuliting (五里亭), 1934-10-10[10-06], Y.Y. Ho (贺贤育) 3149 (Holotype: SYS).

宽萼粗筒苣苔 *Briggsia latisepala* Chun ex K.Y. Pan, Acta Phytotax. Sin. 26 (6): 454. 1988. Zhejiang (浙江): Yunhe (云和), [Wangshewu] (王蛇坞), 1932-09-10, S. Chen (陈诗) 837 (Holotype: IBSC).

温州长蒴苣苔 *Chirita cortusifolia* Hance, J. Bot. 21: 324. 1883. Chekiang [Zhejiang] (浙江): Wen-chau [Wenzhou] (温州), W.G. Stronach s.n.(Holotype: BM, Herb. Hance 22178).

宁化唇柱苣苔 *Chirita gueilinensis* W.T. Wang var. ***brachycarpa*** W.T. Wang, Bull. Bot. Res., Harbin 4 (1): 15. 1984. Fujian (福建): Ninghua (宁化), Hekou (禾口), Lantian (兰田), 1982-08-10, C.H. Huang (黄锄荒) 801 (Holotype: PE).

广丰唇柱苣苔 *Chirita mangshanensis* W.T. Wang var. ***lasiandra*** W.T. Wang, Bull. Bot. Res., Harbin 4 (1): 15. 1984. Jiangxi (江西): Guangfeng (广丰), 1958-10-23, M.X. Nie (聂敏祥) 5848 (Holotype: LBG).

双片苣苔 *Chirita obtusa* C.B. Clarke, A. DC. Monogr. Phan. 5: 114. 1883. [Fujian] (福建): Amoy [Xiamen] (厦门), R. Swinhoe s.n. (Holotype: K).

休宁小花苣苔 ***Chiritopsis xiuningensis*** X.L. Liu et X.H. Guo, Bull. Bot. Res., Harbin 9 (3): 51. 1989. Anhui (安徽): Xiuning (休宁), Qiyun Shan (齐云山), 1987-08-16, X.L. Liu (刘晓龙) 1340 (Holotype:WUH).

江西全唇苣苔 ***Deinocheilos jiangxiensis*** W.T. Wang, Guihaia 6 (1-2): 4. 1986. Jiangxi (江西): Xunwu (寻乌), Ding Shan (顶山), 1959-07-11, Class.1961 Fac. Biol. Coll. Norm. Jiangxi (江西师范学院生物系 1961 班) s.n. (Holotype: JXU).

长瓣马铃苣苔 ***Didymocarpus auricula*** [***Didymocarpus auriculus***] S. Moore, J. Bot. 13: 229. 1875. Kiangsi [Jiangxi] (江 西): Kiu-kiang [Jiujiang] (九 江), 1873 年 , G. Shearer s.n. (Holotype: K).

深裂长蒴苣苔 ***Didymocarpus dissectus*** F. Wen, Y.L. Qiu, Jie Huang et Y.G. Wei, Nordic J. Bot. 31 (3): 316. 2013. Fujian (福建): Fuzhou(福州), Rixi (日溪), 2011-05-06, Y.L. Qiu et J. Huang (邱燕连 , 黄洁) CSJT110506 (Holotype: IBK).

闽赣长蒴苣苔 ***Didymocarpus heucherifolius*** Hand.-Mazz., Symb. Sin. Pt. 7 (4): 881. 1936. Kiangsi [Jiangxi] (江 西) et Fukien [Fujian] (福 建): Schitscheng [Shicheng] (石 城) und Ninghwa [Ninghua] (宁 化), Dunghwa-schan [Donghua Shan] (东 华 山), Schehsing-schan, 1921-05-07, T.H. Wang (王德辉) Plt. sin. 330 (Holotype: WU).

浙东长蒴苣苔 ***Didymocarpus lobulatus*** F. Wen, Xin Hong et W.Y. Xie, PhytoKeys 157: 147. 2020. Zhejiang (浙江): Shengzhou (嵊州), Chongren Town (崇仁镇), Liwang Village (里王村), 2014-05-23, Wen-Yuan Xie et Jia-Jun Zhou (谢文远 , 周佳俊) 140523-01 (Holotype: IBK).

迭裂长蒴苣苔 ***Didymocarpus salviaeflorus*** [***Didymocarpus salviiflorus***] Chun, Sunyatsenia 6 (3-4): 294. 1946. Chekiang [Zhejiang] (浙 江): Li-Hsui [Lishui] (丽 水), Nan-Ling Shan [Nanming Shan] (南明山), 1927-04-19 [1930-04-30], K.K. Tsoong (钟观光) 288 (Isotype: PE).

江西半蒴苣苔 ***Hemiboea subacaulis*** Hand.-Mazz. var. ***jiangxiensis*** Z.Y. Li, Acta Phytotax. Sin. 21 (2): 199. 1983. Jiangxi (江西): Suichuan (遂川), Linyang (淋洋), Tuishan (推山), 1963-09-29, J.S. Yue et al. (岳俊三等) 4394 (Holotype: IBSC).

龙南后蕊苣苔 ***Opithandra burttii*** W.T. Wang, Novon 7 (4): 430. 1998. Jiangxi (江西): Longnan (龙南), Linwu Village (林屋村), Mt. Wuzhishan [Wuzhi Shan] (乌枝山), 1934-10-01~25, S.K. Lau (刘心祈) 4622 (Holotype: GH).

马铃苣苔 ***Oreocharis amabilis*** Dunn, J. Linn. Soc., Bot. 38 (267): 362.1908. Fokien [Fujian] (福建): Foochow [Fuzhou] (福州), Carles 587 (Syntype: K); Shao Wu (邵武), S.T. Dunn HH-3363 (Syntype: HK).

细齿马铃苣苔 ***Oreocharis auricula*** (S. Moore) C.B. Clarke var. ***denticulata*** K.Y. Pan, Acta Phytotax. Sin. 25 (4): 276. 1987. Fujian (福建): Yong'an (永安), Neilu (内炉), Lianhuadong (莲花洞), 1959-07-02, Fujian Exped. (福建队) 005367 (Holotype: IBSC).

Oreocharis fokienensis Franch., Bull. Soc. Bot. France 46: 212. 1899. Fokien [Fujian] (福

建): Rivière Min (闽江),1898-03, J. de La Touche s.n. (Holotype: P).

光叶石上莲 ***Oreocharis leiophylla*** W.T. Wang, Acta Phytotax. Sin. 13 (3): 99. 1975. Fujian (福建): Liancheng (连城), Luodi (罗地), 1932-10-20, Y. Ling (林镕) 4182 (Holotype: PE).

大花石上莲 ***Oreocharis maximowiczii*** C.B. Clarke, Monogr. Phan. (A.DC. & C.DC.) 5 (1): 63. 1883. China Borealis [Fujian] (福建): [Wuyi Shan](武夷山), L.G. Seniawin s.n. (Holotype: ?).

密毛大花石上莲 ***Oreocharis maximowiczii*** C.B. Clarke var. ***mollis*** J.M. Li et R.Yi, Phytotaxa 424 (1): 67. 2019. Fujian (福建): Taining (泰宁), Kowloon Tam [Jiulongtan] (九龙潭), 2016-04-02, J.M. Li (李家美) 163292 (Holotype: HEAC).

条纹马铃苣苔 ***Oreocharis striata*** F. Wen et C.Z.Yang, Ann. Bot. Fenn. 52 (5-6): 370. 2015. Fujian (福建): Youxi (尤溪), Qingkeng Village (青坑村), 2014-08-22, C.Z. Yang et al. (杨成梓等) 35042620130822016 (Holotype: IBK).

筒花马铃苣苔 ***Oreocharis tubiflora*** K.Y. Pan, Acta Phytotax. Sin. 25 (4): 287. 1987. Fujian (福建): Nanping (南平), 3800 Steps (三千八百坎), 1979-09-23, Y.T. Chang (张永田) 79538 (Holotype: PE).

江西石山苣苔 ***Petrocodon jiangxiensis*** F. Wen, L.F. Fu et L.Y. Su, Ann. Bot. Fennici 56: 279. 2019. Jiangxi (江西): Leping (乐平), Wenshan Town (文山乡), 2017-05-02, F. Wen et X. Hong (温放 , 洪欣) WF170502-01 (Holotype: IBK).

池州报春苣苔 ***Primulina chizhouensis*** Xin Hong, S.B. Zhou et F. Wen, Phytotaxa 50: 14. 2012. Anhui (安徽): Chizhou (池州), Tangxi (棠溪), 2008-06-08, S.B. Zhou et Xin Hong (周守标 , 洪欣) 0806001〔Holotype: ANU [ANUB]〕.

粗筒小花苣苔 ***Primulina inflata*** Li H. Yang et M.Z. Xu, Taiwania 65 (2): 163. 2020. Cult. at South China Botanical Garden, 2019-04-13, Li-Hua Yang (杨丽华) YLH1024 (Holotype: IBSC). from Jiangxi (江西), Xingguo (兴国), Changgang Town (长冈乡), Bingxindong (冰心洞), 2016-08-08, Mei-Zhen Xu et al. (徐梅珍等).

乐平报春苣苔 ***Primulina lepingensis*** Z.L. Ning et Ming Kang, Ann. Bot. Fenn. 51 (5): 323. 2014. Jiangxi (江西): Leping (乐平), Hongyan Town (洪岩镇), 2012-09-12, M. Kang (康明) et al. JXLP01-l (Holotype: IBSC).

连城报春苣苔 ***Primulina lianchengensis*** B.J. Ye et S.P. Chen, Phytotaxa 411 (4): 269. 2019. Fujian (福建): Liancheng (连城), 2018-05-12, B.J. Ye (叶宝鉴) 20180512 (Holotype: FJFC).

遂川报春苣苔 ***Primulina suichuanensis*** X.L. Yu et J.J. Zhou, Nord. J. Bot. 34 (2): 148. 2016. Jiangxi (江西): Suichuan (遂川), Quanjiang Town (泉江镇), 2013-10-09, J. J. Zhou (周建军) 13100901 (Holotype: CSFI).

温氏报春苣苔 ***Primulina wenii*** Jian Li et L.J. Yan, Bangladesh J. Pl. Taxon. 24 (2): 176. 2017. Fujian (福建): Fuzhou (福州), Rixi (日溪), 2013-04-12, Jian Li et F. Wen (李健 , 温放)

20130412-01 (Holotype: IBK).

西子报春苣苔 ***Primulina xiziae*** F. Wen, Yue Wang et G.J. Hua, Nord. J. Bot. 30 (1): 77. 2012. Zhejiang (浙江): Hangzhou (杭州), Taiziwan (太子湾), 2008-06-01, Fang Wen et al. (温放等) HZ20080601 (Holotype: IBK).

370 车前科 Plantaginaceae

Botryopleuron macrophyllum H.L. Li, Bot. Bull. Acad. Sin. n.s. 1 (1): 21. 1960. Anhwei [Anhui] (安徽): Huang Shan (黄山), 1925-07-05, R.C. Ching (秦仁昌) 4128 (Holotype: UC).

Calorhabdos robusta Diels, Notizbl. Bot. Gart. Berlin-Dahlem 9: 1031. 1926. Kiang si [Jiangxi] (江西): Kui chi [Guixi] (贵溪), 1921-07-16, H.H. Hu (胡先骕) 1274 (Holotype: ?).

Calorhabdos venosa Hemsl., J. Linn. Soc., Bot. 26: 197. 1890. Chekiang [Zhejiang] (浙江): Ningpo [Ningbo] (宁波) mountains, E. Faber s.n. (Syntype: K).

小芒苞车前 ***Plantago aristata*** Michx. var. ***minuta*** T.K. Zheng et X.S. Wan, Bull. Bot. Res., Harbin 12 (4): 373. 1992. Jiangsu (江苏): Suqian (宿迁), 1990-06-28, X.S. Wan et J.Y. Wang (万绪山 , 王嘉亿) 1990-1 (Holotype: LNCM).

Plantago asiatica L. var. ***laxa*** Pilg., Notizbl. Bot. Gart. Berlin-Dahlem 8 (72): 107. 1922. [Shandong] (山东): Kiautschau, Tsingtau [Qingdao] (青岛), 1901-08, Zimmermann 492 (Syntype: ?), 1905-09, Krug 104 (Syntype: ?).

龙泉腹水草 ***Veronicastrum lungtsuanense*** M. Cheng et Z.J. Feng, Bull. Bot. Lab. N. -E. Forest. Inst., Harbin 1980 (8): 1. 1980. Chekiang [Zhejiang] (浙江): Lungtsuan [Longquan] (龙泉), mount. Mao Shan (昴山), 1957-09, T.S. Chien (钱士心) 1525 (Holotype: HSNU).

泰山腹水草 ***Veronicastrum sibiricum*** (L.) Penn. var. ***taishanensis*** D.K. Zang, J. Shandong Agri. Univ. 25 (1): 57. 1994. Shandong (山东): Taishan mountain [Tai Shan] (泰山), Yuhuangding (玉皇顶), 1992-07-02, D.K. Zang (臧得奎) 92020 (Holotype: SDAU).

铁钓竿 ***Veronicastrum villosulum*** (Miq.) Yamazaki var. ***glabrum*** T.L. Chin et D.Y. Hong, Fl. Reipubl. Popularis Sin. 67 (2): 402. 1979. Anhui (安徽): Qimen (祁门), Shenkeng (深坑), M.B. Deng (邓懋彬) 5326 (Holotype: PE).

刚毛腹水草 ***Veronicastrum villosulum*** (Miq.) Yamazaki var. ***hirsutum*** T.L. Chin et D.Y. Hong, Fl. Reipubl. Popularis Sin. 67 (2): 401. 1979. Zhejiang (浙江): Longquan (龙泉), 1958-07-18, S.Y. Chang (章绍尧) 3142 (Holotype: PE).

两头连 ***Veronicastrum villosulum*** (Miq.) Yamazaki var. ***parviflorum*** T.L. Chin et D.Y. Hong, Fl. Reipubl. Popularis Sin. 67 (2): 401. 1979. Zhejiang (浙江): Longquan (龙泉), Mao Shan (昴山), 1957-09-04, C.F. Zhang et Z.Z Huang (张朝芳 , 黄正璋) 235 (Holotype: PE).

武夷腹水草 ***Veronicastrum wuyiense*** Y.T. Chang et L.Y. Chen, Wuyi Sci. J. 8: 165. 1991. Fujian (福建): Jianyang (建阳), Huangkeng (黄坑), Huangzhulou (黄竹楼), 1980-09-06, Wuyi Exped. (武夷队) 1821 (Holotype: FJSI).

371 玄参科 Scrophulariaceae

醉鱼草 ***Buddleja lindleyana*** Fort. ex Lindley, Edwards's Bot. Reg. 30 (Misc.): 25. 1844. [Zhejiang] (浙江): Chusan [Zhoushan] (1843 年种子采自舟山), R. Fortune 37〔Neotype: CGE, designated by A.J.M. Leeuwenberg in Meded. Landb. Wageningen79 (6): 130. 1979〕.

南京玄参 ***Scrophularia nankinensis*** P.C. Tsoong, Fl. Reipubl. Popularis Sin. 67 (2): 394. 1979. Jiangsu (江苏): Nanking [Nanjing] (南京), Dr. Sun Yat-sen's Mausoleum (中山陵园), 1951-04-24, F.X. Liu (刘昉勋) 910 (Holotype: PE).

玄参 ***Scrophularia ningpoensis*** Hemsl., J. Linn. Soc., Bot. 26: 178. 1890. Chekiang [Zhejiang] (浙江): mountains of Ningpo [Ningbo] (宁波), E. Faber s.n. (Holotype: K).

373 母草科 Linderniaceae

短梗母草 ***Lindernia brevipedunculata*** Migo, J. Shanghai Sci. Inst., Sect. III, 4: 160. 1939. Chekiang [Zhejiang] (浙江): Changhwa [Changhua] (昌化), 1935-10-23, H. Migo (御江久夫) s.n. (Holotype: TI).

九华山母草 ***Lindernia jiuhuanica*** X.H. Guo et X.L. Liu, Acta Phytotax. Sin. 26 (2): 153. 1988. Anhui (安徽): Jiuhua Mountain [Jiuhua Shan] (九华山), Zhongminyuan (中闵园), 1985-08-08, X.L. Liu (刘晓龙) 985875 (Holotype: WUH).

江西母草 ***Lindernia kiangsiensis*** P.C. Tsoong, Fl. Reipubl. Popularis Sin. 67 (2) : 396. 1979. Jiangxi (江西): Anyuan (安远), Caifang (蔡坊), Dazhuyuan (大竹园), 1958-06-12, s.coll. s.n. (Holotype: LBG-2613).

金门母草 ***Lindernia kinmenensis*** Y.S. Liang, Chih H. Chen et J.L.Tsai, Nordic J. Bot. 29 (4): 435. 2011. Fujian (福建): Kinmen [Jinmen] (金门), Tonden, 2006-06-16, Y. S. Liang (梁珆硕) 837 (Holotype: TNM).

泰山母草 ***Lindernia taishanensis*** F.Z. Li, Bull. Bot. Res., Harbin 6 (1): 169. 1986. Shandong (山东): Tai Shan (泰山), 1984-10-23, F.Z. Li (李法曾) 84073 (Holotype: SDFS).

377 爵床科 Acanthaceae

厦门老鼠簕 ***Acanthus xiamenensis*** R.T. Zhang, Wuyi Sci. J. 5: 237. 1985. Fujian (福建): Longhai (龙海), Jiaowei (角尾), Baijiao (白礁), 1984-05-31, R.T. Zhang (张娆挺) 707 (Holotype: AU).

Asystasia chinensis S. Moore, J. Bot. 13: 228. 1875. Kiangsi [Jiangxi] (江西): Kiu-kiang [Jiujiang] (九江), 1873 年 , G. Shearer s.n. (Holotype: K).

菜头肾 ***Championella sarcorrhiza*** C. Ling, Acta Phytotax. Sin. 13 (3): 93. 1975. Zhejiang (浙江): Rui'an (瑞安), Kengyuan (坑源), Dongkeng (东坑), 1971-08-30, [C. Ling] (林泉) (71) 037 (Holotype: PE).

Dicliptera cyclostegia Hand.-Mazz., Anz. Akad. Wiss. Wien, Math.-Naturwiss. Kl. 62: 235. 1925. Kianghsi [Jiangxi] (江西): Lu-schan [Lu Shan] (庐山), Kuling [Guling] (牯岭), 1908 年, A.K. Schindler 341 (Syntype: W).

Justicia quadrifaria (Nees) T. Anderson var. ***lancifolia*** L.H. Bailey, Gentes Herbarum 1 (1): 45. 1920. Kiangsi [Jiangxi] (江西): Kuling [Guling] (牯岭), 1917-07-19, L.H. Bailey s.n. (Holotype: ?).

天目山蓝 ***Peristrophe tianmuensis*** H.S. Lo, Bull. Bot. Res., Harbin 8 (1): 4. 1988. Zhejiang (浙江): Tianmu Shan (天目山), [Jiaokou] (交口), 1956-09-11, H.Q. Zhu (朱和卿) 000340 (Holotype: PE).

白花爵床 ***Rostellularia procumbens*** (L.) Nees fo. ***albiflora*** Z.H. Cheng, [Z.H. Chen] J. Zhejiang Forest. Coll. 4 (1): 71. 1987. Zhejiang (浙江): Jingning (景宁), Heqi [Hexi] (鹤溪), 1986-10-20, Z.H. Cheng (陈征海) 86077 (Holotype: ZFSD).

Ruellia seclusa S. Moore, J. Bot. 14: 208. 1876. Kiangsi [Jiangxi] (江西): Kiukiang [Jiujiang] (九江), 1874-07, F.B. Forbes 149 (Holotype: BM).

羽裂马蓝 ***Strobilanthes pinnatifidus*** [***Strobilanthes pinnatifida***] C.Z. Zheng, J. Hangzhou Univ., Nat. Sci. Ed. 8 (4): 431. 1981. Zhejiang (浙江): Qingyuan (庆元), He Shan (和山), 1957-09-09, C.F. Zhang (张朝芳) 330 (Holotype: HZU).

378 紫葳科 Bignoniaceae

Incarvillea argyi H. Lév., Bull. Géogr. Bot. 24: 292.1914. Kiang-Sou [Jiangsu] (江苏): Sou-Long-Hou; Sen-Kien-Tsai, d'Argy s.n. (Holotype: E).

379 狸藻科 Lentibulariaceae

钩突挖耳草 ***Utricularia warburgii*** K.I. Goebel, Ann. Jard. Bot. Buitenzorg 9: 64.1891. [Zhejiang] (浙江): Ningpo [Ningbo] (宁波), O. Warburg s.n. (Holotype: ?).

382 马鞭草科 Verbenaceae

白花马鞭草 ***Verbena officinalis*** L. fo. ***albiflora*** S.H. Jin et D.D. Ma, Acta Bot. Boreal.-Occid. Sin. 30 (8): 1701. 2010. Zhejiang (浙江): Putuo Shan (普陀山), Foding Shan (佛顶山), 2008-06-08, S.H. Jin et al. (金水虎等) PT08486 (Holotype: ZJFC).

383 唇形科 Lamiaceae

Ajuga lanosa Y. Z. Sun, Contr. Biol. Lab. Sci. Soc. China, Bot. Ser. 7 (2): 14. 1932. [Jiangsu] (江苏): Nanking [Nanjing] (南京), Chia Kang Men [Jiagangmen] (夹岗门), 1930-05-01, Y.Z. Sun (孙雄才) 343 (Syntype: PE), 1931-04-27, Y.Z. Sun (孙雄才) 861 (Syntype: PE).

歧伞香茶菜 ***Amethystanthus macrophyllus*** Migo, J. Shanghai Sci. Inst., Sect. III, 3: 230. 1937. Kiangsu [Jiangsu] (江苏): Chinkiang [Zhenjiang] (镇江), Chulinssu [Zhulin Si] (竹林寺), 1934-08-18 et 1934-09-23, H. Migo (御江久夫) s.n. (Syntypes: TI).

Amethystanthus nakaii Migo, J. Shanghai Sci. Inst., Sect. III, 4: 155. 1939. Chekiang [Zhejiang] (浙江): Hangchow [Hangzhou] (杭州), Yinma-chiao [Yinma Qiao] (饮马桥), 1935-09-19, H. Migo (御江久夫) s.n. (Holotype: TI).

Amethystanthus stenophyllus Migo, J. Shanghai Sci. Inst., Sect. III, 3: 231. 1937. Chekiang [Zhejiang] (浙江): Tientai-shan [Tiantai Shan] (天台山), Kuochingssu [Guoqing Si] (国清寺), 1935-10-02, H. Migo (御江久夫) s.n. (Holotype: TI).

毛药花 ***Bostrychanthera deflexa*** Benth., Gen. Pl. (Bentham et Hooker f.) 2 (2): 1216. 1876. [Fujian] (福建): Amoy [Xiamen] (厦门),1870-06, R. Swinhoe s.n. (Holotype: K).

Calamintha argyi H. Lév., Repert. Spec. Nov. Regni Veg. 8: 423. 1910. Kiang-Sou [Jiangsu] (江苏), d'Argy s.n. (Holotype: E).

风轮菜 ***Calamintha chinensis*** Benth., DC. Prodr. 12: 233. 1848. China, R. Fortune A.90 (Isosyntype: G).《中国植物志》记载等模式标本采自福建福州 .

Calamintha tsacapanensis H. Lév., Repert. Spec. Nov. Regni Veg. 8: 423.1910. Kiang-Sou [Jiangsu] (江苏): Tsacapan, d'Argy s.n. (Holotype: E).

Callicarpa brevipes (Benth.) Hance fo. ***serrulata*** C. Pei, Mem. Sci. Soc. China 1 (3): 47. 1932. Chekiang [Zhejiang] (浙江): Taisuan [Taishun] (泰顺), 1924-07, R.C. Ching (秦仁昌) 2198 (Syntype: ?); Between Pingyung [Pingyang] (平阳) and Taisuan [Taishun] (泰顺), 1924-07-16, R.C. Ching (秦仁昌) 2105 (Syntype: US).

丘陵紫珠 ***Callicarpa collina*** Diels, Notizbl. Bot. Gart. Berlin-Dahlem 9: 1030.1926. Kiangsi [Jiangxi] (江西): Tze chi [Zixi] (资溪), 1921-07-12, Hu (胡先骕) 1250 (Isotype: A).

Callicarpa grisea Hand.-Mazz., Anz. Akad. Wiss. Wien, Math.-Naturwiss. Kl. 58: 230. 1921. Kiangsi [Jiangxi] (江西): Pinghsiang [Pingxiang] (萍乡), 1920 年 , Wang-Te-Hui (王德辉) Plt. sin. 182 (Holotype: WU).

Callicarpa japonica Thunb. fo. ***glabra*** C. Pei, Mem. Sci. Soc. China 1 (3): 54. 1932. Fukien [Fujian] (福建): Diongloh [Changle] (长乐), Sunga, 1925-07, En (陈必恩) 2505 (Syntype: ?); Siongsai [Shangshi] (上狮), 1926-08- [13], [Lin Yutai] (林俞泰) 11793 (Isosyntype: NAS).

毛果广东紫珠 ***Callicarpa kwangtungensis*** Chun var. ***trichocarpa*** L.Q. Li, Pl. Longqi Mout., Fujian, China [龙 栖 山 植 物] 598. 1994. Fujian (福 建): Jiangle (将 乐), Mons Longqishan [Longqi Shan] (龙栖山), Yujiaping (余家坪), 1991-09-21, Exped. Longqishan (龙栖山考察队) 2488 (Holotype: PE).

光叶紫珠 ***Callicarpa lingii*** Merr., J. Arnold Arbor. 8 (1): 16. 1927. Anhwei [Jiangxi] (江西): Wu Yuen [Wuyuan] (婺源), 1924-08-23, K. Ling (林刚) 7851 (Holotype: UC).

长柄紫珠 ***Callicarpa longipes*** Dunn, J. Linn. Soc., Bot. 38 (267): 363.1908. Fokien [Fujian] (福 建): Yenping [Yanping] (南 平 市 延 平 区), 1905-06-01, S.T. Dunn HH-3390 (Holotype: HK).

密溪紫珠 ***Callicarpa mixiensis*** Z.X. Yu, J. Jiangxi Agri. Univ. 1: 1. 1982. Jiangxi (江西): Ruijin (瑞金), Mixi (密溪), 1975-07-05, Z.X. Yu (俞志雄) 1315 (Holotype: JXAU).

Callicarpa ningpoensis Matsuda, Bot. Mag. (Tokyo) 27: 273. 1913. Chekiang [Zhejiang] (浙江): Ning-po [Ningbo] (宁波), Chang Chih Ming (张之铭) 103 (Holotype: TI).

长毛红紫珠 ***Callicarpa rubella*** Lindl. fo. ***villosa*** M. Cheng et Z.J. Feng, Bull. Bot. Lab. N.-E. Forest. Inst., Harbin 8: 3. 1980. Fujian (福建): Jianyang (建阳), Bankeng (板坑), 1959-07-05, Fujian Exped. (师大福建采集队) 1697 (Holotype: HSNU).

秃红紫珠 ***Callicarpa rubella*** Lindl. var. ***hemsleyana*** Diels fo. ***subglabra*** C. Pei, Mem. Sci. Soc. China 1 (3): 41. 1932. Chekiang [Zhejiang] (浙江): Siachu [Xianju] (仙居), Chenchiong [Chenzhuang] (陈庄), 1924-06-03, R.C. Ching (秦仁昌) 1760 (Holotype: IBSC).

上狮紫珠 ***Callicarpa siong-saiensis*** [***Callicarpa siongsaiensis***] F.P. Metcalf, Lingnan Sci. J. 11: 407. 1932. Fukien [Fujian] (福建): Siong-Sai [Shangshi] (上狮), 1926-08-13, Y.T. Lin (林俞泰) FCU 11793 (Holotype: A).

Callicarpa tsiangii Moldenke, Phytologia 3: 109. 1949. Kiangsi [Jiangxi] (江西): Ihwang

[Yihuang] (宜黄), Tunghuashan [Donghua Shan] (东华山), 1932-06-30, Y. Tsiang (蒋英) 10081 (Holotype: NY).

白花兰香草 ***Caryopteris incana*** (Thunb.) Miq. fo. ***albiflora*** S.H. Jin et D.Y. Ou, Acta Bot. Boreal.-Occid. Sin. 30 (8): 1701. 2010. Zhejiang (浙江): Putuo Shan (普陀山), Baihua Shan (白华山), 2009-05-04, S.H. Jin et al. (金水虎等) PT090504 (Holotype: ZJFC).

狭叶兰香草 ***Caryopteris incana*** (Thunb.) Miq. var. ***angustifolia*** S.L. Chen et R. L. Guo, Fl. Reipubl. Popularis Sin. 65 (1): 213. 1982. Jiangxi (江西): Jing'an (靖安), Daqi Shan (大杞山), 江西共大 116 (Holotype: NAS).

Caryopteris mastacanthus Schauer, Prodr. (A. P. de Candolle) 11: 625.1847. [Zhejiang] (浙江): insula Tchusan [Zhoushan] (舟山), R. Fortune s.n. (Syntype: P).

Caryopteris ningpoensis Hemsl., J. Linn. Soc., Bot. 26 (175): 264. 1890. [Zhejiang] (浙江): mountains of Ningpo [Ningbo] (宁波), 1888 年 , E. Faber 65 (Holotype: K).

浙江铃子香 ***Chelonopsis chekiangensis*** C.Y. Wu, Novon 19 (1): 133. 2009. Zhejiang (浙江): Hangzhou [Zhuji] (诸暨 , 杭州为误记), Fanchiao [Fengqiao] (枫桥), [Sia Kan] [Xikeng] (西坑), 1927-10-13, R.C. Ching (秦仁昌) 3724 (Holotype: PE).

Clerodendron cyrtophyllum [***Clerodendrum cyrtophyllum***] Turcz., Bull. Soc. Imp. Naturalistes Moscou 36 (3): 222. 1863. [Fujian] (福建): [Xiamen] (厦门), R. Fortune 17A (Holotype: KW).

Clerodendron fortunei [***Clerodendrum fortunei***] F.B. Forbes et Hemsl., J. Linn. Soc., Bot. 26 (175): 259. 1890. [Fujian] (福建): [Xiamen] (厦门), R. Fortune 20 (Holotype: K).

江西大青 ***Clerodendron kiangsiense*** [***Clerodendrum kiangsiense***] Merr. ex H.L. Li, J. Arnold Arbor. 25: 426. 1944. Kiangsi [Jiangxi] (江西): between Kit-than [Jitan] (吉潭) and Sungwu, 1936-07-01, J.L. Gressitt 1544 (Holotype: A).

柔毛海州常山 ***Clerodendron trichotomum*** [***Clerodendrum trichotomum***] Thunb. var. ***villosum*** P.S. Hsu, Observ. Fl. Hwangshan. 168. 1965. Shanghai (上海): School of Pharm., certain, Military Medic. Univ. (某军医大学药学系), 1963-08-26, C.N. Yen (严增南) 2487 (Holotype: FUS).

Clerodendrum amplius Hance, Ann. Sci. Nat., Bot. sér. 5, 5: 233. 1866. [Fujian] (福建): Amoy [Xiamen] (厦门), 1857-10, De Grijs s.n. (Syntype: BM).

浙江大青 ***Clerodendrum kaichianum*** P.S. Hsu, Observ. Fl. Hwangshan. 165. 1965. Chekiang [Zhejiang] (浙江): Changhwa [Changhua] (昌化), Mt. Lung Tong [Longtang Shan] (龙塘山), Che Kang [Zhikeng] (直坑), 1962-08-20, C.N. Yen (严增南) 2196 (Holotype: FUS).

球花风轮菜 ***Clinopodium confine*** (Hance) Kuntze var. ***globosum*** C.Y. Wu et S.J. Hsuan, Acta Phytotax. Sin. 12 (2): 223. 1974. Chekiang [Zhejiang] (浙江): Lung-chuan [Longquan] (龙泉), 1920 [1930] -06-01, K.K. Tsoong (钟观光) D109 (Holotype: PE).

绒毛绵穗苏 ***Comanthosphace ningpoensis*** (Hemsl.) Hand.-Mazz. var. ***stellipiloides*** C.Y. Wu,

Acta Phytotax. Sin. 8 (1): 52. 1959. Zhejiang (浙江): [Tianmu Shan] (天目山), 1928-09-29, K.K. Tsoong (钟观光) D327 (Holotype: PE).

Cordia venosa Hemsl. (Boraginaceae) , J. Linn. Soc., Bot. 26 (174): 143. 1890. Chekiang [Zhejiang] (浙江): Ningpo mountains [Ningbo] (宁波), 1887 年 , E. Faber 183 (Holotype: K).

Dysophylla lythroides Diels, Notizbl. Bot. Gart. Berlin-Dahlem 9 (89): 1031. 1926. Chekiang [Zhejiang] (浙江): Yeu chow [Yanzhou] (严州), Sui an [Sui'an] (遂安 , 今属淳安), 1920-10-15, Hu (胡先骕) 520 (Holotype: ?).

紫花香薷 ***Elsholtzia argyi*** H. Lév., Repert. Spec. Nov. Regni Veg. 8: 425. 1910. Kiang-Sou [Jiangsu] (江苏): Sio-Le-Kiao, d'Argy s.n. (Syntype: E).

Elsholtzia cristata Willd. var. ***angustifolia*** Loes., Beih. Bot. Centralbl., Abt. 2. 37 (2): 176. 1919. [Shandong] (山东): Tsingtau [Qingdao] (青岛), Nebel s.n. (Syntype: ?), Dr. Grothe s.n. (Syntype: ?), Krug 92 (Syntype: ?); Tungliuschui [Dongliushui] (东流水), Prahl s.n. (Syntype: HBG). 更名为 ***Elsholtzia loeseneri*** Hand.-Mazz.

Elsholtzia haichowensis Y.Z. Sun ex C. H. Hu, Acta Phytotax. Sin. 11 (1): 47. 1966. Kiangsu [Jiangsu] (江苏): Haichow [Lianyungang] (连云港), Yun-dai-shan [Yuntai Shan] (云台山), 1932-10-16, C.P. Chang 765 (Holotype: PE).

龙塘香薷 ***Elsholtzia lungtangensis*** Y.Z. Sun ex C.H. Hu, Acta Phytotax. Sin. 11 (1): 48. 1966. Chekiang [Zhejiang] (浙江): Changhwa [Changhua] (昌化), Longtan-shan [Longtang Shan] (龙塘山), 1963-09-26, 杭州大学生物系采集队龙塘山 6533 (Holotype: HZU).

Elsholtzia oldhami Hemsl. fo. ***leucantha*** Migo, Bot. Mag. (Tokyo) 56: 298. 1942. Shanghai (上海): Kiating [Jiading] (嘉定), 1933-11-12, H. Migo s.n. (Holotype: NAS).

粗壮假野芝麻 ***Galeobdolon chinense*** (Benth.) C.Y. Wu var. ***robustum*** C.Y. Wu, Acta Phytotax. Sin. 10 (2): 158. 1965. Fukien [Fujian] (福建): Yung-fu [Yongfu] (永福), 1924-04-22, H.H. Chung (钟心煊) 2642 (Holotype: AU).

疏毛小野芝麻 ***Galeobdolon chinense*** (Benth.) C.Y. Wu var. ***subglabrum*** C.Y. Wu, Acta Phytotax. Sin. 10 (2): 158. 1965. Kiangsi [Zhejiang] (浙江): Ki-an [Anji] (安吉), Tongshan (铜山), T.H. Chang (张宗绪) s.n. (Holotype: PE-00031218).

中华锥花 ***Gomphostemma chinense*** Oliv., Hooker's Icon. Pl. 15: t. 1468. 1884. [Fujian] (福建): Amoy [Xiamen] (厦门) , R. Swinhoe s.n. (Syntype: K).

出蕊四轮香 ***Hanceola exserta*** Y.Z. Sun, Acta Phytotax. Sin. 8 (1): 59. 1959. [Zhejiang] (浙江): [Yunhe] (云和), 玉蛇坞 [Wangshewu] (王蛇坞), 1934-10-26, Y.Y. Ho (贺贤育) 3516 (Holotype: PE).

粉花出蕊四轮香 ***Hanceola exserta*** Y.Z. Sun fo. ***subrosa*** B.Y. Ding et Y.L. Xu, J. Hangzhou Norm. Univ., Nat. Sci. Ed. 18 (1): 21. 2019. Zhejiang (浙江): Kaihua (开化), Yanglin (杨林), Nanhua Shan (南华山), 2016-09-23, B.Y. Ding et al. (丁炳扬等) 16090 (Holotype: ZM).

紫花香简草 ***Keiskea elsholtzioides*** Merr. fo. ***purpurea*** X.H. Guo, Bull. Bot. Res., Harbin 7 (2): 137. 1987. Anhui (安徽): Qimen (祁门), Luxi (芦溪), Zhawan (查湾), Xiaoxiyuan (小西源), 1985-10-20, X.H. Guo (郭新弧) 850334 (Holotype: ANUB).

福建香简草 ***Keiskea elsholtzioides*** Merr. var. ***fujianensis*** Y.T. Chang et H.B. Chen, Wuyi Sci. J. 7: 150. 1987. Fujian (福建): Jianyang (建阳), Huangkeng (黄坑), Huangzhulou (黄竹楼), 1981-10-17, Wuyi Exped. (武考队) 2751 (Holotype: FJSI)

腺毛霜柱 ***Keiskea glandulosa*** C.Y. Wu, Acta Phytotax. Sin. 10 (3): 236. 1965. Fukien [Fujian] (福建): Lien-hwa-shan [Lianhua Shan] (莲花山), 1942-11-23, Ying Ling (林英) 728 (Holotype: PE).

中华香简草 ***Keiskea sinensis*** Diels, Notizbl. Bot. Gart. Berlin-Dahlem 9 (83): 199. 1924. Chekiang [Zhejiang] (浙 江): Hu chow [Huzhou] (湖 州), Chang Tsung Su (张 宗 绪) 60 (Holotype: ?).

小野芝麻 ***Lamium chinense*** Benth., Prodr. [A. P. de Candolle] 12: 512.1848. [Fujian] (福建): [Xiamen] (厦门) , R. Fortune A.83 (Holotype: ?).

[曲茎假糙苏] ***Lamium foliatum*** Dunn, J. Linn. Soc., Bot. 38 (267): 363. 1908. Fokien [Fujian] (福建): Yenping [Yanping] (南平市延平区), Buong Kang [Bankan] (半坎), [Chinese collector] 865-HH-3427 (Holotype: HK).

Leonurus sibiricus L. var. ***albiflorus*** Migo, J. Shanghai Sci. Inst., Sect. III, 3: 7. 1934. Shanghai (上海): Sungkiang [Songjiang] (松江), Mt. Shê-shan (Zosé, 佘山), 1933-07-13, H. Migo (御江久夫) s.n. (Holotype: TI).

Lophanthus argyi H. Lév., Repert. Spec. Nov. Regni Veg. 12: 181. 1913. Kiang-Sou [Shanghai] (上海): Zuo-Se [She Shan] (佘山), Vous-Sié, Sou-Tchéou, d'Argy s.n. (Holotype: A).

钝齿龙头草 ***Meehania fargesii*** (H. Lév.) C.Y. Wu var. ***obtusata*** T. Chen, Acta Bot. Yunnan. 12 (3): 254. 1990. Anhui (安徽): Xiuning (休宁), Lingnan (岭南), 1988-05-13, T. Chen (陈涛) 880501040 (Holotype: ANUB).

洪林龙头草 ***Meehania hongliniana*** B.Y. Ding et X.F. Jin, Nord. J. Bot. 36 (12)-e01869: 1. 2018. Zhejiang (浙江): Kaihua (开化), Yanglin (杨林), Mount. Nanhua [Nanhua Shan] (南华山), Xiaowu Keng (小坞坑), 2017-04-23, B.Y. Ding (丁炳扬) 2017042302 (Holotype: ZM).

浙闽龙头草 ***Meehania zheminensis*** A. Takano, Pan Li et G.H. Xia, Plants 9 (9): 1159-9. 2020. Zhejiang (浙江): Tonglu (桐庐), Baiyunyuan (白云源), 2020-04-05, Pan Li (李攀) LP207976 (Holotype: HZU).

白花薄荷 ***Mentha haplocalyx*** Briq. fo. ***alba*** X.L. Liu et X.H. Guo, Guihaia 9 (4): 301. 1989. Anhui (安徽): Wuhu (芜湖), 1987-10-26, X.L. Liu (刘晓龙) 870550 (Holotype: WUH).

Mosla argyi H. Lév., Repert. Spec. Nov. Regni Veg. 9: 248. 1911. Kiang-Sou [Shanghai] (上海): Sin-Kia-Wei, d'Argy s.n. (Syntype: E); Souo-Se, d'Argy s.n. (Syntype: E).

石香薷 ***Mosla chinensis*** Maxim., Mel. Biol. Acad. Sci. St. Petersb. 11: 805. 1883. Fokien [Fujian] (福建): Fu-tschau [Fuzhou] (福州), 1879-09, Augustinowicz s.n. (Holotype: LE).

江西香薷 ***Mosla chinensis*** Maxim. var. ***kiangsiensis*** G.P. Zhu et J.L. Shi, Acta Phytotax. Sin. 33 (3): 305. 1995. Jiangxi (江西): Fenyi (分宜), 1988-07-20, G.P. Zhu (朱甘培) 88002 (Holotype: BCMM).

杭州石荠苎 ***Mosla hangchouensis*** Matsuda, Bot. Mag. (Tokyo) 26 (311): 344. 1912. Chekiang [Zhejiang] (浙江): [Hangzhou] (杭州), Ken-shan-mun [Genshanmen] (艮山门), K. Honda (本多厚二) 473 et 474 (Syntypes: TI); Wu-lin-mun [Wulinmen] (武林门), K. Honda (本多厚二) 198 (Syntype: TI); Chi-ling [Geling] (葛岭), K. Honda (本多厚二) 314, 195 et 197 (Syntypes: TI); Ching-tai-mun [Qingtaimen] (清泰门), K. Honda (本多厚二) 319 (Syntype: TI).

疏花荠苧 ***Mosla remotiflora*** Sun, Contr. Biol. Lab. Sci. Soc. China, Bot. Ser. 7 (2): 55. 1932. [Jiangsu] (江苏): Nanking [Nanjing] (南京), Spirit Valley [Linggu Si] (灵谷寺), 1930-09-09, Sun (孙雄才) 646 (Syntype: NAS); 1930-10-02, Sun (孙雄才) 715 et 716 (Syntypes: ?).

苏州荠苎 ***Mosla soochouensis*** Matsuda, Bot. Mag. (Tokyo) 26 (305): 134. 1912. [Jiangsu] (江苏): Sou-chow [Suzhou] (苏州), 1908 年 , J. Matsumura et K. Ono s.n. (Holotype: TI).

浙荆芥 ***Nepeta everardi*** S. Moore, J. Bot. 16 (185): 135. 1878. Chekiang [Zhejiang] (浙江): Ningpo [Ningbo] (宁波), C.W. Everard s.n. (Holotype: K-000911223).

建德荠苧 ***Orthodon hangchouensis*** (Matsuda) C.Y. Wu var. ***cheteana*** Y.Z. Sun ex C.H. Hu, Acta Phytotax. Sin. 11 (1): 46. 1966. Chekiang [Zhejiang] (浙江): Chete [Jiande] (建德), 1933-09-06, S. Chen (陈诗) 1981 (Holotype: NAS).

长苞荠苧 ***Orthodon longibracteatus*** C.Y. Wu et S. J. Hsuan, Acta Phytotax. Sin. 10 (3): 232. 1965. Chekiang [Zhejiang] (浙江): Lung-chüan [Longquan] (龙泉), 1934-10-12, Y.Y. Ho (贺贤育) 3343 (Holotype: PE).

长穗荠苧 ***Orthodon longispicus*** C.Y. Wu, Acta Phytotax. Sin. 10 (3): 231. 1965. Kiangsi [Jiangxi] (江西): Nanchang (南昌), Lien-tang [Liantang] (莲塘), S.S. Yang (杨祥学) 11184 (Holotype: PE).

短齿白毛假糙苏 ***Paraphlomis albida*** Hand.-Mazz. var. ***brevidens*** Hand.-Mazz., Symb. Sin. Pt. 7: 922. 1936. Djianghsi (Kiangsi) [Jiangxi] (江西): Pinghsiang [Pingxiang] (萍乡), 1920 年 , Wang-Te-Hui (王德辉) Plt. sin. 233 (Holotype: WU).

上杭假糙苏 ***Paraphlomis albida*** Hand.-Mazz. var. ***brevidens*** Hand.-Mazz. fo. ***shanghangensis*** Y.T. Chang et H.B. Chen, Fl. Fujian. 4: 633. 1990. Fujian (福建): Shanghang (上杭), Buyun (步云), 1987-08-10, H.B. Chen (陈恒彬) 1547 (Holotype: FJSI).

短花假糙苏 ***Paraphlomis breviflora*** B.Y. Ding, Y.L. Xu et Z.H. Chen, Guihaia 39 (1): 14. 2019. Zhejiang (浙江): Songyang (松阳), Fengping (枫坪), Nansheng Village (南胜村), 2018-06-05, Y.L. Xu et al. (徐跃良等) 602 (Holotype: ZM).

山地假糙苏 ***Paraphlomis foliata*** (Dunn) C.Y. Wu et H.W. Li subsp. ***montigena*** X.H. Guo et S.B. Zhou, Acta Phytotax. Sin. 31 (3): 272. 1993. Anhui (安徽): Sexian [She Xian] (歙县), Qingliangfeng (清凉峰), 1989-07-16, S.B. Zhou et X.H. Guo (周守标，郭新弧) 89011 (Holotype: ANU [ANUB]).

中间假糙苏 ***Paraphlomis intermedia*** C.Y. Wu et H.W. Li, Acta Phytotax. Sin. 10 (1): 72. 1965. Chekiang [Zhejiang] (浙江): Lung-chüan [Longquan] (龙泉), [Mao Shan] (昴山), 1934-10-08, Y.Y. Ho (贺贤育) 3208 (Holotype: NAS).

云和假糙苏 ***Paraphlomis lancidentata*** Y.Z. Sun, Contr. Biol. Lab. Sci. Soc. China, Bot. Ser. 10 (1): 30. 1935. Chekiang [Zhejiang] (浙江): Yun-huo [Yunhe] (云和), 1933-06-27, S. Chen (陈诗) 1698 (Holotype: NAS).

折齿假糙苏 ***Paraphlomis reflexa*** C.Y. Wu et H.W. Li, Fl. Reipubl. Popularis Sin. 65 (2): 602. 1977. Jiangxi (江西): Xiushui (修水), Longgang (龙港), Chaping (茶坪), Kouwoli (扣窝里), 1959-09-08, J. Xiong (熊杰) 6708 (Holotype: LBG).

小刺毛假糙苏 ***Paraphlomis setulosa*** C.Y. Wu et H.W. Li, Fl. Reipubl. Popularis Sin. 65 (2): 602. 1977. Anhui (安徽): Xiuning (休宁), 1959-06, R.H. Shan (单人骅) 休五 2226 (Holotype: NAS).

顺昌假糙苏 ***Paraphlomis shunchangensis*** Z.Y. Li et M.S. Li, Fl. Fujian. 4: 633. 1990. Fujian (福建): Shunchang (顺昌), Jihui (际会), 1986-09-26, M.S. Li et al. (李明生等) 6680 (Holotype: PE).

毛果假糙苏 ***Paraphlomis shunchangensis*** Z.Y. Li et M.S. Li var. ***pubicarpa*** B.Y. Ding et Z.H. Chen, Nord. J. Bot. 36 (12)-e01869: 4. 2018. Zhejiang (浙江): Wencheng (文成), Tonglingshan Township (铜铃山镇), Meichang (梅厂), Qianqiumen (千秋门), 2017-08-03, Z.H. Chen et L.X. Zheng (陈征海，郑立新) WC17080302 (Holotype: ZM).

Perilla avium Dunn, Notes Roy. Bot. Gard. Edinburgh 8: 161. 1913. Fokien [Fujian] (福建): Foochow [Fuzhou] (福州), Carles 733 (Syntype: K).

耳齿紫苏 ***Perilla frutescens*** (L.) Britt. var. ***auriculato-dentata*** [***auriculatodentata***] C.Y. Wu et S.J. Hsuan, Acta Phytotax. Sin. 12 (2): 228. 1974. Chekiang [Zhejiang] (浙江): Yun-ho [Yunhe] (云和), 1932-09-20, S. Chen (陈诗) 767 (Holotype: PE).

卵叶糙苏 ***Phlomis umbrosa*** Turcz. var. ***ovalifolia*** C.Y. Wu, Fl. Reipubl. Popularis Sin. 65 (2): 601. 1977. Anhui (安徽): Chu Xian [Chuzhou] (滁州), Langya Shan (琅琊山), 1951-08-02, 华东工作站 3132 (Holotype: PE).

[大萼香茶菜] ***Plectranthus macrocalyx*** Dunn, Notes Roy. Bot. Gard. Edinburgh 8: 157. 1913. Chekiang [Zhejiang] (浙江), Hickin s.n. (Syntype: K-001067817); Fukien [Fujian] (福建): Foochow [Fuzhou] (福州), 1897-11-07, Carles 734 (Syntype: K).

[显脉香茶菜] ***Plectranthus nervosus*** Hemsl., J. Linn. Soc., Bot. 26: 272. 1890. Shanghai

(上海), Carles s.n. (Syntype: ?).

翅茎髯药草 ***Pogonanthera caulopteris*** H.W. Li et X.H. Guo, Acta Phytotax. Sin. 31 (3): 267. 1993. Anhui (安徽): Qimen (祁门), Zhawan (查湾), 1982-06-08, X.H. Guo (郭新弧) 82085 (Holotype: ANU [ANUB]).

豆腐柴 ***Premna microphylla*** Turcz., Bull. Soc. Imp. Naturalistes Moscou 36 (3): 217. 1863. [Zhejiang] (浙江): [Ningbo] (宁波), R. Fortune 23A〔Lectotype: LE, designated by T.V. Krestovskaya in Cat. type spec. East-Asian vascular plants Herb. Komarov Bot. Inst. (LE). Pt. 2 (China). 2010〕.

Premna microphylla Turcz. var. ***glabra*** Nakai, Bot. Mag. (Tokyo) 40 (477): 487. 1926. Chekiang [Zhejiang] (浙江): Ningpo [Ningbo] (宁波), 1908年, D. Macgregor s.n. (Syntype: A); Mokanshan [Mogan Shan] (莫干山), F.N. Meyer 1618 (Syntype: A).

清凉峰大叶香茶菜 ***Rabdosia macrophylla*** (Migo) C.Y. Wu et H.W. Li fo. ***qingliangfenensis*** H.P. Zhang, J. Anhui Norm. Univ. 14 (1): 78. 1985. Anhui (安徽): She Xian (歙县), Qingliangfen [Qingliangfeng] (清凉峰), 1983-08-17, H.P. Zhang (张小平) 0725 (Holotype: ANUB).

铁线鼠尾草 ***Salvia adiantifolia*** Stib., Acta Horti Gothob. 10: 64. 1935. Kiangsi [Jiangxi] (江西) et Fukien [Fujian] (福建): Dingdschou [Tingzhou] (汀州) et Ningdu (宁都), Hwangdschu-ling [Huangzhuling] (黄竹岭), 1921-06, Wang-Te-Hui (王德辉) in Handel-Mazzetti Plt. sin. 372 (Holotype: WU).

安徽鼠尾草 ***Salvia anhweiensis*** Migo, J. Shanghai Sci. Inst., Sect. III, 4: 159. 1939. Anhwei [Anhui] (安徽): Mt. Hwang-shan [Huang Shan] (黄山), 1935-06-02, H. Migo (御江久夫) s.n. (Holotype: NAS-00225956).

白马鼠尾草 ***Salvia baimaensis*** S.W. Su et Z.A. Shen, Acta Bot. Yunnan. 6 (1): 57.1984. Anhui (安徽): Jinzhai (金寨), Baimazhai (白马寨), 1983-05-22, Z.A. Shen et S.W. Su (沈祖安, 苏宋旺) 83020 (Holotype: ANU).

南丹参 ***Salvia bowleyana*** Dunn, J. Linn. Soc., Bot. 38 (267): 363. 1908. Fokien [Fujian] (福建): Yuen Fu River near Foochow [Fuzhou] (福州), S.T. Dunn HH-3409 (Holotype: HK).

二回羽裂南丹参 ***Salvia bowleyana*** Dunn var. ***subbipinnata*** C.Y. Wu, Fl. Reipubl. Popularis Sin. 66: 582. 1977. Zhejiang (浙江): Yongjia (永嘉), 1926 [1928] -05-15, K.K. Tsoong (钟观光) 1048 (Holotype: PE).

黄山鼠尾草 ***Salvia chienii*** Stib., Acta Hort. Gothob. 10: 62. 1935. Anhui (安徽): Huang Shan (黄山), 1926-07-28, S.S. Chien (钱崇澍) 1213 (Holotype: ?).

婺源鼠尾草 ***Salvia chienii*** Stib. var. ***wuyuania*** Y.Z. Sun, Fl. Reipubl. Popularis Sin. 66: 583. 1977. Jiangxi (江西): Wuyuan (婺源), 1925-06-16, R.C. Ching (秦仁昌) 4475 (Holotype: PE).

华鼠尾草 ***Salvia chinensis*** Benth., Labiat. Gen. Spec. 725. 1835. Kia-nang [Jiangsu] (江苏),

1793 年 , G. Staunton s.n. (Holotype: BM).

崇安鼠尾草 ***Salvia chunganensis*** C.Y. Wu et Y.C. Huang, Fl. Reipubl. Popularis Sin. 66: 584. 1977. Fujian (福建): Chong'an (崇安),Wuyi Shan (武夷山),1952-08-04, Inst. Fujian (福建研究院) 441 [44] (Holotype: PE).

Salvia fortunei Benth., Prodr. [A. P. de Candolle] 12: 354. 1848. [Fujian] (福建): [Xiamen] (厦门), R. Fortune 82 (Holotype: ?).

Salvia japonica Thunb. var. ***lanuginosa*** Franch., Pl. David. 1: 237. 1884. Kiang-si [Jiangxi] (江西): Kiukiang [Jiujiang] (九江), 1868-09, A. David 805 (Holotype: P).

关公须 ***Salvia kiangsiensis*** C.Y. Wu, Fl. Reipubl. Popularis Sin. 66: 584. 1977. Jiangxi (江西): Nanfeng (南丰), Junfeng Shan (军峰山), 1958-05-05, M.X. Nie et S.S. Lai (聂敏祥 , 赖书绅) 2461 (Holotype: KUN).

舌瓣鼠尾草 ***Salvia liguliloba*** Y.Z. Sun, Contr. Biol. Lab. Sci. Soc. China, Bot. Ser. 10: 29. 1935. Chekiang [Zhejiang] (浙江): Yutsien [Yuqian] (於潜), East Tienmushan [Dongtianmu Shan] (东天目山), 1927-06-19, H.H. Hu (胡先骕) 1569 (Holotype: PE).

美丽鼠尾草 ***Salvia meiliensis*** S.W. Su, Acta Bot. Yunnan. 6 (1): 59. 1984. Anhui (安徽): Yuexi (岳西), Meili (美丽), Liufan (刘畈), 1979-05-02, Z.A. Shen et al. (沈祖安等) 2835 (Holotype: ANU).

Salvia miltiorrhiza Bunge fo. ***alba*** C.Y. Wu et H.W. Li, Fl. Reipubl. Popularis Sin. 66: 582. 1977. Shandong (山东): Zhangqiu (章丘), 1973-06-08, Shandong Exped. (山东普查队) s.n. (Holotype: KUN).

Salvia miltiorrhiza Bunge var. ***australis*** Stib., Acta Horti Gothob. 9 (6): 143. 1934. Fukien [Fujian] (福建): Foochow [Fuzhou] (福州), Chung (钟心煊) 1278 (Syntype: K); Shanghai (上海), Carles 160 (Syntype: E); Kiangsi [Jiangxi] (江西): Ningdu (宁都), [Wang-Te-Hui] (王德辉) in Handel-Mazzetti Plant. Sin. 281 (Syntype: WU).

浙江琴柱草 ***Salvia nipponica*** Miq. subsp. ***zhejiangensis*** J.F. Wang, W.Y. Xie et Z.H. Chen, J. Hangzhou Norm. Univ., Nat. Sci. Ed. 16 (1): 6. 2017. Zhejiang (浙江): Lishui (丽水), Liandu (莲都), Fengyuan (峰源), Saikeng (赛坑), 2015-08-01, Z.H. Chen (陈征海) LS150803 (Holotype: ZFSD).

皖鄂丹参 ***Salvia paramiltiorrhiza*** H.W. Li et X.L. Huang, Acta Phytotax. Sin. 19 (2): 245. 1981. Anhui (安徽): Shucheng (舒城), Tangchi (汤池), Jiuya (九桠), 1978-07-27, Anhui Exped. Medic. (安徽省药检所) s.n. (Holotype: KUN).

紫花皖鄂丹参 ***Salvia paramiltiorrhiza*** H.W. Li et X.L. Huang fo. ***purpureorubra*** H.W. Li, Acta Phytotax. Sin. 19 (2): 248. 1981. Anhui (安徽): Shucheng (舒城), Tangchi (汤池), Jiuya (九桠), 1978-07-27, Anhui Exped. Medic. (安徽省药检所) s.n. (Holotype: KUN).

祁门鼠尾草 ***Salvia qimenensis*** S.W. Su et J.Q. He, Acta Bot. Yunnan. 6(1): 55.1984. Anhui

（安徽）: Qimen（祁门）, Zhawan（查湾）, 1982-05-07, Z.A. Shen et al.（沈祖安等）82014 (Holotype: ANU).

山东丹参 ***Salvia shandongensis*** Jian X. Li et F.Q. Zhou, Bot. Res. North China 1: 244. 1993. Shandong（山东）: Jinan（济南）, Licheng（历城）, 1991-06-16, J.X. Li et F.Q. Zhou（李建秀，周凤琴）91616 (Holotype: SDCM).

浙皖丹参 ***Salvia sinica*** Migo, J. Shanghai Sci. Inst., Sect. III, 3: 226. 1937. Chekiang [Zhejiang]（浙江）: Hsi-tienmu-shan [Xitianmu Shan]（西天目山）, 1935-05-15, H. Migo（御江久夫）s.n. (Holotype: TI).

紫花浙皖丹参 ***Salvia sinica*** Migo fo. ***purpurea*** H.W. Li, Acta Phytotax. Sin. 19 (2): 248. 1981. Anhwei [Anhui]（安徽）: Huang Shan（黄山）, 1978-06, Wuhu Exped. Medic.（芜湖药检所）338 (Holotype: KUN).

威海鼠尾草 ***Salvia weihaiensis*** C.Y. Wu et H.W. Li, Fl. Reipubl. Popularis Sin. 66: 585. 1977. Shandong（山东）: Weihai（威海）, 1959-06-06, [Shandong Exped.]（山东野生植物普查队）3 (Holotype: KUN).

仙居鼠尾草 ***Salvia xianjuensis*** Z.H. Chen, G.Y. Li et D.D. Ma, J. Zhejiang Forest. Sci. et Tech. 36 (6): 84. 2016. Zhejiang（浙江）: Taizhou（台州）, Xianju（仙居）, Dashenxianju（大神仙居）, 2012-09-09, Z.M. Zhu et al.（朱志明等）XJ20120910 (Holotype: ZJFC).

腺毛黄芩 ***Scutellaria adenotricha*** X.H. Guo et S.B. Zhou, Bull. Bot. Res., Harbin 21 (4): 504. 2001. Fujian（福建）: Nanping（南平）, Laizhou（来舟）, 1998-04-11, S.B. Zhou（周守标）95407 (Holotype: ANUB). 更名为 ***Scutellaria fujianensis*** Z.H. Chen, W.Y. Xie et X.Z. Chen.

安徽黄芩 ***Scutellaria anhweiensis*** C.Y. Wu, Fl. Reipubl. Popularis Sin. 65 (2): 579. 1977. Anhui（安徽）: Qianshan（潜山）, Wan Shan（皖山）, 1936-06-24, Q.S. Fan et Li（樊庆笙，李养源）209 (Holotype: PE).

繁昌黄芩 ***Scutellaria anhweiensis*** C.Y. Wu var. ***fanchangnica*** X.L. Liu, W.C. Ye et W. Wu, Bull. Bot. Res., Harbin 12 (2): 161. 1992. Anhui（安徽）: Fanchang（繁昌）, E Shan（峨山）, liwan（李湾）, 1990-05-14, X.L. Liu（刘晓龙）90014 (Holotype: WUH).

腋花黄芩 ***Scutellaria axilliflora*** Hand. -Mazz., Acta Horti Gothob. 13: 337. 1939. Fukien [Fujian]（福建）: Yen-ping [Yanping]（南平市延平区）, Buong-kang [Bankan]（半坎）, 1925-06-22, Chung（钟心煊）3545 (Holotype: ?).

浙江黄芩 ***Scutellaria chekiangensis*** C.Y. Wu, Fl. Reipubl. Popularis Sin. 65 (2): 579. 1977. Zhejiang（浙江）: Xianju（仙居）, 1924-05-22, R.C. Ching（秦仁昌）1600 (Holotype: PE).

祁门黄芩 ***Scutellaria chimenensis*** C.Y. Wu, Fl. Reipubl. Popularis Sin. 65 (2): 583.1977. Anhui（安徽）: Qimen（祁门）, Lishan（里山）, 1925-08-04, R.C. Ching（秦仁昌）4376 (Holotype: N).

假活血草 ***Scutellaria glecomoides*** Migo, Bot. Mag. (Tokyo) 56: 266. 1942. Kiangsu [Jiangsu]（江苏）: Soochow [Suzhou]（苏州）, Mt. Shangfang-shan [Shangfang Shan]（上方山）, 1935-

04-05, H. Migo (御江久夫) s.n. (Holotype: NAS). 更名为 ***Scutellaria tuberifera*** C.Y. Wu et C. Chen, Fl. Yunnan. 1: 566. 1977.

黄山黄芩 *Scutellaria huangshanensis* X.W. Wang et Z.W. Xue, Guihaia 4 (3): 201. 1984. Anhui (安徽): Huang Shan (黄山), [Tangkou to Fuxi] (汤口至浮溪), X.W. Wang (王学文) 313〔Holotype: AIB [IBSC]〕.

刻叶黄芩 *Scutellaria incisa* Y.Z. Sun ex C.H. Hu, Acta Phytotax. Sin. 11 (1): 39. 1966. Chekiang [Zhejiang] (浙江): Sien-chu [Xianju] (仙居), [Gefengkeng] (隔风坑), 1924-06-03, R.C. Ching (秦仁昌) 1778 (Holotype: PE).

多枝韩信草 *Scutellaria indica* L. fo. ***ramosa*** C.Y. Wu et C. Chen, Fl. Reipubl. Popularis Sin. 65 (2): 580. 1977. Fujian (福建): Xiamen (厦门), 1923-04-20, H.H. Chung (钟心煊) 1475 (Holotype: PE).

永泰黄芩 *Scutellaria inghokensis* F.P. Metcalf, Lingnan Sci. J. 12: 593. 1933. Fukien [Fujian] (福建): southwest of Foochow [Fuzhou] (福州), Inghok [Yongtai] (永泰) gaing, near Gak-liang, Huong-guong-nang [Fangguangyan] (方广岩), 1925-05-02, Metcalf and class FCU 859 (Holotype: ?).

Scutellaria japonica Burm. f. var. ***purpureicaulis*** Migo, J. Shanghai Sci. Inst., Sect. III., 3: 97. 1935. Kiangsu [Jiangsu] (江苏): Soochow [Suzhou] (苏州), Tienping-shan [Tianping Shan] (天平山), 1933-05-13, H. Migo (御江久夫) s.n. (Syntype: TI); 1933-06-03, H. Migo (御江久夫) s.n. (Syntype: TI).

髓黄芩 *Scutellaria medullifera* Y.Z. Sun ex C.H. Hu, Acta Phytotax. Sin. 11 (1): 40. 1966. Chekiang [Zhejiang] (浙江): Lung-tsuan [Longquan] (龙泉), 1933 -05-08, S. Chen (陈诗) 1320 (Holotype: PE).

大叶黄芩 *Scutellaria megaphylla* C.Y. Wu et H.W. Li, Fl. Reipubl. Popularis Sin. 65 (2): 580. 1977. Shandong (山东): Lao Shan (崂山), [Huayan Si] (华严寺), s.coll. 5064 (Holotype: IBSC).

喜荫黄芩 *Scutellaria sciaphila* S. Moore, J. Bot. 13: 228. 1875. Kiangsi [Jiangxi] (江西): Kiu-kiang [Jiujiang] (九江), 1873 年 , G. Shearer s.n. (Holotype: K).

Scutellaria simplex Migo, Bot. Mag. (Tokyo) 51 (605): 230. 1937. Jiangsu (江苏): Chinkiang [Zhenjiang] (镇江), Chulinssu [Zhulin Si] (竹林寺),1935-4-24, H. Migo (御江久夫) s.n. (Holotype: TI)

柔弱黄芩 *Scutellaria tenera* C.Y. Wu et H.W. Li, Fl. Reipubl. Popularis Sin. 65 (2): 581.1977. Zhejiang (浙江): Longquan (龙泉), [Mao Shan] (昴山), 1959-04-11, S.Y. Chang (章绍尧) 4498 (Holotype: PE).

云亿黄芩 *Scutellaria yunyiana* B.Y. Ding, Z.H. Chen et X.F. Jin, Guihaia 39 (1):11. 2019. Zhejiang (浙江): Hangzhou (杭州), Fuyang (富阳), Xukou (胥口), Shanglian Village (上练村), 2018-04-17, B.Y. Ding (丁炳扬) 16187 (Holotype: ZM).

Stachys aspera Michx. var. ***glabrata*** Benth., Labiat. Gen. Spec. 543. 1834. Tokeen [Fokien] [Fujian]（福建）, J. Reeves s.n. (Syntype: ?).

地蚕 ***Stachys geobombycis*** C.Y. Wu, Acta Phytotax. Sin. 10 (3): 222. 1965. Chekiang [Zhejiang]（浙江）: Lung-chuan [Longquan]（龙泉）, 1930-05-19, K.K. Tsoong（钟观光）495 (Holotype: PE).

毛叶水苏 ***Stachys japonica*** Miq. var. ***tomentosa*** F.Z. Li et Z.Y. Sun, Bull. Bot. Res., Harbin 25 (2): 134. 2005. Shandong（山东）: Ai Shan（艾山）, Daliujia Shuiku（大刘家水库）, 2002-10-01, F.Z. Li（李法曾）3181 (Holotype: SDNU).

Stachys modica Hance, J. Bot. 20: 292. 1882. An-hwei [Anhui]（安徽）: Wuhu（芜湖）,1881-05, T.L. Bullock s.n. (Syntype: BM, Herb. Hance n. 21916).

霍山香科科 ***Teucrium huoshanense*** S.W. Su et J.Q. He, Acta Bot. Yunnan. 7 (1): 95. 1985. Anhui（安徽）: Huoshan（霍山）, Qingfengling（清风岭）, Shuikou（水口）, 1983-09-28, J.Q. He（何家庆）0654 (Holotype: ANU).

崇明穗花香科科 ***Teucrium japonicum*** Willd. var. ***tsungmingense*** C.Y. Wu et S. Chow, Acta Phytotax. Sin. 10 (4): 334. 1965. Kiangsu [Shanghai]（上海）: Tsungming [Chongming]（崇明）, 1926-07-21, C.L. Tso（左景烈）1491 (Holotype: PE).

Teucrium nepetaefolium [***Teucrium nepetifolium***] Benth., Prodr. (A. P. de Candolle) 12: 580. 1848. [Zhejiang]（浙江）: [Ningbo]（宁波）, 1845 年, R. Fortune A73 (Holotype: K).

Teucrium ningpoense Hemsl., J. Linn. Soc., Bot. 26 (175): 313. 1890. Chekiang [Zhejiang]（浙江）: Ningpo [Ningbo]（宁波）, E. Faber s.n. (Holotype: K).

庐山香科科 ***Teucrium pernyi*** Franch., Nouv. Arch. Mus. Hist. Nat., sér. 2, 6: 125. 1883. et Pl. David. 1: 245. 1884. Kiang-si [Jiangxi]（江西）: Kiukiang [Jiujiang]（九江）, Ly-chan [Lu Shan]（庐山）, 1868-09, A. David 756 (Syntype: P).

地椒 ***Thymus quinquecostatus*** Čelak., Oesterr. Bot. Z. 39: 263. 1889. Chan-tong [Shandong]（山东）: Tsche-fu [Yantai]（烟台）, 1860-07-12, Debeaux s.n. (Holotype: ?).

Vitex negundo L. fo. ***intermedia*** C. Pei, Mem. Sci. Soc. China 1 (3): 105. 1932. Kiangsu [Jiangsu]（江苏）: Nanking [Nanjing]（南京）, 1915-07, s.coll. N-659 (Syntype: ?); Hsuchow [Xuzhou]（徐州）, Hwangsangyü [Huangzangyu]（皇藏峪，今属安徽宿州）, 1922-10, s.coll. N-2990 (Syntype: ?); Lu-ho, 1925-08, s.coll. N-10729 (Syntype: ?); Hwangsangyü [Huangzangyu]（皇藏峪，今属安徽宿州）, 1926-07, Ren et Tao 27 (Syntype: ?); Haichow [Lianyungang]（连云港）, 1928-07, Young 3236 (Syntype: ?). Chekiang [Zhejiang]（浙江）: 1906 年, Barchet s.n (Syntype: ?); 1903 年, Barchet 556 (Syntype: ?); Kingyuan [Qingyuan]（庆元）, 1924 年, R.C. Ching（秦仁昌）2429 (Syntype: ?); Tientai-shan [Tiantai Shan]（天台山）, Kwohchingsze [Guoqing Si]（国清寺）,1927-07, s.coll. N-14580 (Syntype: ?). Fukien [Fujian]（福建）: Foochow [Fuzhou]（福州）, 1919年, Norton 1558 (Syntype: ?), 1924-08, Chang et Metcalf 275 (Syntype: ?); Kushan [Gu

Shan] (鼓山), 1925-08, Cheng 711 (Syntype: ?).

单叶黄荆 ***Vitex simplicifolia*** B.N. Lin et S.W. Wang, Guihaia 14 (3): 209.1994. Shandong (山东): Jinan (济南), Changqing (长清), Suzhuang (苏庄), 1990-07-07, B.N. Lin (林秉南) 9007 (Holotype: NAS). 更名为 ***Vitex negundo*** L. var. ***simplicifolia*** D.K. Zang et J.W. Sun, J. Wuhan Bot. Res. 27 (1): 22. 2009.

384 通泉草科 Mazaceae

Mazus caducifer Hance, J. Bot. 20: 292. 1882. An-hwei [Anhui] (安徽): Wuhu (芜湖),1881-05, T.L. Bullock s.n. (Holotype: BM, Herb. Hance n. 21825).

福建通泉草 ***Mazus fukienensis*** P.C. Tsoong, Kew Bull. 9 (3): 445. 1954. Fukien [Fujian] (福建): Inghok [Yongtai] (永泰), Tahshian, 1924 [1923] -04-20, H.H. Chung (钟心煊) 2619 (Holotype: K).

Mazus villosus Hemsl., J. Bot. 14: 209.1876. [Jiangsu] (江苏): Ta-hoo Lake [Tai Hu] (太湖), F.B. Forbes s.n. (Syntype: BM); [Jiangxi] (江西): Kiukiang [Jiujiang] (九江), 1873 年 , G. Shearer s.n. (Syntype: BM).

万木林通泉草 ***Mazus wanmuliensis*** M. Qian et L.B. Geng, Wuyi Sci. J. 7: 263. 1987. Fujian (福建): Jian'ou (建瓯), Wanmulin (万木林), L.B. Geng et M. Qian (耿涟波 , 钱明) 8304057 (Holotype: WMLP).

休宁通泉草 ***Mazus xiuningensis*** X.H. Guo et X.L. Liu, Acta Phytotax. Sin. 28 (2): 163. 1990. Anhui (安徽): Xiuning (休宁), Qiyun Shan (齐云山), X.H. Guo (郭新弧) 84922 (Holotype: ANU [ANUB]).

386 泡桐科 Paulowniaceae

[白花泡桐] ***Campsis fortunei*** Seem., (Bignoniaceae), J. Bot. 5 (60): 373. 1867. [Fujian] (福建): [Xiamen] (厦门) , R. Fortune 48 (Holotype: K).

南方泡桐 ***Paulownia australis*** T. Gong, Acta Phytotax. Sin. 14 (2): 43. 1976. Fujian (福建): Nanping (南平), Cult., 泡桐联组 75001 (Holotype: PE).

Paulownia rehderiana Hand.-Mazz., Anz. Akad. Wiss. Wien, Math.-Naturwiss. Kl. 58: 153. 1921. Djianghsi [Jiangxi] (江西): Pinghsiang [Pingxiang] (萍乡), 1920 年 , Wang-Te-Hui (王德辉) Plt. sin. 126 (Holotype: WU).

387 列当科 Orobanchaceae

中国野菰 ***Aeginetia sinensis*** G. Beck, Pflanzenr. (Engler) IV. 261 (Heft 96) : 19. 1930. Kiangsi [Jiangxi] (江 西): Lu Shan (庐 山), Kuling [Guling] (牯 岭), 1908-08, A. K. Schindler Pl. sin. n. 351 (Syntype: ?); Fukien [Fujian] (福建): Dingdschou (Tingchow) [Tingzhou] (汀州), Tienhwa-schan [Tianhua Shan] (天华山), 1921 年 , Wang-te-Hui (王德辉) in Handel-Mazzetti Pl. sinens. n. 413 (Syntype: WU).

Bungea sheareri S. Moore, J. Bot. 13: 229. 1875. Kiangsi [Jiangxi] (江西): Kiu-kiang [Jiujiang] (九江), 1873 年 , G. Shearer s.n. (Holotype: K).

天柱山山罗花 ***Melampyrum aphraditis*** S. B. Zhou et X. H. Guo, Bull. Bot. Res., Harbin 23 (3): 263. 2003. Anhui (安徽): Tianzhu Shan (天柱山), 2001-08-21, S.B. Zhou (周守标) 210821 (Holotype: ANUB).

沙氏鹿茸草 ***Monochasma savatieri*** Franch. ex Maxim., Mém. Acad. Imp. Sci. Saint Pétersbourg, Sér. 7 (29): 58. 1881. [Fujian] (福建): Amoy [Xiamen] (厦门), R. Fortune A.76 (Isosyntype: K); [Zhejiang] (浙江): Shao-schina [Shaoxing] (绍兴), 1863-05-10, P.A.L. Savatier s.n. (Syntype: ?); Ningpo [Ningbo] (宁波), 1877-04-15, W. Hancock 25〔Lectotype: LE, designated by L.M. Raenko in Cat. type spec. East-Asian vascular plants Herb. Komarov Bot. Inst. (LE). Pt. 2 (China). 2010〕.

江西马先蒿 ***Pedicularis kiangsiensis*** P.C. Tsoong et S.H. Cheng, Fl. Reipubl. Popularis Sin. 68: 401. 1963. Kiangsi [Jiangxi] (江西): Wu-kung Shan [Wugong Shan] (武功山), Pei-hao-feng [Baihefeng] (白鹤峰), 1954-09-07, Kiangsi Exped. (江西调查队) 1121 (Holotype: PE).

钟山草 ***Petitmenginia matsumurae*** T. Yamaz., J. Jap. Bot. 25: 214. 1950. Kiangsu [Jiangsu] (江苏): Nanking [Nanjing] (南京), Chungshan [Zhong Shan] (钟山),1910-08-29, S. Matsuda (松田定久) s.n. (Holotype: TI).

天目地黄 ***Rehmannia chingii*** H.L. Li, Taiwania I: 78. 1948. Chekiang [Zhejiang] (浙江): [Tiantai] (天台), Tihtaishan [Tiantai Shan] (天台山), 1924-05, R.C. Ching (秦仁昌) 1375 (Holotype: UC).

白花天目地黄 ***Rehmannia chingii*** H.L. Li fo. ***albiflora*** G.Y. Li et D.D. Ma, Acta Bot. Boreal.-Occid. Sin. 29 (1): 193. 2009. Zhejiang (浙江): Lin'an (临安), Jincheng (锦城), Gongchen Shan (功臣山), 2006-04-06, G.Y. Li et al. (李根有等) L1150 (Holotype: ZJFC).

紫斑白花天目地黄 ***Rehmannia chingii*** H.L. Li fo. ***purpureo-punctata*** G.Y. Li et G.H. Xia, Acta Bot. Boreal.-Occid. Sin. 29 (1): 193. 2009. Zhejiang (浙江): Lin'an (临安), Banqiao (板桥), Luotang Cun (罗塘村), 2006-05-20, G.Y. Li et al. (李根有等) L1155 (Holotype: ZJFC).

腺毛阴行草 ***Siphonostegia laeta*** S. Moore, J. Bot. 18: 5. 1880. Kiangsi [Jiangxi] (江西): Kiu Kiang [Jiujiang] (九江), 1873 年 , G. Shearer s.n. (Holotype: K).

天目草 ***Tienmuia triandra*** Hu, Bull. Fan Mem. Inst. Biol., Bot. 9 (1): 6. 1939. Chekiang [Zhejiang] (浙江): Tien-mu-shan [Tianmu Shan] (天目山), 1927-05 [1927-06], H.H. Hu (胡先骕) 1689 [1699] (Holotype: PE).

391 青荚叶科 Helwingiaceae

Helwingia argyi H. Lév. et Vaniot, Bull. Herb. Boissier Ser. II, 6: 506. 1906. Kiang-Sou [Jiangsu] (江苏): Sou-Tcheou-Fou [Suzhou] (苏州), d'Argy s.n. (Syntype: E); Ngan-Hoei [Anhui] (安徽): Ning-Koue-Fou [Xuancheng] (宁国府 , 今宣城), d'Argy s.n. (Syntype: E).

Helwingia chinensis Batalin fo. ***megaphylla*** W.P. Fang, Acta Phytotax. Sin. 1 (2): 172. 1951. Kiangsi [Jiangxi] (江西): Hongshan, 1936-06-26, L.[J.] Linsley Gressitt 1514 (Holotype: A).

浙江青荚叶 ***Helwingia zhejiangensis*** W.P. Fang et Soong, J. Sichuan Univ., Nat. Sci. Ed. 1982 (1): 73. 1982. Zhejiang (浙江): Jingning (景宁), 1958-12-04, S.Y. Chang (章绍尧) 3951 (Holotype: HHBG).

392 冬青科 Aquifoliaceae

江西满树星 ***Ilex aculeolata*** Nakai var. ***kiangsiensis*** S.Y. Hu, J. Arnold Arbor. 30 (3): 278. 1949. Kiangsi [Jiangxi] (江西): Kien-nan [Quannan] (全南), S.K. Lau (刘心祈) 4086 (Holotype: A).

楚光冬青 ***Ilex chuguangii*** M.M. Lin, Bull. Bot. Res., Harbin 33 (3): 257. 2013. Fujian (福建): Shanghang (上杭), Meihua Shan (梅花山), 2011-12-15, M.M. Lin et J.P. Wu (林木木 , 吴锦平) 02 (Holotype: FJFC).

枸骨 ***Ilex cornuta*** Lindl. et Paxton, Paxt. Fl. Gard. 1 (3): 43.1850. Shanghae [Shanghai] (上海), R. Fortune s.n. (Syntype:?); [Zhejiang] (浙江): [Zhoushan] (舟山), Kin-tang [Jintang] (金塘), 1846 年 , R. Fortune 14 (Syntype: K).

大别山冬青 ***Ilex dabieshanensis*** K. Yao et M.P. Deng, Acta Phytotax. Sin. 25 (4): 324. 1987. Anhui (安徽): Huoshan (霍山), Dahuaping (大花坪), 1982-10-14, M.P. Deng et H.T. Wei (邓懋彬 , 魏宏图) 81415 (Holotype: NAS).

厚叶冬青 ***Ilex elmerrilliana*** S.Y. Hu, J. Arnold Arbor. 31: 229. 1950. Kiangsi [Jiangxi] (江西): Lung-nan [Longnan] (龙南), S.K. Lau (刘心祈) 4410 (Holotype: A).

硬叶冬青 ***Ilex ficifolia*** C.J. Tseng ex S.K. Chen et Y.X. Feng, Acta Phytotax. Sin. 37 (2): 143.

1999. Fujian (福建): Yong'an (永安), 1944-10-25, Y.J. Lau (刘业经) 434 (Holotype: AU).

戴云山冬青 ***Ilex ficifolia*** C.J. Tseng fo. ***daiyunshanensis*** C.J. Tseng, Bull. Bot. Res., Harbin 1 (1-2): 5. 1981. Fujian (福建): Dehua (德化), Daiyun Shan (戴云山), P.C. Tsoong (钟补勤) s.n. (Holotype: AU).

Ilex flaveo-mollissima [***Ilex flaveomollissima***] F.P. Metcalf, Lingnan Sci. J. 11: 14. 1932. Fukien [Fujian] (福建): Jo Ka Kung, Dunn 1413-HH 2464 (Holotype: A).

毛果台湾冬青 ***Ilex formosana*** Maxim. var. ***ruijinensis*** C.J. Tseng, Bull. Bot. Res., Harbin 1 (1-2): 26. 1981. Jiangxi (江西): Ruijin (瑞金), M.X. Nie et S.S. Lai (聂敏祥，赖书绅) 3971 (Holotype: KUN).

Ilex fortunei Lindl., Gard. Chron. 1857: 868. 1857. [Anhui] (安徽): Hwuy-chou [Huizhou] (徽州), R. Fortune s.n. (Holotype: ?).

福建冬青 ***Ilex fukienensis*** S.Y. Hu, J. Arnold Arbor. 31: 253. 1950. Fukien [Fujian] (福建): Yen-ping [Yanping] (南平市延平区), H.H. Chung (钟心煊) 3368 (Holotype: A).

毛枝福建冬青 ***Ilex fukienensis*** S.Y. Hu fo. ***puberula*** C.J. Tseng et H.H. Liu, Bull. Bot. Res., Harbin 1(1-2): 34. 1981. Fujian (福建): Chong'an (崇安), P.S. Chiu (裘佩熹) 1685 (Holotype: PE).

Ilex hanceana Maxim. var. ***anhweiensis*** Loes. J. Arnold Arbor. 8 (3): 156. 1927. Anhwei [Anhui] (安徽): Chemen [Qimen] (祁门), Lishan (里山), 1925-08-03, R.C. Ching (秦仁昌) 3109 (Holotype: A).

霍山冬青 ***Ilex huoshanensis*** Y.H. He, Acta Phytotax. Sin. 40 (4): 380. 2002. Anhui (安徽): Huoshan (霍山), Manshui River (漫水河), 1998-05-14, B.M. Li (黎百鸣) 98002 (Holotype: PE).

井冈山冬青 ***Ilex jinggangshanensis*** C.J. Tseng, Bull. Bot. Res., Harbin 1 (1-2): 8. 1981. Jiangxi (江西): Jinggang Shan (井冈山), J.S. Yue et al.(岳俊三等) 5416 (Holotype: PE).

皱柄冬青 ***Ilex kengii*** S.Y. Hu, J. Arnold Arbor. 31 (3): 244. 1950. Chekiang [Zhejiang] (浙江): [Ningbo] (宁波), Tai-pai-shan [Taibai Shan] (太白山), 1927-08-27, Y.L. Keng (耿以礼) 1175 (Holotype: A).

Ilex kwangtungensis Merr. var. ***pilosior*** Hand.-Mazz., Symb. Sin. Pt. 7 (3): 654. 1933. Fukien [Fujian] (福建): Dingdschou [Tingzhou] (汀州), Tienhwa-schan [Tianhua Shan] (天华山), 1921 年，T.H. Wang (王德辉) Plt. sin. 400 (Holotype: WU).

汝昌冬青 ***Ilex limii*** C.J. Tseng, Acta Sci. Nat. Univ. Amoiensis 9 (4): 305. 1962. Fukien [Fujian] (福建): Long-Yien [Longyan] (龙岩), Siao-Che [Xiaochi] (小池), Houlong Shan (后龙山), 1951-08-17, L.C. Lim (林汝昌) 2447 (Holotype: AU).

木姜冬青 ***Ilex litseaefolia*** [***Ilex litseifolia***] Hu et Tang, Bull. Fan Mem. Inst. Biol., Bot. 9: 247. 1939. Chekiang [Zhejiang] (浙江): [Tiantai] (天台), Tien-tai Shan[Tiantai Shan] (天台山),

1927-08-11, Y.L. Keng (耿以礼) 1058 (Isotype: A).

Ilex microcarpa Lindl. ex Paxton, Paxt. Fl. Gard. 1 (3): 43. 1850. Chekiang [Zhejiang] (浙江): [Ningbo] (宁波), Tein-tung [Tiantong] (天童山), R. Fortune s.n. (Holotype: ?).

南平冬青 *Ilex nanpingensis* G.S. He, Subtrop. Pl. Sci. 48 (1): 77. 2019. Fujian (福建): Nanping (南平), Yanping (延平), Mangdang Mt. [Mangdang Shan] (茫荡山), 2011-11-15, G.S. He (何国生) 2011001 (Holotype: FFTVC).

宁德冬青 *Ilex ningdeensis* C.J. Tseng, Bull. Bot. Res., Harbin 1 (1-2): 19. 1981. Fujian (福建): Ningde (宁德), Q.F. Zheng et al. (郑清芳等) 43 (Holotype: FJFC).

平和冬青 *Ilex pingheensis* C.J. Tseng, Bull. Bot. Res., Harbin 9 (4): 29. 1989. Fujian (福建): Pinghe (平和), Jiufeng (九峰), Haiyetang [Baiyetang] (白叶塘), 1979-12-12 [11-19], G.S. Hoo (何国生) 116 (Holotype: FJSI).

庆元冬青 *Ilex qingyuanensis* C.Z. Zheng, J. Hangzhou Univ., Nat. Sci. Ed. 2: 73. 1980. [Zhejiang] (浙江): [Qingyuan] (庆元), [Houguang] (后广), [Xiadi Cun] (下底村), 1965-11-25, [Z.G. Mao] (毛宗国) 10702 (Holotype: HHBG).

三清山冬青 *Ilex sanqingshanensis* W.B. Liao, Q. Fan et S. Shi, Nordic J. Bot. 33 (6): 662. 2015. Jiangxi (江西): Yushan (玉山), Mt. Sanqingshan [Sanqing Shan] (三清山), 2008-07-08, Sanqingshan Exped. (三清山调查队) 0807074 (Holotype: SYS).

书坤冬青 *Ilex shukunii* Y.Yang et H. Peng, Phytotaxa 382 (2): 188. 2018. Fujian (福建): Longyan (龙岩), Changting (长汀), Nanshan (南山), Tangbei Village (塘背村), 2018-09-03, B.H. Chen OYY00107 (Holotype: KUN).

短梗香冬青 *Ilex suaveolens* (H. Lév.) Loes. var. ***brevipetiola*** W.S. Wu et Y.X. Luo, Bull. Bot. Res., Harbin 12 (1): 123. 1992. Jiangxi (江西): Jianggang Shan (井冈山), 1990-10-09, Y.J. Chen et B.C. Wang (陈玉洁 , 王炳春) 9010235 (Holotype: NYA).

拟榕叶冬青 *Ilex subficoidea* S.Y. Hu, J. Arnold Arbor. 30: 384. 1949. Kiangsi [Jiangxi] (江西): Kien-nan [Quannan] (现全南), [near Tung Lei Village] [Dongli] (东里乡), [Sai Hang Cheung] [Xikengzhang] (西坑障), S.K. Lau (刘心祈) 3979 (Holotype: A).

遂昌冬青 *Ilex suichangensis* C.Z. Zheng, Bull. Bot. Res., Harbin 8 (4): 81. 1988. Zhejiang (浙江): Suichang (遂昌), Ji-xia (际下), Chukeng'ao (粗坑岙), 1986-08-04, C.Z. Zheng (郑朝宗) 4211 (Holotype: HZU).

泰宁冬青 *Ilex tainingensis* G.S. He, Subtrop. Pl. Sci. 48 (1): 77. 2019. Fujian (福建): Sanming (三明), Taining (泰宁), Zhukou (朱口), 2013-12-08, G.S. He (何国生) 2013016 (Holotype: FFTVC).

Ilex trichoclada Hayata, Icon. Pl. Formosan. 3: 56. 1913. Fokien [Fujian] (福建): Ysan, 1909-11, S. Nagasawa (永泽定一) 97 (Syntype: TI).

纤秀冬青 *Ilex venusta* H. Peng et W.B. Liao, Phytotaxa 298 (2): 149. 2017. Jiangxi (江西):

Shangyou (上犹), Guanggu Mountain [Guanggu Shan] (光菇山), 2016-10-27, Xu et Zhao XKW183 (Holotype: KUN).

温州冬青 ***Ilex wenchowensis*** S.Y. Hu, J. Arnold Arbor. 30 (4): 360. 1949. Chekiang [Zhejiang] (浙江): Wenchow [Wenzhou] (温州), [Yongjia] (永嘉), [Jiewuling] (界乌岭), 1924-06-05, R.C. Ching (秦仁昌) 1819 (Holotype: A).

武功山冬青 ***Ilex wugongshanensis*** C.J. Tseng ex S.K. Chen et Y.X. Feng, Acta Phytotax. Sin. 37 (2): 144. 1999. Jiangxi (江西): Wugong Shan (武功山), Y.G. Xiong (熊耀国) 8720 (Holotype: LBG).

浙江冬青 ***Ilex zhejiangensis*** C.J. Tseng ex S.K. Chen et Y.X. Feng, Acta Phytotax. Sin. 37 (2): 144. 1999. Zhejiang (浙江): Hangzhou (杭州), C.J. Tseng et al. (曾沧江等) s.n. (Holotype: AU).

Symplocos courtoisii H. Lév. (Symplocaceae) , Mem. Real Acad. Ci. Barcelona 12 (22): 22. 1916. Kiang-Sou [Jiangsu] (江苏), 1844-66, d'Argy s.n. (Holotype: A).

394 桔梗科 Campanulaceae

Adenophora argyi H. Lév., Bull. Géogr. Bot. 24: 292. 1914. Kiang-Sou [Jiangsu] (江苏), d'Argy s.n. (Holotype: E).

华东杏叶沙参 ***Adenophora hunanensis*** Nannf. subsp. ***huadungensis*** D.Y. Hong, Fl. Reipubl. Popularis Sin. 73 (2): 186. 1983. Giangxi [Jiangxi] (江西): Shangrau [Shangrao] (上饶), Wangfu Shan (王府山), 1958-09-13, M.X. Nie (聂敏祥) 5029 (Holotype: PE).

Adenophora isabellae Hemsl., J. Bot. 14: 207. 1876. Shandong (山东): Chefoo [Yantai] (烟台), F.B. Forbes s.n. (Holotype: BM).

琅琊山荠苨 ***Adenophora langyashanica*** L. Zhang et D.Q. Wang, J. West Anhui Univ. 35 (5): 69. 2019. Anhui (安徽): Chuzhou (滁州), Langya Shan (琅琊山), 1981-10-10, D.Q. Wang (王德群) 3386 (Holotype: ACM).

Adenophora rotundifolia H. Lév., Bull. Géogr. Bot. 24: 292. 1914. Kiang-Sou [Jiangsu] (江苏): Vou-Sié [Wuxi] (无锡), Mei-Chan [Mei Shan] (梅山), d'Argy s.n. (Holotype: E).

Adenophora stricta Miq. var. ***albiflora*** Migo, J. Shanghai Sci. Inst., Sect. III, 3: 228. 1937. Kiangsu [Jiangsu] (江苏): Chinkiang [Zhenjiang] (镇江), Chulinssu [Zhulin Si] (竹林寺), 1934-09-23, H. Migo (御江久夫) s.n. (Holotype: TI).

南京沙参 ***Adenophora stricta*** Miq. var. ***nanjingensis*** P.F. Tu et G.J. Xu, J. China Pharm. Univ. 21 (1): 17. 1990. Jiangsu (江苏): Nanjing (南京), Xixiashan [Qixia Shan] (栖霞山), 1986-10-21, P.F. Tu (屠鹏飞) 86036 (Holotype: CPU).

青龙山沙参 ***Adenophora stricta*** Miq. var. ***qinglongshanica*** P.F. Tu et G.J. Xu, J. China Pharm. Univ. 21 (1): 17. 1990. Jiangsu (江苏): Nanjing (南京), Qinglong Shan (青龙山), 1986-10-11, P.F. Tu (屠鹏飞) 86033 (Holotype: CPU).

苏南荠苨 ***Adenophora trachelioides*** Maxim. subsp. ***giangsuensis*** D.Y. Hong, Fl. Reipubl. Popularis Sin. 73 (2): 186. 1983. Giangsu [Jiangsu] (江苏): Jiangpu (江浦), Shiziling (狮子岭), 1964-08-01, S.L. Liu et al. (刘守炉等) 1682 (Holotype: PE).

安徽牧根草 ***Asyneuma anhuiense*** B.A. Shen, Acta Phytotax. Sin. 26 (6): 463. 1988. Anhui (安徽): Anqing (安庆), Dalong Shan (大龙山), 1981-06-18, B.A. Shen (沈保安) 0878 (Holotype: WHDC).

Campanula nobilis Lindl., J. Hort. Soc. London 1: 232. 1846. [Zhejiang] (浙江): Chusan [Zhoushan] (舟山), 1844 年, R. Fortune105 (Syntype: K); Shanghae [Shanghai] (上海), R. Fortune s.n. (Syntype: ?).

鹅抱 ***Codonopsis ebao*** J. Xie, L. Zhang et D.Q. Wang, J. West Anhui Univ. 35 (5): 68. 2019. Anhui (安徽): Tongling (铜陵), Zhu Village (朱村), Guanyindong (观音洞), 2013-10-02, J. Xie (谢晋) XJ13100207 (Holotype: PE)

江南山梗菜 ***Lobelia davidii*** Franch., Nouv. Arch. Mus. Hist. Nat., sér. 2, 6: 71.1883. et Pl. David. 1: 191.1884. Kiang-si [Jiangxi] (江西): Kiukiang [Jiujiang] (九江), A. David s.n. (Holotype: P).

Lobelia davidii Franch. var. ***glaberrima*** E. Wimm, Ann. Naturhist. Mus. Wien 56: 367. 1948. [Jiangxi] (江西): Kuling [Guling] (牯岭), M. du Bois-Reymond 670 (Syntype: B); Kiukiang [Jiujiang] (九江), Carles s.n. (Syntype: ?).

403 菊科 Asteraceae

Ainsliaea hui Diels ex Mattf., Notizbl. Bot. Gart. Berlin-Dahlem 11 (102): 109. 1931. Kiangsi [Zhejiang] (浙江): Hongchow [Hangzhou] (杭州), Drageon Well [Longjing] (龙井), 1927-10-14, R.C. Ching (秦仁昌) 3896 (Holotype: ?).

宁波兔儿风 ***Ainsliaea ningpoensis*** Matsuda, Bot.Mag. (Tokyo) 27: 236. 1913. Cheh-kiang [Zhejiang] (浙江): Ning-po [Ningbo] (宁波), Chang Chih Ming (张之铭) 80 (Holotype: ?).

单花兔儿风 ***Ainsliaea simplicissima*** M.J. Zhang et H.Q. Li, Phytotaxa 424 (4): 247. 2019. Fujian (福建): Pingnan (屏南), Pingcheng (屏城), Dabei Village (大碑村), 2018-11-16, M.J. Zhang (张美娇) 20181116-1 (Holotype: HSNU).

婺源兔儿风 ***Ainsliaea wuyuanensis*** Z.H. Chen , Y.L. Xu et X.F. Jin, Guihaia 40 (1): 96. 2020. Jiangxi (江西): Wuyuan (婺源), Wolonggu (卧龙谷), 2018-10-11, Z.H. Chen et al. (陈征海等)

JX.WY18101102 (Holotype: ZM).

Anaphalis aureopunctata Lingelsh. et Borza var. ***plantaginifolia*** F.H. Chen, Acta Phytotax. Sin. 11 (1): 105. 1966. Kiangsi [Jiangxi] (江西): [Xiushui] (修水), Hwanglungshan [Huanglong Shan] (黄龙山), Hsiung Y.-K. (熊耀国) 5544 (Holotype: PE).

香青 ***Anaphalis sinica*** Hance, J. Bot. 12: 261. 1874. Kiangsi [Jiangxi] (江西): Kiukiang [Jiujiang] (九江), 1873-08-03, O. Moellendorff s.n. (Holotype: BM).

Anaphalis sinica Hance var. ***densata*** Y. Ling, Acta Phytotax. Sin. 11 (1): 103. 1966. Shangtung [Shandong] (山东): Tai Shan (泰山), Hao K.-S. (郝景盛) 1697 (Holotype: PE).

奇蒿 ***Artemisia anomala*** S. Moore, J. Bot. 13: 227. 1875. Kiangsi [Jiangxi] (江西): Kiu kiang [Jiujiang] (九江), 1873 年 , G. Shearer s.n. (Holotype: K).

尾尖奇蒿 ***Artemisia anomala*** S. Moore var. ***acuminatissima*** Y.R. Ling, Bangladesh J. Pl. Taxon. 18 (2): 203. 2011. Zhejiang (浙江): Hangzhou (杭州), Ju-lai-feng [Feilaifeng] (飞来峰), 1958-09-26, s.coll. 1214 (Holotype: KUN).

密毛奇蒿 ***Artemisia anomala*** S. Moore var. ***tomentella*** Hand.-Mazz., Notizbl. Bot. Gart. Berlin-Dahlem 13 (120): 633. 1937. Chekiang [Zhejiang] (浙江): Hangchou [Hangzhou] (杭州), Linying [Lingyin] (灵隐), 1927-10-14, R.C. Ching (秦仁昌) 3800 (Isotype: W).

艾 ***Artemisia argyi*** H. Lév. et Vaniot, Repert. Spec. Nov. Regni Veg. 8 (163): 138. 1910. Kiang-Sou [Shanghai] (上海): Ka-ngai-Bon, d'Argy s.n. (Holotype: E).

Artemisia capillaris Thunb. fo. ***williamsoni*** Pamp., Nuov. Giorn. Bot. Ital., n.s. 34: 646. 1927. Shantung [Shandong] (山东), 1889 年 , A. Williamson s.n. (Syntype: E).

渤海滨南牡蒿 ***Artemisia eriopoda*** Bunge var. ***maritima*** Y. Ling et Y.R. Ling, Bull. Bot. Res., Harbin 8 (3): 6. 1988. Shandong (山东): Yantai (烟台), 1956-07-03, Kuan (关克俭) 2928 (Holotype: PE).

Artemisia haichowensis Chang, Bull. Fan Mem. Inst. Biol., Bot. 7 (4): 158. 1936. Jiangsu (江苏): Haichow [Lianyungang] (连云港), Yuntai Shan (云台山), 1932-10, T.P. Chang 757 (Holotype: IBSC).

Artemisia japonica Thunb. fo. ***chinensis*** Pamp., Nuov. Giorn. Bot. Ital., n.s. 34: 668. 1927. Schan-tung [Shandong] (山东), Cosi s.n. (Holotype: FI).

圆叶南牡蒿 ***Artemisia japonica*** Thunb. var. ***rotundifolia*** Debeaux, Act. Soc. Linn. Bord. 31: 220. 1876. Chan-tong [Shandong] (山东): Tche-fou [Yantai] (烟台), Debeaux s.n. (Holotype: ?).

Artemisia japonica Thunb. var. ***rotundifolia*** Debeaux fo. ***genuina*** Pamp., Nuov. Giorn. Bot. Ital., n.s. 34: 669. 1927. [Shandong] (山东): Tschi-fu [Yantai] (烟台), 1868—1871 年 , Wawra, Erdumseglung S.M. Fregatte (Donau) 1209 (Syntype: ?), 1891 年 , Faber s.n. (Syntype: ?).

御江氏蒿 ***Artemisia migoana*** Kitam., J. Jap. Bot 20 (4): 192. 1944. Chekiang [Zhejiang] (浙江): mt. Hsi-tienmushan[Xitianmu Shan] (西天目山), 1936-07-27, H. Migo (御江久夫) 56

(Holotype: TI).

Artemisia mongolica (Fisch. ex Besser) Nakai fo. ***williamsonii*** Pamp., Nuov. Giorn. Bot. Ital., n.s. 36: 412. 1930. Shantung [Shandong] (山东), 1869 年, A. Williamson s.n. (Syntype: E).

Artemisia mongolica (Fisch. ex Besser) Nakai var. ***pseudovulgaris*** Pamp., Nuov. Giorn. Bot. Ital., n.s. 36: 413. 1930. Shantung [Shandong] (山东): Tsingtau [Qingdao] (青岛),1907-09, A. K. Schindler, Pl. sin. 216 (Syntype: E); Tai'an (泰安), Tai-Shan Mt. [Tai Shan] (泰山), 1912-09, M. Strong Clemens, Pl. of China 1501 (Syntype: E).

Artemisia pleiocephala Pamp. var. ***grandis*** Pamp., Lav. Inst. Bot. Univ. Cagliari 35: 577. 1938. [Jiangsu] (江苏): Nanking [Nanjing] (南京), 1927-10-17, C.C. Chang (张肇骞), Flora of China, 246 (Holotype: FI).

Artemisia velutina Pamp. fo. ***genuina*** Pamp., Nuov. Giorn. Bot. Ital., n. s. 36: 414. 1930. Scianton [Shandong] (山东),1874年, Cosi s.n. (Syntype: Fl); [Fujian] (福建): Fu-tschan [Fuzhou] (福州), Yuenfuthal, 1887-12, Warburg 5612 (Syntype: ?); [Jiangxi] (江西): Kewkiang [Jiujiang] (九江), 1873-10, G. Shearer s.n. (Syntype: ?).

狭叶紫菀 *Aster angustifolius* C.C. Chang, Bull. Fan Mem. Inst. Biol., Bot. 6 (2): 43. 1935. Chekiang [Fujian] (福建): [Shouning] (寿宁), 1924-08, R.C. Ching (秦仁昌) 2266 (Holotype: NAS).

Aster argyi H. Lév., Bull. Géogr. Bot. 25: 14. 1915. Kiang-Sou [Jiangsu] (江苏): Wousi-Long-Tse, d'Argy s.n. (Holotype: E).

九龙山紫菀 *Aster jiulongshanensis* Z.H. Chen, X.Y. Ye et C.C. Pan, J. Hangzhou Norm. Univ., Nat. Sci. Ed. 16 (1): 13. 2017. Zhejiang (浙江): Suichang (遂昌), Mt. Jiulong [Jiulong Shan] (九龙山), Huangtanyu (黄坛淤), 2011-10-30, G.Y. Li et Z.H. Chen (李根有，陈征海) JLS20111001 (Holotype: ZJFC).

Aster panduratus Nees ex Walp. var. ***crenatifolius*** Y. Ling, Contr. Bot. Surv. North-West. China 1 (2): 8. 1939. Chekiang [Zhejiang] (浙江): [Xitianmu Shan] (西天目山), [Lianhuafeng] (莲花峰), 1925-07-18 [1929-07-14], K.K. Tsoong (钟观光) 643 (Holotype: PE).

铜铃山紫菀 *Aster tonglingensis* G.J. Zhang et T.G. Gao, PeerJ 7 (e6288): 16. 2019. Zhejiang (浙江): Wencheng (文成), Mt. Tongling [Tongling Shan] (铜铃山), 2013-09-02, Hai-Hua Hu (胡海花) 331-1 (Holotype: PE).

陀螺紫菀 *Aster turbinatus* S. Moore, J. Bot. 16 (185): 132. 1878. [Zhejiang] (浙江): [Zhoushan] (舟山), R. Fortune 104 (Syntype: MO), R. Fortune 19 (Syntype: ?); Ningpo [Ningbo] (宁波), C.W. Everard s.n. (Syntype: K-000890442).

仙白草 *Aster turbinatus* S. Moore var. ***chekiangensis*** C. Ling ex Y. Ling, Fl. Reipubl. Popularis Sin. 74: 359. 1985. Zhejiang (浙江): Yongjia (永嘉), 1973-08-25, C. Ling (林泉) 73-1511 (Holotype: PE).

仙居紫菀 ***Aster xianjuensis*** Y.F. Lu, W.Y. Xie et X.F. Jin, J. Hangzhou Norm. Univ., Nat. Sci. Ed. 16 (1): 3. 2017. Zhejiang (浙江): Xianju (仙居), Shenxianju (神仙居), 2016-07-22, X.F. Jin (金孝锋) 3829 (Holotype: HTC).

Aster yangtzensis Migo, Bot. Mag. (Tokyo) 56: 300. 1942. Kiangsu [Jiangsu] (江苏): Nanking [Nanjing] (南京), Tzuchin-shan [Zijin Shan] (紫金山), 1940-07-23, H. Migo (御江久夫) s.n. (Holotype: NAS).

Asteromoea indica (L.) Blume var. ***stenolepis*** Hand.-Mazz., Acta Horti Gothob. 7: 225. 1938. Fukien [Fujian] (福建): Yenping [Yanping] (南平市延平区), 1924-08-04, H.H. Chung (钟心煊) 2895 (Holotype: W).

Atractylis ovata Thunb. var. ***simplicifolia*** Loes., Bot. Jahrb. Syst. 34: 74. 1904. Shantung [Shandong] (山东): Tsingtau [Qingdao] (青岛), Nebel s.n. (Syntype:?), Zimmermann 268 (Syntype: ?).

Bidens tripartita L. var. ***cernuifolia*** Sherff, Bot. Gaz. 88 (3): 288. 1929. Anhwei [Anhui] (安徽): Pei Chen, 1925-09-15, R.C. Ching (秦仁昌) 4672 (Holotype: UC).

山马兰 ***Boltonia lautureana*** Debeaux, Actes Soc. Linn. Bordeaux 31: 215. 1877. et Fl. du Tché-foû 76. Chan-tong [Shandong] (山东): Yan-tai (烟台), Fou-chan-yen, 1860-07 [09] -04, J.O. Debeaux 93 [53] (Lectotype: P-00733128, designated by H.Y. Gu et P.C. Hoch in Ann. Missouri Bot. Gard. 84: 803. 1997).

Cacalia bulbifera (Maxim.) Matsum. var. ***piligera*** Y. Ling, Contr. Inst. Bot. Natl. Acad. Peiping 5 (1): 11. 1937. Chekiang [Zhejiang] (浙江): Tienmushan [Tianmu Shan] (天目山), 1918 [1929] -09-30, K.K. Tsoong (钟观光) D335 (Holotype: ?).

黄山兔儿风 ***Cacalia hwangshanica*** Y. Ling, Contr. Inst. Bot. Natl. Acad. Peiping 5 (1): 11. 1937. Anhwei [Anhui] (安徽): Hwangshan [Huang Shan] (黄山), Tientufung [Tiandufeng] (天都峰), 1935-08-16, T.N. Liou et P.C. Tsoong (刘慎谔 , 钟补求) 2817 (Holotype: PE).

松田氏蟹甲草 ***Cacalia matsudae*** Kitam., J. Jap. Bot 20 (4): 196. 1944. Chekiang [Zhejiang] (浙江): mt. Hsi-tienmu-shan [Xitianmu Shan] (西天目山), 1936-07-27, H. Migo (御江久夫) 67〔Lectotype: PE, designated by H.Y. Bi et al. in Bull. Bot. Res., Harbin 38 (2): 164. 2018〕; Hangchow [Hangzhou] (杭州), T. Chang s.n. (Syntype: TI).

Calimeris ciliosa Turcz., Bull. Soc. Imp. Nat. Moscou 24 (2): 61. 1851. [Fujian] (福建): Chinchew [Quanzhou] (泉州), R. Fortune 30 (Holotype: KW).

Chrysanthemum coronarium L. var. ***spatiosum*** L.H. Bailey, Gentes Herbarum 1 (1): 47. 1920. Shanghai (上海) , Cult.

黄山菊 ***Chrysanthemum hwangshanense*** Y. Ling, Contr. Inst. Bot. Natl. Acad. Peiping 3: 472. 1935. Anhwei [Anhui] (安徽): Hwangshan [Huang Shan] (黄山), Sztzling [Shizilin] (狮子林), 1935-08-28, T.N. Liou et P.C. Tsoong (刘慎谔 , 钟补求) 3106 (Holotype: ?).

Chrysanthemum indicum L. var. ***edule*** Kitam., J. Jap. Bot.19 (11): 343. 1943. Shanghai (上

海), Cult. in Horto Bot. Univ. Imp. Kioto., 1942-11-09, S. Kitamura s.n. (Syntype: ?); Kiangsu [Jiangsu] (江苏): Nanking [Nanjing] (南京), 1939-10-21, H. Migo (御江久夫) 10 (Syntype: ?).

Chrysanthemum indicum L. var. ***litorale*** Y. Ling, Contr. Inst. Bot. Natl. Acad. Peiping 3: 469. 1935. Shantung [Shandong] (山东): Chefoo [Yantai] (烟台), 1933-09-27, K.M. Liou (刘继孟) 1756 (Syntype: ?), 1933-09-30, K.M. Liou (刘继孟) 1783 (Syntype: ?), 1933-09-28, Su s.n. (Syntype: ?).

Chrysanthemum lavandulifolium (Fisch. ex Trautv.) Makino var. ***tomentellum*** Hand.-Mazz., Acta Horti Gothob. 12 (9): 260. 1938. Kiangsu [Jiangsu] (江苏): Chinkiang [Zhenjiang] (镇江), 1921-10, Kolthoff 219 (Holotype: ?).

庐山菊 ***Chrysanthemum lushanense*** Kitam., J. Jap. Bot. 13 (3): 163. 1937. Kiangsi [Jiangxi] (江西): Lu Shan (庐山), 1935-09-25, D. Liu (刘棠瑞) (Holotype: ?).

并氏菊 ***Chrysanthemum namikawanum*** Kitam., J. Jap. Bot. 13 (3): 162. 1937. Shantung [Shandong] (山东): Tai Shan (泰山), 1936-09-20, I. Namikawa s.n. (Holotype: ?).

Chrysanthemum nankingense Hand.-Mazz., Acta Horti Gothob. 12 (9): 258. 1938. Kiangsu [Jiangsu] (江苏): Nanking [Nanjing] (南京), 1927-10, Ching (秦仁昌) 3942 (Holotype: B).

阔叶毛华菊 ***Chrysanthemum vestitum*** (Hemsl.) Stapf. var. ***latifolium*** J. Zhou et J. Y. Chen, Bull. Bot. Res., Harbin 30 (6): 649. 2010. Anhui (安徽): Yuexi (岳西), Tianzhu Shan (天柱山), 1953-09-24, East China Station Inst. Bot. (植物所华东工作站) 6935 (Holotype: PE).

匍地菊 ***Chrysanthemum yantaiense*** M. Sun et J.T. Chen, Phytotaxa 374 (1): 92. 2018. Shandong (山东): Yantai (烟台), 2012-08-07, M. Sun (孙明) 120807 (Holotype: BJFC).

白花大蓟 ***Cirsium japonicum*** Fisch. ex DC. fo. ***albiflorum*** G.Y. Li et D.Y. Ou, Acta Bot. Boreal.-Occid. Sin.30 (8) : 1702. 2010. Zhejiang (浙江): Putuo Shan (普陀山), Baihua Shan (白华山), 2009-05-04, S.H. Jin et al. (金水虎等) PT090505 (Holotype: ZJFC).

Cirsium japonicum Fisch. ex DC. var. ***fukienense*** Kitam., Acta Phytotax. Geobot.1: 149. 1932. Fukien [Fujian] (福建): Usekizan [Wushi Shan] (乌石山), 1910-06-28, S. Nagasawa (永泽定一) s.n. (Holotype: KYO).

Cirsium japonicum Fisch. ex DC. var. ***multilobum*** Y. Ling, Contr. Bot. Surv. North-West. China 1 (2): 34. 1939. Chekiang [Zhejiang] (浙江): 永嘉 [Wenzhou] (温州), [Jiangxin Si] (江心寺), 1928-04-16, K.K. Tsoong (钟观光) 178 (Holotype: PE).

Cirsium japonicum Fisch. ex DC. var. ***oliganthum*** Y. Ling, Contr. Bot. Surv. North-West. China 1 (2): 34. 1939. Anhwei [Anhui] (安徽): [Huang Shan] (黄山), 1920-11-01, K.K. Tsoong (钟观光) 3189 (Syntype: ?); [Huang Shan] (黄山), [Tangkou] (汤口), K.K. Tsoong (钟观光) s.n. (Syntype: ?); [Xiuning] (休宁), [Baiyue] (白岳), 1910-11-08, K.K. Tsoong (钟观光) 3208 (Syntype: ?).

崂山蓟 ***Cirsium laushanense*** Y. Yabe, Prelim. Rep. Fl. Tsing-tau-Reg. 112. [1919]. Shantung

[Shandong]（山东）: Laushan [Lao Shan]（崂山）, Lauting [Laoding]（崂顶）, 1918-09, Y. Yabe（矢部吉祯）s.n. (Holotype: ?).

Cirsium lineare (Thunb.) Sch. Bip. var. ***franchetii*** Kitam., J. Jap. Bot. 20 (4): 198. 1944. Kiangsi [Jiangxi]（江西）: Lu Shan（庐山）, Tangshui Liu（刘棠瑞）s.n. (Syntype:?), Talinszu [Dalin Si]（大林寺）, H. Migo（御江久夫）86 (Syntype: ?).

Cirsium lineare (Thunb.) Sch. Bip. var. ***franchetii*** Kitam. fo. ***pallidum*** Kitam., J. Jap. Bot. 20 (4): 199. 1944. Chekiang [Zhejiang]（浙江）: Changhwa [Changhua]（昌化）, H. Migo（御江久夫）s.n. (Syntype: ?); Ningpo [Ningbo]（宁波）, C. Chang s.n. (Syntype: TI); [Hangzhou]（杭州）, Lingin [Lingyin]（灵隐）, K. Honda（本多厚二）s.n. (Syntype: TI); Yofen [Yuefen]（岳坟）, K. Honda（本多厚二）s.n. (Syntype: TI). [Jiangsu]（江苏）: Suchou [Suzhou]（苏州）, K. Ono s.n. (Syntype: TI).

Cirsium lineare (Thunb.) Sch. Bip. var. ***glabrescens*** Petr., Repert. Spec. Nov. Regni Veg. 43: 273. 1938. Kiang-su [Jiangsu]（江苏）: Pao Hwan Shan [Baohua Shan]（宝华山）, 1926-09, C.N. Chen（陈长年）2159 (Holotype: ?).

Cirsium lineare (Thunb.) Sch. Bip. var. ***linearifolium*** Petr. fo. ***tomentosum*** Petr., Repert. Spec. Nov. Regni Veg. 43: 280. 1938. Kiangsi [Jiangxi]（江西）: Kuling [Guling]（牯岭）, 1915-07, M. du Bois Raymond 802a (Syntype: ?); Kuling [Guling]（牯岭）, 1925-08-25, A. Dietz s.n. (Syntype: ?).

Cirsium lineare (Thunb.) Sch. Bip. var. ***linearifolium*** Petr. fo. ***viride*** Petr., Repert. Spec. Nov. Regni Veg. 43: 280. 1938. [Jiangsu]（江苏）: Nanking [Nanjing]（南京）, 1927-10-15, s.coll. 3939 (Syntype: ?).

总序蓟 ***Cirsium racemiforme*** Y. Ling et C. Shih, Acta Phytotax. Sin. 22 (6): 445.1984. Jiangxi（江西）: Leping（乐平）, 1959-06-15, Q.H. Li et al.（李启和等）1287 (Holotype: PE).

Cirsium tchefouense Debeaux, Actes Soc. Linn. Bordeaux 31: 225.1877. et Fl. du Tché-foû 86. Chan-tong [Shandong]（山东）: Tche-fou [Yantai]（烟台）, 1860-09-06, J.O. Debeaux s.n. (Holotype: P).

杭蓟 ***Cirsium tianmushanicum*** C. Shih, Bull. Bot. Res., Harbin 4 (2): 64. 1984. Zhejiang（浙江）: Tianmu Shan（天目山）, 1952-10-07, He Xian-yu（贺贤育）713 (Holotype: WUK).

观光蓟 ***Cirsium tsoongianum*** Y. Ling, Contr. Bot. Surv. North-West. China 1 (2): 35. 1939. Chekiang [Zhejiang]（浙江）: [Xitianmu Shan]（西天目山）, Laodian（老殿）, 1929-10-13, K.K. Tsoong（钟观光）D42 [D420] (Holotype: PE).

多叶还阳参 ***Crepis japonica*** Benth. fo. ***foliosa*** Matsuda, Bot. Mag. (Tokyo) 26 (310): 313. 1912. Chekiang [Zhejiang]（浙江）: [Hangzhou]（杭州）, Ken-shan-mun [Genshanmen]（艮山门）, K. Honda（本多厚二）1180 (Syntype: TI); Ku-shan [Gu Shan]（孤山）, K. Honda（本多厚二）1302 (Syntype: TI); Ching-tai-mun [Qingtaimen]（清泰门）, K. Honda（本多厚二）1195

(Syntype: TI).

裂苞菊 ***Dendranthema foliaceum*** G.F. Peng, C. Shih et S.Q. Zhang, Acta Phytotax. Sin. 37 (6): 600. 1999. Shandong (山东): Jinan (济南), Kaiyuan Si (开元寺),1997-10-04, G.F. Peng (彭广芳) 97-1003 (Holotype: PE).

线苞菊 ***Dendranthema longibracteatum*** C. Shih, G.F. Peng et S.Y. Jin, Acta Phytotax. Sin. 37 (6): 598. 1999. Shandong (山东): Jinan (济南), Qianfo Shan (千佛山), 1995-10-01, G.F. Peng (彭广芳) 95101 (Holotype: PE).

Echinops cathayanus Kitag., Bot. Mag. (Tokyo) 50: 197. 1936. Chiang-su [Jiangsu] (江苏): Chen-chiang [Zhenjiang] (镇江), Chu-lin-szŭ [Zhulin Si] (竹林寺), 1934-08-18, H. Migo (御江久夫) s.n. (Holotype: ?).

截叶蓝刺头 ***Echinops coriophyllus*** C. Shih, Bull. Bot. Lab. N. -E. Forest. Inst., Harbin 5: 63. 1979. Kiangsu [Jiangsu] (江苏): Tongshan (铜山), F.X. Liu (刘昉勋) 1027 [10271] (Holotype: PE).

华东蓝刺头 ***Echinops grijsii*** Hance, Ann. Sci. Nat., Bot. sér. 5, 5: 221. 1866. Fokien [Fujian] (福建): Amoy [Xiamen] (厦门), Lam-tai-wu [Nantaiwu Shan] (南太武山), 1857-11, De Grijs s.n. (Holotype: BM, Herb. Hance n. 1445).

金脉鳢肠 ***Eclipta prostrata*** (L.) L. fo. ***aureoreticulata*** Y.T. Chang, Wuyi Sci. J. 5: 235. 1985. Fujian (福建): Xiamen (厦门), 1984-09-05, K.L. Tsai (蔡国梁) 923 (Holotype: FJSI).

Eupatorium caespitosum Migo, J. Shanghai Sci. Inst., Sect. III, 3: 7. 1934. Shanghai (上海): Kiangwan [Jiangwan] (江湾), 1933-10-24, H. Migo (御江久夫) s.n. (Holotype: TI).

佩兰 ***Eupatorium fortunei*** Turcz., Bull. Soc. Imp. Naturalistes Moscou 24, 1: 170. 1851. Fokien [Fujian] (福建): Amoy [Xiamen] (厦门), R. Fortune 20.A (Holotype: KW).

同白秋鼠麴草 ***Gnaphalium amoyense*** Hance, J. Bot. 6: 174. 1868. [Fokien] (福建): Amoy [Xiamen] (厦门), 1857-10, s.coll. s.n. (Holotype: BM, Herb. Hance n. 1420).

Ixeris dentata (Thunb.) Nakai fo. ***longifolia*** Y. Ling, Contr. Bot. Surv. North-West. China 1 (2): 48. 1939. Chekiang [Zhejiang] (浙江): [Yandang Shan] (雁荡山), 1921-10-14, K.K. Tsoong (钟观光) D929 (Holotype: PE).

Ixeris denticulata (Houtt.) Stebbins fo. ***subintegra*** Y. Ling, Contr. Bot. Surv. North-West. China 1 (2): 46. 1939. Chekiang [Zhejiang] (浙江): [Jiangshan] (江山), [Xianxiaguan] (仙霞关), 1920-10-05, K.K. Tsoong (钟观光) D74 (Syntype: ?); [Hangzhou] (杭州), 1933-08, K.K. Tsoong (钟观光) s.n. (Syntype: ?); [Pingyang] (平阳), 头上岩 [Toushanyan] (头山岩), 1930-03-28, K.K. Tsoong (钟观光) 62 (Syntype: PE).

Ixeris gregorii Hance, Ann. Sci. Nat., Bot. sér. 5, 5: 222. 1866. Fokien [Fujian] (福建), 1857-05, W. Gregory s.n. (Holotype: BM, Herb. Hance n. 1233).

羽裂毡毛马兰 ***Kalimeris shimadai*** (Kitam.) Kitam. fo. ***pinnatifida*** Kitam., J. Jap. Bot. 19:

341. 1943. [Zhejiang] (浙江): Insula Puto [Putuo] (普陀), 1935-10-13, H. Migo (御江久夫) 49 (Syntype: PE).

高大翅果菊 ***Lactuca elata*** Hemsl., J. Linn. Soc., Bot. 23 (157): 481. 1888. Chekiang [Zhejiang] (浙江): mountains of Ningpo [Ningbo] (宁波), 1887 年 , E. Faber 378 (Holotype: K).

Lactuca sativa L. var. ***angustana*** L.H. Bailey, Gentes Herbarum 1 (1): 49. 1920. Shanghai (上海), Cult.

莴菜 ***Lactuca sativa*** L. var. ***yimensis*** X.S. Shen et R.L. Lu, Bull. Bot. Res., Harbin 18 (1): 31. 1998. Anhui (安徽): Guoyang (涡阳), Yimen (义门), 1993-10-20, X.S. Shen (沈显生) 93066 (Holotype: ACE).

Lactuca sororia Miq. fo. ***glabris*** Y. Ling, Contr. Inst. Bot. Natl. Acad. Peiping 3: 191. 1935. Chekiang [Zhejiang] (浙江): Tienmushan [Tianmu Shan] (天目山), 1930-07-27, T.N. Liou (刘慎谔) 7875 (Syntype: PE), 1930-07-23, T.N. Liou (刘慎谔) 113 (Syntype: PE), 1927-07-26, T. Tang (唐进) 100 (Syntype: PE); 同地 , Siyuanku, K.K. Tsoong (钟观光) D177 (Syntype: ?).

岩生薄雪火绒草 ***Leontopodium japonicum*** Miq. var. ***saxatile*** Y.S. Chen, Fl. China. 20-21: 783. 2011. Zhejiang (浙江): Lin'an (临安), Changhua (昌化), Longtang Shan (龙塘山), Qingliangfeng (清凉峰), 1959-09-08, Zhejiang Plant Res. Exped. (浙江植物资源普查队) 29803 (Holotype: PE).

浙江橐吾 ***Ligularia chekiangensis*** Kitam., J. Jap. Bot 21 (3-4): 53. 1947. Chekiang [Zhejiang] (浙江): mt. Hsitienmushan [Xitianmu Shan] (西天目山), H. Migo (御江久夫) 185 (Holotype: KYO).

Mycelis sororia (Miq.) Nakai var. ***nudipes*** Migo, J. Shanghai Sci. Inst., Sect III, 4: 173. 1939. Chekiang [Zhejiang] (浙江): Hsi-tienmu-shan [Xitianmu Shan] (西天目山), 1935-08-27, H. Migo (御江久夫) s.n. (Holotype: TI).

安徽蟹甲草 ***Parasenecio anhuiensis*** Y.S. Chen et Lian S. Xu, Phytotaxa 283 (2): 188. 2016. Anhui (安徽): Huang Shan (黄山), Taohuafeng (桃花峰), 2006-08-12, Y.S. Chen (陈又生) 6229 (Holotype: PE).

腺叶帚菊 ***Pertya cordifolia*** Mattf. var. ***pubescens*** Y. Ling, Contr. Bot. Surv. North-West. China 1 (2): 41.1939. Chekiang [Zhejiang] (浙江): [Quzhou](衢州), [Changshan] (常山), [Xinqiao] (新桥), [Leigongling] (雷公岭), 1920-10-13, K.K. Tsoong (钟观光) 3139 (Holotype: PE).

聚头帚菊 ***Pertya desmocephala*** Diels, Notizbl. Bot. Gart. Berlin-Dahlem 9 (89): 1032. 1926. Chekiang [Zhejiang] (浙江): Lung chiung [Longquan] (龙泉), 1920-09-21, Hu (胡先骕) 409 (Holotype: B).

锈毛帚菊 ***Pertya ferruginea*** Cai F. Zhang, Phytotaxa 474 (3): 242. 2020. Zhejiang (浙江): Longquan (龙泉), Mt. Fengyang [Fengyang Shan] (凤阳山), Longquan grand canyon (龙泉大峡谷), 2008-11-22, Cai-Fei Zhang (张彩飞) 1865 (Holotype: PE).

多花帚菊 ***Pertya multiflora*** Cai F. Zhang et T.G. Gao, Nord. J. Bot. 31: 626. 2013. Zhejiang (浙江): Jiande(建德), Sandu (三都), Liujiahou Village (刘家后村), southeast of Mt. Qianzhangyan (千丈岩), 2009-11-07, Cai-Fei Zhang (张彩飞) 2214 (Holotype: PE).

庐山风毛菊 ***Saussurea bullockii*** Dunn, J. Linn. Soc., Bot. 35: 509. 1903. Kiangsi [Jiangxi] (江西): Kiukiang [Jiujiang] (九江), Shearer s.n. (Syntype: ?); Lushan Mts. [Lu Shan] (庐山), 1891-09-27, Bullock 40 (Lectotype: K-000035694, designated here, by S. Lipschitz in Herb. sched. 1962).

黄山风毛菊 ***Saussurea hwangshanensis*** Y. Ling, Contr. Inst. Bot. Natl. Acad. Peiping 6 (2): 79. 1949. Anhwei [Anhui] (安徽): Hwangshan [Huang Shan] (黄山), Shihszuling [Shizilin] (狮子林), 1935-08-13, P.C. Tsoong (钟补求) 2674 (Holotype: PE).

Saussurea microcephala Franch. ex F.B. Forbes et Hemsl., J. Linn. Soc., Bot. 23: 466. 1888. Chekiang [Jiangsu] (江苏): Tatsiang [Taicang] (太仓), 1876-10-18, Poli ex Franchet s.n. (Holotype: P).

Saussurea sinuata Kom. var. ***cordata*** F.H. Chen, Bull. Fan Mem. Inst. Biol., Bot. 6 (2): 100. 1935. Anhwei [Anhui] (安徽): Kueichow [Hueichow] [Huizhou] (徽州),1925-09-10, R.C. Ching (秦仁昌) 4653 (Holotype: PE).

天目山风毛菊 ***Saussurea tienmoshanensis*** F.H. Chen, Bull. Fan Mem. Inst. Biol., Bot. 6 (2): 100. 1935. Chekiang [Zhejiang] (浙江): Tien-mo-shan [Tianmu Shan] (天目山), 1925-09-30, R.C. Ching (秦仁昌) 4709 (Isotype: US).

闽千里光 ***Senecio fukienensis*** Y. Ling ex C. Jeffrey et Y. L. Chen, Kew Bull. 39 (2): 419. 1984. Fujian (福建): Lien cheng [Liancheng] (连城), H.C. Chao 1756 (Holotype: PE).

[白背蒲儿根] ***Senecio latouchei*** Jeffrey, Notes Roy. Bot. Gard. Edinburgh 9 (42): 128. 1916. Fukien [Fujian] (福建): from Foochow [Fuzhou] (福州) to N. W. Fukien, J. de La Touche 34 (Holotyep: E).

Senecio oldhamianus Maxim., Bull. Acad. Imp. Sci. Saint-Petersbourg, sér. 3,16 (3): 219. 1871. [Zhejiang] (浙江): Ning-po [Ningbo] (宁波), 1861 [1864] 年 , R. Oldham 62 et 58 (Syntypes: LE).

Senecio rubescens S. Moore, J. Bot. 13: 228. 1875. Kiangsi [Jiangxi] (江西): Kiu-kiang [Jiujiang] (九江), 1873 年 , G. Shearer s.n. (Holotype: K).

Senecio savatieri Franch., Nouv. Arch. Mus. Hist. Nat., sér. 2, 6: 55. 1883. Chekiang [Zhejiang] (浙江): Ningpo [Ningbo] (宁波), 1861 年 , P.A.L. Savatier s.n. (Syntype: ?).

Senecio solanifolius Jeffrey, Notes Roy. Bot. Gard. Edinburgh 9 (42): 129. 1916. Fukien [Fujian] (福建): from Foochow [Fuzhou] (福州) to N.W. Fukien, 1914 年 , J. de La Touche 126 (Holotype: E).

华麻花头 ***Serratula chinensis*** S. Moore, J. Bot. 13: 228. 1875. Kiangsi [Jiangxi] (江西): Kiu-kiang [Jiujiang] (九江), 1873 年 , G. Shearer s.n. (Holotype: K).

虾须草 ***Sheareria nana*** S. Moore, J. Bot. 13: 227.1875. Kiangsi [Jiangxi] (江西): Kiu-kiang [Jiujiang] (九江), 1873 年 , G. Shearer s.n. (Holotype: K).

Sheareria polii Franch., J. Bot.16 (189): 257. 1878. Tché-Kiang [Zhejiang] (浙江): [Anji] (安吉), Mé-chi [Meixi] (梅溪), 1876-09-27, M.H. de Poli s.n. (Holotype: ?).

江西蒲儿根 ***Sinosenecio jiangxiensis*** Ying Liu et Q.E. Yang, Bot. Stud. (Taipei) 53 (3): 401. 2012. Jiangxi (江 西): Shangyou (上 犹), Huangshakeng (黄 沙 坑), Yingpan Shan (营 盘 山), 2008-04-26, Y. Liu (刘莹) 2008017 (Holotype: IBSC).

九华蒲儿根 ***Sinosenecio jiuhuashanicus*** C. Jeffrey et Y. L. Chen , Kew Bull. 39 (2): 257. 1984. Anhui (安徽): Jiuhua Shan (九华山), 1921-04-04, K.K. Tsoong (钟观光) 3329 (Holotype: PE).

武夷蒲儿根 ***Sinosenecio wuyiensis*** Y.L. Chen, Acta Phytotax. Sin. 26 (1): 51. 1988. Fujian (福 建): Chong'an (崇 安), Tongmu ad Wangganshan [Huanggang Shan] (桐 木 至 黄 岗 山), 1981-08-02, Exped. Wuyi. (武夷调查队) 2432 (Holotype: FJSI).

南方兔儿伞 ***Syneilesis australis*** Y. Ling, Contr. Inst. Bot. Natl. Acad. Peiping 5 (1): 5. 1937. Chekiang [Zhejiang] (浙江): Tienmushan [Tianmu Shan] (天目山), 1924 [1929?]-08-06, K.K.Tsoong (钟观光) D180 (Syntype: ?), 1930-07-26, T.N. Liou (刘慎谔) 8072〔Lectotype: PE-12209, designated by Y. Hong et al. in Phytotaxa 246 (2):154. 2016〕, 1927-07-29, T. Tang (唐进) 105 (Syntype: PE); Kiangshan [Jiangshan] (江山), Hsienhsiakwang [Xianxiaguan] (仙霞关), 1920-10-03, K.K. Tsoong (钟观光) 3118 (Syntype: PE). Anhwei [Anhui] (安徽): Hwangshan [Huang Shan] (黄山), Chushihlin [Jushilin] (居士林), 1935-08-16, T.N. Liou et P.C. Tsoong (刘慎谔 , 钟补求) 2817 [2175?] (Syntype: PE).

Taraxacum argute-denticulatum Nakai et H. Koidz. ex H. Koidz., Bot. Mag. (Tokyo) 50: 142. 1936. Chekiang [Zhejiang] (浙江): Hang-chou [Hangzhou] (杭州), Taipingmen (太平门), 1899 年 , K. Honda (本多厚二) s.n. (Holotype: TI).

山东蒲公英 ***Taraxacum duplex*** Jacot, N. China Branch Roy. Asiat. Soc. 61: 142.1930. Shantung [Shandong] (山东): Tsinan [Jinan] (济南), Garden, 1928-04-12, s.coll. 1923 (Holotype: GH).

杭州蒲公英 ***Taraxacum hangchouense*** H. Koidz., Bot. Mag. (Tokyo) 50: 144. 1936. Chekiang [Zhejiang] (浙 江): Hang-chou [Hangzhou] (杭 州), Ken-shen-men [Genshanmen] (艮 山 门), 1899 年 , K. Honda (本多厚二) s.n. (Holotype: TNS-7687).

Taraxacum hondae Nakai et H. Koidz. ex H. Koidz., Bot. Mag. (Tokyo) 50: 143.1936. Chekiang [Zhejiang] (浙江): Hang-chou [Hangzhou] (杭州), Ken-shen-men [Genshanmen] (艮山门), 1899-11, K. Honda (本多厚二) s.n. (Holotype: TI).

Taraxacum mongolicum Hand.-Mazz. var. ***caninum*** Jacot, N. China Branch Roy. Asiat. Soc. 61: 141. 1930. Shantung [Shandong] (山 东): Tsinan [Jinan] (济 南), 1928-11-11, s.coll.

1921 (Holotype: ?).

Taraxacum mongolicum Hand.-Mazz. var. ***laeve*** Jacot, N. China Branch Roy. Asiat. Soc. 61: 141. 1930. Shantung [Shandong] (山东): Tsinan [Jinan] (济南), 1927-09-13, s.coll. 1922 (Holotype: ?).

长花黄鹌菜 *Youngia japonica* (L.) DC. subsp. ***longiflora*** Babc. et Stebbins, Carn. Inst. Wash. Publ. 484: 97. 1937. Kiangsu [Jiangsu] (江苏): Nanking [Nanjing] (南京), 1920-04-26, L.F. Tsu 797 (Holotype: UC-230671).

九龙山黄鹌菜 *Youngia jiulongshanensis* X. Cai, Y.L. Xu et X.F. Jin, Phytotaxa 425 (4): 248. 2019. Zhejiang (浙江): Suichang (遂昌), Jiulong Shan (九龙山), Yanping (岩坪), 2018-07-05, Y.L. Xu et al. (徐跃良等) 627 (Holotype: ZM).

408 五福花科 Adoxaceae

Sambucus argyi H. Lév., Bull. Géogr. Bot. 24: 292. 1914. Kiang-Sou [Jiangsu] (江苏): Ka-Se-Dao, Tou-Ka-Dou, d'Argy s.n. (Holotype: E).

郑氏荚蒾 *Viburnum chunii* P.S. Hsu subsp. ***chengii*** P.S. Hsu, Acta Phytotax. Sin. 11 (1): 83. 1966. Chekiang [Zhejiang] (浙江): Taishun (泰顺), 1934-07-05, S. Chen (陈诗) 3526 (Holotype: FUS).

凤阳山荚蒾 *Viburnum fengyangshanense* Z.H. Chen, P.L. Chiu et L.X. Ye, J. Hangzhou Norm. Univ., Nat. Sci. Ed. 19 (3): 261. 2020. Zhejiang (浙江): Longquan (龙泉), Mount. Fengyang Shan (凤阳山), Fengyang Hu (凤阳湖), 2016-05-08, Z.H. Chen et al. (陈征海等) LQ2016001 (Holotype: ZM).

光萼台中荚蒾 *Viburnum formosanum* Hayata subsp. ***leiogynum*** P.S. Hsu, Acta Phytotax. Sin. 11 (1): 81. 1966. Chekiang [Zhejiang] (浙江): Yun-ho [Yunhe] (云和), 1930-05-10, K.K. Tsoong (钟观光) D62 (Holotype: PE).

黄褐绒毛荚蒾 *Viburnum fulvotomentosum* P.S. Hsu, Acta Phytotax. Sin. 11 (1): 79.1966. Kiangsi [Jiangxi] (江西): Lu Shan (庐山), M.J. Wang (王名金) 1542 (Holotype: PE).

披针叶荚蒾 *Viburnum lancifolium* P.S. Hsu, Acta Phytotax. Sin. 11 (1): 81.1966. Kiangsi [Jiangxi] (江西): Lichuan (黎川), M.J. Wang (王名金) 2057 (Holotype: PE).

侧花荚蒾 *Viburnum laterale* Rehder, Pl. Wilson. (Sargent) 1 (2): 311. 1912. Fokien [Fujian] (福建), 1905 年 , S.T. Dunn HH-2771 (Holotype: A).

绣球荚蒾 *Viburnum macrocephalum* Fortune, J. Hort. Soc. London 2: 244. 1847. [Zhejiang] (浙江): Chusan [Zhoushan] (舟山), 1844 年 , R. Fortune a47 (Syntype: BM); Shanghae [Shanghai] (上海): [Fenghuang Shan] (凤凰山), R. Fortune s.n. (Syntype: ?).

黑果荚蒾 ***Viburnum melanocarpum*** P.S. Hsu, Observ. Fl. Hwangshan. 181. 1965. Chekiang [Zhejiang]（浙江）: [Tiantai]（天台）, Tien Tai Shan [Tiantai Shan]（天台山）, 1957-09-11, Y.Y. Ho（贺贤育）28071 (Holotype: HHBG).

Viburnum meyer-waldeckii Loes., Beih. Bot. Centralbl., Abt. 2. 37 (2): 184. 1919. Shantung [Shandong]（山东）: Kap Yatau（亚岛角，今崂山头）, Tschypanschy [Qipanshi]（棋盘石）, Krug 274 (Holotype: HBG).

Viburnum nervosum D. Don var. ***hassianum*** Loes., Beih. Bot. Centralbl., Abt. 2. 37 (2): 185. 1919. [Shandong]（山东）: Kap Yatau（亚岛角，今崂山头）, Huayenan [Huayan Si]（华严寺）und Taitschingkung [Taiqinggong]（太清宫）, K. Forstamt TS. n.114 u.596 (Syntype: ?), Krug n. 236 u.561 (Syntype:?), Krug n.305 (Syntype: HBG); Zimmermann Fortsetzg. n. 531 (Syntype: ?).

泰山琼花荚蒾 ***Viburnum sargentii*** Koehne var. ***bracteatum*** Y.Q. Zhu, Bull. Bot. Res., Harbin 22 (3): 261. 2002. Shandong（山东）: Tai'an（泰安）, Tai Shan（泰山）, 1993-07-26, Y.Q. Zhu et X.W. Li（朱英群，李兴文）93070 (Holotype: SDFS).

浙江荚蒾 ***Viburnum schensianum*** Maxim. subsp. ***chekiangense*** P.S. Hsu et P.L. Chiu, Acta Phytotax. Sin. 17 (2): 78. 1979. Zhejiang（浙江）: Hangzhou（杭州）, Chao Shan（超山）, 杭州植物园采集组 (1)（章绍尧）2649 (Holotype: HHBG).

毛枝常绿荚蒾 ***Viburnum sempervirens*** K. Koch var. ***trichophorum*** Hand.-Mazz., Beih. Bot. Centralbl., Abt.2, 56 (2): 465. 1937. Tschekiang [Zhejiang]（浙江）: Siatschu [Xianju]（仙居）, Seton, 1924-06-01, Ching（秦仁昌）, Wulsin Exp. 1731 (Isotype: W).

沟核饭汤子（具沟刚毛荚蒾）***Viburnum setigerum*** Hance var. ***sulcatum*** P.S. Hsu, Observ. Fl. Hwangshan. 185. 1965. Zhejiang（浙江）: Tienmushan [Tianmu Shan]（天目山）, 1954-04-22, H.S. Tsao（赵兴如）24 (Holotype: FUS).

壮大聚花荚蒾 ***Viburnum veitchii*** C.H. Wright subsp. ***magnificum*** P.S. Hsu, Acta Phytotax. Sin. 11 (1): 75. 1966. Zhejiang（浙江）: West Tien-mu-shan [Xitianmu Shan]（西天目山）, 1954-04-22, S.J. Chao（赵兴如）12 (Holotype: FUS).

409 忍冬科 Caprifoliaceae

安徽六道木 ***Abelia anhwensis*** Nakai, J. Jap. Bot. 13 (8): 557. 1937. Anhwei [Anhui]（安徽）: Wangshan [Huang Shan]（黄山）,1933-10-16, W.C. Cheng（郑万钧）3982 (Holotype: TI).

Abelia chinensis R. Br., Narr. Journey China App. B: 377. 1818. Kiang-si [Jiangxi]（江西）: lacum Po-Yang [Poyang Hu]（鄱阳湖）, 1816 年，D. Abel [C. Abel] s.n. (Holotype: BM-000019930).

周氏六条木 ***Abelia chowii*** G. Hoo, Acta Phytotax. Sin. 1 (2): 197. 1951. Fukien [Fujian]（福

建): Tai-Ling [Taining] (泰宁), Peh-chang-yen [Baizhangyan] (百丈岩), 1945-06-15, L.K. Ling (林来官) 688〔Lectotype: PE, designated by Landrein & Farjon in Kew Bull. 74 (4): Art.70-113. 2019〕; Ling-shia-tsun [Lingxia Cun] (岭下村), 1945-06-18, L.K. Ling (林来官) s.n. (Syntype: ?).

Abelia hanceana Mart. ex Hance, Ann. Sci. Nat., Bot. sér. 5, 5: 216. 1866. Fukien [Fujian] (福建): Amoy [Xiamen] (厦门), Lam-tai-wu [Nantaiwu Shan] (南太武山), 1857-11, Hance 1446 (Holotype: BM).

Abelia rupestris Lindl., J. Hort. Soc. London 1: 63. 1846. Fokien [Fujian] (福建): Chamoo Hills [Chimoo Bay], 1844-06-20, R. Fortune s.n. (Holotype: ?).

Abelia uniflora R.Br., Wall. Pl. As. Rar. i. 14. t. 15.1830. [Fujian] (福建): [Anxi] (安溪), J. Reeves s.n. (Holotype: CGE).

倒卵叶忍冬 ***Caprifolium hemsleyanum*** Kuntze, Revis. Gen. Pl. 1: 274. 1891. 原文：L. sp ex aff. L. Meximowiczii Nr. 33 Hemsley en. pl. china 368 c. diagn. 即 J. Linn. Soc. 23: 368. 1888 有：Kiang-si [Jiangxi] (江西): Kiukiang [Jiujiang] (九江), Maries s.n. (Holotype: K).

温州黄花双六道木 ***Diabelia serrata*** (Siebold et Zucc.) Landrein fo. ***wenzhouensis*** S. L. Zhou ex Landrein, Kew Bull., 74 (4)-70: 168. 2019. Zhejiang (浙江): [Yongjia] (永嘉), [Sihai Shan] (四海山), 2002-05-19, S. L. Zhou (周世良) 2002519 (Holotype: PE).

永嘉双六道木 ***Diabelia stenophylla*** (Honda) Landrein var. ***wenzhouensis*** S. L. Zhou ex Landrein, Kew Bull., 74 (4)-70: 189. 2019. Zhejiang (浙江): Wenzhou (温州), Yongjia (永嘉), Sihai Mts. [Sihai Shan] (四海山), 2002-05-20, S. L. Zhou et S. T. Lu (周世良，陆水土) 2002520 (Holotype: PE).

庐山续断 ***Dipsacus lushanensis*** C.Y. Cheng et Ai, J. Wuhan Bot. Res. 7 (1): 27. 1989. Jiangxi (江西): Lu Shan (庐山), Huanglong An (黄龙庵), T.M. Ai (艾铁民) 86045 (Holotype: CMMI).

天目续断 ***Dipsacus tianmuensis*** C.Y. Cheng et Z.T. Yin, Acta Phytotax. Sin. 23 (4): 306. 1985. Zhejiang (浙江): Tianmu Shan (天目山), 1935-08-28, (俞中仁，单汉荣 0325674) [H. Migo (御江久夫) s.n.] (Holotype: PE-01432637).

浙江七子花 ***Heptacodium jasminoides*** Airy Shaw, Kew Bull. 7(2): 245. 1952. Chekiang [Zhejiang] (浙江): Ningpo [Ningbo] (宁波), Wating Shan [Huating Shan] (华亭山), 1877-09-13, W. Hancock 22 (Syntype: K), W. Hancock 98〔Lectotype: K-00797646, designated by Z.H. Chen et al. in J. Hangzhou Norm. Univ., Nat. Sci. Ed. 20 (3): 281. 2021〕.

郁香忍冬 ***Lonicera fragrantissima*** Lindl. et Paxt., Paxt. Fl. Gard. 3: 75, fig. 268. 1852. 由 R. Fortune 从华东 [上海] 引入英国 .

毛萼忍冬 ***Lonicera henryi*** Hemsl. var. ***trichosepala*** Rehder, J. Arnold Arbor. 8 (3): 199. 1927. Anhwei [Anhui] (安徽): Chu hwa shan [Jiuhua Shan] (九华山), 1925-06-28, R.C. Ching (秦仁昌) 2807 (Holotype: A).

Lonicera japonica Thunb. fo. ***macrantha*** Matsuda, Bot. Mag. (Tokyo) 26 (310): 307. 1912.

Chekiang [Zhejiang]（浙江）: [Hangzhou]（杭州）, Chi-ling [Geling]（葛岭）, K. Honda（本多厚二）1278 (Syntype: TI), K. Honda（本多厚二）1279 (Syntype: TI), K. Honda（本多厚二）1280 (Lectotype: TI), K. Honda（本多厚二）1281 (Syntype: TI).

庐山忍冬 ***Lonicera modesta*** Rehder var. ***lushanensis*** Rehder, Pl. Wilson. (Sargent) 1: 139. 1911. Kiangsi [Jiangxi]（江西）: Lu Shan（庐山）, Kuling [Guling]（牯岭）, E.H. Wilson 1657 (Holotype: A).

无毛忍冬 ***Lonicera omissa*** P.L. Chiu, Z.H. Chen et Y.L. Xu, J. Hangzhou Norm. Univ., Nat. Sci. Ed. 19 (3): 253. 2020. Zhejiang（浙江）: Suichang（遂昌）, Huangshayao（黄沙腰）, Dafengling（大风岭）, 2018-05-11, Y.L. Xu et al.（徐跃良等）Xu517 (Holotype: ZM).

皱叶忍冬 ***Lonicera rhytidophylla*** Hand.-Mazz., Symb. Sin. Pt. 7 (4): 1049. 1936. Kiangsi [Jiangxi]（江西）: Ningdu（宁都）, Lienhwa-schan [Lianhua Shan]（莲花山）, 1921–07~08, Wang-Te-Hui（王德辉）Plt. sin. 461 (Holotype: WU).

Lonicera standishii Carr., Fl. des Serr. 13: 63. 1860.《中国植物志》记载模式标本采自从我国上海引种于英国的栽培植物.

Patrinia graveolens Hance, Ann. Sci. Nat., Bot. ser. 4, 15: 224. 1861. Fokien [Fujian]（福建）, De Grijs s.n. (Holotype: ?).

斑花败酱 ***Patrinia punctiflora*** P.S. Hsu et H.J. Wang, Acta Phytotax. Sin. 11 (2): 203. 1966. Chekiang [Zhejiang]（浙江）: West Tien-mu-shan [Xitianmu Shan]（西天目山）, Chu-tou-lin [Zhutuoling]（朱陀岭）, 1934-09-23, C. Shen（沈隽）85 (Holotype: NAS).

大斑花败酱 ***Patrinia punctiflora*** P.S. Hsu et H.J. Wang var. ***robusta*** P.S. Hsu et H.J. Wang, Acta Phytotax. Sin. 23 (5): 381. 1985. Zhejiang（浙江）: Xitianmu Shan（西天目山）, Xianding [Xianrending]（仙人顶）, 1957-07-24, He Xian-yu（贺贤育）25484 (Holotype: NAS).

Weigela rosea Lindl., J. Hort. Soc. London 1: 65. 1846. North of China [Zhejiang]（浙江）: [Zhoushan]（舟山）, 1844 年, R. Fortune 25 (Holotype: K).

413 海桐科 Pittosporaceae

狭叶崖花海桐 ***Pittosporum illicioides*** Makino var. ***stenophyllum*** P.L. Chiu, Fl. Reipubl. Popularis Sin. 35 (2): 16. 1979. Zhejiang（浙江）: [Songyang]（松阳，文献记为龙泉）, [Ruoliao]（箬寮）, 1958-07-27, S.Y. Chang（章绍尧）3262 (Holotype: HHBG).

毛花柄果海桐 ***Pittosporum podocarpum*** Gagnep var. ***molle*** W.D. Han, Bull. Nanjing Bot. Gard. Mem. Sun Yat Sen 1988-1989: 123. 1990. Fujian（福建）: Hua'an（华安）, W.D. Han（韩维栋）20159 (Holotype: NF).

福建海桐 ***Pittosporum sahnianum*** Gowda, J. Arnold Arbor. 32: 305. 1951. Fukien [Fujian]

(福建): Minhow [Minhou] (闽侯), Kushan Monastery [Gushan Si] (鼓山寺), H.H. Chung (钟心煊) 2249 (Holotype: A).

Pittosporum tobira (Thunb.) W.T. Aiton var. ***fukienense*** Gowda, J. Arnold Arbor. 32: 310. 1951. Fukien [Fujian] (福建): Amoy [Xiamen] (厦门), Kulangsu [Gulang Yu] (鼓浪屿), Cult., Chung (钟心煊) 7528 (Holotype: A).

414 五加科 Araliaceae

合柱五加 ***Acanthopanax connatistylus*** S.C. Li et X.M. Liu, J. Anhui Agri. Coll. 14 (4): 9. 1987. Anhui (安徽): Shitai (石台), [Guniujiang] (牯牛降), 1981-09-21, C.H. Wu (吴诚和) 5501 (Holotype: AAUF).

大叶五加 ***Acanthopanax gracilistylus*** W.W. Sm. var. ***major*** G. Hoo, Acta Phytotax. Sin., Addit. 1: 159. 1965. Anhwei [Anhui] (安徽): Su-chen [Shucheng] (舒城), Kou-er-kow [Gou'erkou] (沟二口), Hung-kia-chung [Hongjiachong] (洪家冲), 1951-09-30, Hwa-tung Herb. Loc (华东工作站) 4531 (Holotype: NAS).

三叶细柱五加 ***Acanthopanax gracilistylus*** W.W. Sm. var. ***trifoliolatus*** C.B. Shang, J. Nanjing Inst. Forest. 2: 22. 1985. Zhejiang (浙江): Changhua (昌化), Yunxiwu (云溪坞, 误记为顺溪坞), 1958-05-22, Zhejiang Bot. Exped. (浙江植物资源普查队) 28585 (Holotype: NF).

毛梗糙叶五加 ***Acanthopanax henryi*** Oliv. var. ***faberi*** Harms, Mitt. Deutsch. Dendrol. Ges. 27: 12. 1918. Tschekiang [Zhejiang] (浙江): Ningpo-Berge [Ningbo] (宁波), 1888 年, E. Faber 4832 (Holotype: ?).

本多氏五加 ***Acanthopanax hondae*** Matsuda, Bot. Mag. (Tokyo) 31: 333. 1917. Chekiang [Zhejiang] (浙江): Hanchow [Hangzhou] (杭州), K. Honda et al. (本多厚二, 李焕彬) s.n. (Syntype: TI); Ningpo [Ningbo] (宁波), 张之铭 s.n. (Syntype: TI).

Acanthopanax hondae Matsuda var. ***armatus*** Nakai, J. Arnold Arbor. 5: 4. 1924. Chekiang [Zhejiang] (浙江): Ningpo [Ningbo] (宁波), Chang-chi-myong (张之铭) s.n. (Syntype: ?), 1908 年, D. Macgregor s.n. (Syntype: A); Hangchow [Hangzhou] (杭州), 1915-06-26, F.N. Meyer 1473 (Syntype: A). Kiangsu [Jiangsu] (江苏): Kiangyin [Jiangyin] (江阴), A. Allison s.n. (Syntype:?).

匍匐五加 ***Acanthopanax scandens*** G. Hoo, Acta Phytotax. Sin., Addit. 1: 158. 1965. Zhejiang (浙江): Sze-ming-shan [Siming Shan] (四明山), Sia-ma-kang [Hamakeng] (蛤蟆坑), 1958-07-10, Sze-ming Bot. Exped. (四明山调查队) 833 (Holotype: PE).

Acanthopanax spinosus (L. f.) Miq. fo. ***inerme*** Mastuda, Bot. Mag. (Tokyo) 26 (309): 281. 1912. Cheh-kiang [Zhejiang] (浙江): Hang-chou [Hangzhou] (杭州), Tin-cha-shan [Dingjia Shan] (丁家山), K. Honda (本多厚二) 1247 (Holotype: TI).

浙江五加 *Acanthopanax zhejiangensis* X.J. Xue et S.T. Fang, Acta Phytotax. Sin. 21 (3): 350. 1983. Zhejiang (浙江): Hangzhou Pharm. Base (杭州药物试验场), [from Tianmu Shan] (引自天目山), X.J. Xue (薛祥骥) 80002 (Holotype: FUS).

糙叶楤木 *Aralia scaberula* G. Hoo, Acta Phytotax. Sin., Addit. 1: 173. 1965. Fukien [Fujian] (福建), T.J. Liu (刘团举) 339 (Holotype: PE).

安徽楤木 *Aralia subcapitata* G. Hoo, Acta Phytotax. Sin., Addit. 1: 174. 1965. Anhwei [Anhui] (安徽), 1951-10-01, Hua-tung Herb. Loc. (华东工作站) 4569 (Holotype: NAS).

短柱树参 *Dendropanax brevistyla* Y. Ling, Acta Phytotax. Sin. 1 (2): 213. 1951. Fukien [Fujian] (福建): Tehhwa [Dehua] (德化), Sangkohsiang [Sangao Xiang] (三高乡), 1942-10-19, P.C. Tsoong (钟补勤) 262 (Holotype: PE).

Eleutherococcus huangshanensis C.H. Kim et B.Y. Sun, Novon 10 (3): 210. 2000. Anhui (安徽): Mt. Wangshan [Huang Shan] (黄山), 1933-10-19, W.C. Cheng (郑万钧) 4146 (Holotype: SING).

Gilibertia dentigera Harms var. ***anodonta*** Hand.-Mazz., Symb. Sin. Pt. 7 (3): 692. 1933. Kiangsi [Jiangxi] (江西): Ningdu (宁都), Lienhwa-schan [Lianhua Shan] (莲花山), 1921 年 , T.H. Wang (王德辉) Plt. sin. 465 (Holotype: W).

Gilibertia intercedens Hand.-Mazz., Symb. Sin. Pt. 7 (3): 691. 1933. Kiangsi [Jiangxi] (江西)-Fukien [Fujian] (福建)-Grenze: Dingdschou [Tingzhou] (汀州) und Ningdu (宁都), Hwangdschu-ling [Huangzhuling] (黄竹岭), Luanschipai, 1921-06, T.H. Wang (王德辉) Plt. sin. 376 (Holotype: W).

Gilibertia sinensis Nakai, J. Arnold Arbor. 5 (1): 24. 1924. Che-kiang [Zhejiang] (浙江): [Tiantai] (天台), Tien-Tai-Shan [Tiantai Shan] (天台山), 1920-08-10, J. Hers [H.H. Hu] (胡先骕) 331 (Isosyntype: UC); Changhua (昌化), 1915-07-09, F.N. Meyer 1530 (Syntype: A). Fukien [Fujian] (福建): Foochow [Fuzhou] (福州), J.B. Norton 1363 (Syntype: GH).

Heteropanax fragrans Seem. var. ***chinensis*** Dunn, J. Linn. Soc., Bot. 38 (267): 360. 1908. Fokien [Fujian] (福建): Yenping [Yanping] (南平市延平区), near Buong Kang [Bankan] (半坎), S.T. Dunn HH-2754 (Syntype: HK).

Kalopanax ricinifolius (Siebold et Zucc.) Miq. var. ***chinense*** Nakai, J. Arnold Arbor. 5 (1): 13. 1924. Chekiang [Zhejiang] (浙江): Ningpo [Ningbo] (宁波) Mts., E. Faber 44 (Syntype: A).

黄山五叶参 *Pentapanax henryi* Harms var. ***wangshanensis*** W.C. Cheng, Contr. Biol. Lab. Sci. Soc. China, Bot. Ser. 9: 205. 1934. Anhwei [Anhui] (安徽): Wangshan [Huang Shan] (黄山), 1933-10-03, M. Chen (陈谋) 1215 (Holotype: NAS).

福建鹅掌柴 *Schefflera fukienensis* Merr., Sunyatsenia 3: 255. 1937. Fukien [Fujian] (福建), H.H. Chung (钟心煊) 6159 (Holotype: NY).

416 伞形科 Apiaceae

骨缘当归 *Angelica cartilaginomarginata* (Makino ex Y. Yabe) Nakai var. ***foliosa*** C.Q. Yuan et R.H. Shan, Bull. Nanjing Bot. Gard. Mem. Sun Yat Sen 1983: 5. 1985. Jiangsu (江苏): Zhenjiang (镇江), Zhulin Si (竹林寺), 1934-09-23, H. Migo (御江久夫) s.n. (Holotype: NAS).

Angelica gracilis Franch., Mém. Soc. Sci. Nat. Math. Cherbourg 24: 222. 1884. Schan-tung [Shandong] (山东), A.A. Fauvel s.n. (Holotype: P).

Angelica sinuata H. Wolff, Repert. Spec. Nov. Regni Veg. 27: 333. 1930. Schan-tung [Shandong] (山东): Kiautschou [Jiaozhou] (胶州，胶澳), Cap Yatau (亚岛角，今崂山头), Forstamt Tsingtau 636 (Syntype: ?); Lauschan [Lao Shan] (崂山)-Gebirge, Krug, Forstamt Tsingtau 387 (Syntype: ?).

天目当归 *Angelica tianmuensis* Z.H. Pan et T.D. Zhuang, Acta Phytotax. Sin. 33 (1): 86. 1995. Zhejiang (浙江): Tianmu Mts. [Tianmu Shan] (天目山), Daogualianhua (倒挂莲花), 1990-10-28, X.T. Liu et al. (刘心恬等) 90116〔Lectotype: NAS-00071995, designated by M. Li et al. in Phytotaxa 311 (1): 93. 2017〕.

南方大叶柴胡 *Bupleurum longiradiatum* Turcz. fo. ***australe*** R.H. Shan et Yin Li, Acta Phytotax. Sin. 12 (3): 269. 1974. Zhejiang (浙江): Tianmu Shan (天目山), 1955-05-18, C.Q. Yuan et J.S. Yue (袁昌齐，岳俊三) 1282 (Holotype: NAS).

少花红柴胡 *Bupleurum scorzonerifolium* Willd. fo. ***pauciflorum*** R.H. Shan et Yin Li, Acta Phytotax. Sin. 12 (3): 282. 1974. Jiangsu (江苏): Jiangpu (江浦), Shiziling (狮子岭), S.L. Liu et al. (刘守炉等) 1664A (Holotype: NAS).

Bupleurum sinensium Gand., Bull. Soc. Bot. France 65: 30. 1918. [Shandong] (山东): Tche-Fou [Yantai] (烟台), O. Debeaux s.n. (Holotype: P).

烟台柴胡 *Bupleurum vanheurckii* Müll. Arg., Observ. Bot. (Van Heurck) 207. 1871. [Shandong] (山东): Chefoo [Yantai] (烟台), Van Heurck s.n. (Holotype: ?).

山茴香 *Carlesia sinensis* Dunn, Hooker's Icon. Pl. 28: t. 2739. 1902. Shantung [Shandong] (山东): Chefoo [Yantai] (烟台), Maingay 49 (Syntype: K); 1889年, E. Faber 234〔Lectotype: K, designated by M.G. Pimenov in Turczaninowia 20 (2): 128. 2017〕.

明党参 *Changium smyrnioides* H. Wolff, Repert. Spec. Nov. Regni Veg. 19: 315. 1924. Chekiang [Zhejiang] (浙江): Huchao [Huzhou] (湖州), Chang-Tsung-Sü (张宗绪) 13 (Holotype: ?).

Conioselinum shanii Pimenov et Kljuykov, Willdenowia 33 (2): 365. 2003. Anhui (安徽), 1990-11, s.coll. 90133 (Holotype: NAS).

江西囊瓣芹 *Cryptotaeniopsis kiangsiensis* H. Wolff, Pflanzenr. (Engler) Umbellif.-Apioid.-Ammin. 182. 1927. Kiang-si [Jiangxi] (江西): Kung Shan [Wugong Shan] (武功山), 1921-04,

H.H. Hu（胡先骕）733 (Holotype: K).

Ferula groessingii Riedl et C. Riedl-Dorn, Linzer Biol. Beitr. 19 (2): 485. 1987. Schantung [Shandong]（山东）: Tatsinggong [Taiqinggong]（太清宫）prope Tsingtao [Qingdao]（青岛）, 1936-08-12, E. Liecent 13413 (Holotype: W).

铜山阿魏 ***Ferula tunshanica*** Su, Fl. Kiang Su 2: 935. 1982. Jiangsu（江苏）: Tongshan（铜山）, Maocun（茅村）, Bailong Shan（白龙山）, 1974-06-22, W.Z. Fang et al.（方文哲等）7402 (Holotype: NAS).

少管短毛独活 ***Heracleum moellendorffii*** Hance var. ***paucivittatum*** R.H. Shan et T.S. Wang, Acta Phytotax. Sin. 24 (4): 316. 1986. Shandong（山东）: Penglai（蓬莱）, 1982-10, Y.K. Chang（张玉昆）s.n. (Holotype: NAS).

椴叶独活 ***Heracleum tiliifolium*** H. Wolff, Repert. Spec. Nov. Regni Veg. 33: 80. 1933. Kiangsi [Jiangxi]（江西）: Lu Shan（庐山）, 1922-08-30, A.N. Steward 2677〔Lectotype: E, designated by M.G. Pimenov in Turczaninowia 20 (2): 153. 2017〕.

济南岩风 ***Libanotis jinanensis*** L.C. Xu et M.D. Xu, Bull. Bot. Res., Harbin 9 (1): 37. 1989. Shandong（山东）: Jinan（济南）, Licheng（历城）, 1987-08-08, M.D. Xu（徐铭德）87101 (Holotype: NAS).

老山岩风 ***Libanotis laoshanensis*** W. Zhou et Q.X. Liu, J. Pl. Resour. Enviro. 24 (3): 107. 2015. Jiangsu（江苏）: Nanjing（南京）, Jiangpu（江浦）, [Lao Shan]（老山）, 1964-08-01, S.L. Liu et al.（刘守炉等）1670 (Holotype: NAS).

江西藁本 ***Ligusticum kiangsiense*** H. Wolff, Repert. Spec. Nov. Regni Veg. 27: 326. 1930. Kiangsi [Jiangxi]（江西）, Du Bois-Reymond 733 (Holotype: ?).

牯岭藁本 ***Ligusticum kulingense*** H. Wolff, Repert. Spec. Nov. Regni Veg. 27: 314. 1930. Kiangsi [Jiangxi]（江西）: Kuling [Guling]（牯岭）, 1915-07, M. du Bois-Reymond s.n. (Holotype: ?).

Myrrhis chaerophylloides Hance, J. Bot. 7 (16): 108. 1878. Kiangsu [Jiangsu]（江苏）: Chinkiang [Zhenjiang]（镇江）, Silver Island [Jiao Shan]（焦山）, 1863-05, J. Hay s.n. (Syntype: BM); Chinkiang [Zhenjiang]（镇江）, 1876 年, W.G. Stronach s.n. (Syntype: BM, Herb. Hance n. 10127).

Oenanthe normanii F.P. Metcalf, Lingnan Sci. J. 13: 517. 1934. Fukien [Fujian]（福建）: Hinghua [Xinghua]（兴化，今莆田）, Mong-go-lan [Wanggaolou]（望高楼）, 1926-07-14, Lin Pi 6039 (Isotype: A).

Oenanthe stolonifera (Roxb.) DC. var. ***purpurea*** Matsuda, Bot. Mag. (Tokyo) 30 (349): 36. 1916. Cheh-kiang [Zhejiang]（浙江）: Hu-chow [Huzhou]（湖州）, Chang-shwang-shü（张宗绪）6 (Holotype: TI).

紫花山芹 ***Ostericum atropurpureum*** G.Y. Li, G.H. Xia et W.Y. Xie, Nord. J. Bot. 31 (4): 414. 2013. Zhejiang（浙江）: Yuyao（余姚）, Mt. Siming Shan（四明山）, 2010-10-11, W.Y. Xie et al.（谢文远等）0128 (Holotype: ZJFC).

华东山芹 ***Ostericum huadongensis*** [***Ostericum huadongense***] Z.H. Pan et X.H. Li, J. Pl.

Resour. Environ. 5 (2): 48. 1996. Anhui (安徽): Guangde (广德), Baidian (柏垫), 1992-10-06, X.H. Li (李新华) 92006 (Holotype: NAS).

黄山前胡 ***Peucedanum huangshanense*** Lu Q. Huang, H.S. Peng et S.S. Chu, Phytotaxa 430 (1): 21. 2020. Anhui (安徽): Mount. Huangshan [Huang Shan] (黄山), 2018-08-20, H.S. Peng (彭华胜) 082011 (Holotype: ACM).

白花滨海前胡 ***Peucedanum japonicum*** Thunb. fo. ***album*** Q.H. Yang et Q. Tian, Acta Bot. Boreal. -Occid. Sin. 28 (2): 399. 2008. Zhejiang (浙江): Zhoushan (舟山), Xifeng Island (西峰岛), Dongbailian Island (东白莲岛), 2007-06-22, Q.H. Yang et Q. Tian (杨庆华 , 田旗) 辰山采集组 070331 (Holotype: CSH).

Pimpinella decursiva H. Wolff, Repert. Spec. Nov. Regni Veg. 16: 237. 1919. Schantung [Shandong] (山东): Clarabucht [Huiquanwan] (汇泉湾), Krug 463 (Syntype: ?); Tsingtau [Qingdao] (青岛), Kaiserl. Oberforsterei Iltisberg [Taiping Shan] (太平山), Gouv. Kiautschau (胶澳总督府) 232 (Syntype: ?).

假苞囊瓣芹 ***Pternopetalum tanakae*** (Franch. et Sav.) Hand. -Mazz. var. ***fulcrantum*** Y.H. Zhang, Bull. Bot. Res., Harbin 9 (3): 59. 1989. Zhejiang (浙 江): Suichang (遂 昌), Jiulong Shan (九龙山), Fengshuqiang (枫树墙), 1983-05-22, C. Ling (林泉) 3385 (Holotype: ZDC).

黄花变豆菜 ***Sanicula flavovirens*** Z.H. Chen, D.D. Ma et W.Y. Xie, J. Hangzhou Norm. Univ., Nat. Sci. Ed. 18 (1): 9. 2019. Zhejiang (浙江): Pan'an (磐安), Dapan Shan (大盘山), Henglu (横路), 2018-04-11, P. Wang et J.F. Chen (王盼 , 陈江芳) PA2018041101 (Holotype: ZM).

直刺变豆菜 ***Sanicula orthacantha*** S. Moore, J. Bot. 13: 227. 1875. Kiangsi [Jiangxi] (江西): Kiu-kiang [Jiujiang] (九江), 1873 年 , G. Shearer s.n.〔Lectotype: K, designated by M.G. Pimenov in Turczaninowia 20 (2): 204. 2017〕.

Sanicula orthacantha S. Moore var. ***longispina*** H. Wolff, Pflanzenr. (Engler) 61 (IV. 228): 55. 1913. Che-kiang [Zhejiang] (浙江): Tien-Tai [Tiantai] (天台), E. Faber s.n. (Syntype: ?); Ning-po [Ningbo] (宁波), A.K. Schindler 456a (Syntype: B-destr.).

天目变豆菜 ***Sanicula tienmuensis*** Shan et Const., Univ. Calif. Publ. Bot. 25: 23. 1951. Chekiang [Zhejiang] (浙江): West Tien-mu-shan [Xitianmu Shan] (西天目山), Wuliting (五里亭), West Lake Museum (西湖博物馆) 67 (Holotype: PE).

泰山前胡 ***Seseli wawrae*** H. Wolff, Repert. Spec. Nov. Regni Veg. 27: 315. 1930. Shantung [Shandong] (山 东): Chefoo [Yantai] (烟 台), 1920-08, N.H. Cowdy 757〔Lectotype: K, designated by M.G. Pimenov in Turczaninowia 20 (2): 218. 2017〕; Kiautschou [Jiaozhou] (胶州 , 胶澳), Kap Yata (亚岛角 , 今崂山头), Zimmermann 476 (Syntype: ?).

牯岭东俄芹 ***Tongoloa stewardii*** H. Wolff, Repert. Spec. Nov. Regni Veg. 27: 185. 1929. Kiangsi [Jiangxi] (江西): Lu Shan (庐山), Kuling [Guling] (牯岭), 1922-09-19, A.N. Steward 2721〔Lectotype: K, designated by M.G. Pimenov in Turczaninowia 20 (2): 227. 2017〕.

存疑部分

模式标本采集地有疑问的：

Adiantum chusanum L., Sp. Pl. 2: 1095. 1753. 舟山 ?, 无标本信息 , Linnaean Plant Name Typification Project 无 Lectotype 指定 .

黑桫椤 ***Alsophila podophylla*** Hook., Hooker's J. Bot. Kew Gard. Misc. 9: 334. 1857. 原文：HAB. Chusan, Mr. T. Alexander. Hongkong, J.C. Bowring, Esq., Dr. Harland. 标本：K-000061678，《中国植物志》记载模式标本采自香港 .

Aspidium podophyllum Hook., Hooker's J. Bot. Kew Gard. Misc. 5: 236. 1853. 原文：HAB. China; Hong-Kong, Major Champion (n. 560); Chusan, Dr. Alexander. 《中国植物志》记载模式标本采自香港 .

紫云英 ***Astragalus sinicus*** L., Mant. Pl. 1: 103.1767. 原文：Habitat in China. Lectotype: LINN-926.39, designated by Nguyên Van Thuân in Morat (ed.), *Fl. Cambodge Laos Viêtnam* 23: 176 .1987 , 后出 Podlech in Taxon 46(3): 465. 1997.《中国植物志》记载模式标本采自宁波 .

方竹 ***Bambusa quadrangularis*** Franceschi, Bull. Reale Soc. Tosc. Ortic. 5: 401. 1880. 可能来自 Giappone (日本).《中国植物志》记载模式标本采自温州 .

柃叶连蕊茶 ***Camellia euryoides*** Lindl., Bot. Reg. t. 983. 1826. 原文中国，无具体产地 .《中国植物志》记载模式标本采自福建龙岩 .

单籽油茶 ***Camellia oleifera*** Abel var. ***monosperma*** Hung T. Chang. 原始文献记载广西桂林植物园，《中国植物志》记载模式标本采自江西林业科学研究所茶园 .

多羽叉叶苏铁 ***Cycas multifrondis*** D.Yue Wang, Cycads in China (eds. F.X. Wang et H.B. Liang) 80. 1996. Cult. in Xiamen Botanical Garden, 1995-06-28, D.Y. Wang (王定跃) 5024 (Holotype: SZG). 种源不明，可能在云南与广西交界处 .

贯众 ***Cyrtomium fortunei*** J. Sm., Ferns Brit. For. 286. 1866. 原文 Japan. 1930 年 C. Christensen 在 Amer. Fern J. 20 (2): 49. 认为：Type: Described from cultivated plants which are said to have originated from Japan. I suppose, however, that it was brought home by Robert Fortune from southeast China, where it is very common. 1965 年邢公侠在 Acta Phytotax. Sin., Addit.1:1 认为：产于浙江 .

台湾觿茅 ***Dimeria taiwaniana*** Ohwi, Acta Phytota. Geobot. 4: 58. 1935. 原文：Formosa: Toyen (Y. Shimada n.365). 《中国植物志》记载模式标本采自福建 .

Euonymus chinensis Lindl. var. ***hupehensis*** Loes., Bot. Jahrb. Syst.29: 436. 1901. 原文：O(HE 7764). - Ferner Ost-China: Ningpo (FB).

Euonymus chinensis Lindl var. ***microcarpa*** Oliv. ex Loes., Bot. Jahrb. Syst.30 (5): 456. 1902. 原文：Hupeh, ad Ichang: HENRY n.1397(!), 1650(!), 3073(!), 3099(!), 3580(!); Tshekiang ad Ningpo: FABER(!).

Euonymus hupehensis (Loes.) Loes. var. ***longipedunculata*** Loes., Bot. Jahrb. Syst.30 (5): 454. 1902. 原文：Hupeh: HENRY n.7764(!); Tshekiang ad Ningpo: FABER(!).

玫瑰石蒜 *Lycoris* × ***rosea*** Traub et Moldenke (pro sp.), Amaryllidac.: Tribe Amaryll.178. 1949. Type: CHINA? Not cited or mention by Traub and Moldenke. 《中国植物志》记载模式标本采自上海 .

Silene oldhamiana Miq., Ann. Mus. Bot. Lugd. -Bat. 3: 187. 1867. 原文：In Archipelago Coreano detexit oldham n.78. 《中国植物志》记载模式标本采自宁波 .

Teucrium fortunei Benth., Prodr. [A. P. de Candolle] 12: 583. 1848. 原文：In China (Fortune n. 71!).

丝穗金粟兰 *Tricercandra fortunei* A.Gray, Mem. Amer. Acad. Arts ser. 2, 6 (2): 405. 1858. 原文：N. China, Fortune.

剔除部分

一些工具书记载模式标本采自华东，现查明不是而剔除的：

马蹄金星蕨 ***Athyrium cystopteroides*** Eaton, Proc. Amer. Acad. 4: 110. 1858.《中国植物志》记载模式标本采自福建，实际采自日本 .

华山胡椒 ***Benzoin sinoglaucum*** Nakai, Fl. Sylv. Kor. 22: 79. 1939. Kiangsi [Jiangsu]（江苏）: Suchô（苏州）, 1905-06, Sinzô Oka 439 (Lectotype: TI, designated by H. Ohba in Cata. Type Spec. preserv. Herb., Depart. Bot, Univ. Tokyo, Part 10. 2006); Chekiang [Zhejiang]（浙江）: Wuyi（武义）, 1933-04-15, S. Chen（陈诗）1028 (Syntype: TI). 林祁等在 Type Spec. China Nat. Herb.(PE) 7: 387. 2017 指定 S. Chen（陈诗）1028 为 Lectotype 属于重复指定 .

秃梗连蕊茶 ***Camellia dubia*** Sealy, Rev. Gen. Camellia 68. 1958.《中国植物志》记载模式标本采自江西安福武功山，实际主模式标本采自湖北宜昌，E.H. Wilson A.A.E. 2207 (K, type)，安福武功山的 An Fu, Woo Kung Shan, H.H.Hu 717 (AA) 是 Paratype.

喜树 ***Camptotheca acuminata*** Decne., Bull. Soc. Bot. Fr. 20: 157. 1873. 原文 : Thibet orientale, prov. Moupin, in valle Ly-chan dicta.《中国植物志》记载模式标本采自江西庐山，实为四川宝兴穆坪 .

Carex dineuros C.B. Clarke, J. Linn. Soc., Bot. 36: 283. 1903. 原文：SHINGKING: Chienshan (Ross, 533!); CHEKIANG: Tsien Mts. (Faber, 1527!). Herb. Kew. 浙江的 Tsien Mts. 应为辽宁千山 . 应从《浙江植物志》（1993）剔除 .

Corydalis thalictrifolia Franch., J. de Bot. (Morot) 8: 291. 1894. 改名为石生黄堇 ***Corydalis saxicola*** Bunting, Baileya 13:172. 1966.《中国植物志》记载模式标本采自宁波，《浙江植物志（新编）》已剔除 . 后选模式标本：宜昌 , A Henry 3463 [742] (Lectotype: P).

Cryptomeria fortunei Hooibr. ex Otto et Dietr., A. Henry. Gartenzeit. 21: 234. 1853.《中国植物志》记载模式标本采自上海栽培树木。但 1999 年 A. Farjon 在 Curtis's Botanical Magazine 16 (3): 214. 认为该学名从未有效发表过，给出的模式信息是 ***Cryptomeria fortunei*** Hooibr. in Wiener J. Gesammte Pflanzenr. 1: 22 (1853). nom. nud. [‘fortunini’].

半岛鳞毛蕨 ***Dryopteris peninsulae*** Kitag., Rep. First Sci. Exped. Manch. 4 (2): 54. fig. 10. 1935.《中国植物志》记载模式标本采自山东，实际应为辽宁凌水河 .

南昌卫矛 ***Euonymus alatus*** (Thunb.) Siebold var. ***ellipticus*** C.H. Wang, Contrib. Bot. Surv. N. W. China 1: 12. 1936.《中国植物志》记载模式标本采自江西南昌九房村 , 但原文无此种 , J.S. Ma in Thaiszia - J. Bot., Košice, 11: 76. 2001 评论 Note: No such publication exists in the original work; the citation is copied from CHENG'S ms., in Chinese.

柔毛路边青 ***Geum japonicum*** Thunb. var. ***chinense*** F. Bolle, Notizbl. Bot. Gart. Berlin-Dahlem 11 (103): 210. 1931. 文献中列举 Tien-mo-shan（天目山）, 1927-07-26, Tang et Hsin（唐进，夏纬瑛）101 属于 Paratype,《中国国家植物标本馆 (PE) 模式标本集》第 10 卷 P21 误为 Isotype.

《中国植物志》在刺柏名录下引用的异名 ***Juniperus chekiangensis*** Nakai in Chosen Sanrin-Kaiho（朝鲜山林会报）165: 31. 1938. 实为发表 ***Juniperus formosana*** Hayata var. ***sinica*** Nakai in Chosen Sanrin Kaihô 163: 26. 1938. 时引用的一个异名，是个裸名，原文：***Juniperus chekiangensis*** Nakai, sp. nov. in sched. Herb. Univ. Imp. Tokyoense.

舟山新木姜子 ***Laurus sericea*** Blume, Bijdr. Fl. Ned. Ind.11: 554. 1826. 原文：Crescit: forte ex Japonia allata. 标本可能来自日本 . 从《浙江植物志》（1993）剔除 .

薄叶润楠 ***Machilus leptophyll***a Hand.-Mazz. 原始文献记录 Tschekiang : Chen Chiong, 40 miles s of Siachu, 450~900 m, 3.-4. VI. 1924 (CHING in WULSIN 1806, Typus),《中国国家植物标本馆 (PE) 模式标本集》第 7 卷 P500 误作 Jiangsu（江苏），C.L. Tso（左景烈）1806. 应为 Zhejiang（浙江）, Xianju(仙居），R.C. Ching（秦仁昌）1806.

中华鳞毛蕨 ***Nephrodium chinense*** Baker, Syn. Fil. (Hooker & Baker) 278.1867. 原文：Hab. N. China, Col. Urquhart ; Korea, Wilford ; Japan, Dickens. 中国无具体地点 .《中国植物志》记载模式标本采自山东烟台 . 从秦仁昌引证的标本 (K001080816) 上的 Notes: Cited as type by Ching, [Bull. fan. hort.] 8: 418 and should rank as lectotype 来看，应是辽宁大连湾 Ta-lieu-whaw.

川白苞芹 ***Nothosmyrnium japonicum*** Miq. var. ***sutchuensis*** de Boiss., Bull. Soc. Bot. France 56: 349. 1909.《中国植物志》记载模式标本采自江西，实为误将列举 ***Nothosmyrnium japonicum*** 的标本 Kiang-si, Abbe David 当作了新变种的模式标本，新变种的模式标本是 “Su-tschuen à Tchen-Kéou-Tin, Farges”〔Lectotype:P, designated by M.G. Pimenov in Turczaninowia 20 (2): 174. 2017〕.

Pittosporum pauciflorum Hook. et Arn. var. ***brevicalyx*** Oliv., Icon. Pl. 16 (4): t. 1579. 1887. Hab. China: Ichang, Dr. Henry; Kiukiang, Mr. Maries.《中国植物志》记载：***P. pauciflorum*** var. ***brevicalyx*** Oliver [***P. brevicalyx*** (Oliv.) Gagnep. 的基名] 所依据的标本是 Henry 采自宜昌和 Maries 采自九江的，这个九江标本不属于本种，它是 ***P. illicioides*** Mak.

佛光草 ***Salvia substolonifera*** Stib., Act. Hort. Gothob. 9: 138. 1934.《中国植物志》记载等模式标本采自福建福州及湖南长沙，实际湖南长沙标本明确标有 Typus，福建福州应为 Paratype.

蜈蚣兰 ***Sarcanthus scolopendrifolius*** Makino, Ill. Fl. Japan 1: t. 40. 1891.《中国植物志》记载模式标本采自山东（崂山），实际采自日本 .

膜叶椴 ***Tilia membranacea*** Hung T. Chang, Acta Phytotax. Sin. 20 (2): 173. 1982.《中国植物志》记载模式标本采自江西武宁，实际湖南平江标本标的是 Typus，江西武宁标本为

Paratype.

Woodsia polystichoides D.C. Eaton var. ***sinuata*** Hook., Gard. Ferns no. 8: sub t. 32, fig. 3. 1861. 原文：Hakodadi and Manchouria, Wilford, n. 1093. Ta-lien-kwan, Yellow Sea, Birnie.《中国国家植物标本馆 (PE) 模式标本集》第 2 卷 P180 误归为山东 .

附录一　标本馆代码及所属机构

A Harvard University Herbaria, U.S.A. 美国哈佛大学植物标本馆

AAF Dendrological Herbarium, Anhui Academy of Forestry 安徽省林业科学研究院树木标本室

AAUB Herbarium, College of Life Sciences, Anhui Agricultural University 安徽农业大学生命科学学院植物标本室

AAUF Dendrological Herbarium, School of Forestry & Landscape Architecture, Anhui Agricultural University 安徽农业大学林学与园林学院树木标本室

ACE Herbarium, School of Life Sciences, Hefei Normal University 合肥师范学院生命科学学院植物标本室

ACM Medicina Herbarium, Chinese Materia Medica Department, Anhui University of Chinese Medicine 安徽中医药大学中药标本中心药用植物标本室

AHDC Herbarium, Institute for the Control of Pharmaceutical Products, Anhui 安徽省药品检验所标本室

AIB Herbarium, Anhui Institute of Biology (transfered to IBSC) 安徽省生物研究所植物标本室 (转移到 IBSC)

AJBG Herbarium, Anji Bamboo Garden (renamed China Bamboo Museum) 安吉竹博园（更名为中国竹子博物馆）植物标本室

AMD National Herbarium Nederland, Naturalis, Netherlands 荷兰国家植物标本馆

AMMS Herbarium, Institute of Toxicology and Pharmacology, Academy of Military Medical Sciences, P.L.A. China (transfered to PE) 中国人民解放军军事医学科学院毒物药物研究所植物标本室 (转移到 PE)

ANU Herbarium, College of Life Sciences, Anhui University 安徽大学生命科学学院植物标本室

ANUB Herbarium, College of Life Sciences, Anhui Normal University 安徽师范大学生命科学学院植物标本室

AU Herbarium, Xiamen University 厦门大学植物标本馆

B Herbarium, Botanischer Garten und Botanisches Museum Berlin, Zentraleinrichtung der Freien Universität Berlin, Germany 德国柏林 – 达勒姆植物园和植物博物馆

BCMM Herbarium, Museum of Chinese Medicine, Beijing University of Chinese Medicine 北京中医药大学中药博物馆植物标本室

BHUPM Herbaria, Naturhistorisches Forschungsinstitut, Museum für Naturkunde, Berlin, Germany 德国柏林自然博物馆标本馆

BJFC Museum, Beijing Forestry University 北京林业大学博物馆

BM Herbarium, The Natural History Museum, United Kingdom 英国大英自然博物馆植物标本馆

BZCM Herbarium, Bozhou Vocational and Technical College, Anhui 安徽亳州职业技术学院中药标本中心

CAL Central National Herbarium, Botanical Survey of India, India 印度植物调查所中央国家植物标本馆

CANT Dendrological Herbarium, College of Forestry and Landscape Architecture, South China Agricultural University 华南农业大学林学与风景园林学院树木标本室

CAS Herbarium, Department of Botany, Institute for Biodiversity Science and Sustainability, California Academy of Sciences, U.S.A. 美国加州科学院植物标本馆

CBM Herbarium, China Bamboo Museum 中国竹子博物馆植物标本室

CDBI Herbairum, Chengdu Institute of Biology, Chinese Academy of Sciences 中国科学院成都生物研究所植物标本馆

CGE Herbarium, Department of Plant Sciences, University of Cambridge, U. K. 英国剑桥大学植物标本馆

CHIA Herbarium, Department of Forestry and Natural Resources, College of Agriculture, National Chiayi University 嘉义大学农学院标本室

CMMI Herbarium, National Resource Center for Chinese Materia Medica, China Academy of Chinese Medical Sciences 中国中医科学院中药资源中心标本馆

CPU Herbarium, Pharmacy Museum, China Pahrmaceutical University 中国药科大学药学博物馆植物标本室

CSFI Dendrological Herbarium, College of Forestry, Central South University of Forestry and Technology 中南林业科技大学林学院森林植物标本室

CSH Shanghai Chenshan Herbarium 上海辰山植物标本馆

E Herbarium, Royal Botanic Garden Edinburgh, U.K. 英国爱丁堡皇家植物园植物标本馆

FAFS Herbarium, Forestry Science and Technology Promotion Center of Fu'an City, Fujian 福建福安林业标本室

FFTVC Herbarium, Fujian Forestry Vocational Technical College 福建林业职业技术学院植物标本室

FI Herbarium Universitatis Florentinae, Sezione Botanica, Museo di Storia Naturale

	dell'Università, Italy 意大利佛罗伦萨大学标本馆植物分部，佛罗伦萨自然博物馆
FJFC	Dendrological Herbarium, College of Forestry, Fujian Agriculture and Forestry University 福建农林大学林学院树木标本室
FJSI	Herbarium, Fujian Institute of Subtropical Botany 福建省亚热带植物研究所植物标本馆
FMP	Mecicinal Herbarium, Fujian Academy of Traditional Chinese Medicine and Pharmacology 福建省中医药研究院药用植物标本室
FNU	Herbarium, College of Life Sciences, Fujian Normal University 福建师范大学生命科学学院植物标本馆
FUS	Herbarium, Fudan University 复旦大学植物标本馆
FUTCM	Herbarium, Fujian University of Traditional Chinese Medicine 福建中医药大学植物标本室
FZIL	Herbarium, Fuzhou Institute of Landscaping 福州市园林研究所标本室
G	Herbarium, Conservatoire et Jardin botaniques de la Ville de Genève, Switzerland 瑞士日内瓦植物园植物标本馆
GH	Harvard University Herbaria, U.S.A. 美国哈佛大学植物标本馆
GTFB	Herbarium, Fujian Gutian Forestry Bureau 福建古田林业局植物标本室
HANU	Herbarium, College of Life Sciences and Technology, Harbin Normal University 哈尔滨师范大学生命科学与技术学院植物标本室
HBG	Herbarium, Biozentrum Klein Flottbek und Botanischer Garten der Universität Hamburg, Germany 汉堡大学植物园植物标本室
HEAC	Herbarium, Henan Agricultural University 河南农业大学植物标本室
HHBG	Herbarium, Hangzhou Botanical Garden 杭州植物园植物标本室
HIB	Herbarium,Wuhan Botanical Garden, Chinese Academy of Sciences 中国科学院武汉植物园标本馆
HK	Herbarium, Agriculture, Fisheries, and Conservation Department, The Government of the Hongkong Special Administrative Region 香港特别行政区政府渔农自然护理署香港植物标本室
HSNU	Herbarium, East China Normal University 华东师范大学植物标本馆
HTC	Herbarium, Hangzhou Normal University 杭州师范大学植物标本馆
HZU	Herbarium, Zhejiang University 浙江大学植物标本馆
IBK	Herbarium, Guangxi Institute of Botany, Guangxi Zhuang Autonomous Region and Chinese Academy of Sciences 广西壮族自治区中国科学院广西植物研究所植物标本馆

IBSC	Herbarium, South China Botanical Garden, Chinese Academy of Sciences 中国科学院华南植物园植物标本馆
IFP	Herbarium, Institute of Applied Ecology, Chinese Academy of Sciences 中国科学院沈阳应用生态研究所东北生物标本馆
IUI	Herbarium, Biology Department, Inha University, Republic of Korea 韩国仁荷大学植物标本室
JAS	Herbarium, Center for Biotech development, Jiangxi Academy of Sciences 江西省科学院生物技术开发中心植物标本室
JIT	Dendrological Herbarium, Jinling Institute of Techology 金陵科技学院树木标本室
JIU	Herbarium, College of Biology and Environmental Sciences, Jishou University 吉首大学生物资源与环境科学学院植物标本室
JN	Herbarium, Administration office of Jiangxi Jinggang Mountain Nature Reserve 江西井冈山自然保护区管理处标本室
JXAU	Dendrological Herbarium, College of Forestry, Jiangxi Agricultural Universtiy 江西农业大学林学院树木标本馆
JXU	Herbarium, Biological Museum, Nanchang University 南昌大学生物博物馆植物标本室
K	Herbarium, Royal Botanic Gardens, Kew, U.K. 英国皇家植物园邱园植物标本馆
KUN	Herbarium, Kunming Institute of Botany, Chinese Academy of Sciences 中国科学院昆明植物研究所植物标本馆
KW	National Herbarium of Ukraine, M.G. Kholodny Institute of Botany, National Academy of Sciences of Ukraine 乌克兰国家植物标本馆
KYO	Herbarium, Kyoto University, Japan 日本京都大学植物标本馆
LBG	Herbarium, Lushan Botanical Garden, Chinese of Academy of Sciences 中国科学院庐山植物园标本馆
LE	Vascular Plants Herbarium of the Komarov Botanical Institute, Russian Academy of Sciences, Russia 俄罗斯科学院柯马洛夫植物研究所维管植物标本馆
LEF	Herbarium, Liaoning Economic Forestry Institute 辽宁省经济林研究所植物标本室
LNCM	Herbarium, Liaoning University of Traditonal Chinese Medicine 辽宁中医药大学药学院中药标本馆
LNIP	Herbarium, Liaoning Institute of Pomology 辽宁果树研究所植物标本馆
LSXY	Herbarium, Lishui College, Zhejiang 丽水学院植物标本馆
M	Botanische Staatssammlung München, Germany 德国慕尼黑植物陈列馆

MAK	Makino Herbarium, Tokyo Metropolitan University, Japan 日本东京都立大学牧野植物标本馆
MICH	Herbarium, University of Michigan, U.S.A. 美国密歇根大学植物标本馆
MO	Herbarium, Missouri Botanical Garden, U.S.A. 美国密苏里植物园植物标本馆
N	Herbarium, Nanjing University 南京大学植物标本馆
Nakano	Herbarium of Harufusa Nakano, 48 Nakazato, Abiko-machi Chiba Prefecture, Japan 中野治房标本室
NAS	Herbarium, Institute of Botany, Jiangsu Province and Chinese Academy of Sciences 江苏省中国科学院植物研究所植物标本馆
NAU	Herbarium, College of Life Sciences, Nanjing Agricultural University 南京农业大学生命科学学院植物标本室
NENU	Herbarium, Northeast Normal University 东北师范大学植物标本馆
NF	Herbarium, Nanjing Forestry University 南京林业大学植物标本馆
NOCC	Herbarium, The National Orchid Conservation Center, Shenzhen, P.R. China 国家兰科植物种质资源保护中心标本馆
NWTC	Herbarium, College of Life Sciences, Northwest Normal University 西北师范大学生命科学学院植物标本室
NY	William and Lynda Steere Herbarium, New York Botanical Garden, U.S.A. 美国纽约植物园植物标本馆
NYA	Herbarium, Nanyue Arboretum 湖南省南岳树木园
OXF	Fielding-Druce Herbarium, Department of Plant Sciences, University of Oxford, U.K. 英国牛津大学植物标本馆
P	Muséum National d'Histoire Naturelle, Paris, France 法国巴黎自然博物馆植物标本馆
PE	Herbarium, Institute of Botany, Chinese Academy of Sciences 中国科学院植物研究所标本馆
PEM	Herbarium, College of Pharmacy, Peking University Health Science Center 北京大学药学院中药标本馆
PEY	Herbarium, Peking University 北京大学植物标本馆
PR	Herbarium, National Museum in Prague, Czech Republic 捷克共和国布拉格国家博物馆标本馆
RISFCAF	Herbarium, Research Institute of Subtropical Forestry, Chinese Academy of Forestry 中国林业科学研究院亚热带林业研究所标本馆
S	Swedish Museum of Natural History 瑞典自然历史博物馆
SAAC	Herbarium, Agricultural College of Southern Anhui (merged into University of

Science and Technology of China) 皖南农学院（已并入中国科技大学）植物标本室

SDAU Herbarium, Shandong Agricultural University 山东农业大学植物标本室

SDCM Medicinal Herbarium, College of Pharmacy, Shandong University of Traditional Chinese Medicine 山东中医药大学药学院药用植物标本室

SDFS Herbarium, Shandong Forestry School (merged into Shandong Agricultural University) 山东省林业学校（并入山东农业大学）植物标本室

SDIP Herbarium, Shandong Institute of Pomology 山东省果树研究所

SDNU Herbarium, Shandong Normal University 山东师范大学植物标本馆

SG Herbarium, Shanghai Botanical Garden 上海植物园标本馆

SHM Herbarium, Shanghai Museum of Natural History 上海自然博物馆植物标本室

SHMI Herbarium, Shanghai Institute of Materia Medica, Chinese Academy of Sciences 中国科学院上海药物研究所植物标本馆

SHRMC Herbarium, Shanghai Railway Medical College (merged into Tongji University School of Medicine) 上海铁道医学院（已并入同济大学医学院）植物标本馆

SHSC Herbarium, The Second High School of Changting, Fujian 福建长汀二中植物标本室

SIFS Dendrological Herbarium, Dujiangyan campus, Sichuan Agricultural University 四川农业大学都江堰校区植物标本室

SING Singapore Herbarium, Singapore Botanic Gardens 新加坡植物园新加坡植物标本馆

SXIF Herbarium, Shaxian Institute of Forestry, Fujian 福建沙县林业科学研究所标本室

SYPC Herbarium, Shenyang Pharmaceutical University 沈阳药科大学植物标本馆

SYS Herbarium, Sun Yat-sen University 中山大学植物标本馆

SZ Herbarium, Sichuan University 四川大学植物标本馆

SZG Herbarium, Fairy Lake Botanical Garden, Shenzhen & Chinese Academy of Sciences 深圳市中国科学院仙湖植物园标本馆

TAI Herbarium, National Taiwan University 台湾大学植物标本馆

TI Herbarium, Department of Botany, the University Museum, the University of Tokyo, Japan 日本东京大学综合研究博物馆植物标本馆

TLDC Herbarium, Tongling Institute for Drug Control, Anhui 安徽铜陵药品检验所

TNM National Museum of Natural Science, Taiwan 台湾自然科学博物馆

TNS Herbarium, Department of Botany, National Museum of Nature and Science, Japan 日本国立自然与科学博物馆植物标本馆

TRA Herbarium, American Plant Life Society 美国植物生命协会标本馆

UC	University Herbarium, University of California Berkeley, U.S.A. 美国加州大学伯克利分校植物标本馆
US	Herbarium, Smithsonian Institution, U.S.A. 美国史密森尼学会植物标本馆
W	Herbarium, Naturhistorisches Museum Wien, Austria 奥地利维也纳自然博物馆
WH	Herbarium, Wuhan University 武汉大学植物标本馆
WHDC	Herbarium, Wuhu Institute for Drug Control 芜湖市药品检验所
WMLP	Herbarium, Fujian Jian'ou Wanmulin Nature Reserve 福建建瓯万木林自然保护区植物标本室
WRSL	Herbarium, Botany Department, Museum of Natural History, Wroclaw University, Poland 波兰弗罗茨瓦夫大学植物标本馆
WU	Herbarium, Universität Wien, Austria 奥地利维也纳大学植物标本馆
WUH	Medicinal Herbarium, Anhui College of Traditional Chinese Medicine 安徽中医药高等专科学校药用植物标本室
WUK	Herbarium, Northwest A&F University 西北农林科技大学植物标本馆
XMBG	Herbarium, Xiamen Botanical Garden 厦门园林植物园标本室
YZU	Herbarium, Yuzhou University 渝州大学水生植物标本室
ZDC	Herbarium, Zhejiang Institute for Food and Drug Control 浙江省食品药品检验研究院植物标本馆
ZFSD	Herbarium, Forest Resources Monitoring Centre of Zhejiang Province 浙江省森林资源监测中心植物标本室
ZJFC	Herbarium, Zhejiang A & F University 浙江农林大学植物标本馆
ZJFI	Herbarium, Zhejiang Academy of Forestry 浙江省林业科学研究院标本馆
ZJISC	Herbarium, Institue of Subtropical Corps, Zhejiang Academy of Agricultural Sciences 浙江省亚热带作物研究所标本馆
ZM	Herbarium, Zhejiang Museum of Natural History 浙江自然博物院植物标本室
ZMU	Medicinal Herbarium, Pharmacy Department, Zhejiang Medical University（merged into Zhejiang University）浙江医科大学（已并入浙江大学）药学系药用植物标本室

附录二 属名学名索引